W0060228

Das große Buch der

Naturkatastrophen

© KOMET Verlag GmbH, Köln
Alle Rechte vorbehalten
Gesamtproducing: twinbooks, München
(Jennifer Künkler, Ina Gärtner)
Gesamtherstellung: KOMET Verlag GmbH, Köln

ISBN 978-3-89836-992-3

www.komet-verlag.de

Melanie Goldmann

Das große Buch der

Naturkatastrophen

Inhalt

Vorwort

Unser Heimatplanet ist alles andere als eine friedliche Lebenswelt: Globale Messstationen verzeichnen ungefähr 2000 Erdstöße am Tag, etwa alle zwei Wochen bricht einer der knapp 1900 weltweit aktiven Vulkane aus, in jedem einzelnen Moment wüten 1800 Gewitter über unseren Köpfen, bei denen jede Sekunde hundertmal der Blitz einschlägt, im Spätsommer entstehen permanent bis zu fünf Wirbelstürme über dem Atlantik gleichzeitig und jeden Tag bilden sich vier Tornados. Für die Erde ist es also Alltag, wenn die Natur ihre Muskeln spielen lässt.

Unsere Vorfahren waren Taifunen, Lawinen, Erdbeben, Vulkanausbrüchen, Felsstürzen und Tsunamis ebenso ausgesetzt wie wir, doch ohne die Erläuterungen der modernen Geologie und Meteorologie müssen die Naturgewalten noch bedrohlicher und angsteinflößender gewesen sein als für die moderne Welt heute. Erklärungen wurden meist bei Gottheiten gesucht: Wie bei der biblischen Sintflut, erzählen die Legenden der Zapoteken oder der Aborigines von einer großen Überflutung als Strafe Gottes.

Platons Geschichte vom verschwundenen Atlantis hat vielleicht seine Ursprünge im verheerenden Vulkanausbruch auf Santorin 1470 v. Chr. – ein Ereignis, das direkt auch mit weiteren Erzählungen in der griechischen Mythologie in Zusammenhang gebracht wird: Hier gibt es Himmel, die Feuer herabregnen, Inseln, die verschwinden und an anderer Stelle wieder auftauchen, und einen Gottvater Zeus, der den Himmel verdunkelt. Auch der erste dokumentierte Vulkanausbruch der modernen Zeit – die Eruption des Krakatau 1883 – bot Anlass für moderne Legendenbildung auf Papua-Neuguinea.

Bei Erdbeben wurden die Ursachen ebenfalls im Götterhimmel vermutet: In Indien nahm man an, dass sich Tiere aus dem Boden zu befreien versuchten, in Mexiko hielt man die Erde für einen Frosch, dem gelegentlich die Haut juckte, die Griechen glaubten an den Zorn Poseidons, und auch in der Bibel werden Sodom und Gomorrha als Gottesstrafe für menschliche Sünden dem Erdboden gleichgemacht.

Durch die moderne Technologie und die Errungenschaften der Forschung ist es heute möglich, die physikalischen Vorgänge zwischen Himmel und Erde zu erklären – sich ihnen wirkungsvoll in den Weg zu stellen ist allerdings noch immer oft aussichtslos.

„Katastrophen kennt allein der Mensch, sofern er sie überlebt. Die Natur kennt keine Katastrophen." Dieses Zitat des Schriftstellers Max Frisch bringt es auf den Punkt: Katastrophale Ausmaße erreicht ein Naturereignis erst durch den Menschen. Durchschnittlich sterben jedes Jahr 80.000 Menschen weltweit durch Naturkatastrophen. Als teuerste Katastrophen gelten das Erdbeben von Kobe im Jahr 1995 und Hurrikan Katrina 2005, dessen volkswirtschaftlicher Schaden mit bis zu 100 Milliarden US-Dollar beziffert wird. Die Naturkatastrophe mit den meisten Todesopfern lässt sich kaum angeben.

Vor allem in den letzten Jahren machen sich die Auswirkungen des Klimawandels deutlich bemerkbar. Im Sommer kommt es zu längeren Trockenphasen und Dürren, im Winter zu lang andauernden Niederschlagsperioden sowie häufigeren Überschwemmungen, Orkanen, Wirbelstürmen und Sturmfluten. Allein zwischen 2004 und 2005 ist die Anzahl der weltweiten Naturkatastrophen um 18% gestiegen. Diese Anzeichen für die Klimaveränderung und ihre verheerenden Auswirkungen machen es nötig, das Fehlverhalten des Menschen im Umgang mit der Natur kritisch zu überdenken und dagegen zu handeln.

Gegenüberliegende Seite: Der hawaiianische Schichtvulkan Kilauea ist seit Menschengedenken einer der aktivsten Vulkane der Erde. Auch für ihn und seine Nachbarvulkane gibt es eine sagenhafte Erklärung: die Legende von Pele, der hawaiianischen Feuergöttin. Sie wurde von ihrer Schwester ostwärts über den Pazifik gejagt, versteckte sich vergeblich auf jeder der Hawaiiinseln in einem Vulkan, wurde getötet und wieder zum Leben erweckt, bis Pele schließlich am östlichsten Zipfel Hawaiis einen Zufluchtsort fand. Die Abfolge der Legende entspricht erstaunlicherweise genau der Chronologie der Vulkanentwicklung auf den Hawaiiinseln.

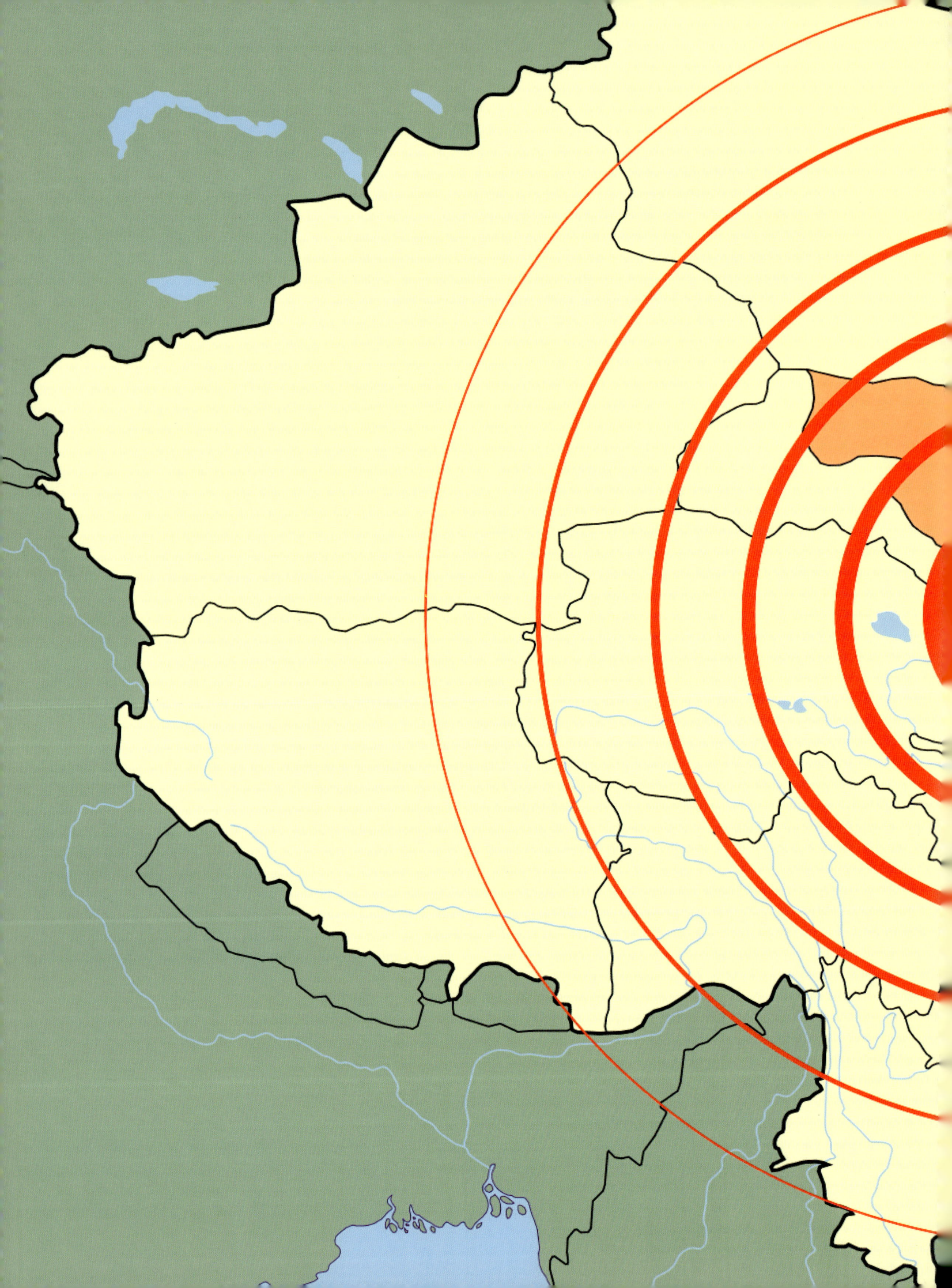

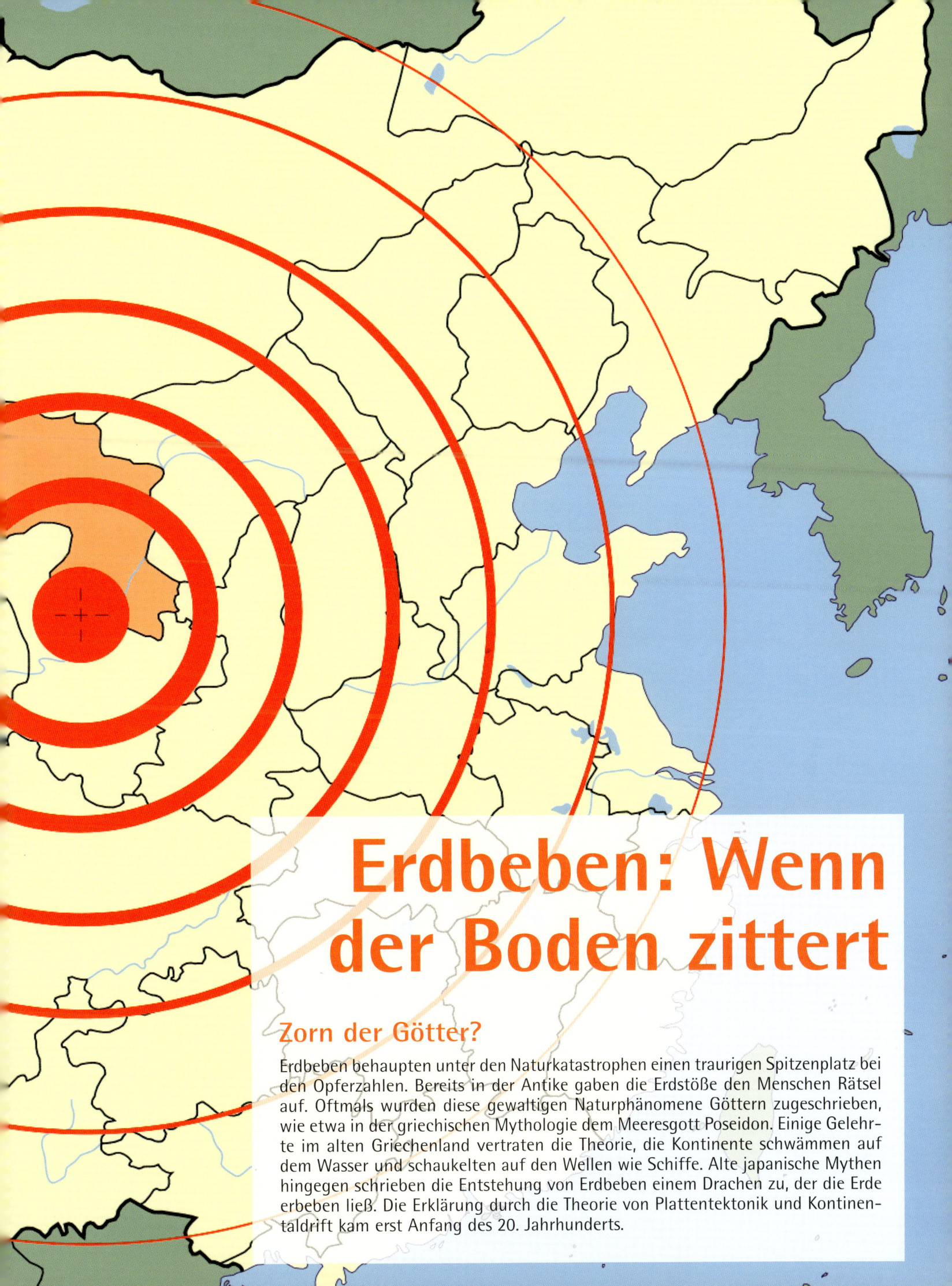

Erdbeben: Wenn der Boden zittert

Zorn der Götter?

Erdbeben behaupten unter den Naturkatastrophen einen traurigen Spitzenplatz bei den Opferzahlen. Bereits in der Antike gaben die Erdstöße den Menschen Rätsel auf. Oftmals wurden diese gewaltigen Naturphänomene Göttern zugeschrieben, wie etwa in der griechischen Mythologie dem Meeresgott Poseidon. Einige Gelehrte im alten Griechenland vertraten die Theorie, die Kontinente schwämmen auf dem Wasser und schaukelten auf den Wellen wie Schiffe. Alte japanische Mythen hingegen schrieben die Entstehung von Erdbeben einem Drachen zu, der die Erde erbeben ließ. Die Erklärung durch die Theorie von Plattentektonik und Kontinentaldrift kam erst Anfang des 20. Jahrhunderts.

Die Theorie der Plattentektonik

Verschiedene Wege der Erdbebenentstehung

Der Begriff Erdbeben bezeichnet messbare Erschütterungen der Erde; unterseeische Erdbeben bezeichnet der Volksmund auch als Seebeben. Die Wissenschaft, die sich der Erforschung von Erdbeben widmet, nennt sich Seismologie. Von einem Nachbeben spricht man, wenn eine Erschütterung weitere nach sich zieht, wie das bei den meisten Erdstößen der Fall ist. Der überwiegende Teil der aufgezeichneten Erdbeben ist so schwach, dass er nicht vom Menschen registriert wird. Erdbeben können jedoch auch so stark werden, dass sie verheerende Zerstörungen nach sich ziehen, Häuser zum Einstürzen bringen, Menschenleben kosten und Tsunamis, Steinschläge, Lawinen und Erdrutsche verursachen. Je nach Ursache lassen sich Erdbeben in drei große Gruppen einteilen:

Tektonische Erdbeben: Diese Erdbeben werden durch die Bewegungen tektonischer Platten ausgelöst. Hierdurch kommt es zum Bruch von Gesteinsmassen und Verschiebungen der Gesteinsschichten. Zu dieser Gruppe gehören mit einem Anteil von 90% die meisten Erdbeben.

Vulkanische Erdbeben: Neben tektonischen Vorgängen können zum Beispiel auch der Aufstieg von Magma und Gasexplosionen unterhalb von Vulkanen oder die vom Menschen betriebene Erdgasförderung zum Entstehen eines Erdbebens führen,

„Der überwiegende Teil der aufgezeichneten Erdbeben ist so schwach, dass er nicht vom Menschen registriert wird."

Vorherige Doppelseite: Am 16. Dezember 1920 erschütterte ein Erdbeben der Stärke 8,6 auf der Richterskala die chinesische Provinz Gansu, bei dem mehr als 200.000 Menschen ums Leben kamen. Im Epizentrum des Bebens wurden fast alle Gebäude zerstört, die Intensität der Katastrophe lag auf der höchsten Stufe der zwölfteiligen Mercalli-Skala. Tiefe Risse im Boden zeugen von der gewaltigen Kraft der Erdbewegungen, die aufgrund der sich kontinuierlich bewegenden Lithosphärenplatten der Erde vonstattengehen (Bild rechts).

denn auch Druckveränderungen beeinflussen die Spannung im Gestein. Vulkanische Erdbeben kündigen die bevorstehende Eruption eines Vulkans an und machen etwa 7% aller Erdstöße aus. Sie erreichen nur geringe Reichweiten.

Einsturzerdbeben: Auch durch den Einsturz von unterirdischen Hohlräumen, zum Beispiel von Karsthöhlen, aber auch im Bergbau (Gebirgsschlag), können Erdbeben ausgelöst werden. Im Vergleich zu tektonischen Beben ist die freigesetzte Energie bei derartigen Beben jedoch wesentlich geringer. Die Auswirkungen sind lokal begrenzt. Diese Entstehungsart bildet mit einem Anteil von 3% die kleinste Gruppe der Erdbeben.

Die Lithosphärenplatten der Erde

Die mit einem Anteil von 90% am häufigsten auftretenden und zugleich stärksten Erdbeben sind tektonische Beben. Wer die Mechanismen der Entstehung von Erdbeben verstehen möchte, muss sich daher zunächst einmal mit der Plattentektonik befassen. Hierunter versteht man die geowissenschaftliche Theorie über die Bewegung der Lithosphärenplatten, aus denen sich die Erdkruste zusammensetzt – die sogenannte Kontinentalverschiebung –, und die damit zusammenhängenden geologischen Phänomene. Die Lithosphäre ist die obere feste Gesteinsschicht der Erde, die die Erdkruste und den obersten Erdmantel umfasst. Sie gliedert sich in sieben große Platten:

- die Pazifische Platte,
- die Antarktische Platte,
- die Nordamerikanische Platte,
- die Südamerikanische Platte,
- die Afrikanische Platte,
- die Eurasische Platte und
- die Australische Platte.

„Die tektonischen Platten der Lithosphäre verschieben sich immer wieder gegeneinander und gestalten so das Angesicht der Erde."

Abgesehen hiervon gibt es noch einige kleinere Platten (Mikroplatten) wie zum Beispiel die Indische, die Karibische, die Arabische oder die Philippinische Platte.

Diese Platten verschieben sich immer wieder gegeneinander und gestalten so das Angesicht der Erde. Die Theorie der Bewegung der Kontinente, die sogenannte Kontinentaldrift, wurde 1912 von dem deutschen Meteorologen und Geologen Alfred Wegener (1880–1930) entwickelt. Er ging dabei von der These aus, dass die geografischen Umrisse der Kontinente wie ein Puzzle zusammenpassten und ehemals in einem von Wegener als Pangaea bezeichneten Superkontinent vereinigt waren, der in der Trias, also vor über 200 Millionen Jahren, auseinanderbrach.

Der letzte Superkontinent der Erdgeschichte, bevor die Kontinente vor etwa 200 Millionen Jahren im Zeitalter des Jura in ihre heutigen Formen auseinanderdrifteten, war Pangaea.

Bewegung der Lithosphärenplatten

Die Karte zeigt die heutigen Positionen der tektonischen Platten. Rot eingefärbte Plattengrenzen weisen auf Meeresrücken, grüne auf Tiefseegräben und gelbe auf Transformstörungen (d. h. Zonen, wo sich zwei Platten aneinander vorbeischieben anstatt über- oder untereinander hinweg) hin. Gelbe Sterne markieren Hotspots.

Die einzelnen Platten besitzen einen kontinentalen und einen ozeanischen Teil. Zwischen den Platten liegen meist Tiefseerinnen oder Mittelozeanische Rücken. An diesen driften die nebeneinanderliegenden Platten auseinander (Divergenz, Spreizung). Hierdurch steigt heißes Magma aus dem oberen Erdmantel nach oben, wodurch eine neue ozeanische Kruste gebildet wird (Ozeanbodenspreizung). Das kältere Gestein der Kruste sinkt in den Tiefseerinnen wieder ins Erdinnere ab. Die Lithosphäre geht in einer Tiefe von 150 bis 200 Kilometern graduell in die nahezu schmelzflüssige Asthenosphäre über. Auf dieser weicheren Schicht können sich die Lithosphärenplatten bewegen. Als Antrieb für diese Bewegung vermutet die Wissenschaft Konvektionsströme im Erdinneren. Hierdurch werden die Kontinentalplatten zusammen mit den umgebenden Ozeanböden wie auf einem Fließband von den Spreizungszonen weg, also zu den Subduktionszonen hin, verschoben.

Mithilfe der Satellitengeodäsie ließ sich nachweisen, dass die Geschwindigkeit der Ozeanbodenspreizung zwischen den verschiedenen Ozeanen im Durchschnitt einige Zentimeter jährlich beträgt,

„Als Antrieb für die Bewegung der Lithosphärenplatten vermutet die Wissenschaft Konvektionsströme im Erdinneren."

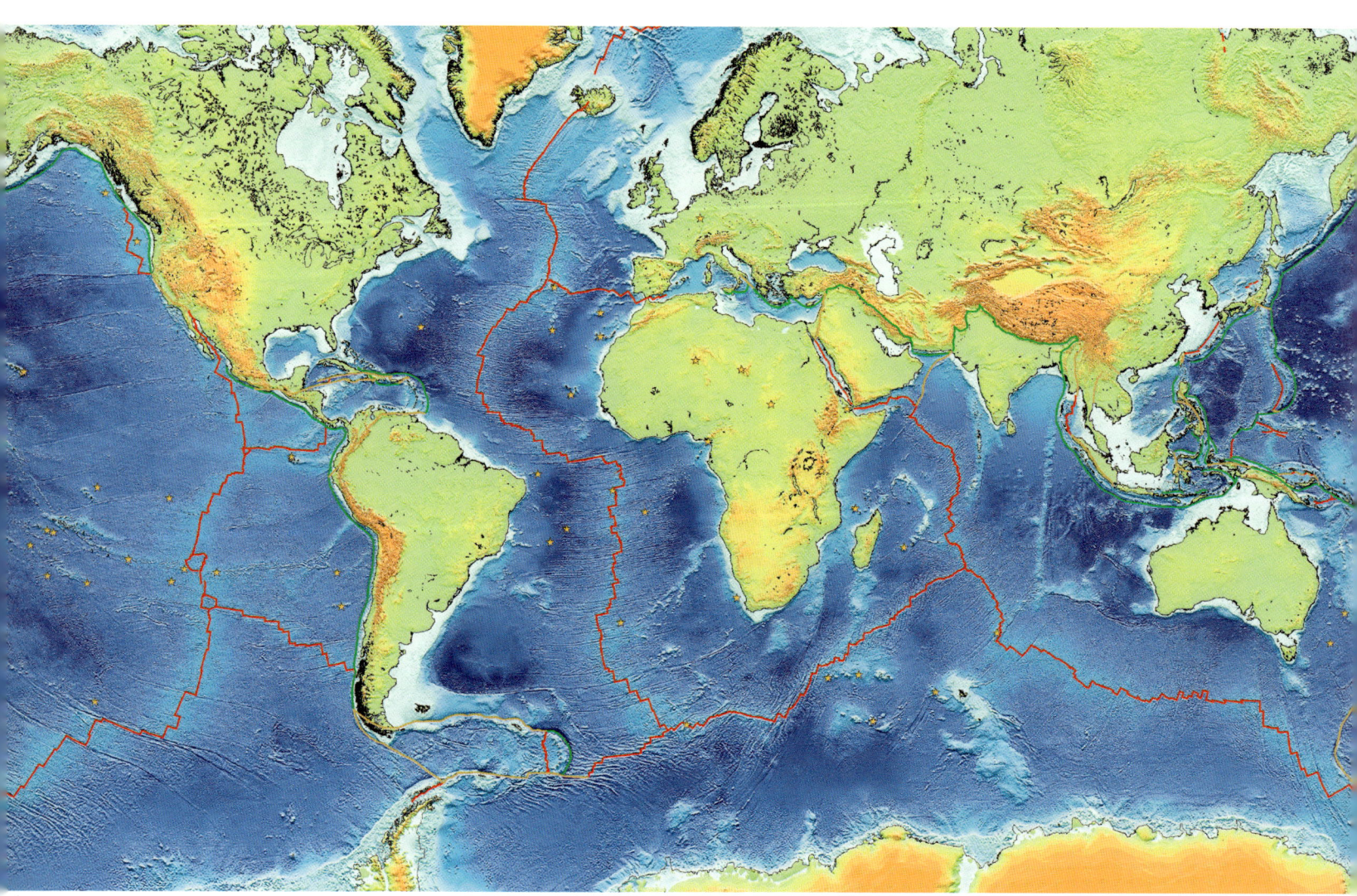

während die Driftgeschwindigkeit der großen Platten bei durchschnittlich zwischen 2 und 20 Zentimetern jährlich liegen.

Diese sehr langsame Plattenbewegung zweier Platten gegeneinander (Konvergenz) kann nur durch ein Zusammenstoßen von Kontinentalplatten aufgehalten werden (konvergierende Plattengrenze). Hierbei muss man zwischen dem Aufeinandertreffen ozeanischer und kontinentaler Platten unterscheiden.

Subduktion: Stoßen ozeanische Platten (Platten, die Ozeane tragen) zusammen, schiebt sich die dichtere ozeanische Platte aus Basalt unter die weniger dichte kontinentale Platte aus Granit. Beim Hinabsinken in den Erdmantel schmilzt die ozeanische Platte auf und löst Erdbeben aus. Hierbei entstehen auch Faltengebirge, Vulkane und Tiefseegräben. So taucht etwa die Nazca-Platte an der Küste Südamerikas unter die Südamerikanische Platte, wodurch die Anden aufgefaltet wurden. Derartige Zonen finden sich um einen großen Teil des Pazifikbeckens und lösen alljährlich Erdbeben in Indonesien, in Japan, im Westen Südamerikas, in Alaska und in Mexiko aus.

Deformation: Wenn zwei relativ leichte kontinentale Platten zusammenstoßen, können eine oder beide Platten in ihren Randbereichen zu hohen Gebirgszügen aufgefaltet werden. Ein Beispiel für eine solche Kollision von Kontinentalplatten ist diejenige zwischen der Eurasischen und der Indischen Platte, infolge derer es zur Entstehung des Himalajagebirges kam. Auch bei diesem Prozess können Erdbeben entstehen.

Verwerfung: Gleiten die Platten hingegen nur horizontal aneinander vorbei (konservative Plattengrenze), bezeichnet man die Plattengrenze als Transformstörung oder -verwerfung. Teils geschieht dies unmerklich, teils werden auch hierdurch Erdbeben ausgelöst. Ein bekanntes Beispiel

„Bei der San-Andreas-Verwerfung in Kalifornien gleiten die beiden benachbarten Platten horizontal aneinander vorbei."

ist die San-Andreas-Verwerfung in Kalifornien, wo die Pazifische an der Nordamerikanischen Platte entlanggleitet.

Seismizität an den Plattenrändern

Eine direkte Auswirkung der starken Zug- und Druckkräfte, die bei der Bewegung der Kontinentalplatten entstehen, und der dadurch bedingten Spannungen ist eine erhöhte Seismizität an den Plattenrändern und eine damit einhergehende Erdbebenhäufigkeit. An den Plattenrändern entstehen die meisten gebirgsbildenden und vulkanischen Prozesse mit den begleitenden Naturphänomenen wie Vulkaneruptionen, Erdbeben und Tsunamis.

Je nach Bewegungsrichtung der tektonischen Platten werden die Plattengrenzen in Divergenz-, Konvergenz- oder Scherungszonen aufgeteilt. An den Divergenz- und Konvergenzzonen treten sowohl vulkanische Aktivität als auch Erdbeben gehäuft auf, die Scherungszonen kennzeichnen besonders schwere Erdbeben.

Die sanften Hügel entstanden entlang der San-Andreas-Verwerfung im US-Bundesstaat Kalifornien, an der die aus Süden kommende Pazifische Platte an der Nordamerikanischen Platte vorbeigleitet.

Pazifischen-, der Nazca- und der Cocos-Platte sowie an den Rändern der Antarktischen Platte. Der Mittelatlantische Rücken bildet ein 65.000 Kilometer langes unterseeisches Gebirgssystem, das sich durch alle Ozeane zieht – von der Mitte des Atlantiks bis fast zur Antarktis in den Indischen Ozean. Da das hier aufsteigende Magma recht dünnflüssig ist, bauen sich hier nur selten große Spannungen auf, und die auftretenden Erdbeben haben hierdurch bedingt für gewöhnlich flache Herdtiefen und geringe Magnituden (Maß, das die Erdbebenstärke angibt).

Konvergenzzonen

Hier bewegen sich zwei Platten aufeinander zu, wobei eine Platte unter die andere taucht und ihr Material im Erdinneren geschmolzen wird. Beispiele für diese Subduktionszonen finden sich in den Bereichen der Tiefseegräben und Inselbögen des Pazifiks, am stark vulkan- und erdbebengefährdeten westlichen Teil des Pazifischen Feuerrings. Auch am Westrand Südamerikas, wo eine ozeanische unter eine kontinentale Kruste subduziert, treten im Hinterland des Plattenrandes oft Erdbeben und Vulkanismus auf.

Scherungszonen

Platten können jedoch nicht nur aufeinander zu und voneinander weg-, sondern auch aneinander vorbeidriften (Transformverwerfung). Scherungszonen sind Plattenränder, an denen zwei kontinentale Platten aneinanderreiben. Hier können sich hohe Spannungen aufbauen, die sich in starken Erdbeben entladen. Beispiel hierfür ist die San-Andreas-Störung in Kalifornien. Als Transformstörungen bezeichnet man die quer liegenden Verwerfungen, die die Mittelozeanischen Rücken durchziehen. Für ihre Entstehung ist eine unregelmäßige Geschwindigkeit der Meeresbodenspreizung verantwortlich. Meistens befinden sie sich im Ozeanboden, einzig die erdbebengefährdete San-Andreas-Verwerfung bei San Francisco setzt sich über Hunderte von Kilometern auf dem Festland fort.

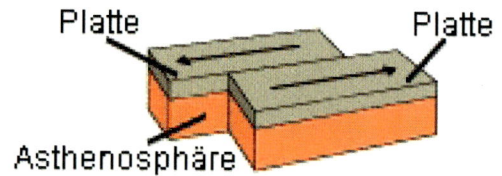

Voraussetzung für Erdstöße aller Art ist das Vorhandensein bruchfähigen Gesteins.

Divergenzzonen

In den Divergenzzonen werden die Ränder der Platten durch Neubildung von Plattenmaterial auseinandergedrängt. Sie befinden sich im Bereich des Mittelatlantischen Rückens einerseits zwischen Afrikanischer und Eurasischer, andererseits zwischen der Nord- und Südamerikanischen Platte, im östlichen Pazifik zwischen der

Spannungsentladungen im Gestein

An den Divergenz-, Konvergenz- und Scherungszonen bauen sich beim Verhaken und Verkanten der Platten in ihrer Bewegung Spannungen innerhalb des Gesteins auf. Bricht das Gestein unter dem Druck dieser Spannung, entlädt sich die aufgestaute Energie in Form von Erdbebenwellen. Es kommt zu ruckartigen Bewegungen der Erdkruste – einem Erdbeben. Hierbei können Energien freigesetzt werden, die die einer Wasserstoffbombe um das Hundertfache überschreiten. Erdbeben müssen aber nicht auf die unmittelbare Nähe der Plattengrenze beschränkt sein: Weist das Gestein der Erdkruste eine Schwächezone auf, kann der Entlastungsbruch in seltenen Fällen auch im Platteninneren auftreten.

Voraussetzung für Erdstöße aller Art ist das Vorhandensein bruchfähigen Gesteins. Da es in zunehmender Tiefe immer weniger spröde reagiert, bis es schließlich verformbar wird, finden Erdbeben meist in der oberen Erdkrustenschicht statt. In einigen Fällen lassen sich Erdbeben aber auch in Tiefen von bis zu 700 Kilometern ausmachen. Wissenschaftler erklären dies mit der These, dass sich bei der Subduktion der schwereren unter die leichtere Platte das Gestein der in den Erdmantel absinkenden Platte langsamer erwärmt, als das Absinken stattfindet. Dadurch bleibe das Krustengestein bis in größere Tiefen bruchfähig.

Erdbeben sind durch sich unterschiedlich schnell ausbreitende Wellen charakterisiert: Die sogenannten P-Wellen schwingen parallel zu ihrer Ausbreitungsrichtung, die Gesteinsteilchen des Bodens werden im Wechsel komprimiert und gedehnt. Bei S-Wellen erfolgt die Hin- und Herbewegung der Gesteinspartikel quer zur Fortpflanzungsrichtung der Wellen, das Gestein wird horizontal oder vertikal verformt. Da sich die P-Wellen sowohl in flüssiger als auch in fester Materie fortsetzen können, die S-Wellen dagegen nur in festem Gestein und von den flüssigen Bereichen des Erdinneren „geschluckt" werden, pflanzen sich die P-Wellen

„Voraussetzung für Erdstöße aller Art ist das Vorhandensein bruchfähigen Gesteins."

mit einer Geschwindigkeit zwischen 6 und 13 Kilometern pro Sekunde beinahe doppelt so schnell fort wie die S-Wellen mit einer Geschwindigkeit von nur 3,5–7,4 Kilometern pro Sekunde. Nach diesen sogenannten Raumwellen treffen die Oberflächenwellen – die Rayleigh und Love-Wellen – ein, die sich nur entlang der Erdoberfläche ausbreiten und die schlimmsten Zerstörungen anrichten.

Den Laufzeitdifferenzen von P- und S-Wellen sind auch bestimmte Entfernungen zugeordnet. Erdbebenstationen erfassen den zeitlichen Abstand, in dem die verschiedenen Wellenarten eintreffen, und errechnen daraus die Entfernung des Erdbebenherds. Zur Ermittlung eines Erdbebenepizentrums benötigt man die Messdaten dreier seismologischer Stationen. Der Punkt, an dem sich die jeweils ermittelten Entfernungsradien überschneiden, wird als Epizentrum bestimmt.

Das sogenannte IASP91-Referenz-Erdmodell zeigt die Geschwindigkeiten (in km/s) der P- (schwarz) und S-Wellen (grau) in den verschiedenen Erdtiefen.

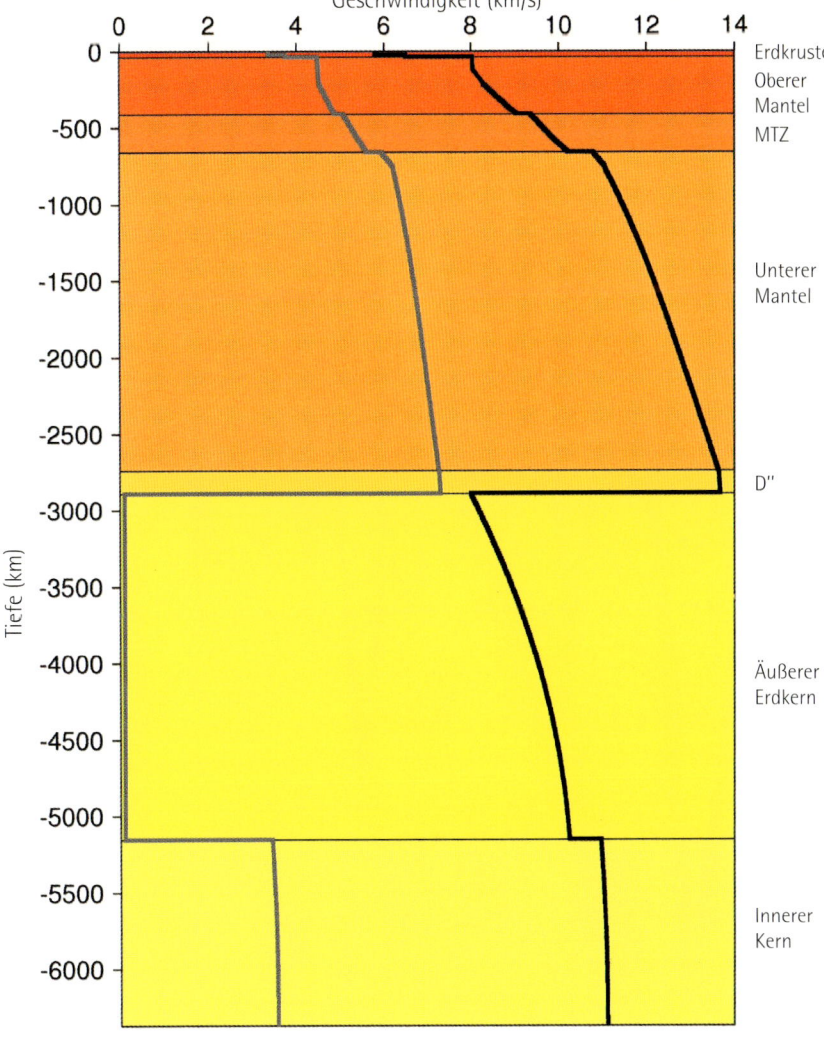

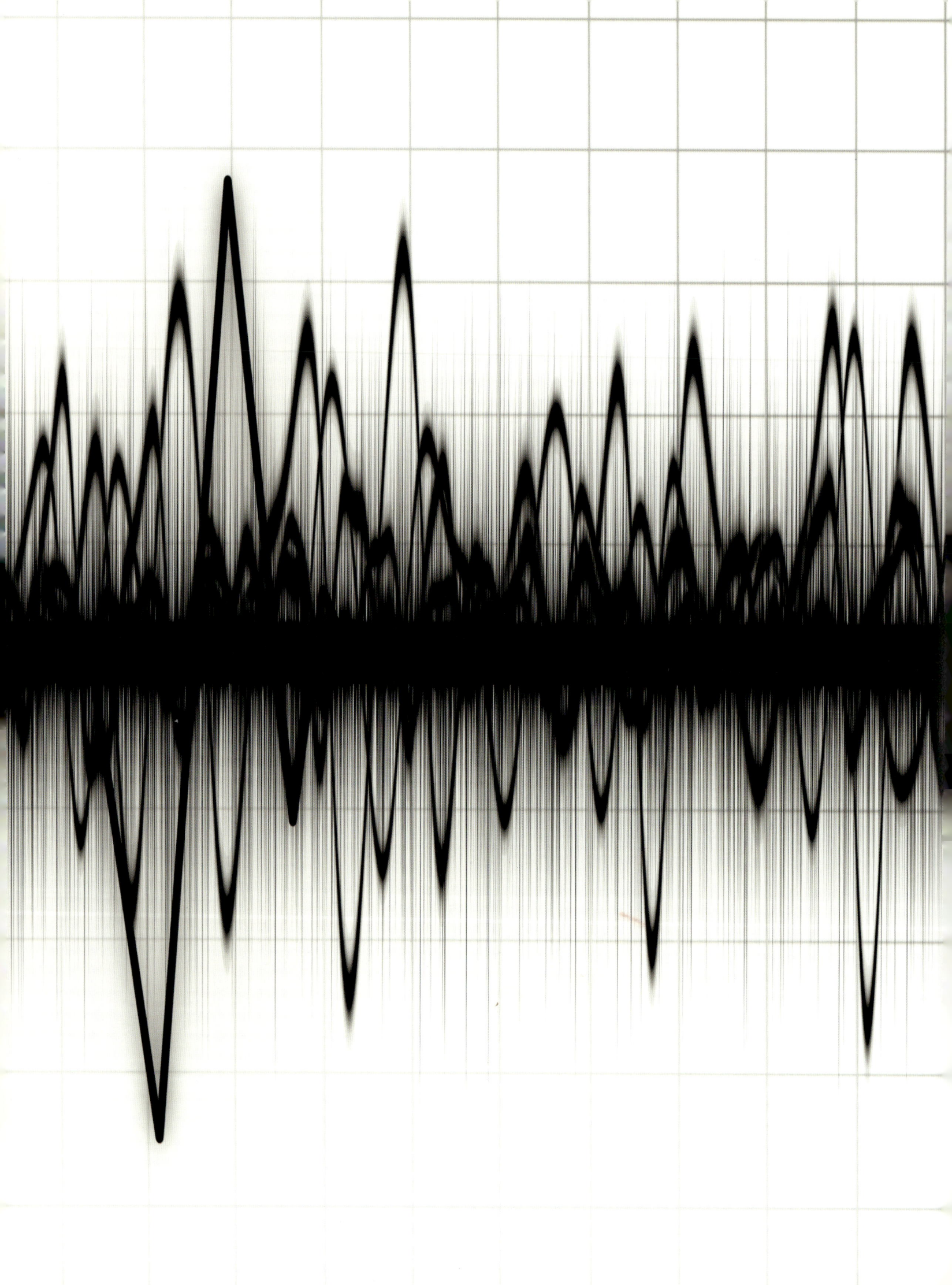

Erdbebenaufzeichung und -messung

Aufzeichnung von Erdbebenwellen

Bei Erdbeben entstehen verschiedene Arten von Wellen, die sich über die ganze Erde ausbreiten und dort überall von Seismografen erfasst werden können. Diese Aufzeichnungen werden als Seismogramme (vom Seismografen erfasste Kurve, die die Bodenbewegungen in Abhängigkeit zur Zeit abbildet) bezeichnet. Die aufgezeichneten Laufzeiten und Stärken der Erdbebenwellen geben Aufschluss über den Erdbebenherd, also die Quelle der Erdbenwellen (Hypozentrum), und das Erdinnere. Da sich das Hypozentrum im Verlauf eines Erdbebens verschieben kann, gilt die zuerst gemessene Position als bestimmend. Die Tiefe der Quelle kann dabei jedoch nicht genau bezeichnet werden. Die Position auf der Erdoberfläche, die direkt über dem Hypozentrum liegt, wird als Epizentrum bezeichnet.

Meist wird der Erdbebenherd nicht sichtbar, da die durch das Erdbeben im Gestein ausgelöste Bruchfläche (Herdfläche) die Erdoberfläche nicht erreicht. Liegt das Hypozentrum jedoch nur in geringer Tiefe, kann die Herdoberfläche auch die Oberfläche erreichen und einen erkennbaren Versatz verursachen.

Erdbebenstärke: Intensitäts- und Magnitudenskalen

Treten Erdbeben auf, stellt sich zunächst die Frage, wie stark sie sind. Zum Vergleich von Erdbeben wird deren Stärke ermittelt. Zu diesem Zweck wurden verschiedene Erdbebenskalen entwickelt. Die ersten dieser Skalen entstanden Ende des 18. bis Ende des 19. Jahrhunderts, konnten jedoch nur die Erdbebenintensität, also deren sichtbare Auswirkungen, beschreiben. So beruht beispielweise die zwölfstufige Mercalliskala des italienischen Seismologen Giuseppe Mercalli (1850–1914) auf einer subjektiven Wertung von Wirkungsbeobachtung und Schadensauswirkungen auf Natur, Infrastruktur sowie Bebauung und gliedert die Intensität der Beben in Abstufungen von I bis XII. Auch heute noch werden derartige Intensitätsskalen verwendet, wobei es je nach landestypischer Bebauung und Bodenverhältnissen verschiedene Maßstäbe gibt.

Im Zuge der Verbesserung von Seismografen konnten ab der zweiten Hälfte des 19. Jahrhunderts auf physikalischen Größen beruhende Messungen vorgenommen werden. Dies führte zur Entwicklung von Magnitudenskalen, die objektive Rückschlüsse auf die Erdbebenstärke zulassen. Die wissenschaftlich gebräuchlichste Skala heutzutage ist die 1979 entwickelte Momenten-Magnituden-Skala.

Bei einem Erd- oder Seebeben werden die Erschütterungen mithilfe eines Seismografen (Bild oben) registriert und durch Linienschreiber als sogenanntes Seismogramm skizziert (gegenüberliegende Seite).

„Die ersten dieser Erdbebenskalen entstanden Ende des 18. bis Ende des 19. Jahrhunderts, konnten jedoch nur die Erdbebenintensität, also deren sichtbare Auswirkungen, beschreiben."

Der US-amerikanische Seismologe Charles Francis Richter (Bild oben) entwickelte zusammen mit seinem deutschen Kollegen Beno Gutenberg die nach ihm benannte Richterskala. Den einzelnen Magnituden auf der Richterskala lassen sich bestimmte Erdbebenauswirkungen zuordnen. So sind etwa bei einer Magnitude von 5,0 bis < 6,0 an anfälligen Bauten (Bild unten) gravierendere Beschädigungen zu erwarten.

Magnitude nach der Richterskala	Stärken-bewertung	Auswirkung	Weltweite Häufigkeit pro Jahr (ca.)
< 2,0	minimal	nicht registrierbar	unter 2.500.000 (8000-mal täglich)
2,0 bis < 3,0	extrem schwach	generell nicht registrier-, aber messbar	unter 350.000 (1000-mal täglich)
3,0 bis < 4,0	sehr schwach	häufig registrierbar, Schäden sehr selten	49.000
4,0 bis < 5,0	schwach	registrierbar in Entfernungen von 30 Kilometern, meistens keine bis leicht Schäden	6200
5,0 bis < 6,0	mittel	gravierende Schäden bei anfälligen, keine oder nur leichte Schäden bei robusten Gebäuden	800
6,0 bis < 7,0	stark	Zerstörungen in Entfernungen von bis zu 70 Kilometern	120
7,0 bis < 8,0	sehr stark	Zerstörungen über weite Gebiete	18
8,0 bis < 9,0	verheerend	Zerstörungen in Entfernungen von Hunderten von Kilometern	1
9,0 bis < 10,0	katastrophal	Zerstörungen in Entfernungen von Tausenden von Kilometern	0,05 (alle 1 bis 20 Jahre)
> 10,0	vernichtend	Zerstörungen in globalem Umfang	niemals registriert

Die Richterskala

Die bekannteste Erdbebenskala ist jedoch die 1935 von Charles Francis Richter (1900–1985) und Beno Gutenberg (1889–1960) entwickelte Richterskala, nach der die im Erdbebenherd freigesetzte Energie bestimmt wird. Da sie auf Seismogramm-aufzeichnungen basiert und aus dem aufgezeichneten Wert und der Entfernung berechnet wird, die in relativ geringer Entfernung von wenigen Hundert Kilometern zum Epizentrum gewonnen werden, wird sie auch als Lokalbebenmagnitude bezeichnet. Jeder Punkt mehr auf der Richterskala bedeutet einen zehnfach höheren Ausschlag (Amplitude) im Seismogramm und etwa eine 32-fache Energiefreisetzung im Erdbebenherd. Die obige Tabelle zeigt die typischen Effekte eines Erdbebens nahe des Epizentrums in Abhängigkeit von der Magnitude.

Dabei ist jedoch zu beachten, dass die Effekte nicht nur von der Magnitude abhängig sind, sondern

auch von der Entfernung zum Epizentrum, der Erdbebentiefe und den Umgebungsbedingungen. Allerdings lassen sich mit den von Richter für seine Skala ausgewählten Messgeräten keine Erdbeben über einer Stärke von etwa 6,5 messen. Dass dennoch höhere Wert angegeben werden, liegt daran, dass andere Skalen wie die Momentenmagnitude verwendet werden.

Aufgrund der größeren Bekanntheit werden die Erdbebenstärken in den Meldungen der Medien jedoch auf die Richterskala übertragen. Heute sieht man eine Stärke von 9,5 auf der Richterskala als oberste Grenze an. In der Praxis enden alle Skalen bei einem Wert von 10,6, denn ein Erdbeben einer höheren Stärke würde zum Aufbrechen der gesamten Erdkruste führen.

Im Gegensatz dazu sind Erdbeben unter einer Stärke von 0 unter der Richterskala durchaus möglich, da die Festlegung dieser Stärke den schwächsten Erschütterungen entsprach, die mit den damaligen Messgeräten erfasst werden konnten. Moderne Seismografen können jedoch auch geringere Bodenbewegungen erfassen.

Zwar wird die Richterskala auch in der Seismologie aufgrund der Vergleichbarkeit mit älteren Aufzeichnungen und der einfachen Berechnung immer noch verwendet, allerdings kann sie nicht oder nur eingeschränkt bei größeren Entfernungen der Messstation zum Erdbebenherd (über 1000 Kilometern) und großen Erdbebenstärken (etwa ab Magnitude 6) zur Bestimmung von Beben herangezogen werden. Zudem unterscheidet sie nicht nach Wellentypen, und der hierfür verwendete Wood-Anderson-Seismograf verfügt nur über begrenzte Aufzeichnungskapazitäten. Heute verwendet die Wissenschaft die Momentenmagnitude, die von der Größe der Rissfläche und der Verschiebung der Gesteinsmassen des Bodens abhängt.

Instrumente zur Erdbebenmessung

Die Angst vor den verheerenden Zerstörungen von Erdbeben führte schon früh zur Entwicklung von Geräten, die die Erdstöße registrieren und messbar machen sollten. So entwickelte der chinesische Astronom und Geograf Chang Heng (78–139 n. Chr.) im Jahr 132 n. Chr. eines der ersten Erdbebenmessgeräte, das Drachenseismoskop. Dies war ein etwa

zwei Meter großes Metallgefäß, das acht Drachen zierten, die für die verschiedenen Himmelsrichtungen standen. Diese hatten in ihren Mäulern je eine Metallkugel, die bei einem Erdstoß aus der Halterung gelöst wurden. So konnte – je nachdem, welche Kugel aus der Halterung fiel – bestimmt werden, aus welcher Richtung das Beben kam. Das erste Gerät, das nicht nur das Bevorstehen von Erdbebenwellen zeigte, sondern auch die Erschütterungen in ihrem Zeitverlauf aufzeichnen konnte, wurde 1892 vom englischen Professor für Ingenieurwissenschaften John Milne (1850–1913) entwickelt. Bei diesem Gerät ist ein Pendel in einem Rahmen frei aufgehängt, das in seinen Bewegungen hinter denen des Erdbodens zurückbleibt. Auf diese Weise kann es die Bodenbewegung bei einem Beben registrieren. Auch die modernen Seismografen funktionieren nach diesem Prinzip, auch wenn die Signale inzwischen elektronisch verstärkt, gefiltert und digital aufgezeichnet werden.

Unterstützt wird die Seismografenmessung durch die Beobachtung der kontinentalen Platten aus dem All. Mittels GPS (Global Positioning System) ermitteln Satelliten die Bewegungen der tektonischen Platten aus der Erdumlaufbahn.

Der sogenannte astatische Horizontalseismograph des Göttinger Seismologen und Begründers der Geophysik Emil Wiechert (1861–1928) steht auch heute noch funktionsfähig im Erdbebenhaus in Wiecherts Heimatstadt und registriert kontinuierlich seit 1902 selbst kleinste Erschütterungen.

Berühmte Erdbeben

Preliminary Determination of Epicenters
358,214 Events, 1963 - 1998

Paul D. Lowman, Jr.[1]
Brian C. Montgomery[2]

1) NASA Goddard Space Flight Center, Greenbelt, MD 20771 USA
2) USUHS, NASA GSFC, Greenbelt, MD 20771 USA

Am 12. Mai 2008 ereignete sich ein schweres Erdbeben der Stärke 7,9 in der chinesischen Provinz Sichuan, bei dem mehr als 80.000 Menschen ihr Leben ließen (großes Bild oben). Die Karte zeigt die weltweite geografische Verteilung der Erdbeben-Epizentren in den Jahren 1963–1998. Gegenüberliegende Seite: Die zum Weltkulturerbe gehörende Zitadelle aus dem 10. Jahrhundert in der iranischen Stadt Bam wurde durch ein Erdbeben 2003 völlig dem Erdboden gleichgemacht (kleines Bild: Satellitenaufnahme der zerstörten Stadt).

Mittelmeerisch-transasiatische Zone: Die mittelmeerisch-transasiatische Zone läuft in West-Ost-Richtung von den Azoren über den Mittelmeerraum entlang der zentralasiatischen Hochgebirgsketten bis nach Sumatra. In diesem Gebiet ereignen sich 15–20% aller Erdbeben.

Mittelozeanische Rücken: Die dritte Erdbebenzone wird von den Scheitelzonen der Mittelozeanischen Rücken gebildet. Auf diese Zone entfallen 3–7% der Erderschütterungen.

Hinzu kommt der Bereich der großen Grabenbruchsysteme wie die Ostafrikanische Grabenbruchzone und der Oberrheingraben.

Stärkste gemessene Beben seit 1900

Geologen gehen davon aus, dass die Erde weltweit jedes Jahr rund 20.000 Mal bebt. Alle zwei bis drei Tage erreichen die Erdbeben Stärken von mindestens 6,0 auf der Richterskala und können damit schwerste Zerstörungen anrichten. Die stärksten seit 1900 gemessenen Erdbeben zeigt die folgende Tabelle:

Erdbebengebiete

Erdbeben konzentrieren sich in bestimmten Regionen der Welt. So zeigt die Karte der Verteilung von Erdbebenhäufigkeiten der letzten Jahrzehnte eine erkennbare Konzentration von Epizentren an den Plattenrändern Süd- und Nordamerikas, in der Pazifikregion sowie in Südasien und Südeuropa. Beinahe keine Erdbeben finden sich hingegen in den Ozeanen mit Ausnahme der Ozeanrücken sowie im Inneren Australiens, Grönlands und Australiens. Auch im Norden Europas und Asiens sowie in weiten Teilen Afrikas ist die Erdbebenhäufigkeit äußerst gering. Die Erdbebenzonen verteilen sich dabei global betrachtet entlang verschiedener Zonen:

Zirkumpazifische Zone: Die zirkumpazifische Zone verläuft entlang des Pazifischen Ozeans, durch den Mittelmeerraum und Asien bis nach Neuguinea. Hier entladen sich 75–80% aller Beben weltweit.

Rang	Ort	Datum	Richterskala
1	Valdivia (Chile)	22.05.1960	9,5
2	Prince William Sound (Alaska)	27.03.1964	9,2
3	Andreanof Islands (Alaska)	09.03.1957	9,1
4	Indischer Ozean (vor Sumatra)	26.12.2004	9,0
5	Kamtschatka (Russland)	04.11.1952	9,0
6	Pazifik (vor Chile)	27.02.2010	8,8
7	Rat Islands (Alaska)	04.02.1965	8,7
8	Indischer Ozean (vor Sumatra)	28.03.2005	8,7
9	Assam (Indien)	15.08.1950	8,6
10	Ningxia-Gansu (China)	16.12.1920	8,6

Kleine Erdbebenchronik

Shaanxi (1556): Bis heute hält das Erdbeben vom 23. Januar 1556 in der chinesischen Region Shaanxi den traurigen Rekord mit über 830.000 Todesopfern. Auf einer Fläche von etwa 1000 Quadratkilometern ließen fast 60% der Bevölkerung in Sekundenschnelle ihr Leben.

Lissabon (1755): Am 1. November 1755 suchte ein Erdbeben, begleitet von zehn bis zwölf Meter hohen Flutwellen, die portugiesische Hauptstadt heim. Angaben zu Opferzahlen belaufen sich auf bis zu 100.000 Menschen.

San Francisco (1906): Die Auswirkungen dieses Erdbebens, dessen Epizentrum im Bereich der San-Andreas-Verwerfung lag, waren im Umkreis von etwa 180.000 Quadratkilometern zu spüren. Durch die hierbei entstehenden Feuer wurde ein Großteil San Franciscos zerstört.

Tokio (1923): Das Kanto-Erdbeben zerstörte, begleitet von Großfeuern, Erdrutschen und Schlammlawinen, große Teile Tokios und Yokohamas. Es forderte über 140.000 Tote und machte etwa 1,9 Millionen Menschen obdachlos.

Chile (1960): Bei diesem Rekorderdbeben an der südchilenischen Küste starben Schätzungen zufolge mehr als 3000 Menschen.

Mexico City (1985): Durch das Erdbeben der Stärke 8,1 vor der Westküste Mexikos wurde ein Großteil der rund 350 Kilometer entfernten Stadt Mexico City zerstört. Bei dem Erdbeben starben rund 20.000 Menschen.

Armenien (1988): Eine Stärke von 6,9 auf der Richterskala erreichte das Erdbeben, das im Dezember 1988 das nördliche Armenien traf und die Stadt Spitak nahezu dem Erdboden gleichmachte.

Loma Prieta (1989): Das Erdbeben, das sich am 17. Oktober 1989 in der Bucht von San Francisco ereignete, erreichte eine Stärke von 7,1 auf der Richterskala. Obwohl das Epizentrum dieses Bebens knapp hundert Kilometer von San Francisco entfernt lag, entstanden auch dort verheerende Schäden.

Kobe (1995): Mit einer Stärke von 7,2 auf der Richterskala erschütterte das Erdbeben Japan. Allein in Kobe brachte es unzählige Häuser zum Einsturz und riss zahlreiche Straßen auf.

Kolumbien (1999): Mindestens 700 Tote und 4750 Verletzte forderte das Erdbeben, das am 25. Januar 1999 mit einer Stärke von 6,0 auf der Richterskala in Kolumbien wütete.

Türkei (1999): Da das zerstörerische Beben der Stärke 7,4 auf der Richterskala im Nordwesten der Türkei im August des Jahres 1999 sich nachts ereignete, konnten sich viele Menschen nicht mehr rechtzeitig aus ihren Häusern retten. Es kostete über 17.000 Menschen das Leben. Besonders stark betroffen waren die Städte Izmit, Gölcük, Adapazari und Yalova.

Indien (2001): Ein Erdbeben der Stärke 7,7 auf der Richterskala erschütterte im Januar 2001 die Provinz Gujarat im Nordwesten Indiens. Bei dem Unglück starben nach offiziellen Angaben mindestens 20.000 Tote, Schätzungen gehen jedoch von einer mindestens doppelt so hohen Zahl an Opfern aus.

Bam (2003): Am 26. Dezember 2003 wütete ein Erdbeben der Stärke 6,6 auf der Richterskala im irakischen Bam und kostete über 20.000 Menschen das Leben.

Lissabon 1755

Das Beben, das die Welt veränderte

Um 9.40 Uhr zu Allerheiligen 1755 ließ ein schweres Erdbeben mit einer geschätzten Stärke von 8,7 auf der Richterskala die Stadt Lissabon drei bis sechs Minuten lang erzittern und riss dabei meterbreite Spalten in den Boden. Das Stadtzentrum wurde großflächig verwüstet. An vielen Stellen der Stadt brachen Großfeuer aus. Die Menschen, die die zerstörenden Erschütterungen überlebt hatten, flüchteten in den Hafen, wo sich ihnen ein Bild des Schreckens bot: Das Meer war zurückgewichen und legte einen Meeresboden mit Schiffswracks und ehemals in Hafennähe verlorenen Waren frei. In Minutenschnelle begrub eine riesige Flutwelle, gefolgt von zwei weiteren kleineren Wellen, den Hafen unter sich, die die überall wütenden Feuer löschte, aber mit ihrem ungeheuren Anprall weitere Gebäude mit sich riss. Es folgten zwei Nachbeben, die je etwa zwei Minuten andauerten. In den nicht vom Tsunami betroffenen Gebieten – vor allem an der Algarve im Süden des Landes – richteten die Brände noch tagelang verheerende Zerstörungen an, ganze Städte wurden dem Erdboden gleichgemacht. Ungefähr 85% der Gebäude der Stadt wurden vernichtet, darunter die architektonisch herausragenden königlichen Paläste und Bibliotheken aus dem 16. Jahrhundert. Noch heute gemahnen die Ruinen des Convento do Carmo, das beim Wiederaufbau als Mahnmal im Zustand seiner Zerstörung belassen wurde, an das Beben. Allein in Lissabon und den umliegenden Dörfern und Kleinstädten kostete die Katastrophe etwa 90.000 Menschen das Leben. Weitere 10.000 Opfer gab es an der Mittelmeerküste im heutigen Marokko. Sofort begannen die Rettungs- und Wiederaufbaumaßnahmen. Truppen wurden zur Brandbekämpfung und zum Abtransport der Leichen aus der Stadt abgestellt.

Das Erdbeben, das sich über ein Gebiet von fast vier Millionen Quadratkilometern ausbreitete, hatte in ganz Europa spürbare Auswirkungen. So wurde die Südküste Englands von einer drei Meter hohen

„Das Erdbeben von Lissabon im Jahr 1755 hatte in ganz Europa spürbare Auswirkungen."

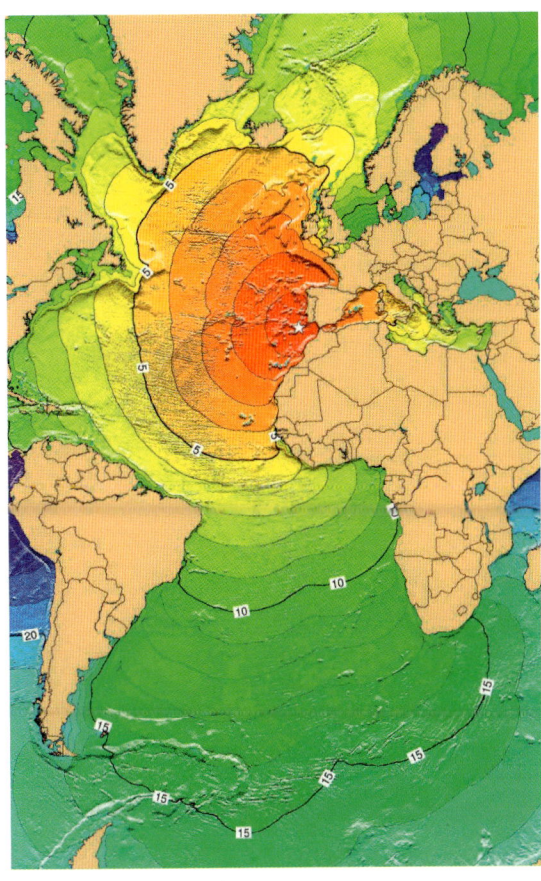

Das Convento do Carmo, ein ehemaliges Kloster des Karmeliterordens in Lissabon, wurde durch das Jahrhundertbeben 1755 zerstört und gemahnt heute noch als Ruine an dieses Ereignis. Heute werden das gotische Kirchenschiff und die Klostergebäude als archäologisches Museum und als Konzerthalle benutzt (gegenüberliegende Seite).
Das Erdbeben von Lissabon löste eine immense Tsunamiwelle aus, die noch in großer Entfernung verheerende Folgen mit sich brachte. Die Karte (Bild links) zeigt die Intensität des Tsunamis in Nord- und Südatlantik.

Flutwelle getroffen, im 1500 Kilometer entfernten Luxemburg brachten die Erdbebenwellen eine Kaserne zum Einsturz, die 500 Soldaten unter ihren Trümmern begrub. In Schweden und in den Niederlanden rissen die Wassermassen Schiffe aus ihren Vertäuungen, und in Schottland und in der Schweiz kam es zu plötzlich ansteigenden Wasserständen. 20 Meter hohe Flutwellen verwüsteten auch die Küste Nordafrikas. In Marokko kamen schätzungsweise 10.000 Menschen infolge des Bebens und der darauffolgenden Flut ums Leben. Die Wellen überquerten den Atlantik und überrollten Barbados und Martinique.

Der Wiederaufbau nach der Katastrophe unter dem portugiesischen Premierminister Marqués de Pombal (1699–1782) folgte Erdbeben- und Brandschutzaspekten. Es wurden breitere Straßen angelegt, und man versuchte, die Gebäude möglichst erdbebensicher zu konstruieren. Dazu wurden Holzmodelle errichtet, um die man Soldaten marschieren ließ, um die Erschütterungen zu simulieren. Aber nicht nur für den architektonischen Erdbebenschutz sowie für die literarische und

In der heutigen Stadtansicht von Lissabon lassen sich kaum noch Spuren des schrecklichen Erdbebens von 1755 entdecken (kleines Bild: zeitgenössischer Kupferstich der Feuerbrunst und des Hochwassers nach dem Beben). Die Igreja de Santa Engrácia (am linken Bildrand) überstand das Erdbeben relativ unbeschadet, während die aus dem 13. Jahrhundert stammende Igreja Santo Estêvão (vorne rechts) zwar fast vollständig zerstört, 1773 aber – nach neuen Plänen – wieder errichtet wurde.

philosophische Bewältigung, auch für die Erdbebenforschung war das Unglück anstoßgebend. Daten zum Verlauf des Erdbebens sowie zu seinen Vorzeichen und Auswirkungen wurden erfasst. Somit begründete das Erdbeben die Geburtsstunde der modernen Seismologie.

Bis heute sind die geologischen Ursachen des Bebens umstritten. Lissabon liegt inmitten einer tektonischen Platte, was Erdbeben eines solchen Ausmaßes ungewöhnlich macht. Auch liegt Portugal nicht in einer seismisch besonders aktiven Gegend. Theorien besagen, das Erdbeben sei auf die beginnende Bildung einer Subduktionszone im Atlantik zurückzuführen. Auch die Frage nach der genauen Lage des Epizentrums ist noch nicht abschließend geklärt. Als am wahrscheinlichsten gilt, dass das Epizentrum an dem Punkt gelegen ist, an dem die Gloria-Blattverschiebung (eine tektonische Verwerfung im Atlantik auf Höhe von Cádiz) und der Gibraltar-Sedimentkeil (eine keilförmige

Anhäufung abgetragenen Gesteinsmaterials, die sich westlich von Gibraltar in den Atlantik erstreckt) etwa 160 Kilometer südwestlich von Lissabon zusammenstoßen. An dieser Stelle entdeckten französische Forscher im Frühjahr 2005 Anzeichen für eine nicht mehr aktive Subduktionszone mit Strukturen einer zurückliegenden Verschiebung. Laut Berechnungen können sich durch hier entstehende Spannungen schwere Erdbeben ergeben. Die These wird durch Computerrekonstruktionen des Erdbebenverlaufs erhärtet.

Zwar kam es auch 1969 etwa 300 Kilometer von Lissabon entfernt zu einem Erdbeben der Stärke 7,9 auf der Richterskala, dennoch gilt die Gegend um Lissabon heute als kaum erdbebengefährdet. Zur Vorsorge für künftige Erdbeben wurden am Meeresboden Beobachtungspunkte angelegt, die Temperatur- und Druckschwankungen messen sollen, die auf Spannungen in der Erdkruste hinweisen könnten.

San Francisco 1906

Das große Beben

Bis zu diesem Tag war San Francisco eine durch den Goldrausch aufstrebende Metropole. Am 18. April 1906 um 5.12 Uhr Ortszeit jedoch erschütterte eines der schwersten Erdbeben in der Geschichte der USA Kalifornien und die Region entlang der San-Andreas-Verwerfung in 477 Kilometern in Nord- und Südrichtung.

Blitzschnell warf sich laut Augenzeugenberichten der Boden wie eine gewaltige Flutwelle auf. Die erste Erdbebenwelle dauert etwa 40 Sekunden, 10 Sekunden danach folgte eine weitere Erschütterung, die 25 Sekunden andauerte. Das Beben erschütterte die Küste Nordkaliforniens und war entlang der Küste von Oregon bis nach Los Angeles und im Landesinneren bis nach Nevada zu spüren.

In der Unterstadt San Franciscos blockierten herabgefallene Ziegel und eingestürzte Häuserfassaden die Straßen, teilweise hatten sich die Straßen- und Gehsteigpflaster angehoben und erschwerten das Durchkommen. Auch das prächtige, säulengezierte und kuppelgekrönte Rathaus der Stadt fiel in sich zusammen wie ein Kartenhaus.

Aber der Schrecken war nach den gewaltigen Erdbebenstößen noch nicht zu Ende, denn nicht nur das Erdbeben selbst richtete hier starke Schäden an, auch die hierdurch ausgelösten Brände, die in vielen Teilen der Stadt – ausgelöst durch verschüttete Kamine, Kurzschlüsse an beschädigten Stromleitungen oder zerstörte Gasleitungen – ausbrachen. Der Feuersog riss Dächer von den Häusern und trug sie wie Funken gen Himmel. Schon 15 Minuten nach dem Beben wurden rund 50 Brände gemeldet, bereits am Mittag des 18. April standen 2,6 Quadratkilometer des Stadtkerns in Flammen, die vier Tage und Nächte lang in der Stadt wüteten, in der zu dieser Zeit eine tödliche Stille herrschte. Da das Erdbeben auch das Wasserleitungsnetz der Stadt zerstört hatte, stand zudem kein Löschwasser mehr zur Verfügung. Die Feuerwehr versuchte der Flammen Herr zu werden,

„Augenzeugen berichten, dass sich der Boden blitzschnell wie eine gewaltige Flutwelle aufwarf."

indem sie Wasser aus den überfluteten Gräben, Abwasserkanälen und aus der Bucht pumpte. Die als Schutzmaßnahme gegen ein Übergreifen des Feuers geplanten Sprengungen von Feuerschneisen lösten teilweise weitere Brände aus.

Eine weitere Folge der Katastrophe waren im Chaos des Flammeninfernos stattfindende Plünderungen, Massenfluchten und Brandstiftungen verzweifelter Hausbesitzer an ihren eigenen Gebäuden, deren Versicherungen zwar Brand-, aber nicht Erdbebenschäden abdeckten. Verängstigte Menschen versuchten, aus ihren Häusern ihr Hab und Gut zu retten, andere suchten in den Trümmern der eingestürzten Häuser nach Angehörigen.

Nach der Katastrophe errichtete das Militär Notunterkünfte und übernahm die Versorgung Zehntausender Obdachloser. Als die Flammen endlich zum Erlöschen kamen, lagen mehr als zehn Quadratkilometer der Stadt, darunter das gesamte Finanz- und Geschäftsviertel sowie die meisten Wohngegenden, in Schutt und Asche. Allein in San

Ironie des Schicksals: Vor dem Chemiegebäude der Stanford University hat sich nach dem Erdstoß eine Statue kopfüber tief in den Zementboden gebohrt. Bei dem hier Verewigten handelt es sich ausgerechnet um Louis Agassiz (1807 bis 1873), einen Geologen, der sich zeit seines Lebens mit erdgeschichtlichen Vorgängen und den Bewegungen unter der Erdoberfläche beschäftigte.

Francisco kosteten das verheerende Erdbeben und seine Folgen laut offiziellen Angaben rund 3000 Menschen das Leben, in anderen Abschnitten der Bucht von San Francisco starben 189 Menschen. 520 Straßenzüge und rund 30.000 Gebäude wurden infolge des Bebens zerstört, etwa zwei Drittel der Stadt vernichtet. Rund 250.000 der 300.000 Einwohner San Franciscos wurden bei der Katastrophe obdachlos. Entlang des San-Andreas-Grabens, dessen Verschiebung die Beben ausgelöst hatte, wurden Wasserläufe, Landstraßen und Zäune um etwa fünf Meter verlagert.

Die Ursachen des katastrophalen Erdbebens, dessen Epizentrum sich neuesten Untersuchungen des United States Geological Survey (USGS) zufolge aller Wahrscheinlichkeit nach drei Kilometer von der Stadt entfernt im Meer nahe Mussel Rock an der Küste von Daly City, einem kleinen Vorort südlich von San Francisco, befand, lagen in einem Bruch der San-Andreas-Verwerfung, die mit einer Länge von 1300 Kilometern vom Saltonsee im Süden bis zum Kap Mendocino im Norden durch ganz Kalifornien verläuft. Die San-Andreas-Verwerfung, wo die Pazifische und die Nordamerikanische Platte ineinander verkeilt sind, riss über eine Länge von über 400 Kilometern von Fort Bragg in Nordkalifornien bis San Juan Bautista im Süden rückartig auf.

Noch während die Flammen in der Stadt wüteten, wurden Pläne zum Wiederaufbau entwickelt. Bis zur Panama-Pacific-Ausstellung 1915 war dieser beinahe abgeschlossen. Damit der Wiederaufbau möglichst schnell stattfinden konnte, wurden die Bauvorschriften gelockert. Dies hat bis heute Folgen: Viele der damals errichteten Gebäude stehen noch heute und bereiten den Experten Kopfzerbrechen. Man geht davon aus, dass selbst bei einem schwächeren Beben als 1906 große Teile der Stadt zerstört würden – mit Tausenden von Todesopfern. Heute jedoch hat die Stadt die strengsten Bauvorschriften der Welt, was bei einem Beben im Jahr 1989 Tausenden von Menschen das Leben rettete.

San Francisco in Schutt und Asche: Obdachlos Gewordene verlassen mit ihrem Hab und Gut die Stadt oder suchen Zuflucht in Notunterkünften, im Hintergrund ist das völlig zerstörte Rathaus zu erkennen. Das Epizentrum des Bebens lag nur 3 Kilometer vor der Stadt und die Auswirkungen waren etwa 500 Kilometer weit zu spüren (kleines Bild). Gegenüberliegende Seite: An der Ostseite der Howard Street (heute South Van Ness Avenue) in Nähe der 17. Straße kippten die Häuser wie Spielkarten nach links. Das große Haus in der Mitte wurde aus seinen Fundamenten gelöst und nur durch sein Nachbarhaus am Umkippen gehindert.

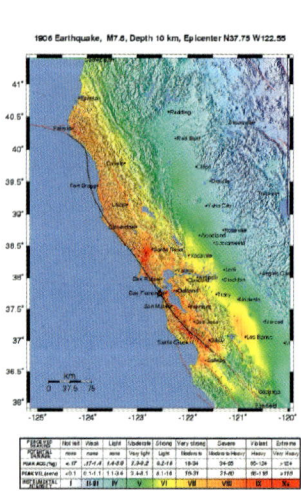

Dort, wo 1906 die Ruinen an Post und Grand Avenue das Bild beherrschten, befinden sich heute die quirligen Plätze rund um Union Square und Chinatown (gegenüberliegende Seite oben und unten). Die bereits im Jahr 1906 teure Wohngegend Nob Hill wurde durch das Erdbeben und die Feuersbrunst völlig zerstört (Bild oben), erstrahlt aber heute wieder in altem Glanz (Bild unten).

Tokio und Yokohama 1923

Die Fotografie zeigt den Blick auf das durch Erdbeben und Feuer zerstörte Tokio, in dem kaum noch eine Mauer auf der anderen stand und ein Großteil der Innenstadt unbewohnbar wurde.

Das Kanto-Beben

Der Tag, der Zerstörung und Schrecken über Tokio und die 27 Kilometer weiter südlich gelegene Hafenstadt Yokohama brachte, war der 1. September 1923. Nachdem der Himmel nach einem regnerischen und stark windigen Morgen aufgeklart hatte, legte sich außerhalb des Hochsommers eine drückende Hitze über die beiden Städte und die umliegenden Orte. Gegen Mittag schlossen die Ladenbesitzer ihre Geschäfte, und auch die Büroangestellten verließen zum Wochenende ihre Arbeitsplätze in Richtung der Badeorte und der Vergnügungsviertel. Kurz vor zwölf Uhr mittags wurden die Menschen von der Katastrophe überrascht: 80 Kilometer südlich von Tokio brach die Erdkruste entlang der Sagami-Bucht-Verwerfung auf. Das beinahe fünf Minuten andauernde Beben der Stärke 8,3 auf der Richterskala erschütterte einen breiten Streifen der Kanto-Ebene auf der japanischen Hauptinsel Honshu, auf der auch die beiden Großstädte liegen. Daher wird die Katastrophe auch als das große Kanto-Erdbeben bezeichnet. Durch das Erdbeben stürzten zahlreiche der leicht gebauten Holzhäuser ein. Die herabfallenden Mauerteile und Dachziegel stießen die zur Zubereitung der Mittagsmahlzeiten brennenden Holz- und Gasfeuerstellen um. Die hierbei entzündeten Papierfenster und -wände sowie die aus Binsen gefertigten Bodenmatten gingen in lodernden Flam-

„80 Kilometer südlich von Tokio brach die Erdkruste entlang der Sagami-Bucht-Verwerfung auf."

men auf. Aus Tausenden von einstürzenden Gebäuden stiegen gelbe Staubwolken gemeinsam mit den dichten Rauchschwaden der brennenden Bauten zum Himmel auf. Die dichte Bebauung und der starke Wind eines herannahenden Taifuns beschleunigten die Brandausbreitung. Rasend schnell breiteten sich die Feuer aus. Aber nicht nur die traditionellen japanischen Holzhäuser, auch viele Backsteinbauten konnten den Erdstößen nicht standhalten. Die Menschen, die nicht unter den Trümmern begraben wurden, versuchten in Todesangst, sich aus dem Flammenmeer auf die Straßen zu retten. Dort starben viele entkräftet und geschwächt von ihren starken Verbrennungen. Allein 30.000 Menschen kamen im Stadtbezirk Honjo beim Versuch ums Leben, auf dem Gelände eines Militärdepots Schutz zu suchen. Sie wurden von der Feuersbrunst eingeschlossen und starben qualvoll in den Flammen.

Das Erdbeben begleitete ein bis zu zwölf Meter hoher Tsunami, der von der Bucht aus über die Küste strömte und Trümmer und leblose Körper in die Stadt spülte. Der einsetzende Sturm peitschte eine vom Oberlauf des Sumida-Flusses ausgehende Flutwelle weit ins Land hinein und verteilte brennende Trümmer über die Ebene. Das gleißend helle Licht der riesigen Feuerwand erhellte die Nacht noch 15 Kilometer von der Stadt entfernt. Die überall schwelenden Brände konnten erst knapp zwei Tage später gelöscht werden, da das Erdbeben die Hauptwasserleitungen zerstört hatte. Etwa 300.000 Gebäude in Tokio wurden bei dem Feuer dem Erdboden gleichgemacht, zwei Drittel der Stadtfläche fielen einer vollkommenen Zerstörung zum Opfer. Allein moderne Stahlbetonbauten überstanden die Katastrophe. Die Höhe der Schäden wurde auf über eine Milliarde US-Dollar geschätzt. Etwa 1,9 Millionen Menschen wurden durch das Unglück obdachlos. Nach zahlreichen Nachbeben kam die Region endlich zur Ruhe. Yokohama und große Bereiche Tokios lagen in Schutt und Asche. Das Beben forderte über 140.000 Todesopfer.

Tödliches Erdbeben

Mitten in der Nacht wurden die Bewohner der nordchinesischen Stadt Tangshan durch eine merkwürdige Himmelserscheinung geweckt: Über den ganzen Himmel verteilt, flammten rätselhafte weiße und rote Lichter, die noch in einer Entfernung von 300 Kilometern zu sehen waren. Kurz darauf, um 3.42 Uhr, bebte die Erde. Augenblicklich fielen in der ganzen Stadt 650.000 Häuser – zu einem großen Teil aus Ziegeln oder Lehm gebaut – in sich zusammen, Menschen wurden gegen die Decken ihrer Wohnungen geschleudert. Die Bewegung der nur elf Kilometer unter der Stadt verlaufenden Verwerfung schloss die Bergleute, die in den Kohlebergwerken von Tangshan in der Nachtschicht arbeiteten, unter Tage ein. Die Erschütterungen wurden durch die weichen Flusssedimente, auf denen die Stadt erbaut worden war, verstärkt, was zu einem größeren Nachgeben des Bodens führte.

Die dicht bevölkerte Metropole hatte sich innerhalb weniger Sekunden in einen von einer dichten Staubwolke umgebenen Schutthaufen verwandelt. Eine unerträgliche Hitzewelle brachte erstickende Luftfeuchtigkeit und Dauerregen, der Abflussrinnen, Abwasserkanäle und Toiletten zum Überlaufen brachte.

50 Quadratkilometer und damit 90% des Stadtgebiets wurden zerstört. Nur wenige der Einwohner der einstmals blühenden Industrie- und Bergbaustadt blieben vom Erbeben, das eine Stärke von 8,3 auf der Richterskala erreichte, verschont.

Etwa 86% der Einwohner waren unter den Trümmern der vernichteten Stadt verschüttet, aber nur 16% erlitten dabei tödliche Verletzungen. 300.000 Menschen konnten sich ins Freie retten, Hunderttausende konnten aus den eingestürzten Häusern befreit werden, ein Zehntel der Einwohner kam jedoch in den Trümmern ums Leben. Da die Krankenhäuser zerstört waren, mussten Ärzte und Schwestern, teilweise selbst verletzt, die Verletzten

„Mit etwa 650.000 Toten war das Beben das verheerendste des 20. Jahrhunderts und nach Shaanxi 1556 das Beben mit den meisten Todesopfern."

rund um die Uhr inmitten der Ruinen mit Behelfsinstrumenten versorgen. Da die Leichen nicht schnell genug begraben werden konnten und die sanitären Bedingungen immer schlechter wurden, breiteten sich in den Notlagern Epidemien wie Ruhr, Typhus und Enzephalitis aus. Bis ausreichende Vorräte an Nahrungsmitteln, Wasser, Arzneimitteln und Kleidung die Stadt erreichten, vergingen Tage.

Nicht nur die Stadt Tangshan wurde vom Erdbeben, dessen Herd direkt unter der Stadt lag, nahezu vollkommen dem Erdboden gleichgemacht. Auch in Tjanjin und dem 140 Kilometer entfernten Peking kam es zu starken Schäden. Hier brachen einige ältere Gebäude in sich zusammen, uberall in der Stadt öffneten sich klaffende Risse, und viele der 7,6 Millionen Einwohner der Hauptstadt flohen aus ihren Häusern auf die Straßen, wo es Trümmer und Fensterglasscherben auf sie herabregnete. 700.000 Menschen kampierten in Angst vor herabbrechenden Gebäudeteilen in Zelten im Freien.

Monate später begann man mit den Wiederaufbauarbeiten. Selbst unter dem Einsatz zahlreicher Arbeitskräfte und gewaltiger Mengen an Material dauerten sie zehn Jahre.

Mit geschätzten 650.000 Todesopfern war das Erdbeben in Tangshan in der chinesischen Provinz Hebei das verheerendste des 20. Jahrhunderts und nach dem Erdbeben in Shaanxi im Jahr 1556 das Beben mit den meisten Todesopfern.

Beim Erdbeben in Tangshan gab die Chengli-Brücke nach und fiel in sich zusammen (großes Bild). Das Beben mit einer Stärke von 8,3 auf der Richterskala ereignete sich in unmittelbarer Nähe der Stadt, sein Epizentrum lag 22 Kilometer unter der Erdoberfläche.

Alaska 1964

Es war am Karfreitag, dem 27. März 1964, als sich das mit einer Stärke von 9,2 auf der Richterskala bis dahin stärkste je in Nordamerika gemessene Erdbeben ereignete. Um 17.36 Uhr vernichtete das Beben mit der 12.000-fachen Kraft der Hiroshimabombe über eine Distanz von 800 Kilometern nahezu alle Küstenorte und -streifen im Süden Zentralalaskas. Die Verwerfungen waren in einem Umfang von etwa 250.000 Quadratkilometern zu beobachten. Auch die nördliche Pazifikküste war von den Verwüstungen des Bebens betroffen. Dessen Epizentrum lag etwa 130 Kilometer südöstlich von Anchorage und etwa 60 Kilometer westlich von Valdez am Prince William Sound. Der 1000-Einwohner-Ort wurde in kürzester Zeit von einem dem Erdbeben folgenden Tsunami verwüstet. Die riesige Wasserwand hatte die Hafenanlage mit sich ins offene Meer gerissen und 30 Einwohnern das Leben gekostet. In Anchorage sackten ganze Straßenzüge mitsamt den umliegenden Gebieten um mehrere Meter ab. Im Fischerort Kodiak auf der gleichnamigen Insel fiel die Hälfte der Fischfangflotte den meterhohen Flutwellen zum Opfer. Die Erdstöße machten sich in ganz Nordamerika bemerkbar. Selbst im texanischen Houston und am Cape Canaveral in Florida wurde der Boden angehoben, und noch in Kalifornien brachen Gebäude unter der Wirkung des Bebens zusammen. Die Flutwellen im Pazifik überfluteten die Strände von Hawaii, Japan und die Westküste der USA. Insgesamt forderten das Erdbeben und der folgende Tsunami 121 Todesopfer. Dass nicht mehr Tote zu beklagen waren, ist der schwachen Besiedlung Alaskas zu verdanken. Die Sachschäden betrugen Schätzungen zufolge etwa 500 Millionen US-Dollar.

Die Hauptstraße Fourth Avenue in Anchorage ist zerstört (Bild links unten): Das Karfreitagsbeben entstand in den Chugach Mountains (Bild oben), einem Gebirge, das über einer Subduktionszone entstanden ist und auch heute noch oft von Erschütterungen heimgesucht wird. Glücklicherweise lösten sich bei dem Beben kaum Schneemassen, sodass Lawinen oder ähnliche Folgen weitgehend ausblieben. Alaska, dessen Landschaft im Süden von den Bergen der Alaskakette, den Wrangell Mountains und der Eliaskette dominiert wird, ist geologisch instabiles Gebiet, da die Bewegungen der Pazifischen Platte die gesamte Südküste zu einem Teil des Pazifischen Feuerrings machen.

PRINCE WILLIAM SOUND, ALASKA

Los Angeles 1994

Das Northridge-Beben

Als ein Erdbeben einer Magnitude von 6,7 auf der Richterskala am 17. Januar 1994 um 4.30 Uhr Ortszeit die Gemeinde Northridge im San Fernando Valley etwa 31 Kilometer nordwestlich des Stadtzentrums von Los Angeles erreichte, zeigte sich auf tragische Weise, dass die bis dahin als seismisch gut vorbereitet geltende Stadt trotz aller Vorkehrungen den Naturgewalten nicht zu trotzen imstande war.

Das Northridge-Erdbeben, dessen Epizentrum mit einem Hypozentrum in 17 Kilometern Tiefe in Reseda lag, belehrte die Experten eines Besseren, verursachte ausgedehnte Schäden und forderte zahlreiche Menschenleben.

12.500 Gebäude wurden zerstört, zehn Brücken und drei große Freeways wurden unpassierbar. Das Erdbeben verursachte selbst an modernen Stahlbetonbauten enorme Schäden, ältere Ziegelbauten waren so schwer beschädigt, dass sie abgerissen werden mussten. Besonders der Campus der California State University, der im Epizentrum des Bebens lag, erlitt schwere Beschädigungen.

Bis in eine Entfernung von 125 Kilometern waren Schäden zu verzeichnen, die meisten davon im Westen des San Fernando Valleys sowie in Santa Monica, Santa Clarita und Simi Valley. In einer Entfernung von 32 Kilometern wurden Autobahnen beschädigt. Neben den Schäden durch die ausgeprägten Schüttelbewegungen und die starke Bodenbeschleunigung verursachten auch Erdrutsche und Feuer durch beschädigte Gasleitungen und gasbetriebene Warmwassergeräte Zerstörungen. Bei dem Erdbeben kamen 57 Menschen ums Leben, mehr als 9000 wurden verletzt. Als Reaktion darauf wurden die Bauvorschriften für diese Region überarbeitet, ein Gesetz zur erdbebensicheren Befestigung von Warmwassergasheizungen erlassen und Straßenüberführungen gegen Erdstöße verstärkt.

„Trotz aller Vorbereitungen konnte Los Angeles den Naturgewalten nicht viel Widerstand entgegensetzen."

Auch stabil gebaute Apartmenthäuser wie hier in Los Angeles können einem starken Erdbeben nicht immer standhalten (großes Bild). Die weitgehenden Schäden durch das Northridge-Erdbeben (kleines Bild) zeigten der als gut vorbereitet geltenden Stadt ihre Schwachstellen bei der Erdbebensicherheit von baulichen Konstruktionen.

Schlechte Bewältigung

Im Lauf der Geschichte hatte Japan, das in einer der aktivsten Erdbebenzonen der Welt liegt, unter zahlreichen verheerenden Erdbeben zu leiden. Die Sensibilisierung für die Gefahr führte dazu, dass japanische Ingenieure darum bemüht sind, die erdbebensichersten Gebäude der Welt zu bauen. So war man in Japan sicher, dass die Auswirkungen eines Bebens wie die des Northridge-Bebens ein Jahr zuvor in Los Angeles hier nicht die gleichen Zerstörungen anrichten würden. Man hatte sich getäuscht – die vermeintliche Sicherheit erwies sich als trügerisch.

Am ersten Jahrestag des Erdbebens von Northridge bewies ein gewaltiges Erdbeben in der Gegend der Hafenstadt Kobe und der benachbarten Präfekturen von Hyogo und Osaka die Verletzlichkeit selbst einer modernen Industriestadt gegenüber den Gewalten der Natur. Kobe liegt direkt über der Arima-Takatsuki-Verwerfung. Das Epizentrum des Bebens lag etwa 20 Kilometer südwestlich vom Stadtzentrum entfernt in der Straße von Akashi, die Bewegung der Verwerfung hatte sich jedoch bis unter die Stadt ausgedehnt. In der Gegend trifft die Eurasische auf die Philippinische Platte. Da die Stadt, die auf einem schmalen Landstreifen an der Bucht von Osaka errichtet wurde, auf einem lockeren, durchfeuchteten Sediment steht, wurde die Wirkung der seismischen Wellen verstärkt.

Das Beben der Nojima-Spalte begann am 17. Januar 1995 um 5.46 Uhr Ortszeit und richtete in nur 20 Sekunden entsetzliche Schäden in der 1,5-Millionen-Stadt an. Über 100.000 zerstörte und fast eine halbe Million schwerwiegend beschädigte Gebäude, über 5000 Tote und 44.000 Verletzte waren die düstere Bilanz. Das Erdbeben der Stärke 7,2 auf der Richterskala löste unmittelbar über hundert Brände aus und machte 300.000 Menschen obdachlos. Die meisten Leben kostete der Einsturz älterer Holz- und Stuckhäuser mit Tonziegeldächern, aber auch modernere Häuser fielen in sich zusammen, da der Boden unter ihnen weg-

„Das Epizentrum des Bebens lag etwa 20 Kilometer südwestlich vom Stadtzentrum Kobes entfernt."

sackte. Ebenso stürzten auch U-Bahn-Tunnel in sich zusammen und ließen die darüberliegenden Straßen absacken. Die Tatsache, dass Büros und Firmen aufgrund der frühen Uhrzeit des Bebens unbesetzt, die Straßen, Plätze und Geschäfte weitgehend leer waren, konnte Schlimmeres verhindern. Auch in der Umgebung von Osaka richtete das Erdbeben beträchtliche Schäden an.

Die Auswirkungen auf die Infrastruktur waren immens. So knickten die Pfeiler der Hanshin-Autobahn wie Strohhalme weg, und die Straße, die durch

In dramatischer Weise machten sich die Zerstörungen des Erdbebens von Kobe im Stadtbild bemerkbar (Bild oben). Auch an der Hamate-Umgehungsstraße (Bild unten) waren nach den Beschädigungen durch das Erdbeben aufwendige Renovierungsarbeiten nötig.

mehr als einen Meter tief ab. Die Wucht des Erdbebens hob den Pier im Containerhafen um 1,5 Meter an, alle 35 Containerliegeplätze waren lahmgelegt.

Aufgrund des hohen Grundwasserspiegels schossen durch die heftigen Erschütterungen riesige Fontänen aus Wasser und Erde in die Luft. Viele Gas- und Wasserleitungen sowie Abwasserkanäle wurden zerstört. Der entstehende Wassermangel begünstigte die Ausbreitung von Bränden, die im Uferbezirk und im dicht besiedelten Zentrum der Stadt wüteten. Zudem waren die Zisternen der Stadt nach einem regenarmen Sommer nicht mehr aufgefüllt worden. So verbreiteten sich 48 Stunden lang mindestens ein Dutzend Großfeuer und zerstörten dabei ganze Bezirke. Wo es nur möglich war, verließen die Menschen fluchtartig und von Panik ergriffen die Stadt, ihr Hab und Gut ebenso zurücklassend wie vermisste Angehörige und Freunde.

Das Katastrophenmanagement der japanischen Regierung nach dem Beben geriet zunehmend in die Kritik. Weil die Rettungsmannschaften unzureichend ausgerüstet waren, konnten einige der Verschütteten erst nach fünf Tagen gerettet werden. Wasser, Nahrungsmittel, Medikamente, Verbandsmaterial, Decken und Zelte erreichten tagelang nicht und später nur in unzureichenden Mengen das Krisengebiet. Die Krankenhäuser waren hoffnungslos überlastet, Notunterkünfte waren knapp, und viele Menschen mussten die Nächte bei Minustemperaturen im Freien verbringen. Auch das Zögern der Regierung, Hilfe aus dem Ausland anzunehmen, wurde stark kritisiert. Der wirtschaftliche Schaden war immens. Zwar erhielt die Stadt beim Wiederaufbau eine noch erdbebensicherere Infrastruktur, viele Industriezweige konnten sich jedoch auch langfristig nicht erholen.

Schwer vom Erdbeben in Kobe betroffen war der Stadtbezirk Chuo-ku. Hier richtete das Erdbeben verheerende Schäden an. In den verlassenen Straßenzügen kam es nach dem Erdbeben rund um die Vergnügungsmeile Higashimongai zu vereinzelten Plünderungen.

das Kobe-Osaka-Gebiet verläuft, brach auf einer Länge von etwa fünf Kilometern ein. Autos, Busse und Laster, die zu dieser Zeit die Straße befuhren, stürzten wie Spielzeugfahrzeuge von der Fahrbahn. Auch Überführungen und Eisenbahnbrücken brachen infolge des Erdbebens zusammen. Alle großen Verkehrswege, die Westjapan mit dem restlichen Land verbanden, waren durchtrennt. Gehsteige und Straßen rissen auf und senkten sich

„Weil die Rettungsmannschaften unzureichend ausgerüstet waren, konnten Verschüttete erst nach fünf Tagen gerettet werden. Wasser, Nahrungsmittel und Medikamente erreichten tagelang nicht oder nur in unzureichenden Mengen das Krisengebiet."

Erdbeben in der jüngsten Vergangenheit

Izmit 1999

Als am 17. August 1999 um 3.02 Uhr Ortszeit ein Erdbeben der Stärke 7,4 auf der Richterskala die Türkei traf, kam dies nicht ganz unerwartet. Schon seit 1979 gilt das Gebiet als eine Zone erhöhter seismischer Aktivität. Der Herd des Erdbebens lag in einer Tiefe von ungefähr 17 Kilometern etwa 90 Kilometer südöstlich von Istanbul und etwa elf Kilometer von der Industriestadt Izmit entfernt. Die Lage des Landes an den Plattengrenzen begünstigt die Wahrscheinlichkeit von Erdbeben in diesem Bereich. Erdbebenursache waren Verschiebungsprozesse der anatolischen Mikroplatte, die zwischen der Europäischen und der Asiatischen Kontinentalplatte im Norden eingeklemmt ist. Während das Zentralgebiet der Türkei mit einer Geschwindigkeit von zwei bis drei Zentimetern jährlich nach Westen wandert, hängt ein Teil des Randgebiets an der Eurasischen Platte und ist dort an der nordanatolischen Verwerfung verhakt, die sich etwa 1500 Kilometer vom Van-See in der Osttürkei bis in die Marmararegion im Westen erstreckt. In dieser Störungszone lag der Erdbebenherd.

Die desaströsen Erschütterungen machten die am südöstlichen Rand des Marmara-Meers liegenden Städte Izmit, Yalova und Gölcük zu Trümmerfeldern. Binnen kürzester Zeit wurden entlang des Küstenstreifens von Gölcük bis Yalova zahlreiche Straßen und Brücken sowie Hafenanlagen zerstört und die Strom- und Wasserversorgung zeitweise lahmgelegt. Die Autobahn zwischen Adapazari und Istanbul wurde durch Brüche und Risse von bis zu einem Meter Breite schwer beschädigt. Als eine Autobahnbrücke einstürzte, raste ein Reisebus mit voller Geschwindigkeit in die Trümmer, wobei zehn Menschen das Leben verloren.

Das Hauptbeben sowie Hunderte von Nachbeben forderten über 17.200 Todesopfer, 44.000 Menschen wurden verletzt, eine halbe Million Menschen verloren durch das Beben ihr Obdach.

Eine der Hauptursachen der immensen Gebäudeschäden war die mangelnde Tragfähigkeit des Baugrunds. Die dramatischen Opferzahlen waren auch der Tatsache geschuldet, dass die Marmararegion als eine der Hauptindustrieregionen der Türkei die höchste Bevölkerungsdichte des Landes aufweist. Zudem war der größte Teil der Gebäude nicht erdbebensicher gebaut – eine geringe Bauqualität führte zu zahlreichen Totaleinstürzen –, auch waren die Bauvorschriften oftmals fahrlässig umgangen worden.

Kaschmir 2005

Am 8. Oktober 2005 kurz vor 9.00 Uhr Ortszeit erlebte Pakistan die schwerste Naturkatastrophe seiner Geschichte. Insgesamt war ein Gebiet von 30.000 Quadratkilometern von den Auswirkungen eines Erdbebens betroffen. Die Zerstörungen umfassten Nordpakistan, Afghanistan und Nordindien. Das Zentrum des Erdbebens lag rund 100 Kilometer nordöstlich von Islamabad in der von Pakistan verwalteten Region Asad Kashmir nahe der Regionalhauptstadt Muzaffarabad.

In diesem Gebiet schiebt sich die Indische Platte mit einer Geschwindigkeit von ungefähr 8 Zentimetern pro Jahr auf das asiatische Festland. Beim Erdbeben tat sich ein etwa 100 Kilometer langer

Das mithilfe von Satellitenradarbildern erzeugte Interferogramm des Erdbebens von Izmit dient der Feststellung von Oberflächendeformationen oder -veränderungen während und nach dem Erdbeben vom 14. August 1999. Jede der Farbkonturen steht für etwa 70 Millimeter horizontaler Bewegung. Die nordanatolische Verwerfung bewegte sich dabei mehr als 2,5 Meter.

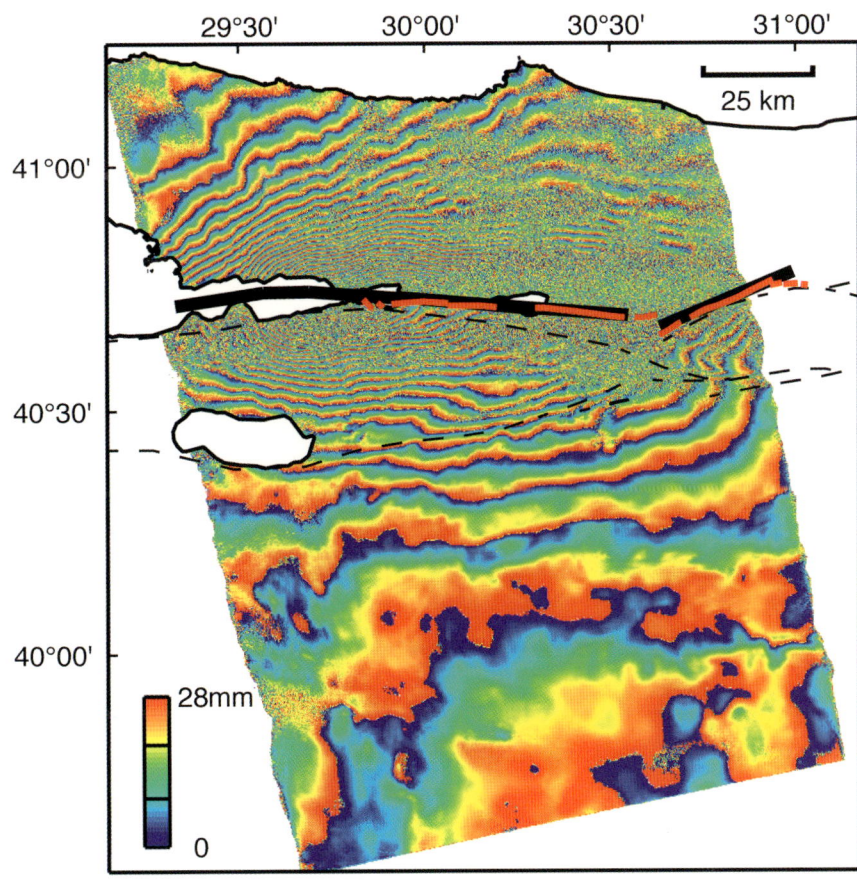

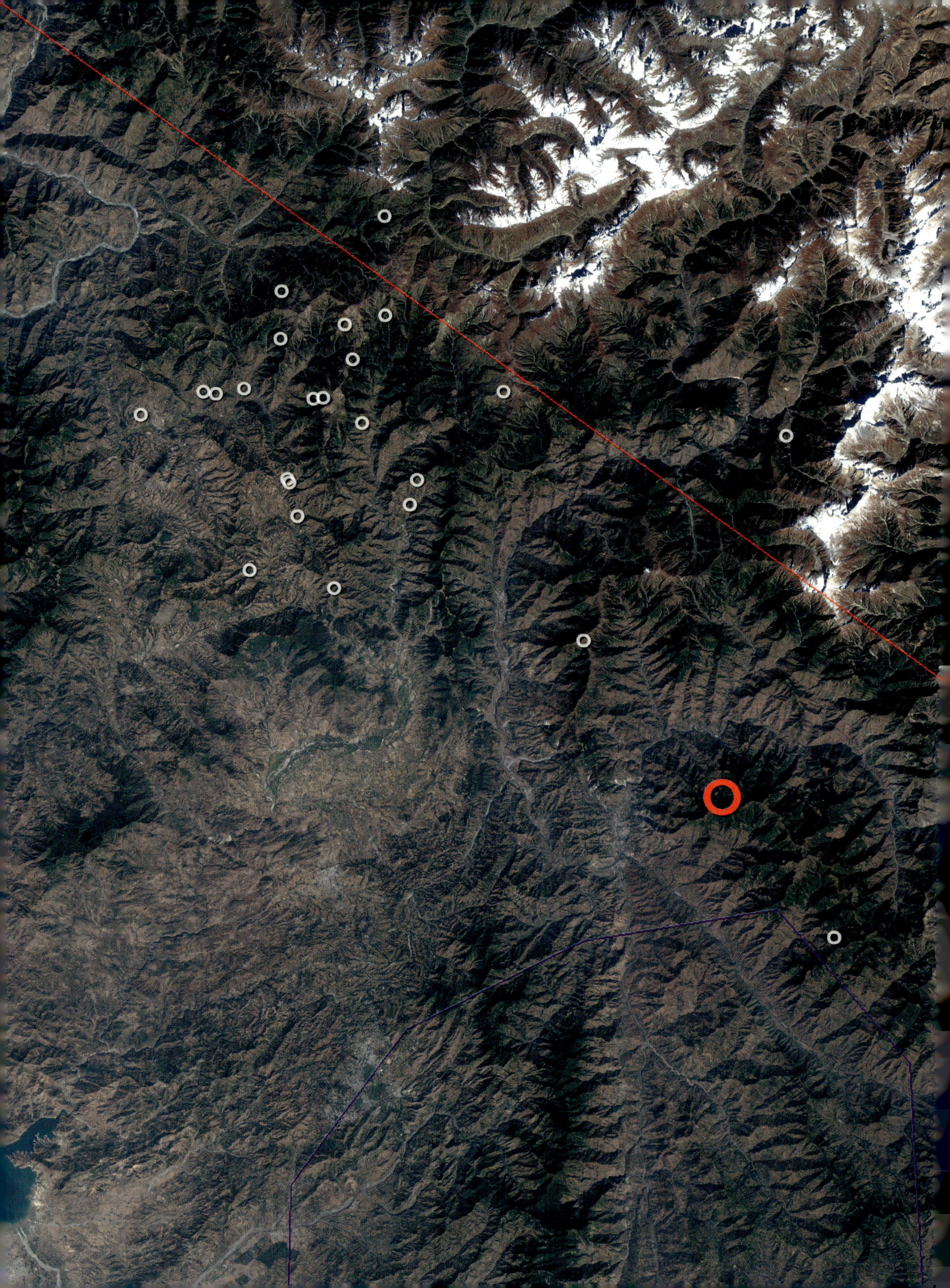

Bruch auf. Zahlreiche Dörfer entlang dieser Bruchzone wurden buchstäblich dem Erdboden gleichgemacht. In vielen Orten Pakistans bot sich ein Bild
des Schreckens: Hochhäuser gerieten ins Schwanken, Menschen liefen in Panik auf die Straßen und
vor allem in ländlichen Gebieten, die die Hilfskräfte erst spät erreichten, suchten Verzweifelte mit
bloßen Händen unter den Trümmern der eingestürzten Häuser nach Angehörigen. Über 3,5 Millionen Menschen wurden durch das Beben obdachlos. Viele der Überlebenden mussten die Nacht bei
eisigen Temperaturen unter freiem Himmel verbringen.

Bei dem verheerenden Erdbeben kamen nach offiziellen Angaben allein im pakistanischen Teil der
Region Kaschmir über 30.000 Menschen ums
Leben, 11.000 in der Provinzhauptstadt Muzaffarabad. Aber auch in Indien und Afghanistan kostete das Beben Hunderte Menschen das Leben.

Peru 2007

Ein Schicksalstag für Peru war der 15. August 2007:
An der Küste des südamerikanischen Andenstaates
begann um 18.40 Uhr Ortszeit ein etwa zwei Minuten andauerndes Erdbeben, dessen Hypozentrum
sich etwa 145 Kilometer südöstlich von Lima in
einer Tiefe von etwa 41 Kilometern im Meer nahe
der Küste Zentralperus befand. Es lag in einer
Zone, in der sich die Nazca-Platte unter die Südamerikanische Platte schiebt. Die beiden Platten
bewegen sich jährlich 78 Millimeter aufeinander
zu. Daher war die peruanische Küste in ihrer
Geschichte schon häufig von teils starken Erdbeben betroffen.

Allerorts eingestürzte Häuser, auf den Straßen
liegende Leichen, hoffnungslos überfüllte Krankenhäuser, dazu Wassermangel und die Unterbrechung
der Kommunikationswege – das waren die Schre-
ckensmeldungen in der etwa 260 Kilometer
südöstlich von Lima gelegenen 130.000-Einwoh-
ner-Stadt Pisco, die bei dem Beben zu mehr als
zwei Dritteln zerstört wurde. Allein hier starben
mehr als 200 Menschen. In der 160.000-Einwoh-
ner-Stadt Ico stürzten eine Kirche und Dutzende
von Häusern ein, und es gab keinen Strom mehr.
Auch die Hauptstadt Lima, in der sich die Erdbebenschäden noch in Grenzen hielten, wurde vom
Chaos ergriffen. Tausende liefen in Panik aus Woh-

nungen und Bürogebäuden auf die Straßen, Fensterscheiben gingen zu Bruch, und das Telekommu-
nikationsnetz brach zusammen. Die Erschütterungen waren auch in Ecuador, Kolumbien, Brasilien
und Bolivien zu spüren.

Aufgrund der Stärke der Erdstöße gaben die Behörden Tsunamialarm unter anderem für Peru, Ecuador, Kolumbien und Chile sowie für Mexiko und
Mittelamerika und ordneten die Evakuierung von
Küstengebieten in Peru und Kolumbien an. Nach
einigen Stunden wurde die Warnung jedoch
zurückgenommen.

Insgesamt forderte das Erdbeben mehr als 510 Tote
und 1600 Verletzte. Über 85.000 Gebäude wurden
bei dem Erdbeben zerstört.

Die Satellitenaufnahme des Erdbebens in Nordpakistan am 8. Oktober 2005 (gegenüberlie-gende Seite) zeigt die rot ein-gezeichnete Plattengrenze zwi-schen der Indischen und der Asiatischen Platte, der Erdbe-benherd ist rot eingekreist, die Nachbeben an den Plattenrän-dern weiß. Auch das Erdbeben in Peru hatte verheerende Zer-störungen in zahlreichen Gegenden zur Folge (Bild links). Die humanitären Einsatzkräfte der US Air Force bahnen sich ihren Weg durch die erdbeben-zerstörten Straßen von Pisco in Peru. Die medizinische Hilfe der Einsatztruppen kam während ihres Einsatzes mehr als 1500 Menschen zugute (Bild oben).

Haiti (2010)

Am 12. Januar 2010 um 16.53 Uhr Ortszeit erschütterte ein Erdbeben mit der Stärke 7,0 den Inselstaat Haiti. Stärkste Zerstörungen erlitt die Hafenstadt Léogâne, 30 Kilometer westlich von Port-au-Prince, mit einem Zerstörungsgrad von 90%. Die meisten Toten, Verletzten und Obdachlosen waren jedoch in der Hauptstadt Port-au-Prince und ihren Vororten zu beklagen. Laut offiziellen Angaben kamen in Haiti, einem der ärmsten Länder der Welt, über 200.000 Menschen ums Leben, 300.000 Menschen wurden verletzt, mindestens 1,5 Millionen verloren ihr Obdach. Bei der Katastrophe wurden Teile von Port-au-Prince dem Erdboden gleichgemacht. Unter den Tausenden von zerstörten Gebäuden befanden sich auch die katholische Kathedrale, der Präsidentenpalast und die UN-Vertretung. Unmittelbar nach dem Erdbeben erhob sich eine Staubwolke über Port-au-Prince, Autos wurden in die Luft geschleudert, und die an Hängen erbauten Hütten der Slums rutschten zu einem Großteil ab. In der Stadt herrschten unmittelbar nach dem Beben chaotische Verhältnisse. Desorientiert und in Panik liefen die Menschen schutzsuchend auf die Straßen, die Helfer suchten meist mit bloßen Händen und beim Licht von Taschenlampen nach den Verschütteten. Bei Einbruch des Morgens waren die Straßen der Hauptstadt mit Leichen übersät. Da sich das Erdbeben eine Stunde vor Einbruch der Dunkelheit ereignete, kein Katastrophenplan existierte, die medizinische Infrastruktur mitbetroffen war und viele Strom- und Telefonnetze zusammenbrachen, wurde die Rettung der Verschütteten erschwert. Auch viele Wasserversorgungssysteme brachen zusammen. Aufgrund des desolaten Gesundheitssystems konnten viele Verletzte nur unzureichend versorgt werden, und es herrschte Medikamentenknappheit. Auch die innere Sicherheit in der Krisenregion war bedroht. Vielerorts kam es zu Gewalttaten und Plünderungen. Die Lebensmittelausgabe musste wegen Überfällen auf die Hilfstransporte zeitweise eingestellt werden. Medizinische Hilfe, Maschinen für Räumungsarbeiten sowie Hilfsgüter wie Lebensmittel, Trinkwasser, Matratzen und Decken kamen am Tag nach dem Beben zuerst aus der Dominikanischen Republik, wenig später auch aus anderen Länder wie etwa den USA und Frankreich. Weltweit rollte eine finanzielle Hilfswelle an.

Erdbebenschutz

Erdbebenvorhersage

Verschiedene Gebiete der Erde werden immer wieder von Erdbeben heimgesucht. Die Erde bebt, Gebäude stürzen ein, Menschen fliehen in Panik schutzsuchend ins Freie. Erdbebenregionen sind häufig unbewohnte Gebiete, und die hier durch die Erdstöße verursachten Schäden sind begrenzt. In bewohnten Gebieten und vor allem in Ballungsgebieten wie Tokio, San Francisco, Istanbul oder Mexico City sind die Beben jedoch schlimme Katastrophen. Erdbeben größeren Ausmaßes haben immer wieder verheerende Auswirkungen. Sie können innerhalb weniger Sekunden ganze Städte dem Erdboden gleichmachen und Tausende von Opfern fordern. Um das Ausmaß der Zerstörung zu begrenzen, bemüht sich die Forschung um die Ergründung der Erdbebendynamik und die Verbesserung von Vorhersagen und Schutzvorkehrungen.

Immer wieder verursachen Erdbeben hohe volkswirtschaftliche Schäden und kosten zahlreiche Menschenleben. Daher sind Vorhersagen und Frühwarnsysteme wichtig. Ein Beispiel hierfür sind geologische Methoden wie die Datierung alter Verwerfungen mithilfe der Radiokarbonmethode. Wissenschaftler versuchen, aus der Zeitabfolge von Erdbeben an einer bestimmten Stelle Rückschlüsse auf die Perioden der Wiederkehr eines Bebens zu erhalten. So gelang es zum Beispiel, für die südwestlich von Tokio gelegene Tanawa-Verwerfung eine Wiederholungsrate von etwa 700 (plus/minus 80 Jahren) zu berechnen. Die Voraussetzung hierfür ist das Vorliegen detaillierter Informationen über die Erdbebengeschichte einer Region.

Frühwarnsysteme sind jedoch aufgrund des wirtschaftlichen Schadens durch Produktionsausfälle sowie aufgrund von möglichen Massenhysterien bei falschen Vorhersagen nur dann sinnvoll, wenn ein Beben räumlich wie zeitlich sehr genau vorhergesagt werden kann. Zudem sind zeitlich und räumlich exakte Erdbebenvorhersagen nach dem heutigen Stand der Wissenschaft noch nicht realisierbar. Allein eine Wahrscheinlichkeitsangabe für das Bevorstehen eines Erdbebens in einer Gegend ist möglich.

Immerhin sind Vorläuferphänomene bekannt, die sich zum Beispiel in geophysikalisch messbaren Größen (Erdbodenneigung, Veränderungen im Erdmagnetfeld, seismische Geschwindigkeit) messen lassen oder sich auf Beobachtungen wie veränderte Pegelstände von Brunnen oder Verhaltensauf-

„Zeitlich und räumlich exakte Erdbebenvorhersagen sind nach dem heutigen Stand der Wissenschaft noch nicht realisierbar."

Das richtige Verhalten bei Erdbeben in den gefährdeten Gebieten zeigen Informationskampagnen mit Flugblättern und Schulungen. Vor allem in Kalifornien wird regelmäßig der Ernstfall geprobt.

fälligkeiten von Tieren stützen. Eine neue, in den USA entwickelte Vorhersagemethode basiert darauf, Spannungsvergrößerungen in der Erdkruste zu messen. Immer wieder lassen sich Beispiele für Erfolge der Erdbebenvorhersage verzeichnen. So sagten etwa chinesische Forscher 1975 aufgrund von Vorbeben ein Erdbeben der Stärke 7,3 bei Haicheng voraus. 90.000 Einwohner der Stadt konnten daraufhin zwei Tage vor Eintreten des Bebens evakuiert werden, das 90% der Gebäude beschädigte oder zerstörte. Immer noch sind Vorhersagen jedoch schwierig.

Katastrophenmanagement

Das Erdbeben in San Francisco zeigte, wie wichtig ein vorausschauend geplantes Katastrophenmanagement ist. Hier müssen Vorkehrungen für den unmittelbaren Zeitraum nach einer Erdbebenkatastrophe getroffen werden. Die Voraussetzung bildet die seismische Überwachung sensibler Punkte auf der Weltkarte. Erdbebenwarnsysteme erfassen mittels Seismografen die Geschwindigkeit seismischer Wellen, werten diese aus und lösen eine Warnung aus.

Frühwarnsysteme reagieren schon innerhalb weniger Sekunden nach den ersten Erdstößen. Da die Erdbebenwellen eine gewisse Zeit für ihre Ausbreitung benötigen, können hier sehr schnell Warnungen etwa über das Fernsehen, Radio oder Mobiltelefone ausgegeben werden, um betroffene Gebiete zu evakuieren. Schon wenige Minuten nach einem Erdbeben können die Orte genannt werden, die den schlimmsten Erschütterungen ausgesetzt und die voraussichtlich gravierendsten Schäden zu erleiden haben werden. Auf diese Weise können Rettungskräfte gezielt dort agieren, wo sie besonders nötig gebraucht werden.

Auch Systeme, die kritische Anlagen im Katastrophenfall abschalten, sind vonnöten, um schlimmere Ausmaße einer Katastrophe zu verhindern. So können zum Beispiel S- und U-Bahnen rechtzeitig angehalten, Ampeln vor einsturzgefährdeten Brücken auf Rot gestellt oder Gasleitungen geschlossen werden. Auch können Flughäfen gewarnt, Pipelines außer Betrieb genommen und feuergefährliche Anlagen und Kernkraftwerke gesichert werden. Ein derartiges System schützt beispielsweise den japanischen Hochgeschwindigkeitszug Shin-

kansen vor dem Entgleisen, indem die Stromzufuhr bei Erdbebengefahr unterbrochen wird. Beispiele solcher Frühwarnsysteme finden sich vielerorts in Japan, aber auch in Europa sind einige erdbebengefährdete Städte wie etwa Neapel, Bukarest und Istanbul mit derartigen Systemen ausgestattet. Auch eine ausreichende Anzahl von Notstromaggregaten muss vorhanden sein. Zudem muss die Bevölkerung für das Risiko sensibilisiert werden. So dienen etwa Katastrophenübungen in Schulen dazu, dass die Kinder lernen, sich im Notfall richtig zu verhalten, anstatt in Panik zu geraten.

Trotz aller Vorsichtsmaßnahmen sind die Vorhersagemöglichkeiten beschränkt, und Erdbeben kommen oft immer noch völlig unerwartet. Allerdings können Seismologen die Gebiete identifizieren, in denen Erdbeben besonders dramatisch ausfallen werden und in denen aus diesem Grund strengere Bauvorschriften notwendig sind. Eine derartige Empfehlung veranlasste zum Beispiel 1997 die über einer gefährlichen Bruchzone liegende Universität von Berkeley in Kalifornien, ihren Campus erdbebensicher umzubauen.

Erdbebensicheres Bauen

Die meisten Tote fordert ein Erdbeben durch einstürzende Häuser oder herabfallendes Mauerwerk. Wenn Erdbeben und dadurch ausgelöste Erdrutsche

Zivil- und Katastrophenschutzorganisationen wie das Technische Hilfswerk leisten auch im Ausland humanitäre Hilfe im Katastrophenfall wie etwa bei Erdbebenkatastrophen.

Die 652 entstandene Große Wildganspagode in der chinesischen Stadt Xi'an (Bild unten) überstand zahlreiche Erdbeben. Heutige Wolkenkratzer wie das Taipei 101-Gebäude (gegenüberliegende Seite) in der Hauptstadt von Taiwan orientieren sich an bewährten Konstruktionen wie etwa dem Pagodendesign und einer stoßabfedernden Spitze, weisen aber auch starke Fundamente, Betonpfeiler und Beton- und Stahlsäulen sowie viele Quer- und Längsstreben auf. Da bei Taiwan die Eurasische und die Philippinische Kontinentalplatte aufeinandertreffen und der Inselstaat damit zu einer der aktivsten Erdbebenregionen der Welt gehört, soll im Inneren des Gebäudes eine 660 Tonnen schwere Stahlkugel mit einem Durchmesser von 5,5 Metern mit ölhydraulischen Dämpfungselementen Gebäudeschwankungen entgegenwirken. Zwei weitere je 4,5 Tonnen schwere Schwingungsdämpfer sind in der Antennenkonstruktion eingebaut.

Häuser, Verkehrsverbindungen, Brücken und Dämme zerstören, können viele Todesopfer die Folge sein. Für hohe Opferzahlen wie zum Beispiel beim Izmit-Beben kann beispielsweise ein schnelles Bevölkerungswachstum und Übersiedlung verantwortlich gemacht werden. Oft ist der Zwang zur Wohnraumbeschaffung dabei mit Einbußen bei der Bauqualität verbunden.

Von Seismologen erstellte Risikokarten dienen den Behörden dazu, eine Bebauung in besonders gefährdeten Gebieten zu verbieten. Am sichersten stehen Gebäude auf gewachsenem Felsgrund. Werden Häuser hingegen auf lockerem Baugrund oder trockengelegtem Boden errichtet, kann der Boden bei einem Erdbeben seine Tragfähigkeit verlieren und Gebäude wie Treibsand einsinken lassen. Ein Beispiel hierfür sind die Schäden beim Erdbeben 1906 in San Francisco. Lässt sich dies allerdings nicht schon beim Bau berücksichtigen, muss in Erdbebengebieten zumindest auf eine erdbebensichere Architektur und die Beachtung von Bauvorschriften geachtet werden. Gebäude müssen so geplant, ausgestattet oder nachgerüstet werden, dass sie Erdbeben bis zu einer bestimmten Stärke standhalten können. Auch die Bauweise spielt dabei eine Rolle. So sind beispielsweise die hohen Opferzahlen von rund 26.000 Menschen beim Erdbeben in Bam im Iran 2003 der Lehmziegelbauweise in der Altstadt geschuldet, während die Stahlbeton- und Stahlrahmenkonstruktionen in der Industriezone im Südosten größtenteils unbeschädigt blieben. Aber selbst Lehmbauten lassen sich mit einfachen Maßnahmen wie etwa integrierten Bambusverstrebungen erdbebensicherer gestalten. Wurden in vielen Erdbebengebieten früher relativ leichte Materialien wie Lehm, Holz und Stroh verwendet, können heute verwendete Mauerwerk- und Betonelemente bei einem Einsturz wesentlich höhere Schäden verursachen. Eine Stahlverstärkung macht Gebäude jedoch flexibler und einsturzsicherer.

Als besonders standfest haben sich zum Beispiel auch Fachwerkhäuser erwiesen, deren Rahmenkonstruktion Erschütterungen gut standhält. Gebäude müssen so errichtet werden, dass sie seitensteif sind und die Bauelemente Erdbebenstöße ableiten können. Elastische Füße im Fundament oder Gleitpendellager wie zum Beispiel beim Akropolis-Museum in Athen fangen Erdbebenstöße ab und schützen auf diese Weise die darüberliegenden Bauelemente. Bei Hochhäusern haben sich massereiche Pendel an der Gebäudespitze als sinnvoll erwiesen, die die Wellen der Erdbeben schlucken sollen.

Mittlerweile lässt sich ausrechnen, welche Bauweisen besonders erdbebensicher sind. Versuchsbauten werden auf großen Schütteltischen realistischen Erschütterungen ausgesetzt. Die dabei entstehenden Schäden werden anschließend ausgewertet, um die Erdbebensicherheit bei Neubauten zu verbessern.

Auf Talfahrt: Erdrutsche und Schlammlawinen

Unterschätzte Gefahren

Die Erdoberfläche kennzeichnet eine trügerische Ruhe und Sicherheit. Dabei versetzten Massenbewegungen wie Erdrutsche und Schlammlawinen die Menschen in gefährdeten Gebieten schon seit vielen Jahrhunderten in Angst und Schrecken, wie die ersten schriftlichen Belege aus China aus der Zeit um 1770 v. Chr. belegen. Im Gegensatz zu Erdbeben und Vulkanausbrüchen finden Erdrutsche in der Berichterstattung der Medien allerdings oft nur wenig Erwähnung, obwohl sie oftmals mehr Schaden anrichten und mehr Menschenleben fordern als die sie auslösenden Katastrophen.

Entstehung und Arten von Erdrutschen

Voraussetzungen

Rutschungen sind Selbstbewegungen von Massen, die allein durch die Schwerkraft ausgelöst werden. Als Erdrutsch bezeichnet man das Abrutschen größerer Erd- und Gesteinsmassen an einem Hang. Sind kleinere Flächen betroffen, werden Erdrutsche auch als Hangrutsch bzw. Hangrutschung bezeichnet. Rutschungen erreichen in der Regel nur relativ geringe Geschwindigkeiten, und Menschenleben können oft durch rechtzeitige Evakuierungen gerettet werden. Nimmt ein Erdrutsch jedoch auf seinem Weg ins Tal an Tempo zu, kann er auch Geschwindigkeiten von bis zu 320 Kilometern pro Stunde erreichen.

Ausgelöst werden Erdrutsche durch Änderungen des Hanggleichgewichts. Diese können langfristig bedingt sein, wie etwa eine chemische oder phy-

sikalische Verwitterung von Hängen, oder kurzfristig, zum Beispiel durch Niederschläge oder Erschütterungen wie Erdbeben, Vulkanausbrüche oder durch menschlichen Einfluss wie etwa den Straßenbau. Häufig ist ein Zusammenspiel verschiedener Ursachen ausschlaggebend.

In den meisten Fällen werden Erdrutsche durch starke oder lang andauernde Niederschläge sowie Schneeschmelze und das damit verbundene Eindringen von Wasser in die Bodenschicht ausgelöst. Hierdurch wird bei entsprechender Hangneigung

„Ausgelöst werden Erdrutsche durch Änderungen des Gleichgewichts im Hang, etwa durch Niederschläge oder Erschütterungen."

Vorherige Doppelseite:
Ein Schild warnt vor möglichen Erdrutschen am Annapurna Circuit, einer Trekkingroute durch das gleichnamige Gebirge in Nepal.
Als am 8. Januar 2001 ein schweres Erdbeben El Salvador erschütterte, lockerten sich die Erdmassen eines Berghangs oberhalb der Stadt Santa Tecla und begruben etwa 400 Häuser im Vorort Colonia Las Colinas unter sich. Mehr als 10.000 Menschen verloren ihr Heim und etwa 500 kamen bei dem Unglück ums Leben (Bild rechts).

die Haftreibung zwischen den Bodenschichten herabgesetzt, und der Hang rutscht durch den Strömungsdruck und die Schwerkraft der Erd- und Gesteinsmassen ab. Weitere Ursachen können zum Beispiel Erdbeben oder ganz allgemein tektonische Bewegungen sein. Auch eine starke Abholzung, bei der die den Boden stabilisierenden Wurzeln absterben und verrotten, und eine Schädigung des Bodens durch ausgedehnten Bergbau können Erdrutsche begünstigen. Aber auch die Bodenerosion durch Wind oder Frost, ein durch die Klimaerwärmung bedingtes Auftauen des Permafrostbodens im Hochgebirge oder eine Destabilisierung von Methanhydrat an unterseeischen Hängen durch Druckverlust oder Temperaturanstieg können Ursachen von Erdrutschen sein.

Die Faktoren, von denen das Erdrutschrisiko abhängt, sind beispielsweise die Wasserdurchlässigkeit und -aufnahmefähigkeit des Bodens, das Hanggefälle oder die Vegetation am Hang. Überwiegen die eine Rutschung begünstigenden Kräfte den entgegenwirkenden wie Reibung und Kohäsion, kommt es zum Bruch zwischen zwei Boden- oder Gesteinsschichten, sodass eine Scholle zu Tal gleitet. Die Kohäsion hängt von einem stabilen Gleichgewicht von Wasser und festen Anteilen ab. So weist ein lediglich aus grobem Schutt bestehender Hang eine äußerst geringe Kohäsion auf. Die Reibung wird von Form und Größe der Gesteins- und Bodenanteile bestimmt. Je mehr grobe, kantige Bestandteile, wie zum Beispiel Sand oder Kies, der Untergrund aufweist, desto größer ist die Reibung.

Weitere stabilisierende Faktoren sind etwa Baumwurzeln, die den Boden halten. Zudem wird eine Rutschung begünstigt, wenn eine wasserdurchlässige Bodenschicht auf einer wasserundurchlässigen Schicht wie zum Beispiel Ton liegt, wodurch das Versickern des Wassers verhindert wird.

Für 40% aller Erdrutsche ist jedoch der Mensch verantwortlich, etwa durch Hanganschnitte für den Straßenbau, Aufschüttungen oder andere Baumaßnahmen. Auch weit zurückliegende Eingriffe können sich dabei heute noch gravierend auf die Hangstabilität auswirken. So hat etwa eine ab dem Mittelalter begonnene großflächige Rodung von Hangwäldern an vielen Orten kahle Hangflächen entstehen lassen, die heute schutzlos der Erosion ausgesetzt sind.

Verschiedene Arten von Erdrutschen

Die unterschiedlichen Arten von Erdrutschen unterscheiden sich vor allem durch das jeweils mitgeführte Material, die Art der Bewegung und die Geschwindigkeit der Massenbewegung. Formen von Erdrutschen sind etwa:

Rotationsrutschung: Hierbei rotieren die Erdmassen annähernd kreisförmig um eine hangparallele Achse. Während des Abrutschens kann die Bodenmasse in zahlreiche Schollen zerfallen.

Translationsrutschung: Diese Rutschungen entwickeln sich beim Abrutschen einer stabilen auf einer weniger stabilen, gleitfähigen Schicht, zum Beispiel

Durch Erosion aufgeweichter Boden bildet einen gefährlichen Untergrund, der das Risiko von Hang- und Erdrutschen steigert.

wenn Kalkstein über einer Tonschicht liegt. Eine Translationsrutschung kann durch eine Destabilisierung des Unterhangs etwa aufgrund der Tiefenerosion eines Gewässers begünstigt werden.

Muren: Hangmuren, umgangssprachlich auch Schlammlawinen genannt, sind im Gebirge schnell abwärts fließende Ströme aus Schlamm und Festmaterial (zum Beispiel Geröll). Genauer sind Schlammlawinen Muren, die hauptsächlich feinkörniges Material enthalten. Muren entstehen infolge starker oder lang anhaltender Niederschläge, Quellwasseraustritte oder Schneeschmelzen. Sie erreichen Geschwindigkeiten von bis zu 60 Kilometern pro Stunde, können recht weite Strecken zurücklegen und dabei große Verwüstungen anrichten.

Erdschlipf: Dies ist eine Rutschung, bei der die Erdmassen in Form eines Blocks entlang einer Schwächezone abrutschen. Zu einem Erdschlipf kommt es, wenn nach reichen Niederschlägen wassergesättigte über wasserundurchlässigen Schichten liegen, etwa Mergel auf Ton.

Schuttstrom: Bei dieser Massenbewegung fließen Schlamm, Geröll, Steine, Felsblöcke oder anderer Schutt und Wasser in einer schlammigen Masse

„Muren, auch als Schlammlawinen bekannt, können Geschwindigkeiten von bis zu 60 Kilometern pro Stunde erreichen."

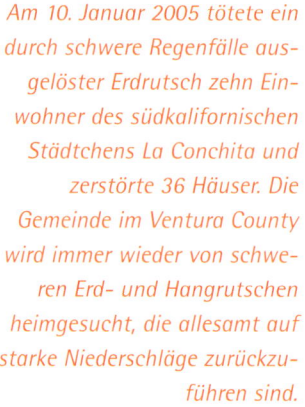

Am 10. Januar 2005 tötete ein durch schwere Regenfälle ausgelöster Erdrutsch zehn Einwohner des südkalifornischen Städtchens La Conchita und zerstörte 36 Häuser. Die Gemeinde im Ventura County wird immer wieder von schweren Erd- und Hangrutschen heimgesucht, die allesamt auf starke Niederschläge zurückzuführen sind.

plötzlich und kanalisiert, zum Beispiel in einem Bachbett, hangabwärts. Schuttströme können Geschwindigkeiten von bis zu 20 Metern pro Sekunde erreichen. Erreichen sie höhere Geschwindigkeiten, spricht man von einer Schuttlawine. Handelt es sich um feineres, zum Beispiel mit Vulkanasche durchsetztes Material, werden die Ströme als Schlammstrom oder Schlammlawine bezeichnet.

Erdfließen: Erdfließen ist eine murenähnliche, jedoch normalerweise langsamere, seichtere und weniger weitreichende Bodenbewegung.

Plaike: Eine Plaike ist eine größere Stelle von Ausmaßen von bis zu etwa 100 Metern an einem steilen Berghang, an der sich Gras oder sonstige niedrige Vegetation löst und hangabwärts rutscht. Ursachen sind zum Beispiel eine starke Durchfeuchtung nach starken Regenfällen, aber auch längerfristige Störungen des Bodenwasserhaushalts oder Bodenerosion.

Lahars: Lahars sind von Vulkanen ausgehende Schlamm- und Schuttströme. Entweder werden sie bei oder kurz nach einem Vulkanausbruch ausgelöst oder sie entstehen unabhängig von einem Ausbruch. Sie bestehen aus einer Mischung aus eruptivem Material, Lockersedimenten und Wasser. Durch die Schwerkraft können Lahars je nach Geländeneigung bis zu 100 Kilometer pro Stunde erreichen und sich über 100 Kilometer weit ins Land ergießen.

Beispiele für Erdrutsche und Schlammlawinen

Die Chronik verheerender Erdrutsche reicht weit zurück. Allein in den letzten Jahrzehnten haben sich nahezu überall auf der Welt größere Erdrutsche ereignet. Viele finden in unbewohnten Regionen statt, andere jedoch treffen auch besiedelte Gebiete und haben katastrophale Folgen.

„Allein in den letzten Jahrzehnten haben sich nahezu überall auf der Welt größere Erdrutsche ereignet."

Huascarán, Peru (1962): Eine Schnee- und Schlammlawine nimmt am 10. Januar 1962 am nördlich von Lima gelegenen 6768 Meter hohen Huascarán-Gletscher ihren Anfang. Rund 3 Millionen Kubikmeter Eis und Schnee lösen sich und entwickeln sich zu einer Lawine mit einem Volumen von fast 13 Millionen Kubikmetern, die die im Tal gelegene Stadt Ranrahica und sechs weitere Dörfer zerstört und 4000 Menschen tötet.

Vajont-Tal, Italien (1963): Als in der Nacht zum 9. Oktober 1963 der gesamte Südhang des Tals ins Rutschen gerät, kommen 2500 Menschen ums Leben. Die meisten davon sterben, als der gewaltige Erdrutsch mit einer Geschwindigkeit von über 100 Kilometern pro Stunde in einen Stausee rast und eine 70 Meter hohe Flutwelle auslöst, die mehrere Dörfer überschwemmt.

In der oft von Erdbeben betroffenen Region um den Huascarán-Gletscher im Hochland Perus sind Schuttströme und Schlammlawinen keine Seltenheit.

Im kalifornischen Yosemite National Park kam es 1999 zu einer Serie von Steinschlägen, die Erdrutsche auslösten.

Schlammströme aus. In einem Vorort des 40.000-Einwohner-Orts Pacifica zerstört das Gemisch aus Erde, Steinen und Wasser zwei Häuser.

Téséro, Südtirol (1985): Am 19. Juli 1985 brechen über dem Fleimstal in Südtirol die Dämme zweier Klär- und Absetzbecken eines Bergwerks. Etwa 250.000 Kubikmeter Schlick, Geröll und Wasser rasen mit einer Geschwindigkeit von etwa 90 Kilometern pro Stunde auf den Touristenort Téséro zu und kosten 268 Menschen das Leben.

Tezuitlan, Mexiko (1999): In vielen Landesteilen Mexikos kommt es nach starken Regenfällen auch vielerorts zu Erdrutschen. Mehrere Dörfer werden unter den Erd- und Gesteinsmassen begraben. In Tezuitlan werden mindestens 50 Häuser zerstört, mehrere Hundert Menschen kommen ums Leben.

Venezuela (1999): Bei einem Erdrutsch in Venezuela werden im Dezember 1999 30.000 Menschen getötet. Mindestens 150.000 Menschen werden obdachlos. Besonders im Bundesstaat Vargas begraben die Schlammmassen mehrere Ortschaften. Auslöser waren zwei Wochen Dauerregen gewesen, bei dem die sonst in zwei Jahren übliche Niederschlagsmenge gefallen war.

Gondo, Schweiz (2000): Tagelange Unwetter haben im Oktober 2000 zahlreiche Flut- und Erdrutschkatastrophen im Alpenraum – besonders im italienischen Aosta-Tal und im Schweizer Kanton Wallis – zur Folge. Am 14. Oktober 2000 zerstört eine durch schwere Unwetter ausgelöste Schlammlawine im Bergdorf Gondo südlich des Simplonpasses etwa zehn Häuser.

Philippinen (2003): Ein verheerender Erdrutsch auf den Philippinen begräbt rund 500 Häuser unter sich und kostet rund 300 Menschen das Leben. Die Gegend wird immer wieder von Erdrutschen heimgesucht.

Huascarán, Peru (1970): An der Stelle des Unglücks von 1962 wiederholt sich die Katastrophe am 31. Mai 1970. Ein Erdbeben setzt am Gipfel des Nevado de Huascarán eine riesige Eismasse in Bewegung, die mit Schutt vermischt mit einer Geschwindigkeit von fast 300 Kilometern pro Stunde talwärts rutscht. Über 50 Millionen Kubikmeter Lawinenmaterial verschütten mehrere Orte und kosten fast 70.000 Menschen das Leben.

Pacifica, USA (1982): Schwere Stürme suchen viele Orte Kaliforniens heim und lösen Erdrutsche und

Muren und Lahars

Schnell fließende Breimassen: Muren

Muren entstehen plötzlich, zum Beispiel bei einem Gewitter, und treten an steilen Berghängen mit großen Feinmaterialanteilen von etwa 30–60% auf. Sie entwickeln sich im Gebirge, wenn in steilem Gelände lockereres Material wie Schutt, Geröll und Erdmaterial mit Wasser übersättigt wird. Muren werden in den meisten Fällen in Bachbetten oder bestehenden Rinnen kanalisiert, können jedoch auch ein neues Bett graben. Sie können eine gewaltige Kraft erlangen und ganze Baumstämme sowie metergroße Felsblöcke mit sich reißen. Besonders wenn Bachläufe in Siedlungen zu eng kanalisiert sind und Muren dort über die Ufer treten, werden Straßen sowie die Erdgeschosse von Häusern oft meterhoch verschüttet. Sehr häufig sind Murenabgänge in den Alpen zu verzeichnen, da hier sehr steile Hänge vorherrschen.

Die Formung des Gebirges durch die Gletscher in der Eiszeit hat zudem lockeres Moränenmaterial, ein Gemisch aus Ton und Steinen, zurückgelassen, das häufig als Rohmaterial zur Murenbildung beiträgt. Bei größeren Murgängen in den Alpen können Geschiebemengen von mehreren Zehntausend bis einigen Hunderttausend Kubikmetern talabwärts transportiert werden.

Die breiige Mischung aus Schutt und Schlamm bewegt sich mit hohen Geschwindigkeiten talwärts. Entlang des Fließwegs wird einiges an mittransportiertem Material in sogenannten Randwällen abgelagert. Das grobe Murenmaterial wie etwa Felsblöcke oder größere Steine sammelt sich an der Front der Mure. Hinter der Front nimmt hingegen die Feststoffkonzentration ab. Meist endet die Fließbewegung am Fuß des Hangs, wo das Gefälle nachlässt. Hier sammelt sich das Material zungenförmig an. Wiederholen sich an dieser Stelle Murgänge, bilden sich hier sogenannte Ablagerungskegel.

Muren haben deutlich mehr Energie und können erheblich größere Schäden anrichten als Hochwasserereignisse. Werden Wohngebiete mit großer Wucht von einer Mure getroffen, können Häuser, Straßen, Brücken und Eisenbahnlinien zerstört werden. Häufig werden hierdurch auch Verkehrswege unterbrochen, und auch Menschen können bei Murenereignissen ums Leben kommen.

Lahars: Tödliche Begleiterscheinungen bei Vulkanausbrüchen

Die meisten Todesopfer bei Vulkanausbrüchen gehen auf das Konto von Lahars. Der Begriff stammt aus dem Indonesischen und bezeichnet sowohl Geröll- und Schuttlawinen als auch Schlammströme an Vulkanhängen. Beiden Typen ist gemein, dass sie aus hohen Anteilen an Gesteinsmaterial bestehen.

Zur Entstehung benötigen Lahars steile Hänge sowie einen großen Wasserspeicher in Form von Seen, Eis oder Schnee und große Mengen an lockerem Material. Sie werden zum Beispiel bei vulkanischer Aktivität oberhalb der Schneegrenze ausgelöst, wenn Schnee und Eis durch die bei einem Vulkanausbruch entstehende Hitze aufgeschmolzen werden und sich mit Lockersedimenten mischen, wobei sehr große Lahars entstehen. Indem die haltgebenden Eis- und Schneemassen schmelzen, verlieren die darunterliegenden Erd-

Der in den Anden Ecuadors gelegene Schichtvulkan Tungurahua brach 2006 und 2008 mehrmals aus und brachte neben Gesteins- und Ascheregen auch die verheerenden Auswirkungen von Lahars und Schlammströmen über die Region. Tausende Menschen verloren bei den Unglücken ihr Obdach.

massen an Stabilität. Aber auch starke Regenfälle, die sich mit den vulkanischen Lockersedimenten mischen, können sehr häufig kleinere Lahars auslösen.

Auch durch vulkanische Ablagerungen aufgestaute Seen können infolge vulkanischer Aktivität aufbrechen und sich in die Ebene ergießen, wobei sehr große Lahars entstehen.

Bei ihrem Weg ins Tal können Lahars starke erosive Kräfte entwickeln und hausgroße Felsblöcke, Gebäude und Brücken mit sich reißen. Einige Lahars können kilometerbreite Täler ausfüllen, über 50 Meter Höhe und Geschwindigkeiten von mehr als 85 Kilometern pro Stunde erreichen. Die einzige Rettung vor der Zerstörungsgewalt eines Lahars ist eine frühzeitige Evakuierung gefährdeter Gebiete. Zumindest weiter vom Entstehungsgebiet entfernte Regionen können meist noch rechtzeitig gewarnt werden.

Im Folgenden sollen nur einige der unzähligen Beispiele für Lahareignisse der Vergangenheit erwähnt werden:

Tangiwai, Neuseeland (1953): Am 24. Dezember 1953 reißt ein Lahar bei Tangiwai eine Eisenbahnbrücke mit sich. Als kurz nach dem Einsturz ein Zug diese Stelle erreicht, rast er ins Nichts und stürzt in den Schlammstrom. Bei dem Unglück kommen 151 Menschen ums Leben.

Mount St. Helens, USA (1980): Auch der Ausbruch des Mount St. Helens im Süden des US-Bundesstaates Washington am 18. Mai 1980 wird von einem Lahar begleitet, der entscheidend zum Ausmaß der Katastrophe beiträgt.

Nevado del Ruiz, Kolumbien (1985): Bei seiner Explosion spuckt der Vulkan Nevado del Ruiz 20 Millionen Kubikmeter heiße Asche und Gestein in die Luft, die große Mengen der schneebedeckten Gletscher zum Abschmelzen bringen. Die dabei entstehende Mischung aus heißer Lava, Asche und Schlamm fließt am 13. November 1985 mit einer Geschwindigkeit von fast 50 Kilometern pro Stunde Richtung Tal und begräbt die 47 Kilometer vom Krater entfernt liegende Stadt Armero unter sich. 23.000 Menschen – nahezu alle Einwohner der Stadt – verlieren durch die fünf Meter hohe Schlammflut ihr Leben.

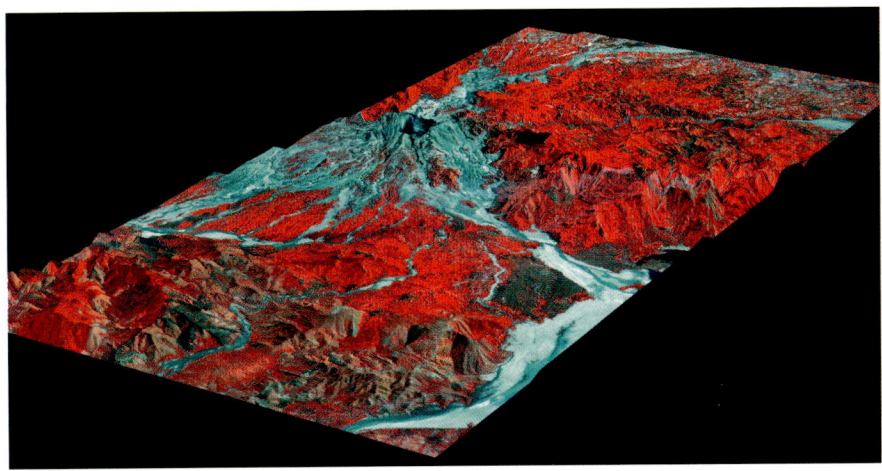

Mount Pinatubo, Philippinen (1991): Als einer der stärksten Vulkanausbrüche des 20. Jahrhunderts die philippinische Insel Luzon heimsucht, verwüsten die hierdurch ausgelösten Lahars aus Asche, Geröll und Schlamm Landstriche und verschütten ganze Ortschaften.

Merapi, Indonesien (1994): Nach dem Ausbruch des Vulkans Merapi entsteht eine Lawine aus Lava, Schlamm und Geröll, die mehr als sieben Kilometer weit ins Boyong-Tal vordringt. Bei dem Unglück sterben etwa 100 Menschen.

Casitas, Nicaragua (1998): Bedingt durch die starken Regenfälle im Zusammenhang mit Hurrikan Mitch, löst sich der Kraterrand des Vulkans Casitas im Nordwesten Nicaraguas. Der hierbei entstehende Lahar ergießt sich über fünf Dörfer. Mindestens 7000 Menschen sterben bei der Katastrophe.

An den Hängen des Vulkans Ngauruhoe auf der Nordinsel Neuseelands zeigen sich die Folgen von Lahars: Ähnlich seinem Nachbarvulkan Ruapehu, dessen Schlammströme 1953 das schwere Eisenbahnunglück verursachten, sind seine Flanken ödes und unwirtliches Land (gegenüberliegende Seite). Das dreidimensionale topografische Modell (Bild oben) von 1996 zeigt den Pinatubo auf den Philippinen. Rote Stellen zeigen Regionen mit Pflanzenbewuchs, blaue unfruchtbares Land. Seit seinem Ausbruch am 15. Juni 1991 haben Lahars auch fünf Jahre später immer noch die Ausbildung von Vegetation verhindert. Beim Ausbruch des Mount St. Helens am 19. März 1982 wurden Bimsstein und Asche 14 Kilometer hoch in die Luft geschleudert und bildeten einen gewaltigen Lahar, der hier über dem Schnee gut als dunkle Ablagerung zu erkennen ist (Bild links oben).

Bergrutsche, Berg- und Felsstürze

Selbst Fels und Stein können brüchig werden, und nicht nur Erdmassen, sondern auch schwer zu vorhersagende Berg- und Felsstürze können verheerende Schäden verursachen. Im Gebirge bilden sie neben Muren und Lawinen die Hauptgefahr. Bergstürze sind plötzliche Abstürze von größeren Felswandbrocken und großen Mengen an Locker- und Festgesteinsmassen. Im Gegensatz zu Felsstürzen können sie auch an weniger geneigten, bodenbedeckten Berghängen vorkommen. Bergstürze ereignen sich üblicherweise an der Grenze verschiedener Gesteinsschichten und an tektonischen Störungen, wenn diese durch große Niederschlagsmengen, Schneeschmelze oder Temperaturschwankungen oder durch Erdbeben geschwächt werden. Wasser kann das umgebende Erdreich aufweichen oder Felsgestein unterspülen oder sich bei Minustemperaturen ausdehnen und große Sprengkräfte entwickeln. Beschleunigend wirken menschliche Eingriffe wie Rodungen oder Rohstoffabbau, aber auch der Temperaturanstieg durch den Klimawandel und das damit verbundene Auftauen des Permafrostbodens. Vor allem in dichter besiedelten Regionen können Bergstürze katastrophale Folgen haben. Häuser und Verkehrswege können verschüttet, Flüsse aufgestaut werden und Flutwellen entstehen, wenn die Gesteinsmassen in größere Gewässer stürzen. Eine Sonderform von Bergstürzen sind Blockabstürze, bei denen ganze Felsblöcke abstürzen und sich am Fuß der Felswand als Sturzhalde ansammeln. Hiervon zu unterscheiden sind Felsstürze: Hierbei brechen beträchtliche Teile – bis hin zu ganzen Felswänden – ab und bilden am Fuß des Felsens eine Felssturzhalde. Stürzen nicht größere zusammenhängende Felspartien ab, sondern poltern kleinere Gesteinsbrocken mit hohen Geschwindigkeiten abwärts, handelt es sich um einen Steinschlag. Die Ursachen von Steinschlägen können Bewegung durch Regen- oder Schmelzwasser oder Frostsprengung, aber auch Tiere oder unachtsame Bergsportler sein. Gleiten größere Erd- und Gesteinsmassen als mehr oder weniger geschlossene Einheit lawinenartig ab, spricht man von einem Bergrutsch. Diese Massenbewegungen kommen vor allem im Hochgebirge vor.

Mögliche Gegenmaßnahmen

Rücksicht bei der Bebauung von Hängen

Aufgrund heftiger Regenfälle setzten sich im Dezember 1999 Tausende Berghänge der Sierra de Avila nördlich der venezolanischen Hauptstadt Caracas in Bewegung. Schwer getroffen wurde die Stadt Caraballeda (Bilder links unten), wo die Schuttmassen bis zu sechs Meter hoch wuchsen. 2006 bedingten ungünstige Wetterverhältnisse eine Reihe von Überflutungen im Sabino Canyon im Südosten des US-Bundesstaates Arizona, Brücken und Straßenführungen wurden unpassierbar (Bild unten rechts).

Erdrutsche zählen zu den weltweit am weitesten verbreiteten geologischen Gefahren, machen ganze Siedlungen dem Erdboden gleich und kosten zahlreiche Menschenleben. Das Risiko wird durch den Anstieg schwerer Unwetter infolge des Klimawandels noch weiter zunehmen. Aus demselben Grund rechnet man in der Zukunft mit vermehrten Murgängen, da das Auftauen von hochalpinen Permafrostböden und Blockgletschern vermehrt Ausgangsmaterial für die Auslösung von Murgängen bereitstellen wird.

Daher sollten bekannte Risiken heute schon beim Bau von Häusern berücksichtigt werden. Da Hangflächen heute allerdings hierzulande begehrtes Bauland sind, sind viele Häuser besonders gefährdet. Trotz spezieller Fundamente kann es hier durch Erdrutsche zu massiven Schäden an der Bausubstanz kommen.

Oftmals führt jedoch auch extreme Bevölkerungsexplosion dazu, dass sich Siedlungen auch auf erdrutschgefährdete Hänge ausdehnen, was zu hohen Opferzahlen und Zerstörungsschäden in den betroffenen Gebieten führt. In vielen Entwicklungsländern leben gerade die sozial schwachen Menschen in Hanglagen. Ein Beispiel für die Folgen einer derartigen Besiedlung zeigte sich bei der Schlammlawine in Nicaragua im Herbst 1998. Um derartige Unglücke in Zukunft zu verhindern, wurden Karten erstellt, die die Hangstabilität und Gefahrenzonen in bestimmten Gebieten ausweisen, damit hier eine Bebauung möglichst unterbleibt oder zumindest streng reglementiert wird.

„Das Risiko von Erdrutschen wird durch den Anstieg schwerer Unwetter infolge des Klimawandels noch weiter zunehmen."

Schutzbauten und natürliche Barrieren

Um Erdrutsche möglichst zu verhindern, gilt es zunächst, die auslösenden Ursachen wie Rodungen, Straßenbaumaßnahmen, die Schwächung der Vegetation durch Luftschadstoffe oder übermäßige Beanspruchung durch den Skitourismus einzuschränken. Die Stabilisierung erdrutschgefährdeter Gebiete wird auch durch Entwässerungsmaßnahmen, Stützmauern oder durch Aufforstung vorangetrieben. Nicht nur Bäume und Büsche, auch Rasenmatten können kahle Hänge stabilisieren. Ablenkbauwerke wie Dämme, Aufschüttungen oder bergseitig verstärkt gebaute Mauern sollen Siedlungen vor Schäden durch Murgänge schützen. Auch die Umleitung von Gebirgsbächen kann den Materialfluss bei Murgängen bremsen. Die Verbreiterung kanalisierter Bäche erschwert ein Übertreten eines Murgangs. Indem loses Material wie Bäume oder Geröll, die Muren nähren oder auslösen können, aus Gebirgsbächen entfernt werden, wird das Risiko ebenfalls verringert. Auch Gruben oberhalb von Wohngebieten sollen Felsbrocken und Muren aufhalten. Quer liegende Holzstämme können an engen Schluchten oder Bachbetten den Boden festhalten und eine weitere Abtragung verhindern. Hänge können auch mit im Erdreich verlegten Netzen gegen Abrutschen gesichert werden. Wasserrinnen und Drainagesysteme können im Hang aufgestautes Wassern abführen. Gebäudeöffnungen in gefährdeten Gebieten sollten zudem möglichst nicht bergseitig oder zumindest in ausreichender Höhe über der Oberfläche angelegt werden. Allerdings sind auch diese Maßnahmen gegen riesige Erdrutsche, die Millionen von Kubikmetern Erde talwärts mit sich reißen, wirkungslos.

Vorhersagen

Versuche zur Erdrutschfrühwarnung laufen schon seit Jahrzehnten. So kommt es häufig an gefährdeten Hängen zu langsamen Bewegungen des Erdreichs oder Gesteins, die mit mechanischen oder elektronischen Dehnungs- und Neigungsmessern erfasst werden können. Zur Überwachung gefährdeter Gebiete werden Messfühler eingesetzt, die Bewegungen des Untergrunds und der Oberfläche erfassen. Im Boden reagieren spezielle Sensoren in

über 30 Meter tiefen Bohrungen auf Quetschungen des Bohrlochs durch die Verschiebung des Erdreichs. An der Oberfläche wird die sogenannte reflektorlose Tachymetrie eingesetzt, die Fixpunkte wie Baumstümpfe oder Felsbrocken per Laserstrahl abtastet und in Verbindung mit Videokameras Landschaftsbewegungen erfasst. Auch Messungen von Niederschlagsmengen und des Porendrucks im Grundwasserspiegel werden in die Überwachung gefährdeter Hänge mit einbezogen. Lahars können zum Beispiel in einigen Gegenden auch mit speziellen Seismometern erfasst werden, die die hierdurch erzeugten Bodenvibrationen registrieren.

Auf diese Weise können im Notfall Umleitungen für unter gefährdeten Hängen verlaufende Straßen ausgewiesen werden. Auch kann man in akuten Gefahrensituationen über die Medien Warnungen an die Bevölkerung ausgeben. Allerdings sind aufgrund der Komplexität der Vorgänge im Boden längst noch nicht alle grundlegenden Faktoren der Erdrutschentstehung verstanden. So gibt es keine festgelegten kritischen Werte für Erdbewegungen. Auch laufen Erdrutsche oft so schnell ab, dass keine Zeit mehr für eine erfolgreiche Warnung und Evakuierung bleibt.

Die Panamericana von Alaska bis Feuerland ist in einigen Teilen nur in der Trockenzeit befahrbar, da die Gefahr durch Erd- und Hangrutsche – wie hier in einem Abschnitt in El Salvador 2003 – besonders in der regenreichen Jahreszeit besonders groß ist.

Vulkanausbrüche

Die Bedrohung aus dem Inneren der Erde

Etwa 1900 Vulkane – die unterseeischen nicht mitgezählt – gelten heute als aktiv, die Anzahl mittlerweile erloschener wird auf etwa 10.000 geschätzt. 50 bis 65 brechen jedes Jahr aus. Etwa 200.000 Menschen fanden innerhalb der letzten 500 Jahre bei Vulkanausbrüchen den Tod. Keine andere Naturkatastrophe kann mit so rasender Geschwindigkeit und Zerstörungskraft so weite Gebiete vollständig verwüsten. Aber auch wenn ein Vulkan derzeit inaktiv ist, muss das nicht heißen, dass es immer so bleiben wird ...

Vulkanismus – was ist das?

Entstehung von Vulkanen

Der Begriff Vulkanismus bezeichnet die Gesamtheit der geologischen Prozesse, die mit dem Aufstieg von Magma innerhalb der äußeren Erdkruste bis zur Erdoberfläche zusammenhängen. Dies umfasst sowohl flüssige (zum Beispiel Lava, Lahar, Geysir) als auch feste (zum Beispiel Felsbrocken, Asche) und gasförmige (zum Beispiel vulkanische Gase) Austrittsformen. Häufig kommen auch mehrere dieser Begleiterscheinungen gemeinsam vor, wie dies etwa bei pyroklastischen Strömen (siehe Seite 63) der Fall ist.

Vulkane entstehen, wenn Magma (Gesteinsschmelze) an die Erdoberfläche steigt. In Tiefen ab 100 Kilometern unter der Erdoberfläche, in denen die Temperaturen zwischen 1000 und 1300 °C betragen, schmelzen Gesteine zu Magma. Dieses sammelt sich 2 bis 50 Kilometer unter der Erde in riesigen, tropfenförmigen Magmaherden. Bei einem Anstieg des inneren Drucks in der Magmakammer durch vermehrt freigesetzte Gase – vor allem Wasserdampf, aber auch Wasserstoff, Kohlendioxid und Stickstoff – kommt es zu einer Eruption: Das Magma schießt über Erdspalten und Hohlräume in der Lithosphäre nach oben. Über diese Aufstiegswege werden die Vulkane an der Oberfläche gespeist. An die Erdoberfläche gelangt, bezeichnet man das Magma als Lava. Im Verlauf der Eruptionen baut sich aus der erstarrten Lava und

> **„Vulkanismus bezeichnet die geologischen Prozesse, die mit dem Aufstieg von Magma zusammenhängen."**

Vorherige Doppelseite: Das Tengger-Massiv auf der indonesischen Insel Java beeindruckt vor allem in den frühen Morgenstunden durch reizvolle Panoramen, die durch den noch aufsteigenden Nebel entstehen. Der 3676 Meter hohe Schichtvulkan Semeru (im Hintergrund rauchend) ist ebenso einer der aktivsten Vulkane der Erde wie der im Vordergrund liegende Mount Bromo, der nach vielen Ausbrüchen eine riesige Caldera ausgebildet hat. Bricht die unter der Erdoberfläche aufsteigende Magma durch die Erdkruste und gelangt so an die Oberfläche, wird sie als Lava bezeichnet. Beim Austritt beträgt die Temperatur der Lava zwischen 800 und 1200 °C (Bild rechts).

dem vulkanischen Lockermaterial ein Vulkankegel auf. An der Eruptionsstelle bildet sich meist ein Krater, in den der Schlot mündet.

Eine Caldera hingegen ist eine kraterähnliche, kessel- oder beckenförmige Vertiefung, deren Durchmesser von mehreren Hundert Metern bis zu hundert Kilometern reichen kann. Sie kann sich bilden, wenn die Erdkruste über der entleerten Magmakammer einbricht (Einbruch- oder Einsturzcaldera) oder das Hangende des Vulkans bei einem explosiven Ausbruch weggesprengt wird (Explosionscaldera). In dieser kann sich später, wenn sich die Magmakammer unter einer Einsturzcaldera wieder auffüllt und erneut Magma gefördert wird, ein neuer Vulkan aufbauen, wie dies zum Beispiel beim Vesuv der Fall war. Aber auch Seen können sich in Calderen bilden, wie etwa der Crater Lake im US-Bundesstaat Oregon.

Lava

Je nach Art der Lava betragen die Temperaturen von Lavaströmen beim Austritt zwischen 800 und 1200 °C. Lavaströme erreichen – außer an der Stelle des Austritts sowie an sehr steilen Hängen – allenfalls Geschwindigkeiten von etwa eineinhalb Kilometern pro Stunde und kühlen an der Oberfläche schnell ab. Aus erstarrter Lava bildet sich magmatisches Gestein.

Durch das Erstarren von Lavaströmen an der Oberfläche, während es im Inneren weiterfließt, können sich Lavahöhlen bilden; stürzen sie ein, entstehen Lavagräben. Wenn die Lava bereits beim Austritt so zäh ist, dass sie nicht abfließen kann, baut sich ein sogenannter Lavadom – also ein kurzer, dicker Lavastrom – auf. Zieht sich die Lava während der Abkühlung zusammen und zerspringt, können mehreckige Lavasäulen entstehen. Bei länger dauernden Vulkanausbrüchen bilden sich manchmal bis zu 100 Meter tiefe Lavaseen, zum Beispiel, indem sich die Krater mit Lava füllen. Diese kühlen sich nur sehr langsam ab.

„Lavaströme erreichen meist nur Geschwindigkeiten von etwa eineinhalb Kilometern pro Stunde und kühlen an der Oberfläche schnell ab."

Pyroklastische Ströme

Neben Lava gibt es noch andere flüssige, feste oder gasförmige Ausstoßprodukte, die Vulkanausbrüche oder -explosionen begleiten. Hierzu gehören zum Beispiel pyroklastische Ströme, umgangssprachlich auch Glutlawinen genannt. Dies sind Feststoff-Gas-Gemenge, die bei explosiven vulkanischen Eruptionen auftreten und sich rasend schnell hangabwärts bewegen. Beim Aufsteigen von Magma bilden sich durch den sinkenden Druck und die damit zusammenhängende Abnahme der Gaslöslichkeit Gasblasen. Zusammen mit zu Asche gemahlenem Magma und Gesteinsbrocken schießen die bei der Eruption austretenden Gase mit Geschwindigkeiten von bis zu 400 Kilometern pro Stunde den Vulkanhang hinab und entfalten dabei eine verheerende Zerstörungskraft. Je

Der Soufrière Hills, ein Vulkan der Insel Montserrat, die zu den Kleinen Antillen in der Karibik gehört, ist seit 1995 aktiv. Die letzte aktive Phase begann mit kleineren Erdbeben am 4. Oktober 2009, auf die eine Reihe von Ascheausbrüchen bis zum 13. Oktober folgten. Neben Ascheregen wurden auch pyroklastische Ströme und Lavadome registriert.

nach Größe dieses pyroklastischen Stroms können die in seinem Innerem herrschenden Temperaturen zwischen 300 und 800 °C betragen. Ein berühmtes Beispiel für Glutlawinen findet sich in der Beschreibung des Vesuvausbruchs des Jahres 79 n. Chr. durch Plinius den Jüngeren (um 61–115 n. Chr.). Dieser schildert eine talwärts stürzende schwarze Wolke, die später als pyroklastischer Strom identifiziert wurde. In jüngerer Zeit kam es beim Ausbruch des Mount St. Helens im Süden des US-Bundesstaates Washington am 18. Mai 1980 zur Freisetzung eines pyroklastischen Stroms, der ein 30 Kilometer langes und 37 Kilometer breites Gebiet verwüstete.

Glutwolken

Eine weitere Begleiterscheinung von Vulkanausbrüchen sind Glutwolken, die sich über Gebiete in Entfernungen von bis zu mehreren Hundert Kilometern ausbreiten können. Im Vergleich zu pyro-

klastischen Strömen sind sie gashaltiger. Die heißen Glutwolken lassen flüssige Teilchen vom Himmel regnen, die sich dann auf der Erdoberfläche in einer durchgehenden Gesteinsdecke ausbreiten. Glutwolken treten bei neuen Aufbrüchen aus der Flanke des Vulkankegels aus und bewegen sich dabei horizontal. Sie entstehen, wenn der Vulkanschlot durch zähflüssiges Magma verstopft ist und eine Vulkanflanke aufreißt. Hierbei werden explosionsartig bis zu 1000 °C heiße Gase, Aschen, Gesteinsbrocken und Magmen ausgestoßen. Sie können sich mit über 200 Kilometern pro Stunde ausbreiten und enthalten das größte Schadenspo-

„Glutwolken entstehen, wenn der Vulkanschlot durch zähflüssiges Magma verstopft ist und eine Vulkanflanke aufreißt."

Glutwolken entstehen unmittelbar bei neu entstehenden Vulkaneruptionen. Wie beim Ausbruch des Mount St. Helens 1980 treten sie bei einem Flankenausbruch aus, wenn der Vulkanschlot durch Magma verstopft ist.

tenzial bei Vulkanausbrüchen. Zu den dramatischsten Auswirkungen derartiger Phänomene gehört eine Glutwolke, die den Ausbruch des Mont Pelée auf Martinique am 8. Mai 1902 begleitete und die 30.000 Einwohner der Stadt Saint-Pierre das Leben kostete.

Base Surge

Der Begriff Base Surge (engl. „surge" = Welle, Woge) bezeichnet vergleichsweise partikelarme, häufig heiße Ströme eines Gas-(Flüssigkeits-)Partikel-Gemischs. Sie breiten sich mit Geschwindigkeiten von etwa 100 bis über 1000 Kilometern pro Stunde aus. Sie entstehen bei Vulkanexplosionen, wenn pyroklastische Ströme mit Wasser reagieren.

Pyroklastische Gesteine und Asche

Ebenfalls bei explosiven Vulkaneruptionen entstehen pyroklastische Gesteine. Durch die aufgrund des abfallenden Drucks bei der Explosion frei werdenden Gase wird die Lava zerrissen und in die Luft geschleudert. Die zur Erde fallenden Lavabruchstücke bilden vulkanische Lockermassen, zu denen etwa Bimssteine (leichtes, poröses Vulkangestein) gehören.

Sind die Partikel sehr fein (unter 2 Millimeter), entstehen vulkanische Aschen; abgelagerte verfestigte pyroklastische Gesteine bezeichnet man als Tuff. Die Bestandteile des Tuffs werden je nach Größe in Lapilli (etwa nussgroße Steinchen, 2–64 Millimeter), Blöcke (größere, eckige, zum Auswurfszeitpunkt bereits feste Steine, über 64 Millimeter) und Bomben (große, gerundete, ursprünglich geschmolzene Blöcke, über 64 Millimeter) eingeteilt.

Besonders vulkanische Aschen, die bei Eruptionen in gewaltigen Mengen freigesetzt werden können, können folgenschwere Auswirkungen haben. So gelangte beispielsweise bei der Explosion des Tambora auf der indonesischen Insel Sumbawa 1815 so

„Besonders vulkanische Aschen, die bei Eruptionen in gewaltigen Mengen freigesetzt werden können, können folgenschwere Auswirkungen haben."

viel Asche in die Atmosphäre, dass weltweit jahrelang ungewöhnlich niedrige Temperaturen zu verzeichnen waren.

Vulkanische Gase

Bei vielen Vulkanausbrüchen kommt es zu einem Austritt vulkanischer Gase. Diese zunächst im Magma gelösten Gase werden beim Aufstieg der Gesteinsschmelze im Vulkanschlot bedingt durch den dabei abnehmenden Druck mehr oder weniger explosionsartig freigesetzt. Die Gaszusammensetzung kann dabei variieren, Hauptbestandteile sind jedoch meist Wasserdampf und Kohlendioxid. Hinzukommen können – in wechselnden Prozentanteilen – Ammoniak, Fluorwasserstoff, Kohlenmonoxid, Methan, Salzsäure, verschiedene Edelgase, Schwefelwasserstoff, Schwefeldioxid und Wasserstoff. In einigen Fällen wirken vulkanische Gase hochgiftig.

Ein Strandabschnitt auf der Vulkaninsel Santorin zeigt die Vielfalt pyroklastischer Gesteine: Lavaschlacke, Tuffsteine, Rhyolith, Basalt und Obsidian sind zu erkennen.

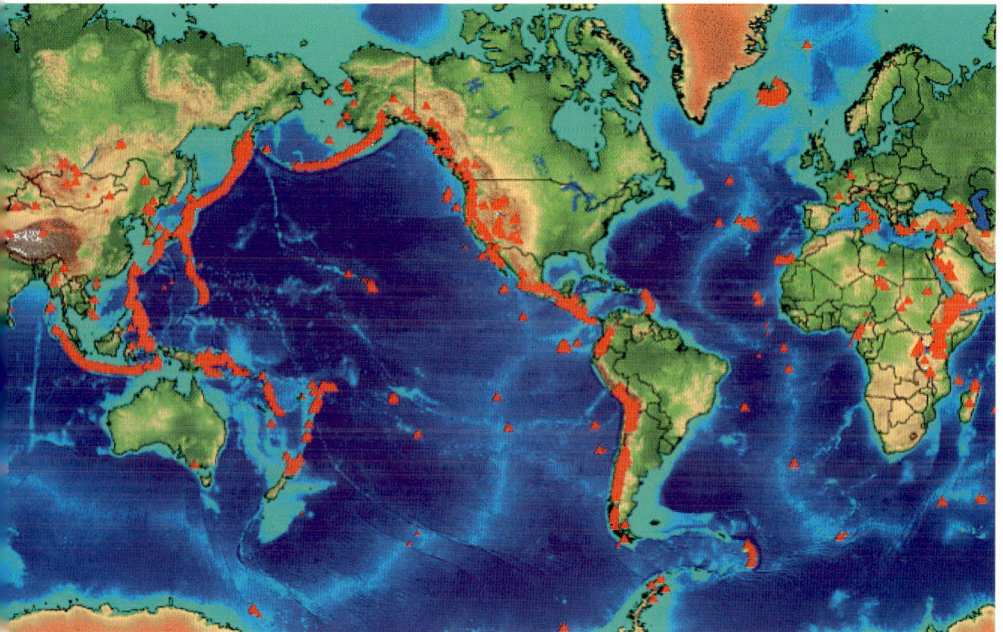

„Ungefähr zwei Drittel der aktiven Oberflächenvulkane treten rund um den Pazifik auf; sie bilden den Ring of Fire."

Weltweite Verteilung von Vulkanen

Die weltweite Verteilung von Vulkanen ist keineswegs zufällig. Im Regelfall treten vulkanische Aktivitäten in tektonisch aktiven Gebieten wie Subduktionszonen oder den Mittelozeanischen Rücken (siehe Seite 12 ff.) auf. Somit steht der Vulkanismus in Verbindung mit den Vorgängen an konvergierenden und divergierenden Platten, und Vulkane entstehen entlang dieser Plattengrenzen. So findet man vulkanische Aktivität beispielsweise an Mittelozeanischen Rücken, an denen sich ozeanische Platten trennen, sowie an kollidierenden Ozeanplatten beziehungsweise ozeanischen und kontinentalen Platten. Aber auch außerhalb dieser Regionen kann Vulkanismus vorkommen, und zwar beim Austreten von Magma an Hotspots, wie dies etwa auf Hawaii der Fall ist. 85% der aktiven Vulkane des Festlandes befinden sich an konvergierenden Plattengrenzen, 15% an divergierenden Plattengrenzen, und etwa 5% liegen innerhalb von Platten (Hotspot-Vulkanismus).

Ungefähr zwei Drittel der aktiven Oberflächenvulkane treten rund um den Pazifik auf. Sie bilden einen Ring, der als zirkumpazifischer Gürtel oder auch „Ring of Fire" bezeichnet wird. Er erstreckt sich von den Anden über die Kordilleren, die Aleuten, Kamtschatka, die Kurilen, Japan, die Philippinen, Neuguinea, die Salomonen und Neukaledonien bis nach Neuseeland.

Vulkanische Aktivität an konvergierenden Platten

Bei einer Ozean-Kontinent-Subduktion liegt die Zone vulkanischer Aktivität in langen Gebirgsketten wie beispielsweise den Anden in Südamerika oder den Kordilleren in Nordamerika. Bei der Subduktion wird die abtauchende Platte aufgeschmolzen. Das neugebildete Magma steigt dann an tiefreichenden Spalten auf. Hierbei ist der

Die obere Karte veranschaulicht die Lage der Vulkane, vor allem über den tektonischen Plattengrenzen sowie rund um den Ring of Fire im Pazifikraum. Der 3108 Meter hohe Mount Redoubt ist einer der aktiven Vulkane im Cook Inlet im Süden Alaskas (Bild unten).

Diese Gase können Pflanzen, Tiere und Menschenleben vernichten sowie Metalle angreifen und Maschinen beschädigen. Beispiel hierfür ist ein vulkanisches Gas, das 1986 aus dem Nios-Kratersee in Kamerun entwich und etwa 2000 Menschen das Leben kostete. Die Reichweite der Gasausbreitung liegt bei etwa 50 Kilometern, durch sauren Regen können sie noch weiter transportiert werden und weiterreichende Schäden verursachen.

Vulkanismus mit Gebirgsbildung verbunden. Bei einer Ozean-Ozean-Subduktionen entwickeln sich vulkanisch aktive Inselbögen wie etwa die Philippinen, die Aleuten oder die Kurilen.

Vulkanische Aktivität an Mittelozeanischen Rücken

Auch an der Grenze divergierender Platten, entlang der Mittelozeanischen Rücken, finden sich Vulkane. Magma steigt hier in die sich öffnende Spalte zwischen den auseinanderdriftenden Platten. Hierbei können Vulkane gebildet werden, aber auch aus Basalt bestehende Inseln wie etwa Island, das durch stetige Spalteneruptionen weiter wächst.

Hotspots

Hotspots (engl. „heiße Flecken") sind Vulkane im Inneren ozeanischer oder kontinentaler Platten. Bisher wurden etwa 40 Hotspots und 122 Hotspot-Vulkane erfasst, die in den letzten zehn Millionen Jahren aktiv waren. 53 davon befinden sich in den Meeren, 69 auf Kontinenten. Unterhalb eines Hotspots steigt in etwa 150 Kilometer breiten, als Manteldiapire bezeichneten Zonen Mantelmaterial aus dem Erdinneren auf. Die Lithosphärenplatten bewegen sich über den im Regelfall ortsbeständigen Manteldiapir hinweg. Das heiße Mantelmaterial brennt sich durch die Platte und bildet darauf Vulkane, die sich häufig in Ketten aneinanderreihen. So entstehen Vulkanketten wie die Hawaiiinseln. Weitere Beispiele für Hotspot-Vulkanismus sind die Galápagosinseln vor Ecuador, der Yellowstone-Nationalpark in Wyoming und die deutsche Eifel.

Nach über 9000 Jahren Inaktivität erwachte im Mai 2008 der chilenische Vulkan Chaitén wieder zum Leben und ließ in einem Umkreis von 600 Kilometern Asche regnen. Das Satellitenbild vom 19. Januar 2009 zeigt eine explosive Eruption, bei der eine mächtige Aschesäule aufstieg, die etwa 70 Kilometer gen Nordosten in den Himmel ragte.

Ein Produkt des Hotspot-Vulkanismus ist der in einer Höhe von 3040 Metern im gleichnamigen Nationalpark gelegene, über 1000 Meter tiefe Haleakala-Krater auf Maui/Hawaii. Dem Betrachter bietet sich hier ein farbenprächtiges Panorama aus rot, grün, blau oder gelb schimmernder Lava. Tagsüber zeigt sich der Berg oft von Wolken verhüllt.

Die unterschiedlichen Vulkantypen

Schlacken- und Aschekegel

Schlacken- und Aschekegel erreichen meist nur Höhen von zehn bis wenigen Hundert Metern und Durchmesser von bis zu einigen Hundert Metern. Diese Vulkanform weist steile Flanken und eine stumpfe Spitze auf und ist aufgrund des eher lockeren Gesteins nicht besonders witterungsbeständig. Sie finden sich oft in größerer Anzahl als Flankenvulkane an den Hängen größerer Vulkane wie zum Beispiel beim Ätna auf Sizilien.

Schlackenkegel bestehen aus pyroklastischem Gestein beziehungsweise Schlacke, Asche oder Lapilli (ein etwa nussgroßes vulkanisches Auswurfmaterial), das nach der Explosion in Kraternähe niederfällt. Ein Beispiel für diese Vulkanform ist der Stromboli vor der Küste Italiens.

Aschekegel wie zum Beispiel der Sunset Crater in Arizona entstehen bei mäßig explosiven Eruptionen, wenn Vulkane Trümmer teils geschmolzenen Gesteins ausstoßen. Sie setzen sich aus locker geschichteten vulkanischen Aschen und Lapilli zusammen und werden, zu steil geböschten Kegeln aufgeschichtet, lediglich durch die Schwerkraft zusammengehalten. Im Gegensatz zu Schlackenkegeln steigen die Flanken von Aschekegeln lediglich in einem Winkel von rund 33° an.

Schicht- oder Stratovulkane

Werden bei einem Vulkanausbruch dicke, recht zähflüssige und daher langsam fließende Lavalagen und Lockermasselagen im Wechsel ausgestoßen, kommt es zu einer Vulkanschichtung. Es bilden sich symmetrisch geformte, kegelförmige Schicht- oder Stratovulkane. Dieser steile, spitzgegelige Vulkantyp findet sich besonders oft entlang der Subduktionszonen, zum Beispiel entlang des Pazifischen Feuerrings, aber auch in Island und im Mittelmeerraum. Bekannte Schichtvulkane sind der Vesuv in Italien, der Kilimandscharo in Tansania und der Popocatépetl in Mexiko. Aber auch der Mount

„Aschekegel entstehen bei mäßig explosiven Eruptionen, wenn Vulkane Trümmer teils geschmolzenen Gesteins spucken."

St. Helens in den USA, der Pinatubo auf den Philippinen und der japanische Fuji gehören zu diesem Vulkantyp.

Schildvulkane

Schildvulkane sind durch eine breite, eher flache Form mit Hangneigungen von meist unter 12° gekennzeichnet. Sie bilden sich aus relativ dünnflüssiger Lava mit entsprechend schnellen Fließgeschwindigkeiten von bis zu 60 Kilometern pro Stunde und können Durchmesser von vielen Kilometern erreichen. Die großen Schildvulkane sind auf Hawaii zu finden, etwa der Mauna Loa; der größte Schildvulkan Europas ist der Vogelsberg in Hessen.

Gegenüberligende Seite: Der Fujisan, wie der berühmteste Berg Japans von seinen Einwohnern respektvoll genannt wird, ist das klassische Beispiel für einen Schicht- oder auch Stratovulkan. Allerdings ist der 3776 Meter hohe Fuji schon lange inaktiv, sein letzter Ausbruch fand 1707 statt. Ebenfalls ein Schichtvulkan ist der Ätna auf Sizilien, mit 3323 Metern der höchste Vulkan Europas. An seinen Hängen haben sich viele Schlackekegel gebildet (Bild oben). Als Beispiel für einen Schildvulkan dient der äußerst aktive Kilauea auf der hawaiianischen Big Island, der gemeinsam mit Mauna Loa, Mauna Kea, Hualalai und Kohala diese Insel bildet (Bild links).

Decken- oder Plateauvulkane

Ähnlich aufgebaut wie Schildvulkane sind Decken- oder Plateauvulkane. Ihre Lava ist meist noch dünnflüssiger und tritt entlang von Spalten am Vulkanrand an die Oberfläche. Hierdurch bilden sich Lavaplateaus mit riesigen Ausmaßen bis zu mehreren Hunderttausend Quadratkilometern.

Spaltenvulkane

Die bekannteste Form von Vulkanen sind Kegelvulkane. Daneben kommen jedoch auch Spaltenvulkane vor, bei denen, wie der Name sagt, die Lava nicht aus einem Förderschlot fließt, sondern aus kilometerlangen Rissen in der Erdoberfläche. Hierdurch entstehen oft Bergrücken.

Maare

Maare sind trichter- oder schüsselförmige Vulkane. Sie entstehen, wenn Magma in der Tiefe steckenbleibt, hierdurch die Lavaförderung stockt und es beim Zusammentreffen von kaltem Wasser – vor allem von in den Schlot eintretendem Oberflächenwasser – und Magma zu einer Gasexplosion kommt.

Beispiele bilden die heute mit Seen gefüllten Maare in der Eifel. Je nach zugeführter Wassermenge können solche Vulkanseen Durchmesser von einigen Hundert Metern bis hin zu mehr als tausend Metern erreichen. Maarkrater sind von Kraterwällen aus Lockermaterial umgeben, das aus Lapilli, Bomben, Ascheteilchen und Gesteinsmaterial besteht.

Bei Spaltenvulkanen wie dem Laki im Süden Islands fließt die Lava nicht aus einem Förderschlot, sondern aus ausgedehnten Rissen in der Erdoberfläche. Die zahlreichen Spalten in der Erdoberfläche erstrecken sich hier über eine Entfernung von 25 Kilometern zwischen den Gletschergebieten Mýrdalsjökull und dem Vatnajökull.

Kleine Chronik der Vulkanausbrüche

Am Fuß von Vulkanen wurden oftmals Siedlungen gegründet, vor allem aus landwirtschaftlichen Gründen – schließlich sind die Böden in Vulkangebieten äußerst fruchtbar. So nützlich Vulkane auch manchmal sein können, sie können auch ganze Städte auslöschen, Tausende von Menschenleben vernichten und folgenschwere Klimaschäden verursachen. Die Beispiele für bedeutende Vulkanausbrüche in der Geschichte sind zahllos, und so kann an dieser Stelle allenfalls eine kleine Auswahl bekannter Eruptionen vorgestellt werden.

Santorin, Griechenland (um 1500/1650 v. Chr.): Die gewaltige Explosion des 1600 Meter hohen Vulkans Thera/Santorin auf der Hauptinsel des kleinen Archipels im Süden der Kykladen verwüstet die Insel, vernichtet die 30.000-Einwohner-Stadt Akrotiri und löst eine riesige, 200 Meter hohe Flutwelle aus, die auch auf dem 100 Kilometer entfernten Kreta große Schäden anrichtet. Theorien, nach denen der Vulkanausbruch zum Untergang der minoischen Kultur geführt haben und Vorbild für die Atlantissage gewesen sein soll, gelten heute jedoch weitgehend als widerlegt.

Vesuv, Italien (79 n. Chr.): Völlig unerwartet trifft der Ausbruch des bis dahin als erloschen geltenden Vulkans im Jahr 79 n. Chr. die Einwohner Pompejis, Herculaneums und Stabiaes. Eine sieben bis neun Meter dicke Ascheschicht begräbt die Städte unter sich und fordert mindestens 2000 Menschenleben. Auch danach wiederholen sich die Katastrophen, so zum Beispiel am 16./17. Dezember 1631, als etwa 80 Ortschaften verwüstet werden und 3000 bis 4000 Menschen sterben.

Ätna, Italien (1669): Eine von vielen dramatischen Eruptionen des Ätna auf Sizilien ereignet sich am 11. März 1669. Nach einigen Erdbebenwellen öffnet sich eine zwölf Kilometer lange Spalte. Die daraus hervorquellenden Lavaströme zerstören die Stadt Malpasso sowie sechs weitere Ortschaften und verwüsten die Stadt Catania. Der Vulkan, dessen letzter großer Ausbruch 1993 stattfand, ist bis heute aktiv.

Tambora, Indonesien (1815): Zu den folgenschwersten Vulkanausbrüchen gehört die Eruption des Tambora im Jahr 1815. Die den Ausbruch begleitenden, riesigen Aschemengen führen zu sinkenden Temperaturen und haben in Nordamerika und Teilen Europas ein „Jahr ohne Sommer" zur Folge. Bei der Eruption sterben etwa 12.000 Menschen, 50.000 bis 80.000 weitere durch die folgenden Flutwellen, Erdbeben und Ascheregen.

Krakatau, Indonesien (1883): Der gewaltige Ausbruch des Krakatau am 26./27. August 1883 sprengt große Teile der gleichnamigen Insel in die Luft. Durch die Explosion entwickelt sich eine beinahe 40 Meter hohe Welle, die die umliegenden Inseln überschwemmt. Offizielle Angaben sprechen von 36.417 Toten.

Mont Pelée, Martinique (1902): Infolge des Ausbruchs des Mont Pelée auf Martinique am 8. Mai 1902 überrollt eine Lawine aus heißer Asche und Gas die Hafenstadt St. Pierre.

Mount St. Helens, USA (1980): Nach einer langen Ruhephase bricht am 18. Mai 1980 der Mount St. Helens im US-Bundesstaat Washington aus. Die Explosion mit der Gewalt der 500-fachen Kraft einer Atombombe sprengt die Bergspitze weg, der Ausbruch zerstört die gesamte Flora und Fauna im Umkreis von 600 Quadratkilometern.

Pinatubo, Philippinen (1991): Der stärkste Vulkanausbruch des 20. Jahrhunderts richtet riesige Zerstörungen an und fordert mindestens 875 Tote.

Montserrat, Karibik (1997): Die Glutlawinen des am 25. Juni 1997 ausbrechenden Vulkans zerstören mehrere Ortschaften. Zehn Menschen sterben bei dem Unglück, 20 gelten als vermisst.

Vesuv 79 n. Chr.

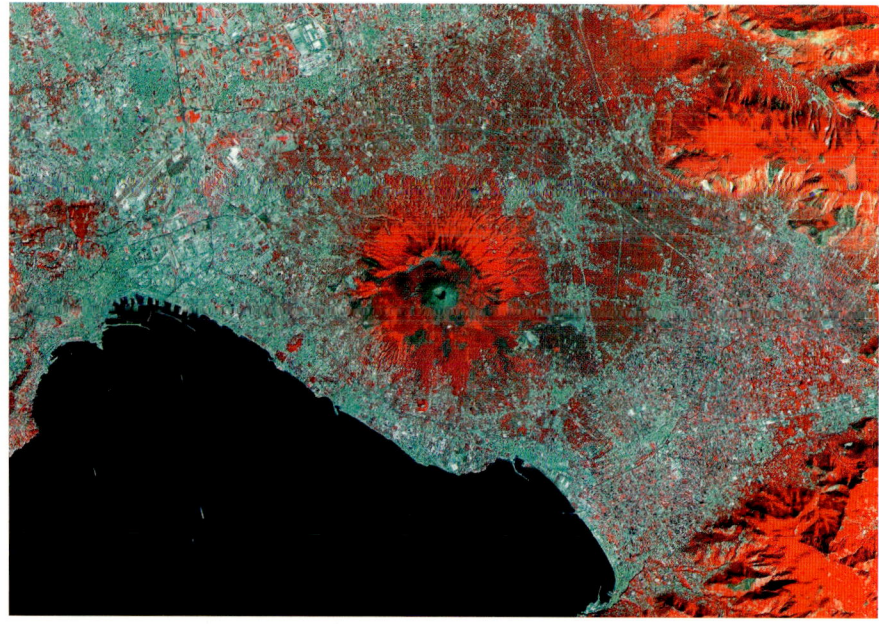

Der 1281 Meter hohe Vesuv am Golf von Neapel (Bild oben), hier auf einer Satellitenaufnahme, ist der einzige aktive Vulkan auf dem europäischen Festland. Traurige Berühmtheit erlangte der Vulkan vor allem durch seinen Ausbruch im Jahr 79 n. Chr., von dessen katastrophalen Ausmaßen heute noch Abdrücke der Katastrophenopfer in Pompeji künden.

Der letzte Tag Pompejis

Der 1281 Meter hohe Vesuv thront heute friedlich über dem Golf von Neapel. Auch im Jahr 79 n. Chr. hielt man den Berg mit seinen fruchtbaren Hängen für erloschen. Im Lauf der Zeit waren rund um den Vulkan prächtige Villenorte entstanden. Am 24. August brach jedoch das Unglück jäh in die Idylle ein. Die Katastrophe hatte sich bereits durch ein Erdbeben am 5. Februar 62 n. Chr. angekündigt, das jedoch nicht als Warnzeichen erkannt wurde. Als Folge des Erdbebens hatte sich der Pfropfen, der den Vulkanschlot verstopft hatte,

„Um die Mittagszeit des 24. August brach die Bergspitze des Vesuvs begleitet von einem lauten Donnern ein."

gelockert. Das aufsteigende Gas und der Druckanstieg in der Magmakammer taten ein Übriges. Um die Mittagszeit brach die Bergspitze, begleitet von einem lauten Donnern, ein. Eine gewaltige Rauch- und Aschesäule stieg auf, und der Vulkan spuckte glühende Gesteinsbrocken in die Luft. Von der Katastrophe zeugen die Berichte des römischen Politikers und Schriftstellers Plinius des Jüngeren, dessen Onkel, Plinius der Ältere, bei dem Unglück sein Leben ließ.

Nach diesem Augenzeugenbericht machte sich der Vulkanausbruch zunächst durch eine ungewöhnliche, bedrohliche Wolke bemerkbar, die sich ausbreitete, dabei vulkanisches Gestein mit sich führte und in Richtung Pompeji geweht wurde. Starke Erdbeben erschütterten unaufhörlich die Erde, und das Meer wich etwa 800 Meter zurück.

Acht Tage lang regnete es auf Pompeji Asche, Bimssteine und Lapilli herab. Etwa 15 Kilometer entfernt wurde die Stadt Herculaneum von einem Schlammstrom begraben. Fluchtartig versuchten die Menschen, ihr Leben zu retten, Tausende wurden unter Schlamm begraben, erstickten an den Aschewolken, wurden von aus dem Vulkan geschleuderten, schweren Gesteinsbrocken erschlagen oder durch giftige Gase getötet. Das Schicksal einiger dieser Menschen, die allen Vermutungen nach durch Einatmen der Asche erstickten, zeigen heute Gipsabdrücke in menschlicher Gestalt, die Archäologen im 19. Jahrhundert anfertigten, indem sie die entdeckten Hohlräume mit flüssigem Gips ausgossen.

Ungefähr fünf Stunden nach dem Beginn der Eruption war Pompeji nahezu völlig unter einer meterhohen Schicht aus vulkanischem Material verschüttet. Gegen 23.30 Uhr brach die gewaltige Aschesäule in sich zusammen und breitete sich rasend schnell als Glutlawinen auch in den Gassen Herculaneums aus. Kurz nach Mitternacht überrollte der erste pyroklastische Strom die Stadt Herculaneum und tötete 300 Einwohner. Die Wucht der vulkanischen Ströme zerstörte zahlreiche Häuser und kostete die letzten Überlebenden Pompejis das Leben.

Nach der Entleerung der Magmakammer stürzte die Gipfelregion des Vulkans zusammen und bildete eine Caldera, in der sich später der heutige Vesuvkegel aufbaute. Das vulkanische Material, das in meterdicken Schichten die betroffenen Orte bedeckte, verfestigte sich im Lauf der Zeit zu einer harten Tuffsteinmasse. Die Zahl der Todesopfer des etwa 19 Stunden lang andauernden Vulkanausbruchs wird auf mindestens 2000 geschätzt.

Das Ende von Pompeji und Herculaneum war nicht die einzige Katastrophe am Vesuv. Schon zuvor war es zu verheerenden Vulkanausbrüchen gekommen, und auch in der Zeit danach kam der Vulkan nicht zur Ruhe. Der Vesuv befindet sich über einer Subduktionszone zwischen der Eurasischen und der Afrikanischen Platte. Er gehört zum Vulkangürtel der Romana, der am Monte Amiata bei Siena beginnt und sich bis hin zum Monte Vulture bei Potenza erstreckt.

Die vorerst letzte Eruption des Vesuvs ereignete sich am 20. März 1944. Bei diesem Ausbruch starben 26 Menschen, die Orte Massa di Somma und San Sebastiono wurden unter meterhohen Lavamassen begraben. Auch heute noch stellt der Vesuv eine nicht zu unterschätzende Gefahr dar. Im Fall eines mit der Eruption im Jahr 79 n. Chr. vergleichbaren Ausbruchs wären heute mehr als eine Million Einwohner gefährdet.

„Das Ende von Pompeji und Herculaneum war nicht die einzige Katastrophe am Vesuv. Schon zuvor war es zu verheerenden Vulkanausbrüchen gekommen, und auch in der Zeit danach kam der Vulkan nicht zur Ruhe."

Beim Ausbruch des Vesuvs wurde Pompeji völlig verschüttet und geriet im Lauf der Zeit in Vergessenheit. Heute zeigt der Vesuv sein friedliches Angesicht, und die Ruinen der Stadt sind eine touristische Sehenswürdigkeit.

Krakatau 1883

Eine Insel verschwindet

Jahrhundertelang hatte der Krakatau auf der gleichnamigen Vulkaninsel in der Sundastraße zwischen Sumatra und Java geschwiegen, bis sich in drastischer Weise zeigte, wie verheerend die Gewalt des Vulkanismus ist. Die Katastrophe kündigte sich schon einige Monate zuvor durch kleinere Ausbrüche an. In der Nacht vom 26. auf den 27. August 1883 kam es dann zur folgenschweren Eruption. Um 10.02 Uhr explodierte der Vulkan und sprengte die bis dahin 47 Quadratkilometer große Insel in die Luft.

18 Kubikkilometer Gestein und Asche wurden in einer gigantischen Feuersäule bis in eine Höhe von 80 Kilometern in die Atmosphäre katapultiert. Über einem Areal von mehreren Hunderttausend Quadratkilometern ging ein dichter Asche- und Bimssteinregen nieder. Bis ins 3100 Kilometer entfernte australische Perth und sogar auf der etwa 4800 Kilometer entfernten Insel Rodriguez in der Nähe von Mauritius war die Explosion zu hören.

Die Magmakammer unter der Erde entleerte sich rasend schnell und stürzte unter dem Gewicht der darüberliegenden Gesteinsdecke ein. Unmittelbar darauf strömte das umgebende Meerwasser nach. Etwa zwei Drittel der Insel wurden vom Meer verschluckt. An den benachbarten Küsten im Westen Javas und im Südosten Sumatras entwickelte sich eine teilweise bis zu 40 Meter hohe Flutwelle, die sich mit einer Geschwindigkeit von 640 Kilometern pro Stunde über das Meer ausbreitete. Sie zerstörte in einem Umkreis von 80 Kilometern 295 Küstenorte und kostete mehr als 36.000 Menschen das Leben. Der Tsunami durchquerte den Pazifik und den Atlantik und führte auch noch in Europa in 13.000 Kilometern Entfernung zu erhöhten Pegelständen. Es folgten pyroklastische Ströme und Ascheregen, die 165 Ortschaften auf den umliegenden Inseln, vor allem auf Java und Sumatra, zerstörten.

Die durch die Explosion ausgelösten Luftdruckwellen umliefen sechseinhalb Mal die Erde, feine Vulkanasche (Aerosol), die in die Atmosphäre geschleudert wurde, verteilte sich innerhalb weniger Tage in über 70% der Atmosphäre und umkreiste die Erde drei Jahre lang. Dies führte aufgrund der Lichtbrechung an diesen Partikeln in Europa zu spektakulären farbenprächtigen Sonnenuntergän-

Die Lithografie aus dem Jahr 1888 zeigt den Ausbruch des Krakatau im Jahr 1883 (gegenüberliegende Seite). In der Caldera des ursprünglichen Vulkans bildete sich ab 1927 ein neuer Vulkan, der Anak Krakatau (Bild oben). Die Satellitenaufnahme zeigt den Anak Krakatau in seiner Umgebung in der Sundastraße, die eine Verbindung zwischen dem Südchinesischen Meer und dem Indischen Ozean bildet (Bild unten).

gen, aber aufgrund des zu 20% absorbierten Sonnenlichts auch zu deutlich fallenden mittleren Jahrestemperaturen. Vor allem auf der Nordhalbkugel machte sich dies mit einer um 0,5–0,8 °C kälteren Durchschnittstemperatur in den folgenden drei Jahren und dadurch bedingten Missernten bemerkbar.

Damit war jedoch die Geschichte des Krakatau noch nicht beendet. Ab 1927 begann sich in der Caldera des ursprünglichen Vulkankraters ein neuer Vulkan zu bilden. 1930 durchbrach er die Wasseroberfläche. Durch wiederholte Eruptionen wuchs der Vulkan auf inzwischen 450 Meter an. Die neu entstandene Vulkaninsel erhielt den Namen Anak Krakatau, „Kind des Krakatau".

Heimaey 1973

Mutiger Kampf

Die Stadt Heimaey liegt auf der zu den Westmännerinseln gehörenden gleichnamigen Insel vor der Südküste Islands. Die Insel liegt über dem Mittelatlantischen Rücken, an dem die Eurasische und die Nordamerikanische Platte divergieren, und entstand vor rund 5000 Jahren durch aus dem Zentralgraben des Rückens emporsteigende Lava.

Am 23. Januar 1973 gegen 2.00 Uhr morgens tat sich nach einer Reihe schwacher Erdbeben auf der Insel Heimaey ein Spalt in der Erde auf, der sich auf etwa zwei Kilometer verlängerte, und 150 Meter hohe Lavafontänen schossen aus dem Erdreich empor. Zwar ereignete sich die Eruption in unmittelbarer Nähe zur Stadt Heimaey, allerdings konnten die etwa 5000 Einwohner der Insel schnell evakuiert werden, da zu diesem Zeitpunkt die gesamte Fischereiflotte im Hafen lag. Etwa 300 Einwohner nahmen jedoch den Kampf gegen den entstehenden Vulkan Eldfell auf, um ihre Häuser und den Hafen zu retten.

Als ein Teil des 35 Meter hohen und 300 Meter breiten Lavastroms sich in den Fischereihafen ergoss und die Hafeneinfahrt zu blockieren und damit die Existenzgrundlage der Insel zu vernichten drohte, kämpften die Helfer mit heraufgepumptem Meerwasser gegen die voranschreitenden heißen Ströme und konnten sie schließlich stoppen.

Sie konnten jedoch nicht verhindern, dass bei der etwa fünf Monate andauernden Eruption viele Gebäude von den austretenden Lavalawinen überrollt, weite Teile der Ortschaft unter meterhohen Ascheschichten begraben und mehr als zwei Drittel aller Häuser zerstört wurden. In den folgenden Monaten konnten jedoch auch die meisten Gebäude ausgegraben werden.

Die Katastrophe hatte jedoch nicht nur eine Schattenseite: Die Insel vergrößerte sich infolge des Vulkanausbruchs um beinahe 2,6 Quadratkilometer, und die Lava bildete einen Wellenbrecher, der die Hafeneinfahrt sicherer machte. Seit 1974 ist der Vulkan inaktiv.

Heute zeigt sich die zu den Westmännerinseln gehörende Insel Heimaey von ihrer friedlichen Seite. 1973 bedrohten jedoch Lavamassen in dramatischer Weise die vorwiegend vom Fischfang lebende gleichnamige Stadt, ihre Gebäude und Einwohner sowie deren Existenzgrundlage.

Gut gerüstet für den Ernstfall

Am 15. Juni 1991 ereignete sich mit dem Ausbruch des im Zentrum der Insel Luzon nordöstlich von Manila auf den Philippinen gelegenen Pinatubo eine der gewaltigsten Eruptionen des 20. Jahrhunderts. Der Ausbruch war der erste nach einer Ruhepause von 611 Jahren. Umso mehr traf die Menschen, die an den Hängen des 1745 Meter hohen Berges lebten, der Schock, als, begleitet von immer intensiver werdenden Erdbeben, erstmals am 5. April 1991 Rauch aus den Flanken des Vulkans entwich. Vulkanologen beobachteten den Vulkan, bis sich Anfang Juni ein enormer Druckanstieg in der Magmakammer abzeichnete und immer heftiger werdende Erdbeben zur Evakuierung Zehntausender Menschen führten.

Am 15. Juni wurden die Vorhersagen bestätigt. Um 10.00 Uhr spie der Vulkan mit einer Energie von 100.000 Hiroshimabomben riesige Aschemengen in die Luft. Insgesamt wurden bei der Eruption mehr als 10 Kubikkilometer vulkanisches Material in die Luft geschleudert. Pyroklastische Ströme stürzten die Vulkanhänge herab und begruben ganze Täler unter dicken Asche- und Bimssteinablagerungen, die Entfernungen von bis zu 16 Kilometern erreichten und sich teilweise zu einer Dicke von mehr als 200 Metern aufstauten. Auf der Insel Luzon wurden rund 80.000 Hektar Land unter der Asche begraben.

Gleichzeitig wütete der Taifun Yunya über der Gegend und richtete weitere Zerstörungen an. Die Regenfälle beschwerten die auf die Dächer gefallene Vulkanasche, sodass viele davon einstürzten. Selbst als die magmatische Aktivität zum Stillstand gelangte, war die Gefahr noch nicht gebannt: Die Berghänge waren durch die Eruption nahezu entwaldet und mit einer dicken Ascheschicht bedeckt, die regendurchtränkt ins Rutschen geriet und in Form von Lahars talabwärts raste. Zahlreiche Häuser und Brücken wurden zerstört und Straßen blockiert. Durch Aufklärungsmaßnahmen unter der

„Durch Aufklärungsmaßnahmen im Vorfeld der Eruption war die Zahl der Opfer allerdings vergleichsweise niedrig."

Bevölkerung im Vorfeld der Eruption, die zur Evakuierungsbereitschaft beitrugen, war die Zahl der Opfer allerdings mit mindestens 875 Menschen vergleichsweise niedrig.

Gravierend waren die globalen Auswirkungen: Die in die Luft geschleuderten Aerosole und Staubteilchen umrundeten in wenigen Wochen die Erde, die Temperaturen sanken 18 Monate lang weltweit um 0,3–0,5 °C. Seit 1992 ist der Vulkan, der durch das aufsteigende Magma gespeist wird, das beim Absinken der Philippinischen unter die Eurasische Platte entsteht, inaktiv.

Wer heute den idyllischen Vulkankrater des Mount Pinatubo (Bild oben) betrachtet, kann sich die Schrecken der gewaltigen Eruption des Jahres 1991 kaum vorstellen. Ein ganz anderes Bild bietet der nach der Eruption vollkommen mit Vulkanasche bedeckte Marinehafen Subic Bay (Bild unten).

Mount St. Helens (1980)

Seit 1857 galt der Mount St. Helens im Südwesten des US-Bundesstaats Washington als ruhender Riese und malerisches Ansichtskartenmotiv. Am 18. Mai 1980 zeigte der Schichtvulkan jedoch seine zerstörerische Seite. Um 8.32 Uhr kündigte ein Erdbeben der Stärke 5 auf der Richterskala den nahenden Ausbruch an. Als der Vulkan sich daraufhin an der Nordflanke aufwölbte und an dieser Stelle wegbrach, donnerten gewaltige Lava-, Gesteins- und Eismassen talwärts. Ein Teil der Lawine glitt in und über den am Fuß des Berges gelegenen Spirit Lake.

Der freigelegte Schlot spuckte neun Stunden lang eine bis zu 18 Kilometer hohe Asche- und Gaswolke in den Himmel. Der Ascheregen, der während der folgenden sechs Wochen von immer wieder ausgestoßenen Aschesäulen ausging, bedeckte weite Gebiete und legte in vielen Gegenden Washingtons das gesamte öffentliche Leben lahm.

Gleichzeitig raste eine Glutlawine sich seitlich ausbreitend die Hänge hinab und vernichtete in weitem Umkreis Flora und Fauna. Dickflüssige Schlammlawinen bahnten sich ihren Weg durch die Flusstäler, sorgten für weitere Verwüstungen, lagerten sich meterhoch ab und stauten das Wasser auf.

Die Katastrophe kostete 57 Menschen das Leben und verwandelte eine Fläche von etwa 600 Quadratkilometern in eine unwirtliche Mondlandschaft. Anstelle der Kegelspitze hatte sich eine 400 Meter tiefe Senke gebildet. Durch die Eruption bedingt, nahm die Höhe des Vulkans von 2950 auf 2549 Meter ab. Am 26. August 1982 wurde das Gebiet als National Monument ausgewiesen.

Der Mount St. Helens gehört zur Kaskadenkette, einem Gebirgszug vulkanischen Ursprungs, der sich parallel zur Westküste Nordamerikas vom Süden British Columbias bis nach Nord-Kalifornien erstreckt. Sie ist Teil des Pazifischen Feuerrings und verdankt ihre vulkanische Aktivität der Subduktion der Juan-de-Fuca-Platte unter die Nordamerikanische Platte.

Das Luftbild des Mount St. Helens zeigt den Vulkan bei einer Dampfexplosion (großes Bild). Nach dem 18. Mai gab es 1980 fünf weitere explosive Ausbrüche des Vulkans, darunter auch diesen vom 22. Juli. Bei der Eruption, die noch 160 Kilometer nördlich in Seattle/ Washington sichtbar war, schossen Asche und Bimsstein in eine Höhe von 10–18 Kilometer (Bild oben). Die beim Ausbruch des Mount St. Helens am 18. Mai 1980 entstandenen Lahare zerstörten über 200 Häuser – wie hier ein Haus am South Fork Toutle River – sowie etwa 300 Kilometer Straßen (Bild unten).

Überwachung und Schutz

Folgen von Vulkanausbrüchen

Vulkanismus ist mitverantwortlich für die gravierendsten Naturkatastrophen der Erde. Die direkten Wirkungen von Vulkanausbrüchen zeigen sich in Lavaströmen, pyroklastischen Strömen und Lahars (siehe Seite 51 ff.), Glutwolken, Ascheeruptionen und -ablagerungen, aber auch in Tsunamis, mit of verheerenden Opferzahlen und Sachschäden in Millionenhöhe.

Aber es gibt auch indirekte Folgen, die nicht sofort ins Auge fallen. So kommt es etwa durch Ascheregen zu Ernteausfällen. Bereits eine Ascheschicht von einem Zentimeter zerstört eine ganze Ernte. Weitere Auswirkungen sind nicht nur ein wirtschaftlich folgenschwerer Stillstand des öffentlichen Lebens: Die Vulkanasche kann in größeren Mengen auch die Luftfahrt gefährden. So können die Aschepartikel die Sicht durch die Frontscheiben behindern, und Triebwerke können durch das Einsaugen von Asche bis hin zu einem Totalausfall beschädigt werden. Eine weitere Gefährdung droht durch Klimaveränderungen. Der Grund für diese Auswirkungen sind Aerosole, die sich nach einem Vulkanausbruch bilden. Diese setzten sich in den die Erde umgebenden Luftschichten ab und reflektieren einen Teil der Sonnenstrahlung zurück ins All. Infolgedessen nehmen die Temperaturen auf der Erde ab.

Rund ein Zehntel der Erdbevölkerung, weltweit rund 500 Millionen Menschen, lebt in der Umge-

„Weltweit leben rund 500 Millionen Menschen in der Umgebung von Vulkanen – ein Zehntel der Erdbevölkerung."

Das Radarbild zeigt den Vulkan Teide auf der Kanareninsel Teneriffa. Der Vulkan brach nur einmal im 20. Jahrhundert aus, wird jedoch aufgrund seiner Nähe zur Stadt Santa Cruz de Tenerife für eine potenzielle Gefahr gehalten. Wissenschaftler nutzen derartige Bilder, um die strukturelle Entwicklung des Teide zu untersuchen, vor allem das Potenzial für ein Kollabieren der Flanken.

bung von Vulkanen. Daher ist es wichtig zu wissen, ob ein Vulkan wieder aktiv werden kann. Am wichtigsten ist eine Überwachung von Vulkanen, damit die in unmittelbar gefährdeten Gebieten lebenden Menschen im Notfall möglichst rechtzeitig gewarnt und evakuiert werden können. Die Forschung bemüht sich daher darum, Vulkanausbrüche möglichst genau vorherzusagen. Dabei muss berücksichtigt werden, dass auch Fehlprognosen ihre Folgen haben, so etwa durch einen Stillstand des wirtschaftlichen Lebens oder die Evakuierung Tausender von Menschen. Vulkanobservatorien arbeiten jedoch schon seit einigen Jahrzehnten weitgehend erfolgreich.

Generell gibt es fünf Überwachungsmethoden: die geodätische Überwachung, die gravitmetrische und magnetometrische Messung, die Aufzeichnung seismischer Aktivität, die Erfassung oberflächennaher Temperaturerhöhungen und die chemische Analyse vulkanischer Gase.

Geodätische Überwachung

Beim Aufsteigen von Magma können in Bereichen des Vulkans Aufwölbungen, Absenkungen, Buckel und Risse entstehen. Mithilfe von in Bohrlöchern installierten Neigungs- und Dehnungsmessern können diese Deformationen erfasst werden. Aber bereits mit einfachen aufgesprühten Linien sind Veränderungen sichtbar. So hatten Geologen beispielsweise Anfang August 1982 im Kraterboden des Mount St. Helens schmale Risse entdeckt und sie mit Bodenlinien markiert. Wenige Tage darauf waren die Linien gekrümmt und zeigten auf diese Weise eine Veränderung der Risse durch das Aufsteigen von Magma an.

Exakter lassen sich Veränderungen durch die Elektronische Distanzmessung (EDM) bestimmen. Mithilfe elektromagnetischer Signale lässt sich das Ausmaß einer Verschiebung ermitteln. Diese Geräte besitzen Reichweiten von bis zu 50 Kilometern und Messgenauigkeiten von wenigen Millimetern.

„Zur Beobachtung größerer Gebiete und von Vulkanen in abgelegenen Gegenden dienen satellitengestützte geodätische Messverfahren."

Zur Beobachtung größerer Gebiete und von Vulkanen in abgelegenen Gegenden dienen satellitengestützte geodätische Messverfahren. Infolge von Geländedeformationen verändern sich auch die Grundwasser- und Oberflächenwasserstände relativ zueinander. Diese Veränderungen werden durch Grundwassermessstellen sowie Fluss- und Seewasserpegelmessungen erfasst.

Gravimetrische und magneto-metrische Messungen

Beim Aufsteigen vom Magma in oberflächennahe Erdschichten lassen sich durch Dichteunterschiede zwischen Magma und Umgebungsgestein lokale Veränderungen im Schwerefeld feststellen. Diese

Einer gewaltigen Eruption des Anak Krakatau fiel im Jahr 2009 diese Ausrüstung zur Feststellung seismischer Aktivität zum Opfer.

Am 18. Januar 2002, einen Tag nach der Eruption des Nyira-gongo-Vulkans im Kongo, schiebt sich ein Fluss geschmolzenen Gesteins (rot) den Berg hinab und in den Kivusee. Die Radiometerauf-zeichnung zeigt den wolken-verhüllten Vulkan, während die Stadt Goma am Nordufer des Kivusees sichtbar ist.

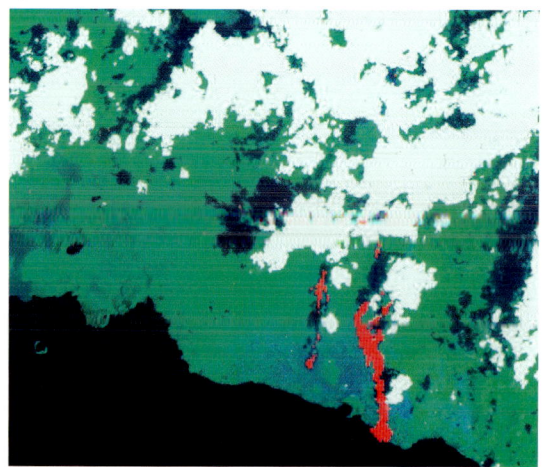

typische seismische Signale. Ein Netz empfindlicher Seismografen rund um den Vulkan kann diesen sogenannten vulkanischen Tremor erfassen und damit Herd und Tiefe der vulkanischen Beben bestimmen.

> **„Seismografen können den sogenann-ten vulkanischen Tremor erfassen und damit Herd und Tiefe der vulkanischen Beben bestimmen."**

Temperaturmessung

Eine weitere Methode der Vulkanüberwachung ist die Messung von Temperaturerhöhungen des Nebengesteins durch das heiße aufsteigende Magma. Dies geschieht durch ortsfeste Stationen zur Temperaturmessung und Satelliteninfrarotauf-nahmen.

Gasanalyse

Auch Änderungen der Menge, der chemischen Zusammensetzung und der Temperatur vulkani-scher Gase können Aufschluss über bevorstehen-de Vulkanausbrüche geben. So lassen sich umso höhere chemische Schwankungen nachweisen, je größer die vulkanische Aktivität ist. Da sich beim Aufstieg von Magma die entweichenden Gase im Boden ausbreiten und unterirdisches Wasser kon-taminieren, lässt sich durch Untersuchung von Grundwasser und Quellen von einer Erhöhung von Gasgehalten wie etwa Helium und Radon auf bevorstehende Vulkanausbrüche schließen.

Baumaßnahmen

Der Vielzahl der Frühwarnsysteme zum Trotz bewahren bevorstehende Vulkaneruptionen eine gewisse Unberechenbarkeit, und besonders in Ent-wicklungsländern fehlen oft die Mittel zur Vulkan-überwachung. So kann es eine absolute Sicherheit und Verlässlichkeit bei der Vorhersage möglicher Vulkanausbrüche nicht geben.
Am wirkungsvollsten werden Schäden daher durch eine gesetzliche Beschränkung der Landnutzung,

Da bei vulkanischer Aktivität, wie hier am 12. Januar 2006 beim Mount St. Augustine in den Chigmit Mountains auf Augustine Island vor der Süd-küste Alaskas, Vulkangase aus-gestoßen werden, können schon vor einem Vulkanaus-bruch erhöhte relevante Gas-anteile in Grund- und Quell-wasser auf einen bevorstehen-den Ausbruch hindeuten.

Veränderungen werden mithilfe von Gravimetern an aktiven Vulkanen und GPS-Sensoren erfasst. Ebenso verursacht der Magmaaufstieg durch die thermische Einwirkung lokale Änderungen des Magnetfelds. Magnetometrische Stationen sind zum Beispiel am Ätna in Betrieb.

Seismografische Überwachung

Durch Entgasungsprozesse und Gesteinsspannun-gen beim Magmaaufstieg, in deren Folge Gestein zerbricht und es zu Erdbeben kommt, entstehen

zum Beispiel durch ein Verbot der Bebauung in gefährdeten Gebieten, eingeschränkt. Beim Bau ist zudem auf Brandsicherheit zu achten, sei es durch die Verwendung möglichst feuerbeständiger Materialien oder durch Maßnahmen, die eine Ausbreitung von Bränden verhindern, etwa Brandschutzmauern. Möglichst stabile Bauten sollten der Einwirkung von Lava- und Schlammlawinen viel Widerstand entgegensetzen. Durch eine ausreichende Dachneigung kann etwa auch verhindert werden, dass sich große Aschelasten auf den Dächern sammeln, die diese zum Einsturz bringen könnten.

Eruptionskontrolle

Vulkaneruptionen lassen sich fast nicht kontrollieren. Allenfalls kann die Explosivität sowie die Wahrscheinlichkeit der Entstehung und die Größe von Schlammlawinen durch Horizontalbohrungen beeinflusst werden, die den Wasserspiegel von Kraterseen absenken. Dieses Verfahren wurde bereits erfolgreich beim Kelut auf Java angewandt. Meist bleibt nur die Möglichkeit, die Folgen eines Vulkanausbruchs zu bekämpfen, etwa indem man die Asche von Auto- und Hausdächern entfernt oder mithilfe von Filtern das Eindringen von Asche

in Maschinen und Leitungssysteme verhindert. Lavaströme lassen sich durch Abkühlung oder Bombardierung ablenken beziehungsweise verlangsamen oder gar stoppen. Durch die Bombardierung oberhalb von Tälern kann man zum Beispiel geschlossene Lavaströme in mehrere Äste aufspalten. Die Ströme können so etwa in neu gegrabene Kanäle umgelenkt werden.

Hat ein Lavastrom bereits ein eingeschnittenes Tal erreicht, kann die Errichtung feuerfester Barrieren helfen. Auch dies kann relativ schnell und erfolgreich durchgeführt werden, da der mechanische Druck von Lavamassen in der Regel nicht sehr hoch ist. Auch kleinere Schlammströme lassen sich unter Umständen durch stabile Dämme zurückhalten. Zudem wurde auch die Abkühlung von Lavaströmen durch aufgepumptes Meerwasser und Wasserkanonen bereits erfolgreich durchgeführt, etwa beim Ausbruch des Eldfell auf der Insel Heimaey im Jahr 1973 (siehe Seite 78).

Neben all diesen Maßnahmen ist auch die Aufklärung der in gefährdeten Gebieten lebenden Menschen über Gefahren und Schutzmaßnahmen wichtig. Wie bei Erdbeben gibt es auch hier Maßnahmen, die Bevölkerung mit Evakuierungen vertraut zu machen, damit sie sich im Katastrophenfall richtig verhält.

Lavaströme wie hier beim Mauna Kea auf Hawaii lassen sich in mehrere Äste aufteilen und durch neu gegrabene Kanäle ablenken. Auch durch feuerfeste Barrieren oder mithilfe von Wasserkanonen lassen sich Lavaströme oftmals zum Stillstand bringen.

Die weiße Gewalt: Schneelawinen

Après-Ski?

Etwa die Hälfte aller tödlichen Unfälle in den Bergen wird durch Lawinen verursacht. Schnee- und Eislawinen fordern in den Hochgebirgsregionen jedes Jahr Hunderte von Toten und Verletzten. Sie können Geschwindigkeiten von mehr als 160 Kilometern pro Stunde erreichen, aber auch nur mit 1–30 Millimetern pro Tag zu Tal kriechen. In beiden Fällen entwickeln sie jedoch Kräfte, die Schneesportler unter meterhohen Schneemassen begraben, Häuser dem Erdboden gleichmachen, Bäume entwurzeln oder Felsblöcke aus dem Boden zu reißen vermögen.

Verschiedene Lawinenarten

Unterscheidung nach Materialart

Unterscheidet man Lawinen nach der Festigkeit des Materials, sind als Haupttypen von Lawinen zu nennen:

- Lockerschneelawinen, die aus trockenem Schnee bestehen,
- Festschneelawinen, die sich aus feuchtem Schnee zusammensetzen, und
- Eislawinen aus Eismassen, die durch Eisabbrüche an Gletschern entstehen und mit einem Steinschlag zu vergleichen sind. Große Eislawinen bezeichnet man auch als Eissturz.

Nach der Feuchtigkeit des Schnees lassen sich zudem unterscheiden:

- Trockenschneelawinen: Voraussetzung für ihre Bildung ist ein pulverförmiger Schnee, der auf einer glatten, gefrorenen Boden- oder Schneeschicht liegt.
- Nassschneelawinen: Diese Lawinen entstehen bei Tauwetter, zum Beispiel nach Neuschneefällen mit Erwärmung, nach Wetterstürzen oder nach Schneeregen.

„Die klassische Gefahrenlawine für Bergsteiger ist die Schneebrettlawine."

Fließlawinen werden meist im Frühjahr ausgelöst. Wenn der Schnee aufgrund des Tauwetters zu schmelzen beginnt, wird er weich und matschig und verliert seine Haftung. Er fließt dann als ein gewaltiger Strom den Hang hinunter. Das Einzugsgebiet von Fließlawinen ist oft sehr groß, allerdings sind sie meist berechenbarer als Staublawinen, da ihre Geschwindigkeit und Auslaufstrecke sehr viel geringer sind.

Unterscheidung nach Art des Abgangs

Eine andere Art der Unterscheidung von Lawinen ist abhängig von der Art des Abgangs. Die bestimmenden Faktoren sind hier vor allem die Schnee- und Geländebeschaffenheit sowie das Wetter. Hier spielen die Geschwindigkeit, die Art und Bahn der Bewegung sowie der Anriss eine Rolle.

Fließlawinen

Die am weitesten verbreitete Art von Lawinen sind die sogenannten Fließlawinen. Wie der Name bereits sagt, „fließen" hierbei nasse oder trockene Schneeschichten als mehr oder weniger kompakte Masse hangabwärts, indem sie Kontakt zum Boden (Grundlawinen) oder zur Schicht, auf der sie abgleiten (Oberlawinen), bewahren. Fließlawinen können Geschwindigkeiten von 15–20, in Ausnahmefällen auch bis zu 50 Metern in der Sekunde erreichen.

Die klassische Gefahrenlawine für Bergsteiger und Schneesportler ist hierbei die Schneebrettlawine. Im Gegensatz zu anderen Lawinenarten, die häufig unterhalb einer Störungsstelle wie beispielsweise der Spur eines Skifahrers entstehen, bildet sich der Anriss einer Schneebrettlawine meist oberhalb dieser Stelle.

Kennzeichnend für diese Art von Lawinen ist ein typischerweise breiter, scharfkantiger, linienförmiger Anriss, der in etwa quer zum Hang verläuft. Großflächige Schichten der Schneedecke rutschen dabei zunächst bis zum Untergrund zusammenhängend ab und können dabei Geschwindigkeiten von 8–10 Metern in der Sekunde erreichen. Diese Art von Lawinen kommt nicht nur bei relativ harten, sondern auch bei weichen Schneemassen vor. Todesopfer dieser Lawinen sind oftmals nicht durch Ersticken, sondern vielmehr durch den Druck der häufig tonnenschweren Schneemassen oder hiervon verursachten Abstürzen und Aufprallverletzungen bedingt.

„Staublawinen können bis zu einer Höhe von 100 Metern anwachsen. Schnee wird aufgewirbelt und ein Schnee-Luft-Gemisch entsteht."

Staublawinen

Weitaus seltener als Fließlawinen sind sogenannte Staublawinen. Dieser Lawinentyp bildet sich, wenn große Schneemassen von einem steilen Hang hinabrutschen und dabei weiteren Schnee aufnehmen, wodurch die Lawine zu einer Höhe von bis zu 100 Metern anwachsen kann. Dabei wird der Schnee aufgewirbelt und ein Schnee-Luft-Gemisch entsteht. Diese Lawinen können Geschwindigkeiten von 50–100 Metern pro Sekunde erreichen und dabei ganze Siedlungen und Wälder vernichten. Durch den Druck vor und den Sog hinter der Lawine gehen damit enorme Luftdruckschwankungen einher, die verheerende Sach- und Personenschäden verursachen können. Menschen und Tiere können durch Einatmen des Schnee-Luft-Gemischs gar nach kurzer Zeit ersticken.

Bei Staublawinen handelt es sich eigentlich um eine Luftströmung, die durch den Schnee beschwert ist. Deshalb halten diese Lawinen sich auch nicht an die Sturzbahnen, die durch das Gelände vorgegeben sind, und sind somit deutlich schwerer zu berechnen als Fließlawinen.

Lockerschneelawinen

Bei Lockerschneelawinen ist der Anriss punktförmig, und die Lawine wächst durch eine Kettenreaktion. Besonders häufig kommen derartige Lawinen in unverfestigtem Schnee vor. Lockerschneelawinen können nochmals unterteilt werden in:

- Oberlawinen, bei denen die obenauf liegende Schneeschicht auf der darunter befindlichen abrutscht,
- Grundlawinen, bei denen die ganze Schneedecke bis zum Untergrund talwärts gerissen wird,
- Tallawinen, die den Fuß des Hangs erreichen, und
- Hanglawinen, die im Hang zum Stillstand kommen.

Kriechschnee

Von Kriechschnee spricht man, wenn Schneeschichten sich langsam und kriechend hangabwärts bewegen. Trotz langsamer Fließgeschwindigkeiten von nur 1–30 Millimetern am Tag können auch diese Lawinen eine enorme Zerstörungskraft entwickeln und sogar massive Bauten zerstören.

„Besonders häufig kommen Lockerschneelawinen in unverfestigtem Schnee vor."

Wälder haben eine zentrale Bedeutung für den Lawinenschutz. Weist der Wald allerdings Lücken auf, kann er keinen Schutz mehr vor Lawinen bieten. Bricht eine Lawine oberhalb des Waldes los und schlägt eine Schneise in ihn hinein, ist die Brems- und damit die Schutzwirkung ebenfalls nicht mehr gegeben. In diesem Fall wird der Wald durch die Lawine zerstört. Die Gefährlichkeit der Lawine kann durch mitgerissene Stämme sogar noch erhöht werden.

Entstehung von Lawinen

Einflussfaktoren

Schneelawinen entstehen, wenn sich große Schnee- oder Eismassen von Berghängen lösen und rasch talwärts gleiten oder stürzen. Kleinere Lawinen enthalten zwischen 10 und 200, mittelgroße 200–20.000 und sehr große zwischen 20.000 und 200.000 Kubikmeter Schnee.

Kommen große Schneemengen innerhalb einer kurzen Zeitspanne auf einem Hang zu liegen, schreitet die Gewichtsbelastung schneller voran als die Setzung und Verfestigung der Schneedecke. Dadurch wird der Druck auf die unteren Schneeschichten so groß, dass bereits geringe Belastungen wie etwa das Gewicht eines Skifahrers einen Lawinenabgang auslösen können.

Die Lawinenentstehung ist von vielen verschiedenen Faktoren wie Temperatur, Gelände, Wind, Aufbau der Schneedecke und Neuschneemenge abhängig. Ein typischer Lawinenhang ist schattig, steil und reich an frischem Triebschnee.

Temperatur

Einerseits können steigende Temperaturen die Festigkeit der Schneedecke vermindern und damit kurzfristig eine Lawinengefahr bergen, andererseits dauert es bei tieferen Temperaturen jedoch auch länger, bis sich Neuschneeschichten verfestigen, sodass hierbei das Risiko länger bestehen bleibt. Erhöht sich im Frühjahr im Lauf des Tages die Sonneneinstrahlung, wird der Schnee mit zunehmender Erwärmung nasser und schwerer, und das Lawinenrisiko nimmt stark zu. Außergewöhnlich viele und große Lawinen werden auch in Wärmeperioden mit Regen bis in die mittleren Lagen ausgelöst.

Gelände

Das Lawinenrisiko steigt mit zunehmender Hangneigung. Am häufigsten entwickeln sich Lawinen bei einem Gefälle von 25–50°, wenn die Schneedecke

„Ein typischer Lawinenhang ist schattig, steil und reich an frischem Triebschnee."

nur schwach verfestigt ist oder keine starke Haftung am Untergrund aufweist. Liegt die Größe der Hangneigung hingegen darüber, gleitet der Schnee bereits beim Herabfallen auf den Hang regelmäßig in kleinen Schneerutschen ab. Allerdings können sich zum Beispiel auf einer glatten Felsoberfläche oder auf einer Fläche mit hohem Gras bereits bei Hangneigungen von 17–24° Lawinen entwickeln.

Auslösende Faktoren für Lawinenabgänge sind das Betreten instabiler Schneemassen oder Vibrationen, zum Beispiel durch eine Windböe oder laute Geräusche. Zudem spielt der Untergrund in Abhängigkeit zur Lawinenart eine große Rolle: Grundlawinen entstehen häufiger, wenn die Schneemassen über Altgras oder niedergedrückten Latschenkiefern liegen. Sie entwickeln sich hingegen weniger oft auf einem felsigen Boden. Im Gegensatz dazu wird in Gegenden mit einer dichten Bewaldung der Abgang von Schneebrettern – allerdings nicht der von Lockerschnee- und Staublawinen – erschwert.

Kommt auf einem Hang innerhalb kurzer Zeit viel Schnee zu liegen, dann können die Setzung und Verfestigung des Schnees nicht schnell genug voranschreiten, und die Belastung auf die Schneedecke wächst durch das zusätzliche Gewicht. Der Druck auf die unteren Schichten wird dann so groß, dass diese der Belastung nicht mehr standhalten. Hier kann bereits eine geringe Zusatzbelastung, zum Beispiel das Gewicht eines Skifahrers, dazu führen, dass die Schneeschichten ins Rutschen geraten und es zu einem Lawinenabgang kommt.

schicht ansammelt, kann es bei ungünstigen Bedingungen zu einem enormen Anstieg der Gefahr von Schneebrettlawinen kommen. Bei 50 bis 80 Zentimetern Neuschnee besteht bereits eine erhebliche, bei 80 Zentimetern und darüber eine akute Gefahr.

Aber auch bei Altschnee ist das Risiko einer Lawinenbildung gegeben: Wird der Schnee älter, nimmt die Körnerbildung zu, und der Schnee wird feuchter und schwerer. Vor allem wenn der Schnee bis auf den Grund nass wird, steigt auch das Risiko einer Bildung von Festschneelawinen.

Schwimmschnee- und Reifschichten

Noch gefährlicher ist der sogenannte Schwimmschnee. Dieser bildet sich, wenn aus wärmeren, bodennahen Schneeschichten Wasserdampf aufsteigt und in der weiter oben liegenden Schicht wieder gefriert. Wenn die Schneeschicht über dem Schwimmschnee nun durch Regen, Neuschnee oder eine Erschütterung der Schneedecke schwerer wird, kann die oben liegende Schicht auf der Schwimmschneeschicht abgleiten und sich infolgedessen eine Schneebrettlawine lösen.

Eine ähnliche Wirkung entsteht, wenn feuchte Luft auf einer kalten Schneefläche zu Reif gefriert und auf diese Schicht nochmals Schnee fällt. Hierbei kann die oben liegende Schicht ebenfalls auf der darunterliegenden ins Rutschen kommen.

Triebschnee

Auch sogenannter Triebschnee kann zur Gefahr werden: Dieser in Windschattenhängen abgelagerte Schnee kann so instabil sein, dass kleinste Auslöser genügen, um die Schneemassen in Bewegung zu setzen. Verstärkt wird das Risiko auch durch in die Schneedecke eingelagerte Zwischenschichten wie zum Beispiel Raureif oder Eislamellen, auf denen die darüberliegende Schneeschicht abrutschen kann.

"Auch bei Altschnee

ist das Risiko einer

Lawinenbildung gegeben."

Frischer Triebschnee lässt sich leicht an seiner gewellten Oberfläche erkennen; er ist besonders instabil und kann häufig zu Lawinenabgängen führen (oberes Bild). In den höher gelegenen Bergregionen fällt oft Neuschnee, der sich über den noch vorhandenen Altschneebestand legt – eine gefährliche Mischung, die das Lawinenpotenzial erhöht (unteres Bild).

Neu- und Altschnee

Je mehr Neuschnee fällt, desto größer ist das Lawinenrisiko. Eine besondere Gefahr besteht, wenn in kurzer Zeit eine große Menge an Neuschnee fällt, der sich mit dem Altschnee nicht ausreichend verbinden kann, oder wenn die Schneedecke durch Tauwetter an Stabilität verliert. Das Gewicht des Neuschnees kann zwischen 30 und 250 Kilogramm pro Kubikmeter betragen. Bei starkem Schneefall von einem halben Meter können etwa 500 Tonnen Schnee auf einem 1 Hektar großen Hang zu liegen kommen. Bereits wenn sich innerhalb dreier Tage eine 10–20 Zentimeter hohe Neuschnee-

Beispiele für Lawinenunglücke

Innerhalb der letzten 100 Jahre kam es in den Alpen jährlich zu durchschnittlich 100 Todesfällen durch Lawinenabgänge. Einige der folgenschwersten Lawinenunglücke waren:

Tiroler Alpen (1915–1918): Mindestens 10.000 österreichische und italienische Soldaten werden im Alpenkrieg des Ersten Weltkriegs allein am 13. Dezember 1916 bei einer durch Tauwetter ausgelösten Lawinenkatastrophe mit über 100 an den Osthängen der Tiroler Alpen herabdonnernden Lawinen getötet. Viele Soldaten werden in dieser Zeit auch durch teilweise vorsätzlich vom Gegner durch das Abfeuern von Granaten ausgelöste Lawinen begraben. In drei Kriegswintern fielen an der österreichisch-italienischen Front etwa 60.000 Mann dem weißen Tod zum Opfer.

Alpenraum (1950/1951): Lang andauernde Schneefälle mit Zuwachsen von mehr als einem Meter Schnee innerhalb eines Tages verursachen im Winter 1950/1951 ungewöhnlich viele Lawinenabgänge. Der sogenannte Lawinenwinter kostet 265 Menschen das Leben.

Blons/Vorarlberg, Österreich (1954): Eine Lawine zerstört den Ort Blons in Vorarlberg und schließt 118 Menschen in ihren Häusern ein. Eine zweite Lawine verschüttet neun Stunden später einen Großteil der Rettungsmannschaften. 55 Menschen sterben bei der Tragödie, zwei weitere gelten als verschollen.

Mattmark/Wallis, Schweiz (1965): Als vom Allalin-Gletscher auf einer Breite von mehreren Hundert Metern Eismassen abbrechen und auf die Wohn- und Werkbaracken einer Staudammbaustelle stürzen, kommen 88 Menschen zu Tode.

Val d'Isère, Frankreich (1970): Das Lawinenunglück am 10. Februar kostet 39 Menschen das Leben.

Reckingen/Wallis, Schweiz (1970): In der Ortschaft Reckingen tötet die Bächitallawine am 24. Februar 30 Menschen.

Gömeç, Türkei (1992): Am 31. Januar gehen vom Gabar und anderen Bergen in der Osttürkei mehrere Lawinen ab, die die Dörfer Gömeç und Tunekpinar unter sich begraben. Weitere Lawinen folgen in den darauffolgenden Tagen und verschütten weitere Dörfer in der Region. Hunderte von Menschen kommen dabei ums Leben. Allein in Gömeç wird die Hälfte der 250 Einwohner getötet oder gilt als vermisst.

Kathmandu, Nepal (1995): Starke Regenfälle lösen eine Lawine am Mount Everest aus, die ein Bergsteigercamp verschüttet und 26 Bergsteiger und Träger das Leben kostet.

Nord-Afghanistan (1997): Eine Lawine, die auf den Salang-Highway hinabstürzt, tötet mindestens 100 Menschen.

Anzob-Pass, Tadschikistan (1997): 15 Fahrzeuge werden bei einem Lawinenunglück auf dem Anzob-Pass in Tadschikistan unter einer zwölf Meter hohen Schneeschicht verschüttet. Nur vier der insgesamt 50 Verunglückten können noch lebend geborgen werden.

Thanggu, Indien (1998): Ein Lawinenabgang, verursacht durch starken Wind, fordert im Südosten Indiens mindestens 19 Todesopfer.

Galtür/Tirol, Österreich (1999): Eines der größten Lawinenunglücke in der Geschichte Österreichs ist die Lawinenkatastrophe von Galtür am 23. Februar 1999. Die durch ungewöhnlich große Neuschneemengen ausgelöste Lawine verschüttet das Dorf Galtür und den Weiler Valzur, zerstört zahlreiche Häuser und fordert 38 Menschenleben. Tausende von Urlaubern müssen aus dem Skiort evakuiert werden.

Lawinenforschung

Analyse des Schneeprofils

Zur richtigen Einschätzung des Lawinenrisikos ist es wichtig, Feldversuche zu unternehmen. Hierzu werden zum Beispiel im Schnee Gräben ausgehoben, um die verschiedenen Schneeschichten analysieren zu können. Die Wissenschaftler untersuchen das Schneeprofil, also einen Schnitt durch die gesamte Schneedecke vom Neuschnee bis zu den Überbleibseln des ersten Schnees der Saison. Hier spielen die Schneehärte, die Größe und Form der Schneekörner sowie der Wassergehalt des Schnees eine Rolle. Wird dabei eine sogenannte schwache Schicht gefunden, die bei einer bestimmten Hangneigung zu einem Abrutschen der darüberliegenden Schneeschichten führen kann, besteht ein erhöhtes Lawinenrisiko.

Zum Abschätzen der Gefahr der Entstehung einer Schneebrettlawine kann beispielsweise ein sogenannter Rutschblock, also ein 2 Meter langer und 1,5 Meter breiter Schneeblock, oder alternativ ein als Rutschkeil bezeichnetes dreieckiges Segment bis zum Untergrund freigelegt und in einem Test verschiedenen Belastungen durch einen durchschnittlich schweren Skifahrer ausgesetzt werden. Entscheidend für die Beurteilung der Stabilität der Schneedecke ist, bei welcher Belastung der Block sich löst. Hierbei ist auch die Art der Bruchfläche aufschlussreich: Je stufenförmiger diese ist, desto geringer ist das Lawinenrisiko. Bei einer glatten Bruchstelle kann sich der Bruch leichter fortpflanzen, und die Lawinengefahr ist vergleichsweise größer. Derartige Schneedeckensegmente werden in regelmäßigen Abständen an verschiedenen Hängen in typischen Lagen und mit durchschnittlichen Hangneigungen geprüft.

Eine vereinfachte, dafür aber weniger aussagekräftige Alternative ist der sogenannte Kleine Blocktest, bei dem nur ein 40 x 40 Zentimeter großer Schneeblock freigelegt wird. Die Stabilität der Schneedecke wird dabei geprüft, indem man seitlich von oben nach unten fortschreitend mit der Lawinenschaufel auf den Schneeblock klopft, um auf diese Weise eine mögliche Schwachschicht zu erkennen.

Da diese Tests jedoch von der Annahme einer recht einheitlichen Schneedecke ausgehen, man heute aber einkalkuliert, dass die Stabilität der Schneedecke an verschiedenen Stellen stark variieren

kann, wird eine allgemeine Gültigkeit der so gewonnenen Aussagen nicht als gegeben angesehen. Allenfalls für die Einschätzung des regionalen Gefahrenpotenzials bieten diese Entscheidungen gewisse Anhaltspunkte.

Weitere Methoden der Lawinenforschung

Um Rückschlüsse über die Art des Schnees zu gewinnen, ziehen Lawinenforscher meteorologische Daten zurate. Seit einiger Zeit werden auch Satellitenbilder verwendet, um Aufschluss über die Lawinengefahr zu erhalten. Hierbei macht man sich die Tatsache zunutze, dass verschiedene Schneearten das Licht unterschiedlich stark reflektieren. Die Bilder, die in verschiedenen Wellenlängen des elektromagnetischen Spektrums aufgenommen werden, lassen Rückschlüsse auf die Art der Schneekristalle, die Schneedichte, Temperatur, Wasser- und Luftgehalt zu. Allerdings zeigen Satellitenbilder nur die oberste Schneeschicht.

Die Lawinenforschung umfasst zudem Computersimulationen, Modellversuche und künstlich ausgelöste Lawinen.

Um Schäden zu verhindern, werden Lawinen oft durch eine Sprengung künstlich ausgelöst. Die Schneedecke wird so entlastet, und man kommt unkontrollierten Lawinenabgängen zuvor. Die Lawine kann allerdings auch große Ausmaße annehmen, wenn bereits sehr viel Schnee gefallen ist, und so kann genau das verursacht werden, was hätte vermieden werden sollen (Bild oben). Satellitenbilder werden seit einigen Jahren in die Lawinenforschung integriert. Da jede Schneeart das Licht unterschiedlich reflektiert, kann man durch den Vergleich der Bilder auf die Art der Schneekristalle schließen und so die Schneedichte sowie Temperatur, Wasser- und Luftgehalt bestimmen (gegenüberliegende Seite).

Immer im Einsatz: Lawinenwarndienste

Gefahren-stufe	Stabilität der Schneedecke	Auslösewahrscheinlichkeit	Empfehlung
1 (gering)	allgemein gut verfestigt und stabil	nur bei großer Zusatzbelastung an sehr wenigen, extrem steilen Hängen, spontan nur Rutsche und kleine Lawinen zu erwarten	Verhältnisse allgemein sicher
2 (mäßig)	an einigen Steilhängen mäßig, allgemein jedoch gut verfestigt	bei großer Zusatzbelastung vor allem an Steilhängen, größere Lawinen nicht zu erwarten	Verhältnisse mehrheitlich günstig, vorsichtige Routenwahl an angegebenen Steilhängen
3 (erheblich)	an vielen Steilhängen nur mäßig bis schwach verfestigt	bereits bei geringer Zusatzbelastung vor allem an Steilhängen, teilweise spontan mittelgroße bis große Lawinen zu erwarten	Verhältnisse teilweise ungünstig, angegebene Steilhänge möglichst meiden, Erfahrung in der Beurteilung von Lawinen erforderlich
4 (groß)	an den meisten Steilhängen schwach verfestigt	bereits bei geringer Zusatzbelastung an zahlreichen Steilhängen, teilweise spontan häufiger mittelgroße bis große Lawinen zu erwarten	Verhältnisse ungünstig. Gesicherte Pisten nicht verlassen, auf mäßig steiles Gelände beschränken. Viel Erfahrung in der Beurteilung von Lawinen erforderlich
5 (sehr groß)	allgemein schwach verfestigt	spontan zahlreiche große Lawinen zu erwarten, auch in mäßig steilem Gelände	Verhältnisse sehr ungünstig, sicherer Wintersportbetrieb nicht mehr möglich

Lawinengefahrenkarten zeigen auf, welche Siedlungsräume durch Lawinen bedroht sind und wie häufig und intensiv die Ereignisse in einem Gebiet auftreten können. Sie dienen der Nutzungsplanung und sind ein wichtiges Instrument bei der Notfallplanung. Als Maß für die Gefährdung wird die Wiederkehrdauer und die Druckwirkung einer Lawine verwendet. Die verschiedenen Gefahrenstufen werden in den Farben Rot, Blau, Gelb und Weiß dargestellt.

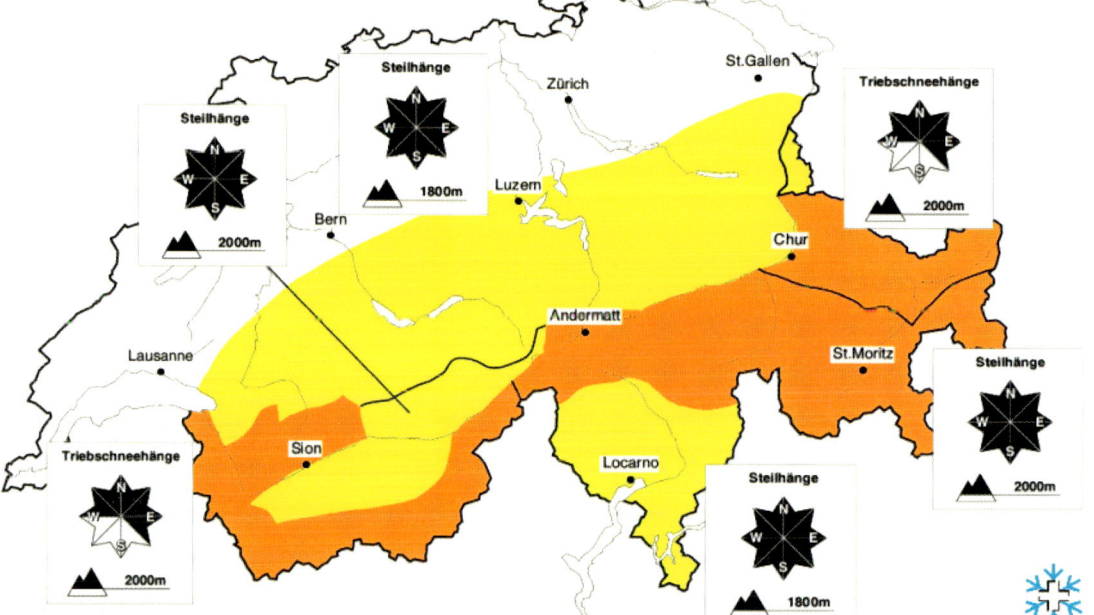

Europäische Gefahrenskala für Lawinen

Ein Lawinenwarndienst ist ein Kooperationsnetz verschiedener Katastrophenschutz- und Sicherheitsbehörden mit dem Ziel, Schneelawinenkatastrophen vorzubeugen. Hierzu wird ein Lawinenlagebericht erstellt und herausgegeben. Hierbei wird das jeweils aktuelle Risiko in den Gefahrenstufen der Europäischen Gefahrenskala für Lawinen angegeben und von den Lawinenwarndiensten täglich aktuell veröffentlicht. Um die Lawinengefahr europaweit einheitlich einschätzen zu können, wurde 1993 die Europäische Gefahrenskala für Lawinen eingeführt. Die Skala umfasst fünf Risikostufen mit klar definierten Begriffen, die ein jeweiliges Risiko bezeichnen. Dabei gelten die Vorgaben der Skala auf der gegenüberliegenden Seite.

Lawinenlageberichte

Zu Beginn der Wintersportsaison erreichen aktuelle Lawinengefahreninformationen via Rundfunk, Fernsehen und Internet die Öffentlichkeit. Messstationennetze wie die des Eidgenössischen Instituts für Schnee- und Lawinenforschung in Davos (SLF) oder des Bayerischen Lawinenwarndienstes werden immer weiter ausgebaut. Mithilfe von automatischen Messstationen kann man Schnee- und Wetterdaten in gefährdeten Gebieten rund um die Uhr erfassen. Die Stationen messen dabei zum Beispiel Schneehöhe und -temperatur, Windrichtung und -geschwindigkeit sowie die Lufttemperatur. Über Funk sind diese Stationen mit den Zentralen verbunden, in denen die Daten computergestützt ausgewertet werden. „Lernfähige" Programme ermitteln selbstständig die Gefahrenstufe und besonders gefährdete Höhenlagen und Hänge. Derzeit liegt die Trefferquote hierbei bei etwa 80%, bei komplexen Schnee- und Wetterverhältnissen allerdings lediglich bei rund 60%. Der Bericht wird während der Wintersaison jeden Tag etwa um 7.30 Uhr beziehungsweise nach entscheidenden Änderungen der Lawinenlage erstellt.

„Lernfähige Programme der Lawinenwarndienste ermitteln selbstständig die Gefahrenstufe."

Lawinengefahrenkarten

Mithilfe von Klima- und Hanganalysen, Lawinenchroniken und Satellitenmessungen können längerfristige Lawinengefahrenkarten erstellt werden. Auf diese Weise kann die Wahrscheinlichkeit für Lawinenabgänge in gewissen Gebieten bestimmt und diese in Risikozonen eingeteilt werden. Auf dieser Grundlage können die Kommunen über Gefahrenschutzmaßnahmen oder mögliche Sperrungen risikobehafteter Hänge entscheiden, aber auch Haus- und Straßenbauten genehmigen oder verbieten. So bedeuten etwa rot markierte Gebiete eine hohe Lawinengefahr und ein Bebauungsverbot, blaue Zonen sind nur gering gefährdet und das Bauen ist hier mit bestimmten Auflagen (zum Beispiel stärkere Wandkonstruktionen, Evakuierungszwang in Gefahrenzeiten) erlaubt, weiße Zonen können uneingeschränkt bebaut werden.

Skifahrer sollten die Warnschilder an den Pisten unbedingt beachten und in den präparierten Pistenbereichen bleiben. Gerade für Laien ist es nämlich oft schwierig, die Lawinengefahr richtig einzuschätzen.

Gibt es Schutz vor Lawinen?

Stützverbauungen stellen eine Maßnahme zum Schutz vor Lawinen dar. Konstruktionen aus Stahl, Beton, Holz oder Stahlnetzen stützen die Schneedecke ab und verhindern so ein Anbrechen von Lawinen. Durch die Stützverbauungen wird der Hang in kleine Flächen unterteilt, sodass nicht die gesamte Schneemasse in Bewegung kommen kann.

Risiken

Gleichzeitig mit der Wintersportsaison steigt auch die Zahl der Lawinen. Jährlich sterben Hunderte von Menschen bei Lawinenunglücken. Der wachsende Wintersporttourismus führt dabei zu immer größeren Opferzahlen. Größere Unglücke sollen daher durch Wiederaufforstung, Schutzverbauungen und Warnsysteme verhindert werden. In gefährdeten Regionen gelten Gefahrenpläne für Baumaßnahmen. Dennoch kommt es immer wieder vor, dass Gebäude in sogenannten Bauverbotszonen errichtet werden.

Von 65 Menschen, die von Schneelawinen erfasst werden, werden 53 vollständig und 13 nur teilweise verschüttet. Dabei zeigen die Statistiken, dass alle der Teilverschütteten sich aus den Schneemassen retten beziehungsweise befreit werden konnten, 85% der vollständig Verschütteten jedoch bei den Unglücken starben, wobei 5% tödlich verletzt wurden, noch bevor die Lawine zum Stillstand kam. Ist dies jedoch nicht der Fall, ist die Überlebenschance für Lawinenopfer sehr groß, wenn sie in den ersten 15 Minuten nach dem Unglück geborgen werden können.

Lawinenschutz

Die Behörden in gefährdeten Gebieten werden durch örtliche Lawinenkommissionen bezüglich der Erforderlichkeit von Schutzmaßnahmen beraten. Man unterscheidet hierbei zwischen passiven und aktiven Maßnahmen. Die passiven Schritte erfüllen größtenteils die Funktion, Sach- und Personenschäden durch Lawinenabgänge zu verringern beziehungsweise möglichst zu verhindern. In gefährdeten Gebieten können etwa Baugenehmigungen entzogen oder im Notfall Lawinenwarnungen ausgegeben, Straßen und Skipisten gesperrt oder Evakuierungen eingeleitet werden. Diese Maßnahmen umfassen auch Lawinenverbauungen wie etwa Zäune, Gitter oder Betonwände, die Gebäude, Straßen und Brücken vor Lawinenabgängen schützen sollen. Aktive Handlungen dienen dazu, bereits der Entstehung von Lawinen vorzubeugen. Hierzu gehören Aufforstungsprogramme und Konstruktionen, die größere Lawinen verhindern sollen. So können zum Beispiel Gitter oder Netze die Schneedecke in kleinere Flächen unterteilen, damit eventuell sich lösende Schneebretter keine großen Massen annehmen. Windbarrieren sollen verhindern, dass sich große Schneeanhäufungen an lawinengefährdeten Hangabschnitten bilden. Zum Teil werden Lawinen auch durch kontrollierte Sprengungen absichtlich ausgelöst.

„Jährlich sterben Hunderte von Menschen bei Lawinenunglücken. Die Zahl ist aufgrund immer mehr Wintersporttouristen steigend."

Sicherheitsausrüstung und Lawinenrettung

Die Überlebenschancen bei Lawinenunglücken können Wintersportler auch durch ihr eigenes Verhalten beeinflussen. Wichtig ist dabei, Vorkehrungen zu treffen, um möglichst wenig tief verschüttet zu werden und die Möglichkeit zum Atmen zu haben. Am wirkungsvollsten sind mitgeführte Rettungsmittel wie ein Lawinenairbag, bei dem durch Ziehen am Auslösegriff ein oder mehrere Luftkissen am Rucksack aufgeblasen werden, wodurch eine tiefe Verschüttung verhindert werden soll, oder die Avalung, bei der man mithilfe einer Art Schnorchel im Mund im Regelfall auch unter dem Schnee noch atmen kann und so die Erstickungsgefahr verringert.

Auch eine Lawinensonde, ein LVS-Gerät (Minisender, die ununterbrochen Signale aussenden und mit entsprechenden Empfängern ausgestatteten Rettungstrupps die Ortung von Verschütteten ermög-

lichen) und eine Lawinenschaufel sind sinnvolle Hilfsmittel. Zudem ist ein Kommunikationsmittel wie etwa ein Handy, ein Funkgerät, Leuchtmittel oder eine Trillerpfeife wichtig, um Bergrettungsdienste verständigen zu können.

Da die Bergrettung bis zur Ankunft meist länger als eine Viertelstunde braucht, ist es auch sinnvoll, möglichst in der Gruppe unterwegs zu sein, damit nicht verschüttete Gruppenmitglieder die Rettung alarmieren und die Suche starten können.

Bei der Lawinenrettung rücken die Rettungstrupps in einer Reihe nebeneinander gehend vor und suchen das fragliche Gebiet mit Sondierstangen nach den Verschütteten ab. Auch Peilgeräte und Lawinenhunde kommen dabei zum Einsatz.

„Die Überlebenschancen bei Lawinenunglücken können Wintersportler auch durch ihr eigenes Verhalten beeinflussen."

Da die Überlebensrate von Lawinenverschütteten schnell abnimmt, ist es sehr wichtig, sofort eine Rettung einzuleiten. Zur Rettung von Verschütteten werden vom Bergrettungsdienst oft Lawinensuchhunde eingesetzt. Diese sind manchmal die einzige und auch die beste Möglichkeit, verschüttete Personen so schnell wie möglich zu orten (Bild unten). Auch Hubschrauber werden häufig bei der Rettung Lawinenverschütteter eingesetzt. Sie können schnell Helfer an den Unfallort bringen und die geborgenen Personen unter ständiger intensivmedizinischer Betreuung ebenso schnell in besondere Kliniken fliegen (Bild links).

Wald-, Flächen- und Buschbrände

Flammende Infernos

Ohne menschliche Eingriffe wären Wald- und Buschbrände eher eine Seltenheit. Meist breiten sich die Feuer so langsam aus, dass Mensch und Tier sich rechtzeitig in Sicherheit bringen können. Einige Brände greifen jedoch auch sehr schnell um sich und können auf diese Weise zu einer großen Gefahr werden. Werden Waldbrände nicht in geeigneter Weise bekämpft, können sie sich schnell zu verheerenden Flächenbränden ausweiten. Problematisch ist das vor allem, wenn angrenzende Wohngebiete bedroht sind.

Wie entsteht ein Waldbrand?

Menschliche Ursachen

Zu etwa 95% sind die Ursachen von Waldbränden nicht natürlichen Ursprungs. Beispielsweise werden sie durch Brandstiftung oder Brandrodung für Ackerland oder Plantagen, aber auch durch bloße Unachtsamkeit verursacht. Sie können etwa durch weggeworfene Zigarettenkippen, heiße Katalysatoren von auf Waldböden abgestellten Motorrädern oder Autos oder Lagerfeuer verursacht werden. Natürliche Ursachen wie Blitzeinschläge, Selbstentzündung durch die Verrottung organischer Substanz mit Hitzeentwicklung oder vulkanische Aktivität sind hingegen weitaus seltener.

Besonders gefährdet sind dicht stehende Nadelholzreinbestände, vor allem Kiefernwälder, während Altholz-Mischbestände am wenigsten brandgefährdet sind. Auch trockene Grasdecken und Heidevegetation sowie sandige, trockene Standorte sind verstärkt entzündlich. Begünstigt werden Waldbrände generell durch zu künstlich angelegte Wälder wie etwa Monokulturen.

Ideale Voraussetzungen finden Brände in langer andauernden warmen Trockenperioden mit trockenen Winden. Beste Jahreszeiten sind die Zeit von Mitte März bis Mai, in der eine trockene Bodenvegetation ausreichend vorhanden ist, sowie die Sommerdürre im Juni und Juli. Aufgrund des Klimawandels sind Dürren und extreme Hitzewellen allerdings immer häufiger zu erwarten.

> „Zu etwa 95% sind die Ursachen von Waldbränden nicht natürlichen Ursprungs. Beispielsweise werden sie durch Brandstiftung oder Brandrodung für Ackerland verursacht."

Oft sind Waldbrände eine Folge von Unachtsamkeit oder Leichtsinn. Eine häufige Ursache verheerender Brände sind beispielsweise Lagerfeuer.

Ist ein Waldbrand erst einmal entstanden, kann er durch Wind zusätzlich angefacht werden, der das Feuer mit noch mehr Sauerstoff versorgt, Brände weiterverbreitet oder das Feuer aufheizt. Zudem erzeugen Brände auch ihr eigenes Windsystem, bei dem heiße Luft aufsteigt und kühle nachströmt und dabei neuen Sauerstoff liefert. Auf diese Weise bilden sich wahre Feuerstürme, die sich zur Stärke eines Tornados beschleunigen und mehrere Hundert Meter aufsteigen können. Auch durch die Bäume selbst können Feuer verstärkt werden, etwa durch Harze und Öle in Kiefern oder Eukalyptusbäumen.

Feuer als Bestandteil des natürlichen Kreislaufs

Waldbrände sind Bestandteil eines natürlichen Kreislaufs, da sie die Totholzmenge reduzieren, wodurch es weniger oft zu katastrophaleren Bränden kommt, und das Keimen von sogenannten Pionierpflanzen ermöglichen. Zudem werden durch Waldbrände Flächen geöffnet, wodurch die Vielfalt der Fauna und Flora größer wird. Die Bodenflächen erhalten nach einem Brand zudem mehr Licht, und eine massenhafte Vermehrung von Schädlingen wird eingedämmt. In trocken-warmen Klimata entstehen durch das Verbrennen der trockenen Kraut- und Strauchschichten mineralstoffreiche Böden, auf denen neue Bäume keimen können.

Einige Baumarten, wie etwa die nordamerikanischen Sequoia-Mammutbäume, sind an Waldbrände angepasst, indem sie ihre Samen erst nach einem Brand fallen lassen. Eine andere Baumart, die sich diesen Verjüngungsprozess zunutze macht, ist der Eukalyptusbaum, dessen Inneres vom Feuer unversehrt bleibt und dessen Stumpf nach Waldbränden noch vor anderen Pflanzen wieder austreibt. Auch einige Kiefernarten in den USA sind zu ihrem dauerhaften Überleben auf Feuer angewiesen. Ihre Zapfen öffnen sich erst, wenn sie hohen Temperaturen ausgesetzt sind, da die Jungpflanzen in einem

„Einige Baumarten sind an Waldbrände angepasst, indem sie ihre Samen erst nach einem Brand fallen lassen."

dichten Wald nicht genug Licht erhalten. Gut angepasst sind auch Korkeichen, die beispielsweise durch ihre dicke Rinde vor Hitze geschützt sind und schon bald nach Bränden austreiben. Unter den Blütenpflanzen ist das Weidenröschen eine sehr anpassungsfähige Pionierpflanze, da sie gut auf verbranntem Erdreich gedeiht. Einige tropische Baumarten wie Teak oder Sal würden ohne regelmäßig wiederkehrende Brände von anderen Baumarten verdrängt werden. Offene, voll sonnenbestrahlte Flächen bieten auch dem Wachstum von Espen, Kiefern und Weiden ideale Bedingungen. Die Pionierpflanzen stabilisieren den Boden und reichern ihn mit Nährstoffen an, ohne die andere Arten nicht überlebensfähig sind. An Feuer angepasste Pflanzen wachsen vor allem in Regionen mit häufig auftretenden natürlichen Bränden wie zum Beispiel in den Savannen, in Buschgebieten, in Trockenwäldern und in Steppen.

Zwar richten Brände massive Zerstörungen an der Vegetation an, in gewissem Maße haben sich die Pflanzen in gefährdeten Gebieten wie etwa in Australien jedoch an Feuer angepasst. Sie haben Schutzmechanismen entwickelt, können sich gut regenerieren oder weiterverbreiten.

Arten von Waldbränden

Waldbrände beginnen als Lauffeuer am Boden, besonders bei Nadelbäumen greift das Feuer anschließend oft auf die Baumwipfel über. Sind Lauffeuer meist noch gut einzudämmen, können Wipfel- oder Kronenfeuer zu einer schnellen Brandausbreitung führen; sie sind deutlich schwerer zu bekämpfen und können sich zu Totalbränden ausweiten, die kaum mehr gelöscht werden können. Man unterscheidet verschiedene Arten von Waldbränden mit unterschiedlichen ökologischen Auswirkungen:

- **Erdfeuer:** Dies sind im Boden schwelende Brände, die besonders oft bei Anhäufungen organischen Materials wie zum Beispiel Torf entstehen. Diese Feuer zerstören Samen und Wurzeln.
- **Boden- oder Lauffeuer:** Bei diesen Feuern, die kaum über dem Boden brennen, werden oberirdische Teile der Pflanzen sowie die Humusschicht des Waldbodens zerstört.
- **Grundfeuer:** Grundfeuer vernichten die Waldstreu und das Unterholz.
- **Wipfel- oder Kronenfeuer:** Diese Feuer entstehen, wenn bei Bodenfeuern mit ausreichendem Brennmaterial das Feuer auf die Baumkronen übergreift.
- **Total- oder Flächenbrand:** Ein Flächenbrand ist ein Totalbrand bei einem Waldbrand. Allgemein werden aber auch Brände am Boden, zum Beispiel bei landwirtschaftlichen Nutzflächen, so bezeichnet.

Betroffene Gebiete

Am meisten von Waldbränden betroffen sind Australien, Kalifornien, Südostasien und die Mittelmeerländer. So werden beispielsweise in Australien jährlich etwa 15.000 Buschfeuer gemeldet. Besonders häufig breiten sich Feuer auch in der afrikanischen Savanne aus. In den Savannen kommen die größten zusammenhängenden Brandflächen vor. Viele Savannengebiete entstanden sogar erst durch menschliche Eingriffe, zum Beispiel bei Brandrodungen, die Land- und Weideflächen schaffen. In der trockenen Savanne haben abgestorbene Pflanzen kaum eine Möglichkeit, zu verrotten. Erst regelmäßige Feuer sorgen für neue nährstoffreiche Flächen. Während das Gras verbrennt, bleiben Samen und Wurzeln, die am Boden liegen, unversehrt. Zurück bleibt nur die besonders feuerbeständige Vegetation.

Auch in den tropischen Regenwäldern wird oft Feuer eingesetzt, um Flächen für Weidewirtschaft und Plantagen zu erhalten. Allerdings können diese Brände auch schnell außer Kontrolle geraten, etwa in extremen Trockenzeiten, die durch das El-Niño-Phänomen verstärkt werden. In den Tropen und Subtropen brennen jedes Jahr 30–50 Millionen Hektar Wald nieder.

Zwar nehmen die Waldbrände im Mittelmeerraum nicht die Ausmaße wie in diesen Regionen an, aber auch in Europa kommt es zu etwa 45.000 Waldbränden im Jahr. Jährlich sind hier Flächen von etwa 600.000 Hektar betroffen, davon 60% Busch- und 40% Waldland.

Waldbrände wie hier im Bitterroot National Forest im US-Bundesstaat Montana am 6. August 2000 können in rasender Geschwindigkeit vom Boden aus auf die Baumkronen übergreifen und sich zum Totalbrand entwickeln.

Beispiele für verheerende Wald- und Buschbrände

Immer wieder verwüsten Wald- und Buschbrände ganze Landstriche und töten Anwohner der betroffenen Gebiete ebenso wie die bei der Brandbekämpfung eingesetzten Feuerwehrleute. Einige der verheerenden Brände der letzten Jahre sollen im Folgenden beispielhaft vorgestellt werden:

Südaustralien (1983): Am 16. Februar 1983 kommt es durch Brandstiftungen und Funken herabgerissener Stromleitungen im Süden Australiens zu mehreren gleichzeitig ausbrechenden Buschfeuern, die 48 Stunden lang wüten und viele Farmer um ihre Existenz bringen. Von starken Winden angetrieben, breiten sich die Feuer mit Geschwindigkeiten von bis zu 170 Kilometern pro Stunde im trockenen Busch aus. Etwa 8500 Menschen werden durch die Katastrophe obdachlos, 71 werden getötet.

Yellowstone National Park, USA (1988): Als im trockenen Sommer 1988 der Regen ausbleibt, weitet sich ein Brand im Yellowstone National Park im Nordwesten der USA zu einem Großfeuer aus, das rund 650.000 Hektar Wald zerstört und erst erlischt, als im Herbst die ersten Schneefälle einsetzen.

Oakland, USA (1991): Der im Oktober 1991 in Oakland Hills/Kalifornien wütende Feuersturm kostet 25 Menschen das Leben und zerstört 2500 Häuser.

Malaysia und Indonesien (1997): Durch Brandstiftung ausgelöste Feuer vernichten Tausende Quadratkilometer Regenwald und hüllen weite Teile Südostasiens monatelang in dichte Rauchwolken.

New South Wales, Australien (1997): Ein Buschfeuer dringt im Dezember 1997 bis in die Außenbezirke Sydneys vor und tötet zwei Feuerwehrleute.

Moskau, Russland (2002): Im Juli 2002 brechen rund um die russische Hauptstadt 119 Wald- und Torfbrände aus, die dichten Smog und Sichtweiten von nur wenigen Hundert Metern verursachen. Aufgrund der gesundheitsgefährdenden Kohlenmonoxidkonzentration der Rauchentwicklung rät man den Einwohnern, die Stadt zu verlassen. Die Situation wird erst Anfang August durch einen Wetterumschwung mit Regenfällen entschärft.

Pike National Forest, Denver/USA (2002): Verursacht durch ein Lagerfeuer, wütet im Juni 2002 im Pike National Forest ein verheerender Brand, der sich rasant ausbreitet und die Millionenstadt Denver bedroht. Erst nach mehr als einer Woche kann die Feuerwehr den Brand unter Kontrolle bringen.

Arizona, USA (2002): Ein nördlich von Phoenix ausbrechendes Feuer, das sich mit weiteren Brandherden vereinigt, bedroht die 7700-Einwohner-Stadt Show Low und kann erst 600 Meter vor dem Ort eingedämmt werden. Dennoch werden Hunderte von Häusern in der Umgebung zerstört.

Eyre Peninsula, Australien (2005): Bei Buschbränden auf der Eyre Peninsula im Bundesstaat South Australia kommen im Januar 2005 neun Menschen ums Leben.

Portugal und Spanien (2005): 2005 kommt es in verschiedenen Landesteilen Portugals und Spaniens zu verheerenden Waldbränden. In Portugal werden im August rund 50 Brände gezählt, bei denen 16 Menschen sterben und 200.000 Hektar Waldfläche vernichtet werden. Mehrere Waldbrände in Spanien im Juli und August kosten 13 Menschen das Leben und zerstören rund 100.000 Hektar Wald.

Texas, USA (2006): In der Nähe der Stadt Amarillo verwüsten Busch- und Waldbrände im März 2006 eine Fläche von 284.000 Hektar.

Spanien und Portugal (2006): Im Juli 2006 werden sechs Feuerwehrleute bei der Bekämpfung eines Waldbrandes getötet. Gut hundert Kilometer entfernt sterben im August vier Menschen infolge von Bränden im nordwestspanischen Galicien. Über 1000 Einzelbrände zerstören hier 70.000 Hektar Wald- und Buschland.

Chalkidiki und Peloponnes, Griechenland (2006): Bei Bränden auf der Halbinsel Chalkidiki im August 2006 werden zwei Menschen getötet und 5000 Hektar Busch-, Wald- und Ackerland vernichtet. Ebenfalls von Bränden betroffen ist die Halbinsel Peloponnes.

Kalifornien, USA (2008): Von Juli bis November 2008 wüten in Kalifornien mehr als 1700 schwere Wald- und Buschbrände, die insgesamt eine Fläche von 340.000 Hektar in Schutt und Asche legen. Bis die Brände gelöscht werden können, befinden sich etwa 20.000 Feuerwehrleute teilweise wochenlang im Einsatz.

Kalifornien, USA (2009): Brände zerstören im Mai in der Nähe von Santa Barbara 77 Häuser, Mitte August müssen 100 Kilometer südlich von San Francisco 2000 Menschen vor den Flammen fliehen.

Berühmte Busch- und Waldbrände

Das Feuer in der Lüneburger Heide hatte verschiedene Brandherde. Der Brand bei Eschede brach am 10. August 1975 aus. Die Feuerwehrmänner hatten große Schwierigkeiten, das sich in den Kiefernmonokulturen rasch ausbreitende Feuer zu bekämpfen.

Lüneburger Heide (1975)

Der bisher größte Waldbrand der Bundesrepublik Deutschland war der Brand in der südlichen Lüneburger Heide im Jahr 1975 mit verschiedenen Brandherden in der Nähe von Eschede, Meinersen und Gifhorn. Als Ursache ging man an einigen Orten von fahrlässiger oder vorsätzlicher Brandstiftung aus, an einer anderen Stelle könnte auch Funkenflug durch die Eisenbahn für das Feuer verantwortlich gemacht werden.

Die Brände wurden durch eine lange, heiße Trockenperiode begünstigt, die zu einem Austrocknen der Nadelwälder führte. Zudem waren zu diesem Zeitpunkt viele Sturmholzreste eines am 13. November 1972 wütenden Orkans noch nicht beseitigt. Durch die Kiefernmonokulturen konnten sich die Brände schnell ausbreiten und zu einem riesigen Waldbrand entwickeln. In den Landkreisen Celle und Gifhorn stiegen die Rauchsäulen bis zu vier Kilometer hoch über der Heide auf. Über die unbefestigten Wald- und Heidewege waren die Brandherde für die Löschkräfte nur schwer zu erreichen.

Die Feuerwalze überrollte am ersten Brandtag, dem 8. August, ein Feuerwehrfahrzeug, wobei zwei Feuerwehrmänner schwer verletzt wurden. Am 10. August brach bei Meinersen ein neuer Waldbrand aus, der gestoppt werden konnte, bevor er den Ort erreichte. Als der Wind jedoch plötzlich drehte, wurde ein Tanklöschfahrzeug der Freiwilligen Feuerwehr von den 20 Meter hohen Flammen eingeschlossen, wobei fünf Feuerwehrleute zu Tode kamen. Am selben Tag wurde Katastrophenalarm ausgerufen.

> **„Der bisher größte Waldbrand der BRD war der Brand in der südlichen Lüneburger Heide im Jahr 1975 mit verschiedenen Brandherden."**

Insgesamt waren etwa 15.000 Feuerwehrleute aus dem gesamten Bundesgebiet, unterstützt von anderen Behörden wie Polizei, Forstverwaltung und Bundesgrenzschutz sowie Hilfsorganisationen wie dem Roten Kreuz, an der Brandbekämpfung beteiligt. Durch den Einsatz von rund 11.000 Bundeswehrsoldaten mit geländegängigen Fahrzeugen und Räumgeräten konnten die Feuer mithilfe von Brandschneisen eingedämmt werden. Auch ein schienengebundener Löschzug wurde bei den Löscharbeiten eingesetzt. Zudem wurden die Einsatzkräfte durch drei Löschflugzeuge aus Frankreich unterstützt, die vor allem die umliegenden Ortschaften vor den Flammen schützten.

Ein besonderes Problem war der Löschwassermangel. Natürliche Wasserentnahmestellen lagen in den meisten Fällen weit von den Brandstätten entfernt, sodass die Löschfahrzeuge zur Auffüllung ihrer Wasservorräte lange Strecken in Kauf nehmen mussten. Erst am 17. August waren alle Brände gelöscht. Insgesamt wurden 7418 Hektar Waldfläche vernichtet, der Schaden belief sich auf mehr als 18 Millionen Euro.

Infolge der Katastrophe wurde der Brandschutz in der Lüneburger Heide stark erhöht. An gefährdeten Orten ist bei entsprechender Warnstufe ein Feuerwehr-Flugdienst zur Früherkennung im Einsatz. Zudem wurden befestigte Zufahrtswege und Löschwasserentnahmestellen angelegt.

Côte d'Azur (1985)

Jedes Jahr brechen in den Busch- und Waldlandschaften Frankreichs mehrere Tausend Feuer aus. Wurden Gras und Gestrüpp früher noch von Ziegen und Schafen abgeweidet, können sie heute ungehindert wachsen, sodass die Zahl der Brände in dieser Gegend immer weiter ansteigt. Hinzu kommen die heißen, trockenen Sommer im Süden Frankreichs, die die Vegetation austrocknen und somit ideale Voraussetzungen für die Brandentstehung bieten.

Ein Beispiel für die Auswirkungen solcher Brände war das Feuer, das am 31. Juli 1985 im Bergland von Estérel ausbrach und eine 1500 Hektar große Waldfläche vernichtete. Zwar gelangte die Feuerwehr umgehend zum Einsatzgebiet, der Brand wurde jedoch rasch vom Mistral, einem böigen Nordwind, angefacht. Schnell griff das Feuer von Baum zu Baum über und nahm bedrohliche Ausmaße an, sodass drei Campingplätze in der Gegend evakuiert werden mussten. Kurz bevor das Feuer den Stadtrand von Cannes erreichte, konnte es mithilfe von Löschflugzeugen und zusätzlichen Einsatzkräften unter Kontrolle gebracht werden. Fünf Feuerwehrleute mussten jedoch ihren Einsatz mit dem Leben bezahlen, 20 weitere wurden schwer verletzt.

Am gleichen Tag brach in der Region ein weiterer Waldbrand aus, der die Orte Le Muy und Callas bedrohte und erst in der Morgendämmerung gelöscht werden konnte. Gleichzeitig hielt ein in den Abendstunden um sich greifender Waldbrand in der Nähe von Carnoules die Einsatzkräfte an der Côte d'Azur in Atem.

Insgesamt verwüsteten die Brände an diesem Tag eine Fläche von mehr als 2700 Hektar. Die Katastrophe führte zu einer erheblichen Verbesserung der Früherkennung und Bekämpfung von Waldbränden in Frankreich.

„Die heißen, trockenen Sommer im Süden Frankreichs trocknen die Vegetation aus und bieten somit ideale Voraussetzungen für die Brandentstehung."

Griechenland (2007)

Gefördert von einer Hitzewelle mit Höchsttemperaturen von 40 °C und starken Winden, kam es Ende August 2007 in mehreren Regionen Griechenlands zu sich schnell ausbreitenden heftigen Waldbränden. Am stärksten betroffen waren die Region Attika, die Insel Euböa und der Peloponnes. Am 25. August wurde der landesweite Notstand ausgerufen, und mehrere Hundert Soldaten wurden zur Unterstützung der Feuerwehr abgestellt. Die Feuer zerstörten mehr als 180.000 Hektar Landfläche. Dutzende von Dörfern wurden vernichtet, zahlreiche Zitronenbaum- und Olivenplantagen verbrannten, und Tausende von Wild- und Nutztieren starben qualvoll in den Flammen. In letzter Minute konnte man durch eine Konzentration der Einsatzkräfte verhindern, dass die Waldbrände die antiken Stätten Olympias zerstörten. Bis zum 27. August wurden landesweit etwa 70 Todesopfer dieser Waldbrände gezählt.

Von den zerstörerischen Waldbränden in der trockenen Hitze des Augusts 2007 in Griechenland war auch die Insel Samos betroffen.

Es wird angenommen, dass viele der Brände ihre Ursache in fahrlässiger oder vorsätzlicher Brandstiftung durch skrupellose Bodenspekulanten hatten, die ungeklärte Eigentumsverhältnisse an dem abgebrannten Grund für ihre Zwecke nutzen wollten. Auch die Praxis, dass Bauern nach Ende der Erntezeit ihre Stoppelfelder abbrennen, um nährstoffreiche Böden zu erhalten, ist in dieser Region weitverbreitet und könnte eine Ursache für auf den Wald übergreifende Brände gewesen sein. Begünstigt werden Brände in den ländlichen Gebieten Griechenlands zudem durch die Landflucht. Die nicht mehr bewirtschafteten Flächen verbuschen und bieten somit leicht brennbares Material, das die Entstehung und Ausbreitung von Bränden begünstigt.

Canberra (2003)

Zu den größten Naturkatastrophen Australiens gehören die Buschfeuer in Canberra im Januar 2003. Begünstigt durch eine wochenlange Trockenheit und starke Winde kam es durch Blitzeinschläge zum Ausbruch zahlreicher Brände. Ihren Ausgang nahmen die über 150 einzelnen Brandherde am 8. Januar 2003 im Kosciuszko-Nationalpark. Als die Feuer zehn Tage später immer stärker außer Kontrolle gerieten und die bis zu 35 Kilometer lange Feuerwand immer näher zur Hauptstadt vorrückte, wurde der Notstand ausgerufen. Schließlich erreichte das Feuer den Stadtrand, und die Bewohner der bedrohten Stadtteile wurden zum Verlassen ihrer Häuser aufgefordert.

Am Nachmittag standen bereits in den ersten Stadtteilen Häuser in Brand. Durch vom Wind herabgerissene, funkenschlagende Stromleitungen wurden weitere Brände verursacht. Zahlreiche Personen mussten wegen Rauchvergiftung im Krankenhaus behandelt werden. In den betroffenen Vororten Canberras kam es vielerorts zu Plünderungen.

Erst durch einen Wetterumschwung konnte die Feuerkatastrophe unter Kontrolle gebracht werden. Die Bilanz des Unglücks war verheerend: Auf 70% der Fläche der Australian Capital Territory (ACT) verbrannte die gesamte Vegetation. Vier Menschen wurden bei dem Unglück getötet, über 500 Wohnhäuser wurden zerstört, und Hunderte von Menschen verloren ihr gesamtes Hab und Gut.

Kalifornien (2007)

2007 versetzte eine Serie von rund 20 Waldbränden Südkalifornien in einen Ausnahmezustand. Sie begann am 20. Oktober bei Malibu und dauerte 19 Tage an. Betroffen waren sieben Countys von der mexikanischen Grenze bis nördlich von Los Angeles: Los Angeles, Orange, Santa Barbara, San Bernardino, San Diego, Riverside und Ventura. Dass sich die verheerenden Feuer so rasch ausbreiten konnten, war einer Dürreperiode mit Lufttemperaturen von über 35 °C geschuldet. Die starken Santa-Ana-Winde – durch ein Hochdruckgebiet ausgelöste Fallwinde, die vor allem im Spätherbst das Wetter in Südkalifornien beeinflussen und die Geschwindigkeiten von bis zu 140 Kilometer pro Stunde erreichen – fachten die Feuer zusätzlich an.

Die Buschfeuer in Südostaustralien im Jahr 2003, hier auf einer Satellitenaufnahme (gegenüberliegende Seite), gehören zu den größten Naturkatastrophen des Landes. Am 18. Januar 2003 gerät das Buschfeuer von Canberra in bedrohliche Nähe zur australischen Hauptstadt (kleines Bild oben). Auch in Kalifornien nähern sich bei den Waldbränden im Jahr 2007 Lauffeuer bewohnten Gegenden und zerstören zahlreiche Häuser (kleines Bild Mitte).

Die beiden größten Einzelfeuer, das Witch-Creek-Feuer und das Harris-Feuer, wüteten im San Diego County. Allein in Baja California schlugen sieben Einzelbrände um sich, und eine Fläche von mehr als 15.000 Hektar wurde vernichtet. Über die betroffenen Gebiete wurde der Ausnahmezustand verhängt und Kalifornien zum Katastrophengebiet erklärt. Je nach Prognose über die Ausbreitung der Feuer beteiligten sich Hunderttausende von Bewohnern an einer teils freiwilligen, teils verbindlichen Evakuierung. Die Evakuierungsmaßnahmen waren die umfangreichsten in der Geschichte Kaliforniens. Ungefähr 900.000 Menschen waren durch die Brände zum Verlassen ihrer Wohnungen gezwungen.

Als die Katastrophe ihren Höhepunkt erreicht hatte, waren über 6000 Feuerwehrleute im Einsatz, unterstützt durch Einheiten der Streitkräfte und der Nationalgarde der Vereinigten Staaten. Die sich rasch und großflächig ausbreitenden Einzelbrände zerstörten zahlreiche Gebäude. Begrenzte Ressourcen und das unzugängliche Gelände erschwerten die Löscharbeiten, sodass die Feuer erst eingedämmt werden konnten, als sich die Wetterlage änderte.

Die verschiedenen Feuer hatten unterschiedliche Ursachen. So werden etwa für das am 21. Oktober ausbrechende Santiago-Feuer im Orange County ebenso wie für das Rosa-Feuer im Riverside County Brandstiftungen als Ursache angenommen. Das Cajon-Feuer im San Bernardino County, das die Sperrung der Interstate 15 im

„Als die Katastrophe ihren Höhepunkt erreicht hatte, waren über 6000 Feuerwehrleute im Einsatz."

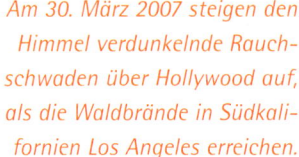

Am 30. März 2007 steigen den Himmel verdunkelnde Rauchschwaden über Hollywood auf, als die Waldbrände in Südkalifornien Los Angeles erreichen.

Cajon Pass erzwang, wurde hingegen durch einen umgestürzten und in Brand geratenen Sattelzug ausgelöst; das Sedgewick-Feuer im Santa Barbara County wurde am 21. Oktober von einer von den Santa-Ana-Winden herabgerissenen Stromleitung verursacht. Im Fall des Magic-Feuers in der Nähe des Vergnügungsparks Magic Mountain werden wiederum Schweißarbeiten auf einer Baustelle als Ursache angenommen, während das von einem Brandherd nördlich von Santa Clarita ausgehende Buckweed-Feuer durch das Zündeln eines Kindes ausgelöst wurde.

Da sich in den USA die Wohngegenden immer weiter In die Natur vorschieben, haben hier Waldbrände immer gravierendere Folgen. So verbrannte bei der Katastrophe im Oktober 2007 eine Fläche von 2800 Quadratkilometern, fast 2% der Gesamtfläche Kaliforniens. Mehr als 1500 Häuser und mindestens zehn Personen fielen den Bränden zum Opfer, über 70 Menschen wurden verletzt.

Victoria (2009)

Als bisher größte Brandkatastrophe Australiens gelten die Buschfeuer Im Bundesstaat Victoria im Februar 2009, bei der mehr als 60 Einzelfeuer gezählt wurden. Die Ausbreitung der allen Vermutungen nach durch Brandstiftungen und Blitzschlag ausgelösten Feuer wurde durch eine intensive Hitzewelle mit starken Winden begünstigt. Zunächst entstanden in der Region Gippsland in den Gegenden um die Orte Delburn und Boolarra kleinere Buschfeuer, die vermutlich durch Brandstiftung verursacht wurden. Bei Boolarra zerstörte ein Brand mehr als 6500 Hektar Land und verbrannte 29 Häuser. Wenige Tage später zählte man zudem 23 meist durch Blitzschlag entstandene Buschbrände.

Aufgrund der Hitze und der Windverhältnisse vereinigten sich die Brände schnell zu sich in rasender Geschwindigkeit ausbreitenden Großfeuern. Einer dieser Feuerkomplexe war der von Kinglake, der zunächst in Wandong 150 Gebäude vernichtete und 14 Personen das Leben kostete, nach sich drehender Windrichtung am späten Abend des 7. Februar nach Kinglake vorrückte und den Ort sowie die Stadt Marysville weitgehend zerstörte. Am gleichen Tag bildete sich ein Feuer etwa drei Kilometer südöstlich von Beechworth, das über 30.000 Hektar Land verbrannte, in Mudgegonga

zahlreiche Häuser zerstörte und mindestens zwei Menschen tötete. Ein weiter Brandkomplex war der von Maroondah/Yarra, der am 10. Februar eine Fläche von mehr als 505 Hektar vernichtete.

Die Feuerwalzen breiteten sich so schnell aus, dass es den Bewohnern der Gegend nicht möglich war, sich zu Fuß vor den Flammen in Sicherheit zu bringen. Viele wurden in ihren Fahrzeugen von den Feuerwalzen überrollt oder verursachten durch die beeinträchtigte Sicht aufgrund der starken Rauchbildung Auffahrunfälle. Einige Einwohner der betroffenen Gegenden versuchten verzweifelt, aber vergebens, ihre Häuser gegen die Flammen zu verteidigen. Viele Menschen, die ihre Häuser nicht verlassen wollten oder konnten, ließen im Feuer ihr Leben. Insgesamt wurde eine Fläche von 3300 Quadratkilometern und über 1800 Häuser im Großraum von Melbourne von den Bränden zerstört, Tausende wurden durch die Katastrophe obdachlos. Nach offiziellen Angaben kamen 173 Menschen bei den Feuern ums Leben.

Am 8. Februar 2009 vernebeln über Warrandyte, einem Außenbezirk Melbournes, Rauch und Wolken des Kinglake-Feuerkomplexes den Blick nach Nordosten über den Yarra River. Das Kinglake-Feuer vernichtet eine Fläche von mehr als 21.000 Hektar.

Prävention und Schutzmaßnahmen

Mischkulturen aus Laub- und Nadelbäumen wie hier im Kananaskis Country in den kanadischen Rocky Mountains verhindern eine schnelle Ausbreitung von Waldbränden (Bild oben). Den jeweils aktuellen Stand der Waldbrandgefahr in Deutschland gibt der Waldbrandindex durch farbig markierte Gefahrenzonen an (Bild rechts).

Bränden mehr Brennmaterial bildet, was im Fall neuer Brände zu weitaus katastrophaleren Ausmaßen führen würde, ist man teilweise dazu übergegangen, von Blitzen verursachte Feuer bis zu einem gewissen Ausmaß und unter strenger Kontrolle zuzulassen. Eine weitere Möglichkeit, brennbares Material in Wäldern zu reduzieren, wäre seine wirtschaftliche Nutzung, zum Beispiel zur Herstellung von Holzpellets und Holzhackschnitzeln als biologische Brennstoffe.

Feuerökologen untersuchen in Feldversuchen wie zum Beispiel im südafrikanischen Kruger-Nationalpark die Auswirkungen von Waldbränden mithilfe kontrolliert gelegter Brände. Die Daten fließen in die Weiterentwicklung eines Computerprogramms ein, das die Ausbreitung von Waldbränden exakt berechnen kann. Natürliche Brände können durch Wettersatelliten beobachtet werden. Satelliten mit Infrarotsensortechnik lokalisieren Brandherde bis hin zu kleinsten Lagerfeuern und bestimmen die Temperaturen. Die auf diese Weise gewonnenen Daten dienen der Erstellung von Waldbrandkarten, die im Internet veröffentlicht werden.

Um die Ausbreitung von Waldbränden zu verhindern, ist eine frühzeitige Erkennung wichtig. Hierbei sind in Türmen stationierte Brandwächter oder Patrouillen im Einsatz. Vielerorts findet inzwischen auch eine Flugzeugüberwachung statt. Von ihr entdeckte Brände werden auf einer Karte eingezeichnet, und die Ausdehnung der Brandentwicklung wird festgehalten.

Brandprävention

Ein großer Teil aller Brände weltweit könnte verhindert werden. Einen natürlichen Schutz vor Waldbränden bieten beispielsweise die Laubmischwälder Mitteleuropas. Bäume wie Rotbuche und Stieleiche trocknen weniger schnell aus als Nadelbäume und halten mehr Feuchtigkeit im Boden und in der Luft. Auch Feuerschutzstreifen aus Wildwiesen oder Laubholz, die größere Kiefernbestände unterbrechen, sind sinnvoll.

Aufgrund der Verjüngungswirkung für die Vegetation und der Tatsache, dass sich bei selteneren

Waldbrandindex

Die Waldbrandgefahr wird in Deutschland mithilfe eines – je nach Bundesland – vier- oder fünfstufigen Index (1 bzw. 0 für sehr geringe Gefahr bis 5 bzw. 4 für sehr hohe Gefahr) festgelegt und durch die örtlichen Feuerwehren oder den Deutschen Wetterdienst veröffentlicht. Diese Indizes sind von den täglichen Niederschlagsmengen, den Mittagswerten der Lufttemperatur, der Windgeschwindigkeit und der relativen Luftfeuchte sowie im Frühjahr von der morgendlichen Schneehöhe abhängig. In die Bewertung fließt auch der Zustand der Vegetation mit ein. So wird die Waldbrandgefahr niedriger eingestuft, wenn die Belaubung der Baumkronen und das frische Ergrünen der Bodenpflanzen abgeschlossen sind, während trockene Bodenvegetation die Gefahr erhöht. Generell ist auch der Baumbestand in die Bewertung miteinzubeziehen, denn nicht alle Baumarten sind gleichermaßen brandanfällig. So sind etwa Kiefernwälder brandgefährdeter als Laubwälder. Je nach Warnstufe können Vorsichtsmaßnahmen gegebenenfalls erhöht werden, zum Beispiel die Besetzung von Feuerwachtürmen verstärkt oder die entsprechenden Waldgebiete für Besucher gesperrt werden.

Brandbekämpfung

Am effektivsten werden Waldbrände durch einen kombinierten Einsatz von Löschflugzeugen beziehungsweise -hubschraubern, die Löschwasser punktuell auf Brandherde abwerfen, und Bodentruppen bekämpft. Sogenannte Smokejumpers (Feuerspringer), die vor allem in den USA, Kanada oder der Taiga Sibiriens im Einsatz sind, springen als Schnelleinsatz- und Vorauseinheiten der Feuerwehr mit Fallschirmen über dem Brandgebiet ab und versuchen mit einfachsten Mitteln wie kleinen Handpumpen, Spaten oder Sägen, die Brände bestmöglich unter Kontrolle zu halten.

Eine weitere Möglichkeit ist das Sprenglöschverfahren (2RS-System). Hierbei werden spezielle kunststoffummantelte Schläuche mit Wasser gefüllt und mit Sprengstoff versehen. Die Schläuche werden nahe der Brandstelle oder -front ausgelegt, und die Sprengsätze werden gezündet.

Bei einem Bodenbrand lassen sich Brandschneisen errichten, bei denen in einem bestimmten Bereich sämtliches brennbares Material entfernt oder kontrolliert abgebrannt wird, sodass sich das Feuer dort nicht weiter ausbreiten kann. Brandschneisen können allerdings durch Funkenflug übersprungen werden. Neben dem Löschen mit Wasser ist aufgrund von Problemen mit der Wasserversorgung oft auch das Ausschlagen der Flammen mit Schaufeln und Feuerpatschen notwendig.

Bodenfeuer versucht man, solange die Humusschicht nicht zu tief ist, mithilfe von Wasser und Sand zu löschen. Häufiger jedoch werden sie bekämpft, indem man rund um den Brandherd Gräben anlegt und das Feuer sich auszehren lässt. Auch Grundfeuer lassen sich auf diese Weise eindämmen. Zudem versucht man, in der Umgebung dieser Feuer niedrige Vegetation und Waldstreu zu entfernen, damit sich das Feuer nicht weiter ausbreitet. Kronenfeuer kann man entweder ausbrennen lassen oder sie mit gezielt gelegten Gegenfeuern oder durch Wasserläufe an der Ausbreitung hindern. Häuser werden mit Löschschaum geschützt, und sich ausweitende Brände mithilfe von speziellen Löschmaterialien aus der Luft bekämpft.

Am effektivsten ist die kombinierte Brandbekämpfung vom Boden aus – wie hier bei einem Feuerwehreinsatz im Orange County in Kalifornien am 15. November 2008 (oberes Bild) – und aus der Luft, etwa mit Löschhelikoptern wie hier bei den Waldbränden in Südkalifornien am 24. Oktober 2007 (unteres Bild).

Folgen für Mensch und Klima

Waldbrände bedeuten immer eine große Gefahr für angrenzende Siedlungen. Durch immer größer werdende Städte gelangen die Siedlungen auch verstärkt in Risikogebiete. In gefährdeten Gebieten ist daher auf besondere Sorgfalt bei der Einhaltung von Bauvorschriften und Brandschutzanforderungen zu achten. Wichtig sind hier zum Beispiel feuerbeständige Baumaterialien, Rauchabzugsöffnungen, rauchdichte und feuerhemmende Türen, Sprinkleranlagen und eine ausreichende Löschwasserversorgung. Neben Sachschäden sind infolge von Waldbränden auch Auswirkungen auf Umwelt und die menschliche Gesundheit zu verzeichnen. So führten die Brände in den tropischen Regenwäldern Südostasiens 1997 zu einem wochenlang über der Region hängenden Dunstschleier. In den Metropolen mischte sich der Rauch mit Auto- und Industrieabgasen und führte zu Smogwerten von stark gesundheitsgefährdender Höhe. Infolgedessen nahmen Atemwegserkrankungen in der Bevölkerung stark zu.

Aber auch für das Klima haben Waldbrände gravierende Folgen. Infolge von Waldbränden gelangen riesige Mengen an Aerosolen, also winzig kleinen Rauch- und Staubpartikeln, in die Atmosphäre, die vermehrt Teile des Sonnenlichts zurück ins All reflektieren und so zu einer Temperaturabkühlung auf der Erde führen. Gelangen zu viele Rauchpartikel in die Atmosphäre, bilden sich dort viele kleine Wassertröpfchen, und es kommt zu einer Dunst- anstelle einer Regenbildung, die Feuer auf natürliche Weise löschen könnte.

Zudem ist nach schweren Waldbränden, wie etwa in Indonesien im Jahr 1997, ein erhöhter Kohlendioxidgehalt in der Atmosphäre festzustellen. Eine Erhöhung der CO_2-Konzentration hat wiederum eine Verstärkung des Treibhauseffekts und damit der globalen Erwärmung zur Folge.

Siedlungen rücken immer näher an Waldgebiete, weshalb es immer häufiger zu Zerstörungen von Gebäuden kommt wie hier in der Umgebung von Rancho Bernardo in Kalifornien am 31. Oktober 2007 (kleines Bild unten). Auch wenn das Fortschreiten eines Feuers durch die Brandbekämpfung aus der Luft – wie hier beim Harris-Feuer im kalifornischen San Diego am 25. Oktober 2007 – oft gestoppt werden kann, bevor es Wohnsiedlungen erreicht, können die Zerstörungen nicht immer verhindert werden (kleines Bild oben). Bei Waldbränden wie beim Feuer rund um die Gegend von Los Angeles im Oktober 2007 gelangen zudem große Mengen an Aerosolen, also Staub- und Rauchpartikel, in die Atmosphäre, und es kommt zu einer Dunstbildung (großes Bild).

Die zerstörerische Macht von Wasser und Wellen

Tsunamis, Sturmfluten und Monsterwellen

Wer seinen Urlaub am Meer verbringt oder eine Kreuzfahrt unternimmt, lernt meist die beschauliche und ruhige Seite des Meeres kennen. Unter bestimmten Voraussetzungen kann sich dies jedoch schnell ändern, und Meereswellen verwandeln sich in alles zerstörende Giganten, wie etwa die gefürchteten bis zu 40 Meter hohen Riesenwellen im pazifischen Raum, die von Seebeben, Vulkanausbrüchen oder Meteoriteneinschlägen ausgelöst werden. Normalerweise werden Wellen jedoch von den Gezeiten und dem Wind bestimmt.

Entstehung von Wellen

Einfluss des Windes

Fast alle Wellen entstehen durch den Einfluss des Windes. Ist Wind der Auslöser für einen starken Wellengang, so liegt dies an Schubspannungen an der Grenzfläche zwischen Luft und Wasser Hierbei wird die Windenergie auf die Wasseroberfläche übertragen, solange die Windgeschwindigkeit größer als die Geschwindigkeit der Wellenfortbewegung ist. Durch die Oberflächenspannung des Wassers bedingt, löst sich die Welle normalerweise nach kurzer Zeit auf, wenn der Seegang nicht durch starken Wind deutlich erhöht ist.

Die so erzeugten Wellen können verschiedene Geschwindigkeiten, Formen und Größen annehmen. Dabei können sie Geschwindigkeiten zwischen 8 und 100 Kilometern pro Stunde und Längen von maximal 150 Metern erreichen. Die Wellenhöhe in Metern entspricht dabei in etwa der Hälfte der Windgeschwindigkeit in Metern pro Sekunde. Bei einem Orkan mit einer Geschwindigkeit von 28 Metern pro Sekunde kann die Wellenhöhe also bis zu 14 Meter betragen. Zudem hängt die Wellenhöhe auch von der Dauer des Windgangs sowie von der Strecke ab, auf der der Wind ungehindert über die Wasseroberfläche hinwegstreichen kann. Daher können Wellen auf offener See, die häufig lange anhaltenden Winden ausgesetzt sind, oft beträchtliche Höhen erreichen. Auf diese Weise können bis zu 40 Meter hohe Riesenwellen, die sogenannten Freak Waves oder Monsterwellen, entstehen. Nachdem diese Wellen ihr Entstehungsgebiet verlassen haben, bewegen sie sich als nicht dem Windeinfluss unterliegende sogenannte Dünungswellen weiter. Wenn Wellen auf eine flache Küste auflaufen, werden sie gebremst und überschlagen sich, was sich als Brandung bemerkbar macht.

Einfluss von Gezeiten, Vulkanausbrüchen und Seebeben

Die Entstehung von Gezeitenwellen beruht auf der Anziehungskraft des Mondes und in geringerem Ausmaß auch der Sonne. Dieser normale Wechsel von Ebbe und Flut kann in einigen Regionen wie zum Beispiel in der kanadischen Bay of Fundy einen Tidenhub von bis zu 16 Metern erzeugen.

Sehr große Wellenlängen und hohe Geschwindigkeiten von bis zu 800 Kilometern pro Stunde erreichen durch Seebeben oder Vulkanausbrüche ausgelöste Tsunamis. Gelangen die Wellen in Küstennähe, sinkt ihre Geschwindigkeit, und die Höhe der Wellen wächst. Die dabei entstehenden Gewalten können beim Auflaufen auf die Küsten verheerende Schäden anrichten.

Riesige Wellen rollen auf einen Tropenstrand auf der thailändischen Insel Phuket zu. Die meisten Wellen entstehen durch den Einfluss des Windes, sie können jedoch auch durch Seebeben ausgelöst werden wie etwa der Tsunami im Indischen Ozean am 26. Dezember 2004, der Phuket mit großer Zerstörungskraft heimsuchte und in der gesamten Region zahlreiche Todesopfer forderte.

Schreckgespenst Tsunami

Entstehung der Riesenwellen

Der aus dem Japanischen stammende Begriff Tsunami bedeutet „lange Hafenwelle" und geht auf Beobachtungen japanischer Fischer zurück, die bei der Rückkehr in den Hafen ihre Dörfer und Felder von Riesenwellen zerstört vorfanden, obwohl sie auf See nichts davon bemerkt hatten.

Tsunamis werden zu 86% von unterseeischen Erdbeben ausgelöst. Voraussetzungen sind eine Magnitude von 7 und mehr auf der Richterskala und ein Hypozentrum nahe der Erdoberfläche. Durch die kreisförmige Ausbreitung selbst leichter Bewegungen vom Erdbebenherd weg können die Schäden hierbei größer sein als bei Beben gleicher Stärke an Land.

Die übrigen Tsunamis entstehen zum Beispiel durch Vulkanausbrüche, Meteoriteneinschläge, Unterwasserlawinen, küstennahe Bergstürze oder unterseeische Hangrutsche. Entsteht ein Tsunami durch einen Hangabrutsch oder das Herunterbrechen einer Kontinentalplatte, wird Wasser verdrängt, und die Küstenlinie kann sich vor dem Eintreffen der Welle an der Küste teilweise um mehrere Hundert Meter zurückziehen.

Im Vergleich zu von Erdbeben herrührenden Tsunamis transportieren solche, die durch Erdrutsche oder Vulkanausbrüche ausgelöst wurden, in der Regel weniger Energie. Somit lösen sie sich meist schneller auf und haben normalerweise auch weniger weitreichende Auswirkungen. Die Auslösung von Tsunamis durch Meteoriteneinschläge ist äußerst selten, auch wenn wegen des großen Anteils der Meere an der Erdoberfläche die Wahrscheinlichkeit größer ist, dass ein Meteorit auf dem Meer aufprallt als auf der Erdoberfläche. Um einen Tsunami auszulösen, müsste es sich jedoch um einen sehr großen Meteoriten handeln. Auch nukleare Explosionen können Tsunamis auslösen.

„Tsunamis werden zu 86% von unterseeischen Erdbeben ausgelöst. Voraussetzungen sind eine Magnitude von 7 und mehr auf der Richterskala und ein Hypozentrum nahe der Erdoberfläche."

Charakteristika

Während bei durch Stürme ausgelösten Wellen die tiefer liegenden Wasserschichten ab einer Tiefe von etwa 200 Metern unbewegt bleiben, bewegt sich bei einem Tsunami das gesamte Wasservolumen vom Meeresboden bis zur -oberfläche. Tsunamis können auf dem offenen Meer Wellenlängen von 100 bis 300 Kilometern, in einigen Fällen sogar von 500 Kilometern aufweisen. Dadurch können sie riesige Distanzen von mehr als 10.000 Kilometern vom Ursprungsort zurücklegen.

Je tiefer das jeweilige Meer ist, desto schneller bewegt sich der Tsunami vorwärts. Somit können Tsunamis in Ozeanen mit Wassertiefen von etwa 5000 Metern etwa 800 Kilometer pro Stunde schnell werden und innerhalb weniger Stunden

Die Gefahr für Küstenstädte durch Tsunamis und die damit verbundenen Schadenswirkungen lassen sich an dieser Simulation einer riesigen Flutwelle ermessen, die sich mit einer ungeheuren Energie auf eine Stadt zubewegt.

ganze Ozeane durchqueren. Auf dem offenen Meer sind Tsunamis oft kaum bemerkbar und erreichen nur geringe Wellenhöhen. An Küsten bremst die wachsende Bodenreibung jedoch die Geschwindigkeit der Wellen abrupt ab, die Wellenlänge wird allerdings bei nicht wesentlich verringerter Energie drastisch verkürzt. Die Wellen türmen sich hoch auf und können verheerende Überschwemmungen anrichten

Beim Auftreffen auf die Küste erreichen Tsunamis typische Wellenhöhen von etwa zehn Metern, bei Tiefseesteilküsten bis zu 50 Metern und in Fjorden sogar weit über 100 Meter. Hier entstehen auch sogenannte Megatsunamis wie etwa mehrere Wellen mit einer Höhe von rund 150 Metern. Sogar eine immense Welle von bis zu 530 Metern wurde in einem Fjord in Alaska nach einem Hangrutsch beobachtet.

Tsunamis können ihre zerstörerische Gewalt rund um den Globus entfalten. Werden sie nicht von schützenden Felsen an der Küste gebremst, können bereits Wellen von nur wenigen Metern Höhe mehrere Hundert Meter weit ins Land vordringen. Bei niedrigen Landhöhen können jedoch auch kleinere Wellen riesige Zerstörungen anrichten.

Weltweite Verteilung

Mit einem Anteil von 79% kommen Tsunamis am häufigsten im Pazifik vor. Dies ist durch die tektonische und vulkanische Aktivität in der Subduktionszone des Pazifischen Feuerrings am westlichen und nördlichen Rand der Pazifischen Platte bedingt. Die meisten Todesopfer durch Tsunamis innerhalb der letzten tausend Jahre, über 160.000 Menschen, waren in Japan zu beklagen, wo jedes

Tsunamis können – abhängig von der Tiefe des Meeres – innerhalb kurzer Zeit Entfernungen von mehreren Tausend Kilometern vom Erdbebenherd zurücklegen und in wenigen Stunden ganze Ozeane durchqueren. Werden die Wellen nicht von Felsen an der Küste gebremst, können sie Hunderte von Metern weit ins Landesinnere vordringen. Die Grafik zeigt die Ausbreitung der Tsunamiwellen zwei Stunden nach dem verheerenden Erdbeben im Indischen Ozean 2004.

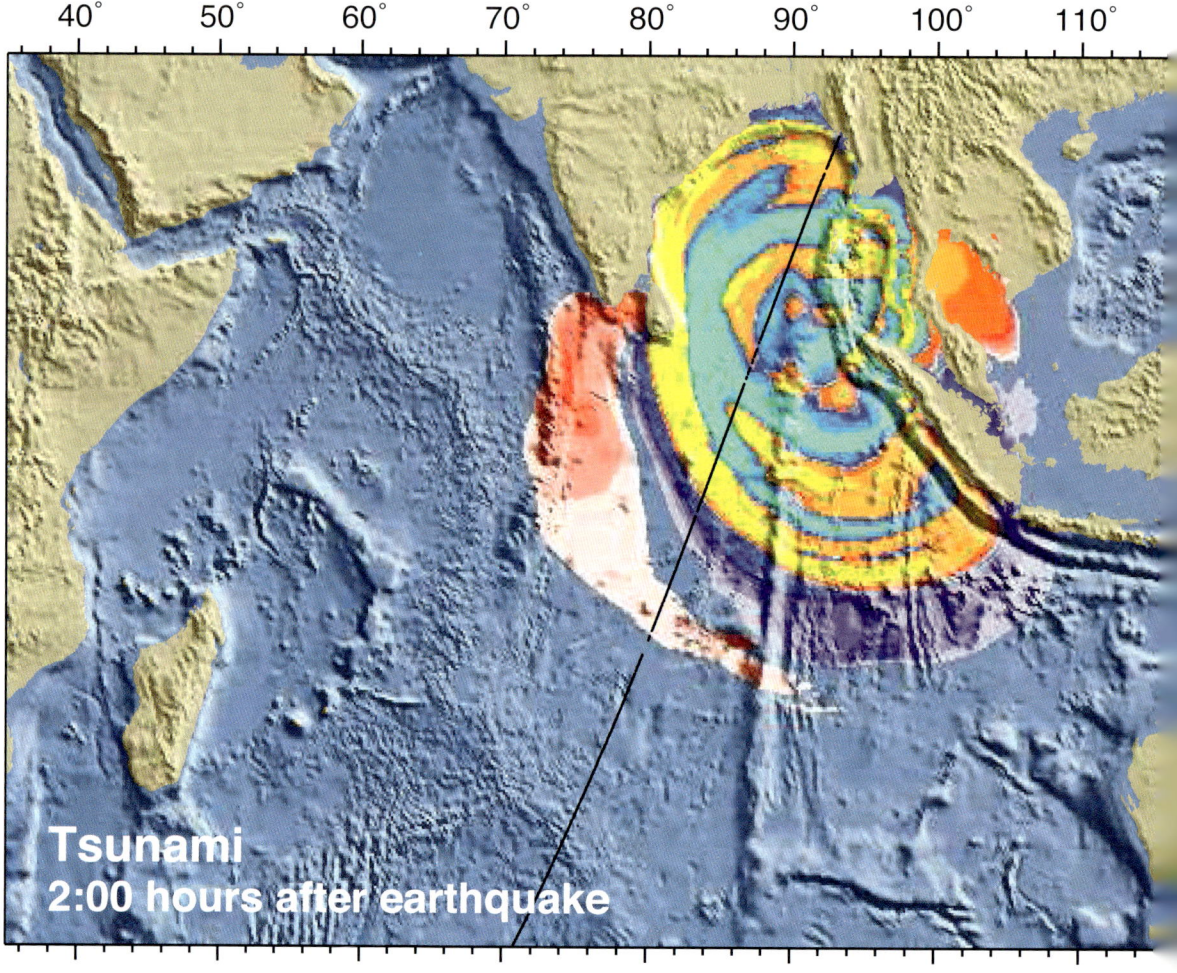

Tsunami
2:00 hours after earthquake

Jahr mindestens ein Tsunamiereignis zu verzeichnen ist. Auch in Indonesien kommen häufiger Tsunamis vor. Das Land ist zudem sehr flach, sodass die Wassermassen ungebremst das Landesinnere erreichen. Zwar handelt es sich meistens um kleinere Tsunamis, eine große Katastrophe hätte jedoch aufgrund der wachsenden dichten Besiedlung in den fruchtbaren Küstenregionen des Pazifiks immer dramatischere Ausmaße.

Tsunamis können aber in allen größeren Meeren der Welt und auch an den europäischen Küsten auftreten, zum Beispiel am Mittelmeer und im Atlantik. Ein Beispiel hierfür ist der Tsunami infolge des Erdbebens von Lissabon im Jahr 1755, der viele der Todesfälle zu verschulden hatte (siehe Seite 23 f.).

Verheerende Folgen

Eine Tsunamiwelle erreicht nach wissenschaftlichen Schätzungen mit einer Energie von durchschnittlich einer Million Tonnen Wasser das Festland. Zwar verursachten nur 15% der 150 registrierten Tsunamis der letzten 100 Jahre Personen- oder Sachschäden, diese nahmen jedoch teils gewaltige Schadensausmaße an. So wurden in den letzten 100 Jahren über 500.000 Menschen von Tsunamis getötet, die riesigen Wellen zerstörten Schiffe, Gebäude und Felder, trugen Strände ab und verwüsteten ganze Küstenstriche.

Betroffen sind meist nur die flachen Küstenbereiche, die Wellen können jedoch teilweise auch ins Landesinnere vordringen und bis zu 30 Höhenmeter überwinden. Die gravierendsten Schäden entstehen meist durch den Sog, wenn der Tsunami sich zurückzieht und Gebäude mit ins Meer reißt. Auch Menschen werden oft von Tsunamis aufs offene Meer gerissen und ertrinken, sterben aufrund von Unterkühlung oder werden durch ebenfalls mitgerissene Gegenstände verletzt oder erschlagen. Ebenso besteht das Risiko, in unter dem Druck des Wassers zusammengebrochenen Häusern verschüt-

„Eine Tsunamiwelle erreicht nach Schätzungen mit einer Energie von durchschnittlich einer Milion Tonnen Wasser das Festland."

tet zu werden. Aufgrund dieser zerstörerischen Gewalt gehören Tsunamis zu den gefährlichsten und teuersten Naturkatastrophen.

Auch die wirtschaftlichen Folgen haben soziale Auswirkungen: Durch die zerstörte Infrastruktur wird die Grundversorgung mit Wasser und Nahrungsmitteln beeinträchtigt, die Menschen werden vielfach ihrer Lebensgrundlage beraubt, und die Landwirtschaft in den betroffenen Gebieten leidet unter der Versalzung der Böden.

Frühwarnsysteme

Da seismische Wellen sich schneller als die Tsunamiwellen ausbreiten, können aus Daten seismischer Stationen auch Informationen über eine mögliche Tsunamigefahr gewonnen werden. Die Verschiebung der Erdoberfläche lässt sich mithilfe von GPS-Stationen zentimetergenau messen, was zu einer genauen Vorhersage der Tsunamigefahr beiträgt. Auf hoher See werden Tsunamiwellen mithilfe von Bojen gemessen.

So erfasst beispielsweise ein Netz von Sensoren am Meeresboden des Pazifischen Ozeans alle relevanten Veränderungen und überträgt die entsprechen-

Besonders häufig kommen Tsunamis im Pazifik vor. So traf etwa ein Tsunami nach einem Erdbeben der Stärke 8,0 am 29. September 2009 Amerikanisch-Samoa und verwandelte den einstmals schönen Strand des Dorfes Leone an der Südwestküste der Insel Tutuila in eine trümmerbeladene Müllhalde. Auf der Insel kamen mindestens 24 Menschen ums Leben, 50 wurden verletzt.

Beim Tsunami im Indischen Ozean am 26. Dezember 2004 wurden allein an der Küste der indonesischen Provinz Aceh sämtliche Häuser und die gesamte Infrastruktur von den Wassermassen zerstört oder beschädigt, Zehntausende von Menschen kamen ums Leben (Bilder oben und gegenüberliegende Seite unten). Genauere Vorhersagen zur Frühwarnung und rechtzeitigen Evakuierung bei Tsunamis an der indonesischen Küste erhofft man sich vom Frühwarnsystem German Indonesian Tsunami Early Warning System (GITEWS).

den Daten über Satellit an das 1948 von den USA eingerichtete Pacific Tsunami Warning Center (PTWC) in Honolulu auf Hawaii. Hier werden die Daten ausgewertet und gegebenenfalls Tsunamiwarnungen über Radio und Fernsehen ausgegeben sowie Evakuierungsmaßnahmen empfohlen. Noch genauere Vorhersagen erwartet man von dem in Deutschland entwickelten German Indonesian Tsunami Early Warning System (GITEWS), das sich seit 2008 in Indonesien im Testbetrieb befindet. Seit einigen Jahren bemüht man sich darum, die verschiedenen Früherkennungssysteme zu einem weltweiten System zusammenzufassen.

Insbesondere im Bereich des Indischen Ozeans, aber auch des Atlantiks und des Mittelmeers besitzen jedoch einige gefährdete Länder noch keine Frühwarnsysteme, sodass eine Warnung nur eingeschränkt oder gar nicht möglich ist.

Ein weiteres Problem besteht dann, wenn das Epizentrum eines Erdbebens nahe der Küste liegt, was kaum Zeit lässt, die Bevölkerung zu alarmieren. Zudem bleibt das Risiko von Fehlalarmen. So waren zum Beispiel 20 Warnungen des Pacific Tsunami Warning Centers in den letzten 15 Jahren Fehlmeldungen. Mit unnötigen Evakuierungen sind jedoch auch hohe Kosten verbunden, und bei wiederholten Fehlalarmen wird das Vertrauen der Bevölkerung in die Warnungen erschüttert – mit der Gefahr, dass diese im Ernstfall irgendwann nicht mehr ernst genommen werden. Außerdem kommt

es vor, dass Behörden die Warnungen aus Angst um den Verlust der Einnahmequellen aus dem Tourismus nicht weiterleiten.

Schutzmaßnahmen

Bauliche Schutzmaßnahmen gegen Tsunamis sind etwa Schutzwälle oder mauern aus Metall wie zum Beispiel diejenigen, die gefährdete Städe wie Shizuoka in Japan oder Callao in Peru vor der Gewalt der Wellen schützen sollen. Auch riesige Deiche wie etwa ein 25 Meter breiter und 10 Meter hoher Wall auf der japanischen Insel Okushiri sollen die Küstenstädte vor den zerstörerischen Auswirkungen von Tsunamis bewahren.

Allerdings sind diese Maßnahmen teuer und zeigen auch nicht immer die gewünschte Wirkung. Daher ist auch immer das richtige Verhalten der Personen in gefährdeten Gebieten wichtig. Dies beginnt bereits mit dem Beachten von Warnsignalen wie etwa ausgeprägten Ebben oder Alarmsirenen. Oft kehren Menschen auch nach der ersten Tsunamiwelle in ihre Häuser zurück, weil sie nicht wissen, dass Tsunamis meist aus mehreren aufeinanderfolgenden Wellen bestehen. Hier ist eine Aufklärung der Bevölkerung über die Risiken und das richtige Verhalten im Katastrophenfall wichtig und sinnvoll.

Beispiele für Tsunamis

Die wahrscheinlich früheste Beschreibung eines Tsunamis stammt aus dem Jahr 479 v. Chr. und beschreibt ein Ereignis in der nördlichen Ägäis. Aber schon vor etwa zwei Millionen Jahren gab es eine verheerende Katastrophe, bei der ein Meteoriteneinschlag vor der Küste Südamerikas einen gewaltigen Tsunami auslöste, der unter anderem die chilenische Küste verwüstete. Riesige Tsunamis mit Höhen von mehreren Hundert Metern kamen etwa durch infolge von vulkanischer Aktivität ausgelöste Hangrutsche oder Bergeinstürze beispielsweise auf den Hawaiiinseln vor etwa 110.000 Jahren oder durch unterseeische Lawinen wie etwa vor 8000 Jahren vor der Küste Norwegens vor. Bekannt ist auch das sogenannte Storegga-Ereignis etwa zwischen 25.000 und 5000 v. Chr., als ein riesiger Abbruch vom Kontinentalabhang vor Norwegen einen gewaltigen Tsunami verursachte.

Kleine Tsunami-Chronik

Luzern, Schweiz (1601): Einer der ersten von einem Augenzeugen dokumentierten Tsunamis ist eine bis zu vier Meter hohe Flutwelle im Vierwaldstätter See, die am 18. November 1601 durch ein Erdbeben mit Zentrum in Unterwalden in der Zentralschweiz ausgelöst wird und in Luzern beträchtliche Schäden verursacht. Bei der Katastrophe sterben acht Menschen.

Port Royal, Jamaika (1692): Ein Tsunami nach einem Erdbeben am 7. Juni 1692 kostet Tausende von Menschen das Leben.

Callao, Peru (1746): Ein Erdbeben mit einem darauffolgenden Tsunami zerstört am 28. Oktober 1746 die peruanische Hafenstadt Callao und kostet etwa 4800 der rund 5000 Einwohner das Leben.

Sumatra und Java (1883): Der Ausbruch des Krakatau in Indonesien in der Sundastraße zwischen Java und Sumatra am 27. August 1883 löst einen bis zu 40 Meter hohen und durchschnittlich 100 Stundenkilometer schnellen Tsunami aus, der 36.000 Menschen im Umkreis von 80 Kilometern das Leben kostet. An den umliegenden Küsten werden 295 Orte völlig zerstört.

Japan (1896): Am 15. Juni 1896 überrascht ein 23 Meter hoher Tsunami infolge des Sanriku-Bebens vor der Nordostküste Honshus Japan und fordert nach offiziellen Angaben 27.166 Tote.

Norwegen (1905): Ein Felsabsturz des Bergs Ramnefjell in den Lovatn-See verursacht am 15. Januar 1905 einen etwa 40 Meter hohen Tsunami. Am zehn Kilometer vom Berg entfernt liegenden Ufer des Sees sterben 63 Einwohner der Dörfer Bodal und Nesdal in den Fluten. Die Katastrophe wiederholt sich 1936, als infolge eines erneuten Felsabsturzes in den See eine 70 Meter hohe Welle entsteht und wiederum zwei Dörfer zerstört.

Messina, Italien (1908): Das Erdbeben von Messina und der darauffolgende Tsunami am 20. Dezember 1908 zerstören die Stadt Messina nahezu vollständig und kosten über 75.000 Menschen das Leben.

Honshu, Japan (1933): Ein Tsunami am 3. März 1933 überrollt den Nordosten der japanischen Insel. Die Stadt Sanriku wird von den 20 Meter hohen Wellen stark zerstört. Der Tsunami tötet 3000 Menschen, versenkt 8000 Schiffe und zerstört 9000 Gebäude.

Alaska und Hawaii (1946): Am 1. April 1946 löst ein Erdbeben vor Alaska einen Tsunami aus, der die fünfköpfige Besatzung eines Leuchtturms in den Tod reißt und Stunden später das beinahe 3700 Kilometer entfernte Hawaii erreicht, wo er 159 Menschen tötet.

Kamtschatka und Kurilen (1952): Am 5. November 1952 ensteht, durch ein Seebeben 130 Kilometer vor der Küste Kamtschatkas ausgelöst, ein Tsunami, der in vielen Orten Kamtschatkas und der Kurilen Zerstörungen verursacht. 2336 Einwohner der kurilischen Kleinstadt Sewero-Kurilsk kommen dabei ums Leben.

Philippinen (1976): Am 16. August 1976 fordert ein Tsunami im Morogolf auf den Philippinen über 5000 Menschenleben.

Nicaragua (1992): Ein Erdbeben 120 Kilometer vor der Küste Nicaraguas am 2. September 1992 löst einen zehn Meter hohen Tsunami aus, der etwa 180 Menschen tötet.

Südostasien (2004): Ausgelöst von einem Seebeben im Indischen Ozean vor der Insel Sumatra, mit einer Magnitude von 9,1 auf der Richterskala eines der stärksten Erdbeben seit Beginn der Aufzeichnungen, verwüstet der Tsunami vom 26. Dezember 2004 weite Teile Südostasiens und tötet mindestens 231.000 Menschen.

Salomoneninseln (2007): Durch ein Seebeben bei den Salomonen ausgelöst, verwüstet ein Tsunami am 2. April 2007 die Salomoneninseln. Durch die bis zu zwölf Meter hohe Flutwelle werden mindestens 13 Orte zerstört und mindestens 43 Menschen getötet.

Samoainseln (2009): Mehr als 100 Menschen sterben am 30. September 2009 bei einem durch ein Seebeben vor der Küste der Samoainseln bedingten Tsunami, der Teile der Insel verwüstet.

TSUNAMI HAZARD ZONE

IN CASE OF EARTHQUAKE, GO
TO HIGH GROUND OR INLAND

พื้นที่เสี่ยงภัยคลื่นยักษ์

เมื่อเกิดแผ่นดินไหว ให้หนีห่าง
จากชายหาดและขึ้นที่สูงโดยเร็ว

Tsunamikatastrophe in Süd- und Südostasien (2004)

Ein Seebeben der Stärke 9,1 auf der Richterskala, das drittstärkste aufgezeichnete Beben der Geschichte, erschütterte am 26. Dezember 2004 den Meeresgrund im Indischen Ozean vor der indonesischen Insel Sumatra. Die hierbei ausgelösten Tsunamis führten zu einer Naturkatastrophe verheerenden Ausmaßes. In Süd- und Südostasien wurden weite Küstengebiete überschwemmt. Die Wellen drangen zudem mehrere Tausend Kilometer bis nach Ost- und Südostafrika vor.

Die Wassermassen trafen zunächst vor der indonesischen Provinz Aceh auf Land, wo die etwa 30 Meter hohen Wellen teilweise mehr als vier Kilometer weit ins Landesinnere vordrangen und beim Zurückströmen zahlreiche Menschen mit sich rissen. Die verheerenden Auswirkung beruhten jedoch vielerorts weniger auf den Wellenhöhen, die meist nur wenige Meter erreichten, sondern vielmehr auf den riesigen Wassermassen der Tsunamis. An einigen Orten stießen bis zu sechs Flutwellen auf die Küsten vor, drangen ins Landesinnere und zerstörten zahlreiche Häuser. Beim Zurückfließen rissen die Wellen Bauten, Gegenstände und Menschen ins Meer. Am stärksten betroffen war Indonesien mit offiziell bestätigten 131.029 Opfern. Auch noch ein Jahr nach der Katastrophe waren hier trotz einer nach der Katastrophe einsetzenden internationalen Welle der Hilfsbereitschaft über 180.000 Menschen obdachlos.

Bei dem Unglück wurden insbesondere in Indonesien, Indien, Sri Lanka, Thailand, Myanmar, auf den Malediven, in Malaysia und Bangladesch sowie in zahlreichen weiteren Staaten Südasiens und Ostafrikas ganze Küstenstreifen verwüstet. Die Schätzungen der Opferzahlen in acht asiatischen Ländern schwanken zwischen 231.000 und mehr als 280.000 Menschen. Auch in Somalia, Kenia, Tansania, Südafrika sowie auf den Seychellen und auf Madagaskar gab es Opfer. Bei der Katastrophe starben auch etwa 2240 Menschen aus Nicht-Anrai-

„An einigen Orten stießen bis zu sechs Flutwellen auf die Küsten vor und drangen ins Landesinnere."

nerstaaten, vor allem Touristen. Weitere über 100.000 Menschen wurden verletzt, über 1,7 Millionen verloren ihr Obdach. Viele Menschen fielen auch den Folgen der Tsunamikatastrophe, wie zum Beispiel Trinkwasserverunreinigungen, zum Opfer. Nach dem Unglück wurde vielfach Kritik laut: So wurden gemäß Berichten aus Thailand Warnungen teilweise nicht weitergeleitet, um den Tourismus nicht zu schädigen. Laut Expertenmeinung hätten Tausende von Menschen zudem durch ein Tsunami-Warnsystem im Indischen Ozean gerettet werden können, das zum Zeitpunkt der Katastrophe noch nicht existierte. Als Reaktion auf das Unglück entwickelte Indonesien mit deutscher Hilfe ein Tsunamiwarnsystem. Das German Indonesian Tsunami Early Warning System (GITEWS) nahm am 11. November 2008 den Betrieb auf.

Wenige Monate vor dem Seebeben im Indischen Ozean war die Hafenstadt Meulaboh im Norden Sumatras eine florierende Stadt mit etwa 60.000 bis 80.000 Einwohnern (gegenüberliegende Seite oben links). Der Tsunami überflutete einen etwa zwei Kilometer breiten Landstreifen, zerstörte den Ort fast völlig und kostete bis zu 40.000 Menschen das Leben (gegenüberliegende Seite oben rechts). Auch der Strand von Kuta Noi im thailändischen Phuket wurde bei dem Unglück von den Tsunamiwellen überspült (Bild links). In Banda Aceh hatten die Wellen vielerorts Boote an den Strand gespült (Bild oben), die Menschen suchten in den Bergen von Schutt und Abfall nach Wertgegenständen (gegenüberliegende Seite unten rechts). Am Strand von Krabi, einer Küstenstadt in Südthailand, warnt ein Schild vor der Tsunamigefahr (gegenüberliegende Seite unten links).

Der Zorn des Blanken Hans: Sturmfluten

Entstehung und Definition

Sturmfluten entstehen durch den Einfluss starker Winde, die gegen die Küste wehen, in Verbindung mit einer Springflut (besonders hohe Tiden bei Voll- und Neumond). Aber auch an Küsten ohne Gezeiten wie etwa an der Ostsee können Sturmfluten auftreten. Beständige starke und andauernde Winde wirken lange auf die Meeresoberfläche ein und sorgen auf diese Weise für die Entstehung von Sturmfluten.

Auch der in der Ostsee häufiger vorkommende sogenannte Badewanneneffekt kann Sturmfluten erzeugen: Starke Winde stauen in bestimmten Regionen das Wasser auf. Bei einem abrupten Nachlassen der Winde fließen die Wassermassen plötzlich zurück und führen in anderen Gebieten zu Hochwasser. Im Vergleich zu Gezeitensturmfluten der Nordsee halten Sturmfluten in der Ostsee bis zu 20-mal länger an und erzeugen auch stärkere Schäden. Neben der Richtung, der Intensität und der Dauer des Windes beziehungsweise der Strecke, auf der der Wind auf die Meeresoberfläche einwirken kann, spielt vor allem die Küstenform eine Rolle. Anfällig sind besonders flache Meere, lange Seen oder trichterförmige Flussmündungen, in denen das vom Wind bewegte Wasser nicht seitlich oder nach unten ausweichen kann. Von einer Sturmflut spricht man, wenn der Wasserhöchststand des Meeres an Gezeitenküsten das durchschnittliche Tidenhochwasser um 1,50 Meter

„Von einer Sturmflut spricht man, wenn der Wasserhöchststand das durchschnittliche Tidenhochwasser um 1,50 Meter oder mehr übersteigt."

Im Seebad Sankt Peter-Ording an der schleswig-holsteinischen Nordseeküste sind Windstärken von 7–10 auf der Beaufortskala keine Seltenheit. Unter diesen Bedingungen können verheerende Sturmfluten entstehen, die den ganzen Strand Land unter setzen.

oder mehr übersteigt. Ab einer Übersteigung von 2,50 Metern handelt es sich um eine schwere, ab 3,50 Metern um eine sehr schwere Sturmflut. Durch Stürme erhalten die Wellen eine ungeheuere Energie. Die kritischen Phasen sind dabei jedoch meist recht kurz, nach dem Höchststand der Flut gehen die Pegel normalerweise recht schnell wieder zurück.

Auswirkungen des Klimawandels

In den letzten Jahren wurde weltweit eine zunehmende Anzahl von Sturmfluten registriert. Durch die globale Erwärmung infolge des verstärkten Treibhauseffekts wird die Gefahr von Sturmfluten zusätzlich durch steigende Meeresspiegel verschärft. Geht man von einem Meeresspiegelanstieg um knapp 50 Zentimeter innerhalb der nächsten 100 Jahre aus, hätten zukünftig mindestens 100 Millionen Menschen regelmäßig unter den Folgen von Sturmfluten zu leiden, doppelt so viele wie heutzutage. Besonders Länder mit einer niedrigen Küstenlinie wie Bangladesch oder die Niederlande werden immer starker gefährdet sein. Sich weiter ausdehnende Meeresregionen werden immer mehr und immer intensivere tropische Wirbelstürme hervorbringen.

Landschaftsformung

Sturmfluten hinterlassen an den betroffenen Küsten oft sichtbare Zeichen. Die Energie der Wassermassen kann Strände abtragen, Steinklippen zerschmettern und Dünen zerstören. Hierdurch wird die Form der Küstenlinie beeinflusst.
So begann zum Beispiel mit der Julianenflut vom 17. Februar 1164 die Entstehung des Jadebusens, und mit der Sturmflut im Jahr 1287 entstand der Dollart, eine riesige Bucht an der Nordseeküste südlich von Emden, die durch die folgenden Sturmfluten wie etwa die Marcellusflut 1362 wei-

„Die Energie der Wassermassen kann ganze Strände abtragen, Steinklippen zerschmettern und Dünen zerstören."

ter vergrößert wurde. Mittlerweile sorgt zumindest in Europa der Küstenschutz für gute Befestigungen des Festlands, die vorgelagerten Inseln in Nord- und Ostsee wie Sylt, Helgoland und die Halligen haben jedoch nach wie vor mit Landverlusten durch Sturmfluten zu kämpfen.
Aber nicht nur auf das Land haben Sturmfluten gravierende Auswirkungen, auch auf die an den Küsten lebenden Menschen. 40% aller Menschen weltweit leben in den meist fruchtbaren Küstenregionen. Prognosen deuten darauf hin, dass es 2030 gar ein Drittel der Weltbevölkerung sein wird. Bereits heute verursachen die Wassermassen immer wieder Schäden an Gebäuden und für die Landwirtschaft und kosten Hunderttausende von Menschen das Leben.

Die Ausläufer von Hurrikan Ike treffen im September 2008 mit über den Strand hereinbrechenden Wellen und sprühender Gischt die Küste Floridas. Da es, durch den Klimawandel bedingt, immer häufigere und intensivere tropische Wirbelstürme geben wird, wird auch die Sturmflutgefahr zunehmen.

Schutzmaßnahmen

Wie bei Tsunamis besteht auch bei Sturmfluten in vielen Ländern ein Schutz- und Warnsystem für die gefährdeten Küstengebiete. Mithilfe von Wettersatelliten werden schwere Stürme auf dem Meer verfolgt. Ergänzt werden diese Informationen durch Wasserstandsmessungen. Auf diese Weise können über die Medien Frühwarnungen an die Bevölkerung weitergegeben werden.

Zudem sollen Schutzbauten wie Deiche, Schleusen, Wellenbrecher, Buhnen und Sperrwerke die Küsten vor Zerstörungen schützen.

Warften

Bereits vor 2000 Jahren schützten sogenannte Wurten oder Warften die Siedlungen an der Nordsee vor den Fluten. Auf den künstlich angelegten 4–5 Meter hohen Erdhügeln wurden Häuser und Bauernhöfe errichtet, damit sie vor den Fluten geschützt waren. Derartige Schutzmaßnahmen werden auf den Halligen auch heute noch genutzt, einen absoluten Schutz bieten sie jedoch nicht immer.

Deiche und Sperrwerke

Deiche bestehen aus einem Sandkern, den eine meterdicke Schicht aus Klei, einem tonigen, schweren Boden, bedeckt. An der Seeseite sind die Deiche mit Steinen oder Beton verstärkt, darüber wächst eine dichte Grasdecke, die den Deich stabilisiert. Die ersten Deiche entstanden im 11. und 12. Jahrhundert, aber bei so großen Flutkatastrophen wie der Groten Mandränke von 1362 und der Nordstrandflut von 1634 hielten auch die Deiche nicht stand. Immer weiter wurden sie erhöht und verbreitert. Sperrwerke schirmten zudem bei Bedarf Flussmündungen vom Meer ab, um das Eindringen der Flut ins Landesinnere zu verhindern. Heute erreichen moderne Deiche, die zudem genauestens auf die Höchstwasserstände und den Küstenverlauf angepasst sind, Breiten von 80–100 Metern und Höhen von acht Metern und mehr. Aber nicht alle Regionen sind durch Deiche geschützt; so sind es in Schleswig-Holstein gerade einmal 25% der Küstenlinie, an anderen Stellen wird das Hinterland durch Buhnen, Dünen und Wellenbrecher gesichert.

Dünen und Sandaufspülungen

Natürliche und künstliche Dünen schützen vielerorts die flachen Küstenabschnitte. An der Ostseeküste erreichen sie meist Breiten von etwa 40–45 Metern. Um sie windbeständiger zu machen, werden sie mit Strandhafer bepflanzt. Durch Abbrüche und Sandverwehungen bei Sturmfluten und Orkanen werden Dünen oft instabil. Sie wandern, verändern ihre Form oder ihre Stärke. Hier versucht man mithilfe von Sandaufspülungen, Strände zu verbreitern und Dünen zu erhöhen und zu verstärken. Hierzu sind 90–150 Kubikmeter Stand pro laufendem Meter Küste nötig. Ohne künstliche Sandbänke würde beispielsweise die Insel Sylt im Lauf der Zeit immer schmaler werden und schließlich in mehrere Teile zerbrechen.

Wellenbrecher und Buhnen

Wellenbrecher aus Naturstein dienen dazu, die Energie von Wellen abzuschwächen. Um die nötige Stabilität zu gewährleisten, werden sie häufig fest am Boden verankert und können mehrere Tonnen schwer sein. Buhnen sind bis zu 100 Meter tief ins Meer reichende Pfahlreihen, die die Strömung abbremsen und damit die Abtragung von Sand verringern.

Gegenüberliegende Seite: Warften wie die Kirchwarft auf der Hallig Hooge im schleswig-holsteinischen Wattenmeer sind künstlich aufgeschüttete Siedlungshügel, die dem Schutz vor Sturmfluten dienen. Sie kommen in den nordwestdeutschen Marschgebieten und auf den Nordseehalligen vor. Die Hallig Hooge wird durchschnittlich zwei- bis fünfmal jährlich überflutet. Auf der Kirchwarft befinden sich die Kirche und das Pfarrhaus der Hallig. Auch natürliche und künstlich geschaffene Dünen, wie hier an einem Nordseestrand auf Sylt, können dem Küstenschutz dienen. Ein Bewuchs mit Strandhafer macht die Dünen beständiger gegen Winderosion (Bild links).

Beispiele für Sturmfluten

Während leichte Sturmfluten noch recht häufig auftreten – so etwa an der niederländischen Nordseeküste im Durchschnitt alle zwei Jahre – und meist keine großen Schäden anrichten, sind gefährlichere mittlere und schwere Sturmfluten recht selten. Mittlere kommen statistisch gesehen nur alle 10–100 Jahre vor, schwere gar nur alle 100–1000 Jahre.

Allerheiligenflut (1170): Die Allerheiligenflut am 1. und 2. November 1170 an der Nordsee verwüstet die niederländische und ostfriesische Küste. Unter anderem zerreißt sie die Insel Bant vor der Emsmündung in mehrere Teile, aus denen die Inseln Juist, Borkum und Buise (im 17. Jahrhundert verschwunden) sowie vermutlich das heutige Norderney entstehen.

Erste Marcellusflut (1219): Der Ersten Marcellusflut am 16. November 1219 fallen an der Nordseeküste etwa 36.000 Menschen zum Opfer. Schwer betroffen ist vor allem Westfriesland in den heutigen Niederlanden, wo die Wellen einen natürlichen Sanddeich durchbrechen und so die Meeresbucht Zuiderzee entstehen lassen.

Grote Mandränke (1362): Bei der auch als Zweite Marcellusflut bezeichneten verheerenden Sturmflut, die vom 15. bis zum 17. Januar 1362 andauert, sollen an der Nordseeküste insgesamt 100.000 Menschen ums Leben gekommen sein.

Elisabethenflut (1421): Die Sturmflut, die in der Nacht vom 18. auf den 19. November 1421 die heutigen Niederlande heimsucht, überflutet 72 Dörfer und kostet 2000–10.000 Menschen das Leben.

Allerheiligenflut (1436): Am 1. November 1436 trifft eine schwere Sturmflut die gesamte Nordseeküste der Deutschen Bucht. Die Flut zerstört Eidum auf Sylt und tötet allein im nordfriesischen Tetenbüll 180 Menschen.

Allerheiligenflut (1570): Die Sturmflut am 1. November 1570 überflutet die gesamte Küste von Flandern bis Nordwestdeutschland und hinterlässt 20.000 Tote.

Burchardiflut (1634): In der Nacht vom 11. auf den 12. Oktober 1634 ereignet sich die Burchardiflut oder Zweite Grote Mandränke. Die verheerende Sturmflut verwüstet die Nordseeküste zwischen der dänischen Hafenstadt Ribe und dem deutschen Brunsbüttel und fordert 8000–15.000 Opfer. Große Teile der Insel Alt-Nordstrand versinken bei der Katastrophe im Meer.

Weihnachtsflut (1717): In der Nacht vom 24. auf den 25. Dezember 1717 ertrinken bei der Sturmflut an der Nordseeküste zwischen den Niederlanden und Dänemark allein zwischen Tondern im Herzogtum Schleswig und dem ostfriesischen Emden etwa 9000 Menschen sowie über 2500 Menschen in den Niederlanden. Allein in Ostfriesland reißen die Wellen etwa 900 Häuser ins Meer und beschädigen 1800 weitere.

Ostseesturmhochwasser (1872): Mit Rekordwasserständen von 2,80 Metern und mehr über Normalnull gilt das Ostseesturmhochwasser, das in der Nacht vom 12. auf den 13. November 1872 die Ostseeküste von Dänemark bis Pommern heimsucht, als bisher schwerstes Sturmhochwasser der Ostsee. Allein an der südwestlichen Ostseeküste werden dabei 271 Menschen Opfer der Wassermassen, 2850 Gebäude werden zerstört oder stark beschädigt, 15.160 Menschen werden obdachlos.

Bangladesch (1970): Am 12. November 1970 verursacht ein Zyklon mit Windgeschwindigkeiten von bis zu 230 Kilometern pro Stunde meterhohe Flutwellen. In Bangladesch sterben bei der Katastrophe etwa 300.000 Menschen. Das Unglück wiederholt sich, als wiederum in Bangladesch der Wirbelsturm Gorky am 29. April 1991 eine bis zu sechs Meter hohe Flutwelle verursacht, die 138.000 Menschen das Leben kostet.

Hollandsturmflut (1953)

Als schwerste Flutkatastrophe des 20. Jahrhunderts gilt die Hollandsturmflut des Jahres 1953, die in der Nacht vom 31. Januar auf den 1. Februar große Teile der niederländischen und englischen Küste und in geringerem Ausmaß auch Belgien traf.

Die Sturmflut wurde durch ein Randtief südlich von Island ausgelöst, das sich über Schottland zum Orkan mit Windstärken von bis zu 180 Stundenkilometern verstärkte und die Nordsee erreichte, in der zu dem Zeitpunkt Flut herrschte. Hier wurde das Wasser durch den Sturm aufgestaut und unterspülte zahlreiche Deiche. Vor allem die Niederlande wurden schwer von der Katastrophe getroffen: 60% des Landesgebiets befinden sich unter dem Meeresspiegel, zudem befanden sich viele Deiche im sogenannten Deltagebiet, dem Mündungsgebiet von Rhein, Maas und Schelde in Südholland und Zeeland, in einem schlechten Zustand, waren zu schwach oder nicht hoch genug. Auch die Wetterwarnungen erreichten viele Gemeinden nicht. Die Sturmflut verwüstete Strände, spülte an der Küste gelegene Häuser fort und schleuderte in den Häfen liegende Fischerboote über die Kaimauern. Kurz nach Mitternacht erreichte die Flut ihren Höchststand, einige Stunden später entstand eine Springflut. Insgesamt brachen auf einer Länge von 187 Kilometern 89 Deiche. Fast das komplette Gebiet der Regionen Schouwen-Duiveland, Goeree-Overflakkee und Tholen war überflutet. Die Wassermassen rissen Häuser mit sich, etwa in Capelle bei Ouwerkerk und Schuring bei Numansdorp, wo die Wellen alle Häuser restlos zerstörten. Zeeland war von den Fluten gänzlich von der Außenwelt abgeschnitten und nur über den Luftweg erreichbar.

Der Blick auf eine zerstörte Stadt auf der Halbinsel Zuid-Beveland in der Luftaufnahme eines Helikopters der US-Armee gibt einen Eindruck von den verheerenden Ausmaßen der Flutkatastrophe von 1953 (kleines Bild). Die Katastrophe hatte in den Niederlanden ein groß angelegtes Hochwasserschutzprogramm mit dem Namen Delta-Plan zur Folge. Inzwischen schützen mehrere Hundert Kilometer Deiche das niedrig gelegene Land vor Sturmflutkatastrophen. Die Mündungen von Maas und Schelde sind wie hier beim Sturmflutwehr am Meeresarm Oosterschelde durch Schleusen und Wehre von der See abgeschirmt (großes Bild).

Da zunächst keine größeren Rettungsmaßnahmen eingeleitet wurden, waren die Menschen auf Nachbarschaftshilfe durch Fischer und Bootsbesitzer angewiesen. Als das Wasser bei einsetzender Ebbe zu sinken begann, konnten sich viele Menschen in höher gelegene Gebiete in Sicherheit bringen, bevor die zweite, noch höhere Flutwelle einsetzte. Am 2. Februar rief die niederländische Regierung den nationalen Notstand aus, und nach und nach setzten immer mehr Rettungsmaßnahmen ein. Aufgrund ausgefallener Telefonleitungen und überfluteter Straßen und Eisenbahnlinien wurde die Hilfe stark erschwert. Die Rettung erfolgte stattdessen über den Luftweg, per Schiff oder Boot. In den Niederlanden forderte die Sturmflutkatastrophe 1835 Todesopfer.

Auch in Großbritannien wurden weite Gebiete überflutet. Zwar gab es hier detaillierte Notfallpläne für Hochwasserkatastrophen, da jedoch viele Telefonverbindungen unterbrochen waren, war eine breite Warnung oder Evakuierung nicht möglich. Zunächst waren in den Grafschaften Norfolk und Lincolnshire Wassereinbrüche zu verzeichnen. Ein nach King's Lynn in Norfolk fahrender Zug kollidierte mit einem auf den Wellen treibenden Haus und entgleiste.

Die Wassermassen brachen in der Nacht in das Industriegebiet an der Themsemündung ein und überraschten 3000 Einwohner von West Ham östlich von London im Schlaf. Deichbrüche überfluteten mehrere Orte, und zahlreiche Menschen – beispielsweise in Jaywick bei Clacton-on-Sea in der Grafschaft Essex – verbrachten die Nacht auf Türmen, Dächern oder Bäumen. Mindestens zwölf der insgesamt 307 Todesopfer kamen durch Unterkühlung ums Leben. Die rasche und effiziente Hilfe ermöglichte die Evakuierung von etwa 30.000 Menschen. Bei der Katastrophe wurden in Großbritannien mehr als 1600 Kilometer Küstenlinie verwüstet, eine Fläche von 728 Quadratkilometern überflutet und 24.000 Häuser schwer beschädigt. In Belgien waren vor allem die Küstenorte Ost- und

„Als Reaktion auf das Unglück entstand in den Niederlanden der Delta-Plan zur Verstärkung der Deiche an den Küsten."

Westflanderns von den Zerstörungen durch die Sturmflut betroffen. Nach dem Brechen des schützenden Seedeichs wurde die Innenstadt Ostendes bis zu einer Höhe von zwei Metern vollständig überflutet. Als der Seedeich von Beveren brach, wurden auch in dieser Gegend Hunderte von Häusern beschädigt. Insgesamt starben in Belgien 14 Menschen in den Fluten. Bei Schiffsunglücken auf See kamen zudem vor der Küste Großbritanniens 224 und vor der flämischen Küste 28 Menschen ums Leben.

Als Reaktion auf das Unglück entstand in den Niederlanden der Delta-Plan zur Verstärkung der Deiche an der Küste von Zeeuws Vlaanderen und Südholland. Die meisten der Meeresarme der südlichen Niederlande sollten dem Plan zufolge durch Dämme geschlossen werden. Hierbei entstanden zehn neue Deiche, die die seeländische und südholländische Küste auf Hunderten von Kilometern schützen, sowie Flutwehre und Schleusen an den Mündungen von Maas und Schelde. Auch umfangreiche Deicherhöhungen wurden vorgenommen. In Großbritannien wurde das Flutschutzwehr Thames Barrier entwickelt, das London und den oberen Themselauf vor erneuten Überschwemmungen schützen soll. In Belgien wurden ebenfalls viele Deiche erhöht, jedoch erst nach einer weiteren Flutkatastrophe 1976 wurde ein Küstenschutzprojekt ins Leben gerufen.

Auch Großbritannien war von der Sturmflut des Jahres 1953 betroffen. An den flachen Küsten der Grafschaften Norfolk und Lincolnshire kam es an mehreren Stellen zu Deichbrüchen. Die nur knapp über dem Meeresspiegel liegenden Dörfer King's Lynn, Heacham und Snettisham wurden in Minutenschnelle überflutet. In dem Küstenabschnitt starben über 80 Menschen. In King's Lynn erinnert heute eine Markierung im Gedenkstein der St. Margaret-Kirche an den Pegelstand des Hochwassers.

Hamburgflut (1962)

Eine der verheerendsten Sturmflutkatastrophen des 20. Jahrhunderts war die des Jahres 1962. Lange hatte an den Küsten der Nordsee Ruhe geherrscht, nach der Hollandsturmflut im Jahr 1953 hatte man in Deutschland die Küstenschutzmaßnahmen verbessert und wog sich in relativer Sicherheit. Dann aber entwickelte sich das über Neufundland entstandene Sturmtief Vincinette zum Orkan und fegte mit Windgeschwindigkeiten von über 150 Kilometern pro Stunde über die Nordsee. Zahlreiche Schiffe gerieten in Seenot und funkten SOS. Der Orkan trieb riesige Wassermassen auf die Küsten und die Inseln zu. Schiffe wurden an den Strand geschleudert, Wellenbrecher aus den Verankerungen gerissen. Auf den Nordseeinseln und in vielen Küstengegenden versuchten die Menschen verzweifelt, sich in höher gelegene Gebiete zu retten. Bereits um die Mittagszeit des 16. Februar waren im Binnenland die ersten Todesopfer zu beklagen. Das Wasser überspülte vielerorts die Marschen in den Fluss- und Nebenflussgebieten von Weser, Ems und Elbe. Die Rekordhöhe erreichenden Wellen überfluteten zahlreiche Orte wie Elmshorn, Itzehoe und Uetersen und brachen an vielen Stellen die Deiche. Besonders schwer betroffen waren die Städte Bremen und Hamburg.

Die Gewalt des Nordweststurms peitschte das Wasser der Nordsee in die Elbmündung hinein und staute den Fluss auf. Gegen Mitternacht hielten die Deiche vielerorts nicht mehr stand, und die Marschen des Alten Landes und das Stadtgebiet Hamburgs wurden von 200 Millionen Kubikmetern Wasser überschwemmt. In der Stadt stiegen die Pegel bis zu einer Höhe von 3,25 Meter über dem mittleren Tidehochwasser. Vor allem der Hamburger Stadtteil Wilhelmsburg litt an den Folgen der Deichbrüche. Hier waren die meisten Todesopfer zu beklagen. Etwa 120 Quadratkilometer, knapp ein Sechstel des hamburgischen Stadtgebiets, standen unter Wasser, die Verkehrswege waren teilweise unterbrochen, und die Grundversorgung war eingeschränkt. Da Warnungen über die Medien zu spät verbreitet wurden, wurden viele Einwohner der Stadt im Schlaf von der Sturmflut überrascht. Nur durch den unermüdlichen Einsatz der Feuerwehr sowie etwa 25.000 ziviler Helfer konnte Schlimmeres verhindert werden. So konn-

Im Verlauf der Sturmflut des Jahres 1962 war in Hamburg besonders der Stadtteil Wilhelmsburg durch Deichbrüche schwer in Mitleidenschaft gezogen. Ersichtlich ist das Ausmaß der Katastrophe am Beispiel der Sturmflutschäden in der Fährstraße (Bild oben) und einer hoch unter Wasser stehenden Straßenkreuzung in Wilhelmsburg (Bild unten). Auch heute noch ist Hamburg wie etwa der vollständig von Fluss- und Kanalläufen umgebene und nur etwa 4,40 bis 7,20 Meter über Normalnull liegende Stadtteil HafenCity überschwemmungsgefährdet (gegenüberliegende Seite).

ten beispielsweise der Weserdeich in Weddewarden und Bremerhaven nur mithilfe der amerikanischen Streitkräfte und des Technischen Hilfswerks gehalten werden.

Dem damaligen Hamburger Polizeisenator und späteren Bundeskanzler Helmut Schmidt, der die Rettungsmaßnahmen koordinierte, gelang es, obwohl es das Verfassungsrecht der Bundesrepublik eigentlich nicht zuließ, NATO-Streitkräfte und Kräfte der Bundeswehr für die Evakuierungsmaßnahmen anzufordern. 20.000 Sturmflutgeschädigte konnten nur durch den Einsatz dieser Hilfskräfte – etwa mithilfe von Sturmbooten und Hubschraubern – in letzter Minute aus dem Krisengebiet evakuiert werden. Insgesamt kostete die Katastrophe 340 Menschen das Leben, 30.000 wurden bei der Sturmflut obdachlos. Infolge des Unglücks wurden die Küstenschutzmaßnahmen verbessert: Dämme wurden neu gebaut, Deiche verstärkt und erhöht.

Kein Seemannsgarn: Freak Waves

Monsterwellen

Freak Waves (auch Monsterwellen) sind ungewöhnlich hohe, zumeist einzelne Wellen auf dem Ozean. Sie weisen einen steilen, sehr hohen, scharfkantigen Wellenkamm, gefolgt von einem tiefen runden Wellental auf. Im Gegensatz zu Tsunamis wird bei Freak Waves nur das Oberflächenwasser bewegt, und es überlagern sich langsamere und schnellere Wellen derselben Laufrichtung. Zudem überspülen sie nicht das Land, sondern fallen beim Erreichen der Küstenfläche in sich zusammen.

Sie werden mit Höhen von über 25 Metern oder gar 30–40 Metern mehr als doppelt so hoch wie gewöhnliche Meereswellen. Zudem ist die Wellenlänge vergleichsweise kurz. Zusammengenommen führt dies zu einer großen, zerstörerischen Aufprallenergie. Damit können die Monsterwellen selbst große Schiffe versenken und an Steilküsten Menschen und Tiere mit ins Meer reißen.

Wie entstehen sie?

Über die Entstehung von Monsterwellen gibt es verschiedene Theorien. Zunächst glaubte man, Freak Waves entstünden durch eine Überlagerung mehrerer gewöhnlicher Wellen, wobei die schnelleren die langsameren einholen und sich zu einer Riesenwoge auftürmen. Heute weiß man jedoch, dass oft noch andere Faktoren zur Entstehung von Monsterwellen beitragen. So sieht man die Ursache von Freak Waves heute in einer Kombination von Wellenüberlagerung und Richtungsänderun-

„Freak Waves werden mit Höhen von über 25 Metern oder gar 30 bis 40 Metern mehr als doppelt so hoch wie gewöhnliche Meereswellen."

Auf dem Meer können riesige Monsterwellen, sogenannte Freak Waves, entstehen, die, wie hier vor der niederländischen Küste, auch den Booten der Küstenwache gefährlich werden können.

gen. Das Zusammentreffen zweier Wellen in einem bestimmten, relativ kleinen Winkel führt dabei zum gegenseitigen Aufschaukeln der Wellen. Wird dieser Vorgang durch starke Strömungen und entgegengesetzte starke Winde begünstigt, kann sich dabei eine Monsterwelle aufbauen.

Dass jedoch auch bei ansonsten ruhigem Seegang Monsterwellen entstehen können, erklärt man sich damit, dass Strömungen und Felder von Wirbeln und Strudeln die Wogen zu Freak Waves konzentrieren können.

Arten von Freak Waves

Es gibt drei Arten von Monsterwellen:

- **Kaventsmann:** Dies ist eine große, schnelle Einzelwelle außerhalb der Richtung des vorherrschenden Seegangs.
- **Weiße Wand:** Eine Weiße Wand ist eine extrem steile, nahezu senkrechte Einzelwelle mit einer Breite von bis zu zehn Kilometern und mehr sowie von oben herabsprühender Gischt.
- **Drei Schwestern:** So bezeichnet man drei rasch aufeinanderfolgende große Wellen. Schiffe können in den schmalen Wellentälern nicht den nötigen Auftrieb erhalten und werden von der zweiten oder dritten Welle überrollt. Unklar ist, ob hierbei immer drei Wellen vorkommen oder ob es auch Varianten mit zwei, vier oder fünf Wellen gibt.

Verbreitung und Häufigkeit

Freak Waves finden sich oft in Gegenden mit starken Meeresströmungen, wobei ihre Entstehung durch starken entgegen der Strömungsrichtung wehenden Wind begünstigt wird. Auch Meeresregionen mit plötzlich abnehmender Wassertiefe sind häufige Auftrittsgebiete von Monsterwellen. Prädestinierte Gebiete sind zum Beispiel die Seegebiete östlich und südöstlich von Südafrika, der Golf von Alaska, die Südspitze Südamerikas (Kap Hoorn), die See südöstlich von Japan und die Küstenmeere vor Florida, aber auch die Nordsee.

Die ungewöhnlich hohen Wellen treten dabei häufiger auf, als man glauben könnte. Forscher haben errechnet, dass jede zehntausendste Einzelwelle eine Monsterwelle ist. Einige Experten gehen davon aus, dass mindestens 22 der in den letzten 30 Jahren gesunkenen Großschiffe mit einer Länge von über 200 Metern direkt oder indirekt derartigen riesigen Wellen zum Opfer fielen. Andere vermuten, dass jährlich mindestens zehn schwere Schiffsunglücke den Monsterwellen zuzuschreiben sind. Seitdem das Auftreten von Freak Waves allgemein akzeptiert ist, erscheint auch das mysteriöse Verschwinden vieler Schiffe in den letzten Jahrzehnten in einem anderen Licht. Viele dieser Schiffe könnten von Riesenwellen überrascht worden sein, ohne dass der Schiffsbesatzung die nötige Zeit blieb, einen Notruf abzusetzen. Aber nicht nur für Schiffe, sondern auch für Ölbohrplattformen werden die Monsterwellen immer wieder zur Bedrohung.

Während eines rauen Wintersturms überspülen die Wellen einer Sturmflut in der nordenglischen Stadt Tynemouth den Pier und brechen sich mit tosender Gischt am Leuchtturm. Bei starkem Sturm können die Wellen fast die Spitze des 26 Meter hohen Leuchtturms erreichen.

Vor allem große Schiffe sind unter der Einwirkung von Riesenwellen vom Kentern und Auseinanderbrechen bedroht. Aber auch für die kleinen Rettungsboote der Küstenwache kann der Einsatz in den Wellen zur Gefahr werden.

Ungezügelte Kräfte

Freak Waves weisen eine sehr steile Flanke auf und erreichen vergleichsweise hohe Geschwindigkeiten. Wird ein Schiff von einer solchen Welle getroffen, kann ein Druck von weit mehr als 100 Tonnen pro Quadratmeter entstehen. Die meisten Schiffe sind jedoch auf einen Wasserdruck von höchstens 15 Tonnen pro Quadratmeter ausgelegt. Schiffe können derartige Wellen nicht überfahren, sondern werden regelrecht überrollt. Das Schiff taucht tief in die es frontal treffende Welle ein, und die Wucht der riesigen Welle trifft in erster Linie die Aufbauten. Zudem führen die kurze Wellenlänge und die großen, schnell vorauseilenden und folgenden Wellentäler zu einer starken Belastung des Mittelteils und Hecks bei einem Anheben des Bugs, was zum Durchbiegen und Zerbrechen des Schiffs führen kann. Trifft die Welle das Schiff hingegen seitlich, ist nahezu unvermeidlich, dass es kentert.

Was sagt die Forschung?

Auf Satellitenbildern können Freak Waves durch den starken Kontrast, der die Wellenhöhe zeigt, von normalen Wellen sehr gut unterschieden werden. Die Forscher messen zudem die Wellenhöhen mit-hilfe eines Wellenradars, das bis zu 32 Bilder in der Minute macht. Nach der Auswertung erhalten sie wichtige Daten wie zum Beispiel die Frequenz, die Höhe, die Richtung und die Verteilung der Wellen. Auf Grundlage dieser Forschungen lässt sich die Gefahr für das Vorkommen von Freak Waves bestimmen, und entsprechende Warnungen können herausgegeben werden.

Auch Wellensimulationen in Testbecken sollen der Wirkung der Wellen auf die Spur kommen und dazu beitragen, mögliche Schutzmaßnahmen zu entwickeln. Dazu werden mithilfe von künstlich ausgelösten Monsterwellen verschiedene Risikofaktoren wie verschiedene Beladungen von Schiffen oder Seegangsparameter erforscht, um herauszufinden, unter welchen Bedingungen Schiffe besonders gefährdet sind.

Eines der Forschungsprojekte zu Freak Waves ist das Projekt MaxWave der EU, das unter anderem die Enstehungsprozesse der Monsterwellen enträtseln soll und zur Entwicklung eines Frühwarnsystems beitragen sowie den Schiffsbau und die Planung von Offshore-Anlagen im Hinblick auf diese Gefahr verbessern soll.

Bisher werden Schiffe auf der Basis von Belastungen durch noch nicht einmal 20 Meter hohe Wellen gebaut. Die untersten Ebenen von Ölbohrplattformen werden inzwischen immerhin in einer Höhe von 35 Metern über dem Wasser befestigt, sodass sie der Wucht der meisten Monsterwellen standhalten können.

Beispiele für Freak Waves

Bis 1995 galten die riesigen Wellen als Seemannsgarn. Als jedoch in der Neujahrsnacht 1995 eine automatische Wellenmessanlage der norwegischen Ölbohrplattform Draupner-E in der Nordsee eine 26 Meter hohe Welle meldete und am 11. September 1995 der britische Luxusliner Queen Elizabeth 2 über der Neufundlandbank von mehreren Freak Waves getroffen wurde, begann auch die Forschung, sich für die Riesenwellen zu interessieren. Einige Beispiele hierfür sind folgende:

1901: Der Schnelldampfer „Kronprinz Wilhelm" wird am 18. September 1901 bei schwerem Seegang frontal von einer Riesenwelle getroffen und erleidet dabei erhebliche Beschädigungen. Dabei wird unter anderem ein Fenster auf der 20 Meter über dem Meeresspiegel liegenden Brücke eingedrückt.

1926: Die „RMS Olympic" wird im Februar 1926 im Nordatlantik von einer Welle getroffen, die das Schiff schwer beschädigt und unter anderem vier Brückenfenster zerstört, die etwa 24 Meter über dem Meeresspiegel liegen.

1934: Ebenfalls im Nordatlantik wird die „RMS Majestic", das damals größte Schiff der Welt, von einer Welle getroffen. Der Kapitän des Schiffs wird auf der etwa 30 Meter über dem Meeresspiegel gelegenen Brücke von der Wucht der Wassermassen schwer verletzt.

1978: Untersuchungen zum Verbleib des um Weihnachten 1978 spurlos verschwundenen Frachtschiffs „München" ergeben, dass allen Vermutungen nach eine Monsterwelle das Schiff manövrierunfähig gemacht und versenkt haben muss.

1982: Auch im Fall der am 15. Februar 1982 versenkten Bohrinsel „Ocean Ranger" geht man von einer Freak Wave als Ursache aus. Vermutlich zerschmettert die Monsterwelle ein hoch gelegenes Fenster. Der folgende Wassereinbruch verursacht einen Kurzschluss im Kontrollraum für die Pumpen, woraufhin die Bohrinsel kentert und sinkt. Die gesamte 84-köpfige Mannschaft der Bohrinsel kommt in der tosenden See ums Leben.

1991: Ebenso wird der Verlust des Trawlers „Andrea Gail" im Hurrikan Grace im Oktober 1991 einer Monsterwelle zugeschrieben.

2000: In Wellengruppen auftretende Freak Waves von einer Höhe von bis zu 29,10 Metern misst das Forschungsschiff „RSS Discovery" am 8. Februar 2000 nahe der Insel Rockall, 250 Kilometer westlich von Schottland.

„Auch im Fall der 1982 versenkten Bohrinsel Ocean Ranger geht man von einer Freak Wave als Ursache aus."

2001: Am 22. Februar 2001 zerstören 35 Meter hohe Wellen die Brücke des Kreuzfahrtschiffs „MS Bremen" im Südatlantik vor Argentinien und machen das Schiff mehr als eine halbe Stunde lang manövrierunfähig, bevor es der Besatzung gelingt, das mit 40 Grad Schlagseite schief liegende Schiff notdürftig wieder flottzumachen und den Hafen in Buenos Aires zu erreichen.

2005: Auf der Rückreise von den Bahamas nach New York wird das Kreuzfahrtschiff „Norwegian Dawn" am 16. April 2005 von einer 21 Meter hohen Welle getroffen. Die Monsterwelle richtet auf dem Schiff zahlreiche Schäden an, überflutet 62 Kabinen und verletzt vier Passagiere.

2008: Eine Monsterwelle versenkt am 23. Juni 2008 im Kuroshio-Strom östlich von Japan den japanischen Fischkutter „Suwa Maru No. 58". Bei der Katastrophe gibt es nur drei Überlebende.

Sturm, peitschendes Wasser und hoher Seegang haben schon so manches Segelboot in Bedrängnis gebracht. Seit die Existenz von Monsterwellen als erwiesen gilt, erscheinen viele ungeklärte Verluste von Schiffen und Booten auf hoher See in einem neuen Licht.

Hoch- und Niedrigwasser

Die grausamen Launen des nassen Elements

Im Lauf seiner Entwicklung hat der Mensch gelernt, sich Hochwasser und Überschwemmungen zunutze zu machen. So gelangten zum Beispiel die Sumerer in Mesopotamien durch die Hochwasser von Euphrat und Tigris zu Reichtum und Wohlstand. Heute werden Staudämme und Talsperren errichtet, um periodische Flusshochwasser zur Energieerzeugung oder Wasserspeicherung für trockene Jahreszeiten zu nutzen. Dennoch lassen sich Hochwasserereignisse nicht vollständig kontrollieren und gehören zu den Wetterereignissen, die am meisten Todesopfer fordern. Naturereignisse, wie zum Beispiel starke, lang anhaltende Niederschläge, die zu Hochwassern führen, gab es schon immer, seit einigen Jahren haben sie jedoch immer dramatischere Folgen. Aber auch Niedrigwasser kann erhebliche Schäden verursachen.

Alles andere als harmlos: Hochwasser

Wann beginnt Hochwasser?

Als Hochwasser wird ein Gewässerzustand bezeichnet, bei dem der Wasserstand deutlich über dem mittleren oder üblichen Pegelstand liegt. Nicht zwangsläufig ist ein Hochwasser dabei mit Überschwemmungen verbunden. In Meeren und Gewässern mit merklichen Gezeiten ist das Hochwasser der periodische Eintritt des höchsten Wasserstands nach der Flut und vor dem Einsetzen der Ebbe. Durch die Anziehungskraft von Mond und Sonne bedingt, wechseln sich hier Hoch- und Niedrigwasser durchschnittlich alle 6–6½ Stunden ab. Sehr hohe Wasserstände bei Voll- und Neumond nennt man Springhochwasser oder umgangssprachlich auch Springflut. Aber auch einmalige Ereignisse wie Sturmfluten oder Tsunamis können Hochwasser auslösen.

Von Hochwasser bei Flüssen und kleineren Fließgewässern spricht man, wenn der Pegelstand den normalen Wasserstand für mehrere Tage deutlich übersteigt. Hierbei tritt häufig eine jahreszeitliche Häufung auf, zum Beispiel nach sommerlichen Starkregenereignissen (wie etwa in Mitteleuropa das Oderhochwasser 1997 oder das Elbehochwasser 2002), durch Eisstau (zum Beispiel im Frühjahr an den großen Flüssen Sibiriens) oder bei der Schneeschmelze (zum Beispiel bei Hochwasserereignissen in Bangladesch durch die Schneeschmelze im Himalaja).

„Nicht zwangsläufig ist ein Hochwasser immer mit Überschwemmungen verbunden."

Der Fluss Ouse in Großbritannien tritt über die Ufer und überflutet einen Picknickplatz. Von einem Hochwasser bei Flüssen spricht man, wenn der Pegelstand den Normalstand über mehrere Tage hinweg deutlich überschreitet.

Sturzfluten sind plötzlich einsetzende Hochwasser von kurzer Dauer und recht hohem Abfluss, die vor allem von heftigen Regenfällen ausgelöst werden und meist lokal begrenzt sind. Sie reißen alles in ihrem Weg mit sich. Dabei können sich Treibholz und andere sperrige Gegenstände in Brücken und an Engstellen verkeilen und damit den Wasserabfluss verhindern, sodass es zu weiträumigen Ausuferungen kommt. Auch in Trockengebieten, wo das Wasser im ausgetrockneten Boden kaum versickert, sind Sturzfluten ein weitverbreitetes Phänomen.

Hochwasserereignisse gefährden die Schifffahrt, überschwemmen Wohngebiete und Industrieanlagen, fordern Todesopfer und Verletzte und können dabei eine zerstörerische Wirkung entfalten. So können reißende Wildbäche etwa Brücken mit sich nehmen oder Muren und Erdrutsche verursachen, Hochwasser kann Schutzanlagen oder Verkehrswege zerstören. Indirekte Schäden sind etwa wirtschaftlicher Verlust durch Überflutungen von Feldern und Vernichtung der Ernten durch abgesetzte Schadstoffe oder gesundheitliche Risiken durch verseuchtes Trinkwasser oder mit dem Wasser verbreitete Krankheitserreger.

Ursachen

Im Wesentlichen sind Hochwasserkatastrophen Folgen meteorologischer Ereignisse. Auslösende natürliche Faktoren sind zum Beispiel:

- starke, lang andauernde Niederschläge,
- starke Schneeschmelze,
- Tauwetter mit Niederschlägen,
- Eisstoß (große Mengen aufgetürmter Eisplatten oder -brocken),
- übermäßiger Übertritt aus Nachbarflüssen,
- Gletscherläufe (Überflutung durch ein plötzliches Entleeren eines Sees unter einem Gletscher, Brechen von Eis- oder Endmoränenbarrieren unter dem Druck der Wassermassen von Gletscherseen),

„Im Wesentlichen sind Hochwasser-

katastrophen die Folgen von

meteorologischen Ereignissen."

- Brechen von Staudämmen,
- natürliche Versiegelung zum Beispiel bei Bodenfrost,
- Grundwasserhochstand,
- überlastete Kanalisationssysteme,
- Rückstau, zum Beispiel durch Treibgut.

Allerdings wird die Entstehung von Hochwasser durch menschliche Eingriffe verstärkt. Dies sind zum Beispiel:

- Flächenversiegelung (mehr oder weniger wasserdichtes Abschließen der Erdoberfläche durch Siedlungs-, Gewerbe-, Industrie- und Verkehrsbauten),

Eine plötzlich heranrasende Sturmwelle bricht über eine Eisenbahnlinie herein. Die Kraft des Hochwassers kann riesige Schäden an Bauwerken und Verkehrswegen anrichten.

- Landschaftsveränderung durch Flurbereinigung (Zusammenlegung kleinerer Ackerflächen zu großen ohne Trennung durch Hecken etc.),
- Bodenveränderungen durch die Landwirtschaft (Verdichtung durch schwere Arbeitsgeräte, Düngung, fehlende oder lückenhafte Vegetation etc.) mit der Folge einer geringeren Wasseraufnahme der Böden und schnelleren Ableitung von Niederschlagswasser in die Fließgewässer,
- Gewässerausbau, zum Beispiel exzessiver Deichbau, Wildbachverbauungen und lineare Flussregulierungen (Laufbegradigung, Ausbaggerung für den Schiffsverkehr etc.) mit der Folge zunehmender Fließgeschwindigkeiten,
- Umwandlung von Grün- in Ackerland sowie Verlust von natürlichen Überschwemmungsgebieten und Rückhalten wie zum Beispiel Auengebieten, die bei Hochwasser volllaufen und so die Flusspegelstände niedriger halten.

Aufgrund der Vorteile eines Lebens und Wirtschaftens (zum Beispiel durch Landwirtschaft oder Schiffsverkehr) an Gewässern und der fortschreitenden Landnutzung wachsen auch die Auswirkungen von Hochwasserkatastrophen. Das Ausmaß eines Hochwasserschadens wird beispielsweise von folgenden Faktoren bestimmt:

- Niederschlags- bzw. Schneeschmelzintensität,
- Niederschlagsdauer und -menge,
- Wasseraufnahmefähigkeit der Böden (Feuchtigkeit, Verdichtung, Eis- oder Pflanzendecke etc.),
- Vorhandensein und Zustand von Rückhalteräumen und Schutzeinrichtungen (zum Beispiel Stauseen, Rückhaltebecken, Dämme);
- Besiedlung oder Verbauung von Retentionsräumen (natürliche Überflutungsräume),
- Pflege der Flussläufe, der Ufer sowie des Baum- und Pflanzenbestands.

Bei Hochwasser können Wege und Felder überschwemmt werden wie etwa hier beim Übertreten des Flusses IJssel in den Niederlanden. Menschliche Eingriffe können die Entstehung von Hochwasserereignissen begünstigen.

Hochwasserschutz

Dem Wasser entgegen

Beim Hochwasserschutz sind zunächst einmal Schutzeinrichtungen wie Deiche, Hochwasserrückhaltebecken, Überflutungsgebiete, Sperrwerke und Grundwasserregulierungen wichtig.

Folgende Maßnahmen dienen dem Hochwasserschutz:

- Gefahrenanpassung in gefährdeten Gebieten (Gebäudesicherheit zum Beispiel durch geeignete Abdichtungen oder Rückstausicherungen für Kanalisationswasser, Verzicht auf beziehungsweise Änderung der Besiedlung und landwirtschaftlichen Nutzung in hochwassergefährdeten Gebieten etc.),
- Aufforstung und möglichst dichte Bodenbedeckung mit Pflanzen, was die Wasseraufnahme und -speicherfähigkeit der Böden stark erhöht,
- Schutzeinrichtungen (Rückhaltebecken, Seitenkanäle, Überflutungsflächen, Buhnenbauwerke, Dämme gegebenenfalls verstärkt mit Sandsäcken etc.),
- Renaturierung (Wiederherstellung der natürlichen Flussgeometrie), da in eingedeichten begradigten Flüssen das Wasser schneller fließt und nicht in die angrenzenden Bereiche ausufern kann,
- Querschnittserweiterungen und Flutmulden zur Erhöhung der Niederschlagsabfuhr,
- Stauseen von Wasserkraftwerken, die bei Hochwasser große Mengen von Wasser zurückhalten,
- Sprengung von Eis- oder Treibgutbarrieren,
- automatische Pegelmessstationen zur rechtzeitigen Warnung.

Zudem existieren in betroffenen Ländern bestimmte Vorschriften für gefährdete Gebiete. Hierzu werden zum Beispiel in Deutschland Flächen, die statistisch gesehen einmal in hundert Jahren überflutet werden können, in amtlichen Karten als Überschwemmungsgebiete ausge-

„Beim Hochwasserschutz sind Schutzeinrichtungen wie Deiche, Überflutungsgebiete, Sperrwerke und Grundwasserregulierungen wichtig."

wiesen. Bei Gebäudeerweiterungen oder Aufforstungen ist die zuständige Wasserbehörde zu unterrichten, die den entsprechenden Eingriff gegebenenfalls verbieten kann. Ist ein Gebiet hochwassergefährdet, ist die Bevölkerung darüber zu informieren, damit private Vorkehrungen getroffen werden können.

Daneben sind auch Hochwasserwarnzentralen sowie Notfall- und Katastrophenpläne wichtig. So werden beispielsweise die Pegelstände der großen Ströme in den USA mithilfe von Radar- und Satellitentechnik überwacht. Für Hochwasserwarnungen werden zunehmend Computermodelle verwendet, die auf der Basis von gemessenen Größen die zu erwartenden Pegelstände errechnen.

Das Ausmaß einer Hochwasserkatastrophe zeigen diese überfluteten Farmen und ländlichen Gemeinden im an den Red River grenzenden Norman County im US-Bundesstaat Minnesota am 29. März 2009 (Bild oben). Größere Katastrophenausmaße lassen sich durch Schutzmaßnahmen wie Deiche und im Notfall durch Sandsäcke, die die Fluten stoppen sollen, verhindern (Bild unten).

Beispiele für Hochwasserstände

Die Stadt York am Fluss Ouse im englischen North Yorkshire wurde immer wieder Opfer von Überschwemmungen. Das verheerendste Hochwasser seit 375 Jahren traf die Stadt im November 2000. Mehr als 300 Häuser wurden bei der Katastrophe überflutet. Mittlerweile besitzt die Stadt ein weitläufiges Hochwasserschutzsystem.

Chronologie der Hochwasserkatastrophen

In vielen Gegenden der Welt rufen Überschwemmungen regelmäßig ökonomische und menschliche Katastrophen hervor. Von besonders verheerenden Überschwemmungen sind die dicht bevölkerten Ufer entlang der großen Ströme in China, Indien und Bangladesch betroffen. Aber auch im Rest der Welt sind Hochwasserereignisse keine Seltenheit:

„Magdalenenhochwasser", Mitteleuropa (1342): Die Überschwemmungen durch heftige Regenfälle im Juli 1342 betreffen das Umland zahlreicher Flüsse Mitteleuropas. Weite Flächen fruchtbaren Bodens werden von den Fluten weggeschwemmt und zahlreiche Brücken zerstört. Allein in der Donauregion fallen über 6000 Menschen der Katastrophe zum Opfer.

Gloucester, England (1606): Als der Severn über die Ufer tritt, werden im Überschwemmungsgebiet etwa 2000 Menschen getötet.

„Thüringer Sintflut", Deutschland (1613): Die sogenannte „Thüringer Sintflut" überschwemmt weite Gebiete Thüringens. Das durch schwere Gewitter ausgelöste Hochwasser am 29. Mai 1613 lässt viele Flüsse in der Region innerhalb kurzer Zeit um mehrere Meter anschwellen. Zahlreiche Häuser beispielsweise in Erfurt, Weimar, Jena und Bad Berka wurden zerstört. Insgesamt sterben bei der Katastrophe 2261 Menschen.

St. Petersburg, Russland (1824): Bei einem Hochwasser der Newa ertrinken in St. Petersburg etwa 10.000 Menschen.

Johnstown, Pennsylvania/USA (1889): Nach heftigen Regenfällen bricht der Staudamm des Conemaugh Rivers, woraufhin eine 40 Meter hohe Wasserwand unter anderem Johnstown überflutet. Bei der Katastrophe ertrinken etwa 7000 Menschen. Das Unglück wiederholt sich 1977, als erneut die Deiche brechen, die Stadt überschwemmt wird und 80 Menschen sterben.

New Orleans, Louisiana/USA (1890): Als die Deiche am Mississippi brechen und der Fluss über die Ufer tritt, ertrinken etwa 100 Menschen. Ungefähr 70.000 weitere werden obdachlos.

Shanghai, China (1911): Ungefähr 10.000 Menschen kommen ums Leben, als der Jangtsekiang Shanghai überflutet und auch in anderen Städten im Einzugsgebiet schwere Verwüstungen anrichtet. Weitere 10.000 Menschen sterben infolge der anschließenden Hungersnot.

San Antonio, Texas/USA (1921): In Minutenschnelle steht ganz San Antonio unter Wasser, als, durch starke Regenfälle bedingt, neun Flüsse in Texas über die Ufer treten. 51 Menschen kommen ums Leben.

Cairo, Illinois/USA (1927): Bei einer der verheerendsten Naturkatastrophen am Mississippi werden sieben Millionen Hektar Acker- und Weideland vernichtet. Das Unglück kostet etwa 300 Menschen das Leben.

Osterzgebirge, Deutschland (1927): In der Nacht vom 8. auf den 9. Juli 1927 verursachen starke Niederschläge in den Flussgebieten von Gottleuba und Müglitz katastrophale Überschwemmungen. Das schnell ansteigende, reißende Wasser überrascht viele Menschen im Schlaf. Die Angaben zu den Opferzahlen schwanken zwischen 146 und 158 Toten.

„Mississippiflut", USA (1927): Am 15. April 1927 einsetzende heftige Regenschauer über dem gesamten Mississippital und den angrenzenden Bundesstaaten verursachen eine Überschwemmungskatastrophe, bei der über tausend Menschen sterben und Hunderttausende obdachlos werden. In den Bundesstaaten Arkansas, Illinois, Kentucky, Louisiana, Missouri und Tennessee wird eine Fläche von insgesamt etwa 70.000 Quadratkilometern überschwemmt und große Teile der Ernte werden vernichtet.

Nanking, Provinz Kiangsu/China (1931): Anhaltende Monsunregen verursachen in der Jangtse-Region Überschwemmungen, die eine Fläche von 90.000 Quadratkilometern in Mitleidenschaft ziehen und etwa 1,4 Millionen Menschen das Leben kosten.

„Rheinhochwasser", Mittel- und Niederrhein/ Deutschland (1993): Die auch als „Weihnachtshochwasser" bekannte Katastrophe am Mittel- und Niederrhein im Dezember 1993 und Januar 1994 verursacht Rekordpegelstände und katastrophale Überschwemmungen in vielen Städten, darunter Koblenz, Bonn und Köln. Die Gesamtschäden werden auf eine Summe von 400–500 Millionen Euro geschätzt.

„Bei der Mississippiflut 1927 werden 70.000 Quadratkilometer Landfläche überschwemmt und die Jahresernte wird großenteils vernichtet."

St. Louis, Missouri/USA (1993): Ein Übertreten des Mississippi am Oberlauf des Flusses, nahe der Mündung des Missouri in den Mississippi, bedroht den Großraum St. Louis und überschwemmt 100.000 Quadratkilometer Acker- und Weideland. Zwar kostet die Katastrophe nur knapp 50 Menschen das Leben, 30.000 werden jedoch obdachlos, und es entstehen Schäden in einer Höhe von weit mehr als 10 Milliarden US-Dollar.

Tientsin, China (1933): Als der Hwangho über die Ufer tritt und etwa 3000 Ortschaften überschwemmt, sterben mehr als 18.000 Menschen.

Jérémie, Haiti (1935): Bei Deichbrüchen an drei Flüssen – dem Roseau, dem Voldrogue und dem Anse Grande – werden weite Gebiete überschwemmt. 2000 Menschen werden ins offene Meer gerissen und getötet.

Auch Laos ist immer wieder von Hochwasserkatastrophen betroffen, wie dieses Beispiel eines überschwemmten Reisfelds in Luang Nam Tha demonstriert. Das August-Hochwasser im Jahr 2008 gilt als das größte in der neueren Geschichte des Landes.

Vancouver, British Columbia/Kanada (1948): Bedingt durch eine starke Schneeschmelze, tritt der Columbia River über die Ufer und überschwemmt weite Teile Kanadas und der USA. 15 Menschen kommen bei der Katastrophe ums Leben.

Wuhan, Provinz Hubei/China (1954): In China treten, durch starken Monsunregen bedingt, viele Flüsse, unter anderem der Jangtsekiang, über die Ufer, überfluten riesige Flächen und kosten etwa 40.000 Menschen das Leben.

Shigatse, Tibet (1954): Die Wassermassen des Tsangpo führen zu einer Überschwemmung des Sees Takri Tsoma, der die Stadt Shigatse überflutet. Hier ertrinken 750 Menschen.

Gujarat, Indien (1968): Aufgrund starker Regenfälle tritt der Fluss Tapti über die Ufer, richtet schwere Schäden an und tötet fast 1000 Menschen.

Dera Ghazi Khan, Punjab/Pakistan (1972): Hochwasser des Indus überschwemmen 3000 Dörfer und töten ebenso viele Menschen.

Tubarao, Brasilien (1974): Schwere Niederschläge führen dazu, dass der Rio Tubarao über die Ufer tritt. 100.000 Menschen werden evakuiert, 200 ertrinken.

Big Thompson River, Colorado/USA (1976): Am 31. Juli 1976 tritt der Big Thompson River auf einer Länge von 40 Kilometern für zwei Stunden über die Ufer und reißt Häuser, Autos, Bäume, Straßenabschnitte und Brücken mit sich. 139 Menschen kostet die Katastrophe das Leben.

Wushi, China (1991): Ein früh einsetzender und lange andauernder Monsun bringt riesige Niederschlagsmengen mit sich und lässt den Jangtsekiang und den Tai Hu über die Deiche treten. 220 Millionen Menschen sind von dem Hochwasser betroffen, geschätzte 2315 sterben durch Ertrinken, Erdrutsche oder Stromschläge. Rund 10 Millionen Menschen müssen evakuiert werden.

Terai-Tiefland, Kathmandu/Nepal (1993): Der Fluss Bagmati tritt wegen starker Niederschläge über die Ufer. 687 Menschen ertrinken.

Das Satellitenbild zeigt die von Flutwasser umgebene Kleinstadt Normanton in Australien im Jahr 2009 (gegenüberliegende Seite). Hochwasserereignisse (Bild oben) können nicht nur landschaftliche Schäden verursachen wie dieses Frühjahrshochwasser des Flusses Aiviekste in Lettland, sondern auch bewohnte Gebiete in Mitleidenschaft ziehen wie hier bei der Überschwemmung einer Stadt in Missouri (Bild unten) und dabei Rettungseinsätze in den Fluten nötig machen (Bild Mitte).

Kismayu, Somalia (1997): Infolge großer Niederschlagsmengen treten die Flüsse Webbe Shibeli und Juba über die Ufer. Die Katastrophe bedeutet den Verlust ganzer Rinderherden und die Vernichtung von Ernten. 1700 Menschen kostet sie das Leben.

Badajoz, Extremadura/Spanien (1997): Als bei starkem Wind und Regen ein Hochwasser des Flusses Guadiana die Stadt Badajoz überschwemmt, ertrinken mindestens 31 Menschen.

„Oderhochwasser", Polen, Deutschland und Tschechien (1997): Die Überschwemmungen an Oder und March verursachen im Juli und August des Jahres 1997 verheerende Schäden in Polen, Deutschland und Tschechien und fordern in Polen und Tschechien 114 Todesopfer.

Täsännei, Eritrea (1997): Überschwemmungen des Blauen Nils und des Atbara nach anhaltenden Regenfällen verheeren weite Flächen von Acker- und Weideland in Äthiopien sowie im Sudan und fordern 80 Menschenleben.

„Südtexas-Flut", Süd- und Südosttexas/USA (1998): Am 17. und 18. Oktober 1998 kommen bei der durch enorme Niederschlagsmengen ausgelösten Hochwasserkatastrophe im südlichen und südöstlichen Teil von Texas 31 Menschen ums Leben. Am stärksten betroffen sind die Gebiete um San Antonio und Austin.

Beim Jahrhunderthochwasser im Sommer 2002 stieg die Enns am 12. August im Stadtgebiet der österreichischen Stadt Steyr auf 7,40 Meter und überschwemmte den Stadtplatz. Gegenüberliegende Seite: Die Satellitenaufnahme der NASA zeigt die Elbe während ihrer Überflutung im Jahr 2006.

„Elbehochwasser", Deutschland und Tschechien (2002): An der Elbe und an vielen ihrer Nebenflüsse führen starke Niederschläge zu großflächigen Überschwemmungen. In Sachsen kommen 21 Menschen ums Leben, in Tschechien 17. Viele Ortschaften werden überflutet und Hunderttausende müssen evakuiert werden.

„Alpenhochwasser", Bulgarien, Schweiz und Österreich (2005): Ein Starkregenereignis im Alpenraum führt zu einem Hochwasser in den nördlichen Vor- und Zentralalpen. Die Überschwemmungen fordern mindestens 30 Todesopfer in Bulgarien, der Schweiz und Österreich. Im unteren Donauraum müssen Tausende Menschen evakuiert werden.

„Elbehochwasser" (2006): 2006 kommt es, ausgelöst durch starkes Tauwetter in den Mittelgebirgen am Oberlauf der Elbe sowie große Niederschlagsmengen, nahezu im gesamten Flussverlauf zu Rekordhochwassern. Viele Städte in Deutschland und Tschechien werden großflächig überflutet. Europaweit kommen knapp 200 Menschen ums Leben, Tausende müssen evakuiert werden. Von den Zerstörungen sind auch wertvolle Kulturgüter wie die Semperoper und die Gemäldesammlung in Dresden betroffen.

Folgen des Klimawandels

In Zukunft wird die Wahrscheinlichkeit für Hochwasserkatastrophen weiter steigen. Die globale Klimaerwärmung wird zu einem höheren Wasserdampfgehalt der Atmosphäre führen, was sich in höheren Niederschlagsmengen zum Beispiel in den Tropen bemerkbar machen wird. Das Abschmelzen der Gletscher, zum Beispiel in den europäischen Alpen, erhöht das Risiko für Gletscherwasser- und Moränenseeausbrüche. Bis zum Jahr 2100 wird aufgrund des abschmelzenden Inlandeises und der erwärmungsbedingten Ausdehnung des Meerwassers zudem ein Anstieg des Meeresspiegels um etwa 60 Zentimeter erwartet.

„In Zukunft wird die Wahrscheinlichkeit für Hochwasserkatastrophen weiter steigen."

Niedrigwasser

Analog zum Hochwasser bezeichnet man als Niedrigwasser einen Wasserstand, der deutlich unter dem normalen Pegelstand liegt. Niedrigwasser setzt am Meer periodisch alle 12–12½ Stunden ein. Hier bildet es den tiefsten Wasserstand beim Übergang von der Ebbe zur Flut. Bei Springniedrigwasser, also dem niedrigsten Niedrigwasser, das im Mondphasenzyklus auftritt, können weite Küstenbereiche trockenfallen. Trockenfallen bedeutet, dass bei Niedrigwasser Sandbänke und flache Meeresböden vor der Küste eine Zeit lang über dem normalen Meeresspiegel liegen und für einige Stunden austrocknen. In diesen Gebieten können Schiffe leicht auf Grund laufen, weshalb diese auch gesondert in den meisten Seekarten vermerkt sind.

Bei Flüssen sind Niedrigwasserereignisse jahreszeitlich bedingt und Folge eines Niederschlags- beziehungsweise Wassermangels. Folgen von Niedrigwasser bei Flüssen sind zum Beispiel Einschränkungen bei der Schifffahrt und bei Betrieben, die auf das Flusswasser als Kühl- oder Betriebswasser angewiesen sind. Da bei gleichbleibender Schadstoffeinleitung das Verdünnungswasser fehlt, entstehen hierbei erhöhte Schadstoffkonzentrationen. Zusammen mit häufig vorkommenden langsamen Fließbewegungen und hohen Wassertemperaturen, die einen zu geringen Sauerstoffgehalt bedingen können, erhöht sich hierdurch das Risiko für ein umfangreiches Fischsterben.

Niedrigwasserereignisse bei Flüssen sind jahreszeitlich bedingt und eine Folge mangelnder Niederschläge beziehungsweise von Wassermangel (großes Bild). Vertrocknete Flussbette sind vor allem in Verbindung mit Wasserverschmutzung ein Problem (kleines Bild).

Orkane, Blizzards und Kältccinbrüche

Katastrophale Kälteereignisse

Durch Wind ausgelöste Katastrophen gehören zu den schadens-
trächtigsten Gefahren der Natur – sowohl der Häufigkeit als auch
der Fläche der betroffenen Gebiete und dem Schadensausmaß nach.
Stürme verwüsten ganze Landstriche, zerstören Wälder und können Schäden in Milliardenhöhe anrichten. In den mittleren Breiten
handelt es sich dabei vor allem um Kälteereignisse wie Winterstürme in Orkanstärke oder Blizzards.

Stürme der mittleren Breiten

Begriffsabgrenzung

Ein Sturm ist ein Starkwindereignis mit Windgeschwindigkeiten von mindestens 74,9 Kilometern pro Stunde oder 9 Beaufort (siehe Tabelle). Bei 10 Beaufort spricht man von einem schweren, bei 11 Beaufort von einem orkanartigen Sturm. Orkane sind Stürme von mindestens 117,7 Kilometern pro Stunde oder 12 Beaufort. Ein Sturmtief nennt man ein zu einem Sturm führendes Tiefdruckgebiet, ab einer Stärke von 12 auf der Beaufortskala spricht man von einem Orkantief. Wenn der Wind nur für wenige Sekunden Sturmstärke erreicht, bezeichnet man dies als eine Sturmböe.

Ein Schneesturm ist – wie der Name schon sagt – ein von heftigem Schneefall begleiteter Sturm. Schneestürme werden von Tiefdruckgebieten mit einem gleichzeitigen Kaltlufteinbruch hervorgerufen. Typischerweise sind sie Winterstürme, sie können im Hochgebirge aber auch im Sommer auftreten. In verschiedenen Gegenden der Welt tragen Schneestürme unterschiedliche Namen:

- Blizzard (Nordamerika, Antarktis, Lappland),
- Yalca (nordperuanische Anden),
- Winter-Buran (Westsibirien und Kasachstan),
- Poorga (Zentralasien).

Stürme können auch regional klassifiziert werden. Beispiele sind der Föhn in den Alpen, die Bora an der dalmatinischen Adriaküste oder der Mistral im unteren Rhonetal.

„Bei 10 Beaufort spricht man von einem schweren, bei 11 Beaufort von einem orkanartigen Sturm. Orkane sind Stürme von 12 Beaufort."

Schneestürme wie hier in der Alpenregion nahe der Gemeinde Elm im Schweizer Kanton Glarus werden von heftigen Schneefällen begleitet.

Die Beaufortskala

Die Beaufortskala klassifiziert verschiedene Windgeschwindigkeiten. Die in Wetterberichten und -karten angegebenen Werte beziehen sich auf einen zehnminütigen Mittelwert.

Windstärke auf der Beaufortskala	Beschreibung	Windgeschwindigkeit in km/h
0	Windstille	0
1	leiser Zug	1–5
2	leichte Brise	6–11
3	schwache Brise	12–19
4	mäßige Brise	20–28
5	frische Brise	29–38
6	starker Wind	39–49
7	steifer Wind	50–61
8	stürmischer Wind	62–74
9	Sturm	75–88
10	schwerer Sturm	89–102
11	orkanartiger Sturm	103–117
12	Urkan	>117

Sturmentstehung

Stürme entstehen beim Auftreten hoher Luftdruckunterschiede auf vergleichsweise kurzer Distanz. Häufig beginnen sie als Sturmtiefs im Einflussbereich starker Tiefdruckgebiete. Aber auch durch eine Windkanalisierung, zum Beispiel in engen Tälern, können Sturmwinde auftreten. Die schwersten Stürme kommen im Winter vor, da in

„Stürme entstehen durch den Druckunterschied zwischen Hoch- und Tiefdruckgebiet: Je größer der Unterschied, desto stärker der Sturm."

dieser Jahreszeit der Temperaturunterschied zwischen den tropischen und polaren Luftmassen am größten ist.

Grundsätzlich entstehen Stürme durch den Druckunterschied eines Hoch- und eines Tiefdruckgebiets. Um diesen auszugleichen, strömt die Luft vom Hoch zum Tief. Je stärker der Luftdruckunterschied ist, desto stärker ist auch der Sturm.

Die Winterstürme Europas entstehen üblicherweise im Nordatlantik zwischen Island und den Azoren. Hier, im Übergangsbereich zwischen den polaren und subtropischen Klimazonen (etwa 35–70° südlicher und nördlicher geografischer Breite), treffen polare Kalt- auf subtropische Warmluftmassen, also Tief- auf Hochdruckgebiete. Während es im Norden bis südlich von Island im Herbst und Win-

Bei schweren Stürmen können Bäume entwurzelt werden und Baumstämme brechen. Umfallende Bäume können auf Häuser stürzen und diese beschädigen.

ter kalt ist und der Luftdruck sinkt, ist es im Süden warm. Die warme Luft wandert in Richtung Norden und wird durch die Erddrehung nach Osten abgelenkt. Zwischen Island und den Azoren trifft die heranströmende Tropen- auf die Polarluft, die nach Südosten zieht. Beim Aufeinanderprallen dieser Luftmassen entsteht eine Front, bei der sich die leichtere Warmluft über die kalte Polarluft schiebt. Die Luftmassen werden in Richtung Nordosten abgelenkt und bilden einen Tiefdruckwirbel mit absinkendem Luftdruck. Dadurch, dass immer mehr kalte Luft angesaugt wird, wächst der Wirbel, und die Luftmassen strömen immer schneller in Richtung Osten auf Mitteleuropa zu. Je höher der Temperaturunterschied der Luftmassen ist, desto größer ist dabei die Sturmintensität. Winterstürme können Windgeschwindigkeiten von 140–200 Kilometern pro Stunde erreichen, auf höheren Bergen

und in exponierten Küstenlagen auch weit über 250 Kilometer pro Stunde.

Sturmforschung

Stürme zerstören ganze Wälder, heben Dächer von den Häusern und wirbeln sie durch die Luft oder unterbrechen Strom- und Telefonleitungen. Zudem können sie Sturmflutkatastrophen auslösen (siehe Seite 126 ff.) und die Schifffahrt auf dem Meer gefährden. Der Frühwarnung dienen unter anderem Wettersatelliten und Bodenstationen zur

„Winterstürme können Windgeschwindigkeiten von 140 bis 200 Kilometern pro Stunde erreichen."

Die Satellitenaufnahme (Bild oben) zeigt die Entstehung eines Sturms im Nordatlantik am 8. Januar 2005. Eines der ältesten Hilfsmittel, um die Windrichtung und die ungefähre Windstärke abzuschätzen, ist der Windsack (Bild rechts). Was wird die Zukunft bringen? Der Klimawandel lässt viele Experten im Hinblick auf die Häufigkeit und Intensität von Sturmereignissen düstere Prognosen stellen (gegenüberliegende Seite).

Wetterüberwachung. Windfelder lassen sich instrumentell messen. Für einige Gebiete gibt es Windstatistiken und Aufteilungen von Gefahrenzonen für Sturmkatastrophen. Dieser Beobachtung sind jedoch aufgrund der topografischen Verhältnisse Grenzen gesetzt, da das Messnetz meist zu grobmaschig ist, um lokale Veränderungen zu erfassen. Dennoch lassen sich mithilfe von Computermodellen und Klimasimulationen Risikokarten erstellen, die zeigen, welche Gebiete besonders sturmgefährdet sind. Diese Karten dienen neben der Frühwarnung auch der Forstwirtschaft zur Schadensverminderung. So kann man an als sturmgefährdet bekannten Hängen beispielsweise Laubbäume anpflanzen, die mit ihren im Winter kahlen Zweigen dem Wind weniger Angriffsfläche bieten und mit ihren meist tiefer in den Boden reichenden Wurzeln dem Sturm besser standhalten können als Nadelbäume.

Folgen des Klimawandels

Infolge des Klimawandels könnte die Sturmhäufigkeit weiter zunehmen. In den letzten 100 Jahren sind die globalen Temperaturen um 0,7 °C gestiegen. Auch die Meere werden immer wärmer. Hierdurch verdunstet mehr Wasser, und der Wasserdampfgehalt der Atmosphäre steigt, wodurch auch mehr Tiefdruckgebiete und Stürme mit sintflutartigen Regengüssen entstehen. Auch der Jetstream, ein mit bis zu 600 Kilometern pro Stunde um den Erdball rasender Windstrom, wird stärker, was zwar zu einer Verringerung der Anzahl von Stürmen, dafür aber zu höheren Sturmintensitäten führen würde.

Zudem deuten Klimamodelle darauf hin, dass sich die Polarfront zwischen Island und den Azoren immer weiter ostwärts verlagern wird und näher an das europäische Festland heranrückt, wodurch Stürme immer schneller über Mitteleuropa hereinbrechen. Dies lässt kaum noch Zeit für Warnungen oder Schutzvorkehrungen.

„Infolge des Klimawandels und der daraus resultierenden Erderwärmung könnte die Sturmhäufigkeit noch weiter zunehmen."

Die stärksten Stürme: Orkane

Über dem Meer

Stürme in Orkanstärke entwickeln sich aufgrund der geringeren Reibung vor allem über dem Meer oder auf ausgedehnten Wasserflächen wie beispielsweise hier auf der glatten Oberfläche des IJsselmeers in den Niederlanden.

Stürme mit Orkanstärke kommen in starken außertropischen Tiefdruckgebieten, Tornados, Wasserhosen und tropischen Wirbelstürmen vor. In Mitteleuropa entstehen Orkane vor allem im Herbst und im Winter. In dieser Zeit treffen die Luftmassen der Polarregion und des Südens aufeinander und entladen sich aufgrund der großen Temperaturunterschiede in starken Stürmen. Da die Reibung auf der glatten Oberfläche der Meere geringer ist als auf dem Festland, werden Windströmungen hier weniger gebremst und demnach schneller. Daher bilden sich Stürme in Orkanstärke eher auf See und bedeuten hier eine fortwährende Gefahr für den Schiffsverkehr. Wegen der Reibung an der Erdoberfläche nimmt die Windgeschwindigkeit zudem mit der Höhe zu.

Auf dem Festland sind Orkane außer auf Inseln, in Küstengebieten und auf exponierten Berggipfeln eher selten und beschranken sich meist auf elnzelne Orkanböen.

Beispiele für Orkane

Die verheerenden Ausmaße von Orkankatastrophen werden dadurch verstärkt, dass oftmals mehrere Orkane innerhalb kurzer Zeitspannen hintereinander auftreten. Allein in Europa lassen sich in der Vergangenheit zahlreiche Beispiele finden:

Großer März-Orkan (1876): Am 12. März trifft der Orkan mit Geschwindigkeiten von über 170 Kilometern pro Stunde Südengland, Nordfrankreich, die Beneluxstaaten, Dänemark und Norddeutschland. Der Sturm beschädigt Häuser, deckt Dächer ab und lässt Schornsteine einstürzen. Hinzu kommen anhaltende Regenfälle, die an zahlreichen Flüssen zu Hochwasser führen.

Quimburga (1972): Das am 13. November über Mitteleuropa hinwegziehende Orkantief erreicht Spitzenböen von fast 245 Kilometern pro Stunde und richtet vor allem in Niedersachsen schwere Schäden an Gebäuden, Autos und dem Waldbestand an. Angaben zu Todesopfern in Deutschland schwanken zwischen 47 und 51 Toten.

Capella-Orkan (1976): Bei dem Orkan, der vom 2. bis zum 4. Januar über Deutschland und Westeuropa wütet, sterben 27 Menschen. Der Sturm, der eine drei Millionen Quadratkilometer große Spur der Verwüstung durch Europa zieht, erreicht in Böen bis zu 180 Kilometer pro Stunde und löst eine Sturmflut mit 17 Meter hohen Wellen aus. Allein in Deutschland werden rund 10.000 Menschen evakuiert.

Daria (1990): Am 25. und 26. Januar wütet das Orkantief Daria mit Windgeschwindigkeiten von bis zu 180 Kilometern pro Stunde und Starkregen vor allem in Nord- und Mitteleuropa. Der Sturm lässt Flüsse über die Ufer treten, Deiche brechen und zerstört viele Häuser. Daria ist für 94 Todesopfer in Großbritannien, Frankreich und den Niederlanden sowie acht Tote in Deutschland verantwortlich.

Vivian (1990): Der Orkan verwüstet mit Spitzenböen von bis zu 285 Kilometern pro Stunde vom 25. bis zum 27. Februar weite Teile Europas und kostet 64 Menschen das Leben. In Hamburg löst er mehrere Sturmfluten aus. Die Katastrophe betrifft neben Deuschland vor allem Großbritannien, Irland, die Niederlande, Frankreich, Belgien und die Schweiz.

Wiebke (1990): Der schwere Orkan, der in der Nacht vom 28. Februar auf den 1. März über Deutschland sowie Teilen der Schweiz und Österreichs wütet, erreicht in den Schweizer Alpengipfeln Spitzenböen von bis zu 268, im Flachland bis 160 Kilometern pro Stunde und fordert insgesamt 35 Menschenleben. Betroffen sind vor allem Deutschland, Großbritannien, Irland, Frankreich, die Niederlande, Belgien und die Schweiz. Die Schäden an Gebäuden, Autos und in der Forstwirtschaft gehen in die Milliarden.

Lothar (1999): Das Orkantief, das sich über der Biskaya entwickelt und am 26. Dezember über West- und Mitteleuropa hinwegzieht, richtet mit Windgeschwindigkeiten von 180 im Landesinneren und an den Alpengipfeln gar von bis zu 250 Kilometern pro Stunde vor allem in der Schweiz, Nordfrankreich, Spanien, Österreich und Süddeutschland schwere Schäden am Waldbestand, an Häusern und an der Infrastruktur an. Beim Sturm und den nachfolgenden Aufräumarbeiten kommen mehr als 110 Menschen ums Leben, vor allem in Frankreich.

Martin (1999): Der Sturm fegt am 28. Dezember mit Orkanböen von bis zu 160 Kilometern pro Stunde über weite Teile Europas hinweg. Vor allem in Südfrankreich, Teilen Norditaliens, Spanien, der Schweiz und den Balkanstaaten verursacht er Schäden in Milliardenhöhe. Insgesamt kostet er 30 Menschen das Leben.

Jeanett (2002): Mit Spitzengeschwindigkeiten von 183 Kilometern pro Stunde überquert der Orkan am 26. und 27. Oktober Europa. Betroffen sind Tschechien, Polen, die Baltischen Staaten, Deutschland, die Schweiz, Österreich, Dänemark, die Niederlande, Frankreich und Großbritannien. Europaweit gibt es 47 Todesopfer, der Schaden wird auf etwa 1,7 Milliarden Euro geschätzt.

Gudrun (2005): Am 8. und 9. Januar zieht der Orkan mit einer Spitzengeschwindigkeit von 144 Kilometern pro Stunde über Irland sowie Teile Großbritanniens, Schwedens und Dänemarks hinweg. Vor allem in Schweden wird ein Waldbestand von 160 000 Hektar vernichtet, Tausende von Haushalten sind auch noch nach zwei Wochen ohne Strom. Während der Aufräumarbeiten in den Wäldern kommen in Schweden mindestens 17 Menschen ums Leben.

Dorian (2005): Der am 16. Dezember wütende Orkan zieht über Schleswig-Holstein und Mecklenburg-Vorpommern hinweg nach Polen und verursacht Sachschäden in Millionenhöhe, Verkehrsbehinderungen durch umgestürzte Bäume und Stromausfälle. Der Orkan fordert mindestens ein Todesopfer sowie viele Verletzte.

Franz (2007): Das Sturmtief vom Nordatlantik zieht Anfang Januar nach Skandinavien und löst an der Nordseeküste eine Sturmflut aus. Mit Geschwindigkeiten von bis zu 180 Kilometern pro Stunde verursacht der Orkan zahlreiche Schäden und tötet mindestens sieben Menschen.

Kyrill (2007): Der Windgeschwindigkeiten von bis zu 225 Kilometern pro Stunde erreichende Orkan sucht mit teils heftigem Gewitter und Hagel am 18. und 19. Januar weite Teile Europas heim und kostet 47 Menschen das Leben. Er zieht über England, Süddänemark, die Niederlande, Belgien, Luxemburg und Deuschland hinweg und schließlich weiter nach Polen, Tschechien und Österreich. Vielerorts legt er dabei das öffentliche Leben, den Verkehr und die Stromversorgung lahm und führt zu enormen Sachschäden.

Tilo (2007): Das Orkantief, das am 8. und 9. November von Island aus nach Nord- und Mitteleuropa zieht, löst mit Windgeschwindigkeiten von bis zu 137 Kilometern pro Stunde eine schwere Sturmflut an der Nordseeküste aus. Dies führt zu enormen Landmassenverlusten auf den deutschen Inseln. Die nachströmende Polarluft verursacht in Nord- und Mitteleuropa einen frühen Wintereinbruch.

Emma (2008): Vom 29. Februar bis zum 2. März zieht der Orkan Emma über Mitteleuropa hinweg. Betroffen sind vor allem Deutschland, Tschechien, Polen und Österreich. Der Orkan fordert mindestens 14 Todesopfer und verursacht einen Schaden in Höhe von schätzungsweise 1,3 Milliarden Euro. Der Sturm deckt Häuser ab, macht Straßen unpassierbar, unterbricht vielerorts die Stromversorgung und löst an der deutschen Nordseeküste eine Sturmflut aus.

Klaus (2009): Das vom Atlantik kommende Orkantief trifft vom 23. bis zum 25. Januar vor allem Südfrankreich und Nordspanien sowie Teile Italiens. Es verursacht an vielen Orten Verkehrsunterbrechungen sowie Strom- und Telefonnetzausfälle und verwüstet weite Waldflächen. Mindestens 32 Personen kommen durch den Sturm ums Leben.

Die gewaltige Macht, die Orkane entfalten können, zeigt sich auch eindrucksvoll in der Wolkenbildung während eines solch starken Sturms: Die bedrohlich wirkenden Wolken bilden oft regelrechte Täler und Schluchten zwischen den Wolkengipfeln, Wolkenwirbel entstehen und einzelne Schichten schieben sich über- und durcheinander.

Schneebringende Blizzards

Kalte Gefahr

Blizzards sind starke Eis- und Schneestürme, die periodisch während der Wintermonate vor allem in Nordamerika und Kanada, aber auch in anderen Regionen wie zum Beispiel der Antarktis oder Nordskandinavien auftreten. Im Prinzip sind sie nichts anderes als Winterstürme. Sie entwickeln sich durch den Einfluss starker Kaltlufteinbrüche aus Norden und Nordwesten an der Rückseite von Tiefdruckgebieten und kündigen sich durch ein langsames Absinken des Luftdrucks und rasch sinkende Temperaturen an. Die heftigen Nordweststürme entstehen durch kräftige Kaltlufteinbrüche aus Richtung der Polarregionen, wobei die Kaltluft in Tiefdruckgebieten bis nach Süden vordringt. Meist geht ihnen mildes Wetter voraus.

Blizzards in Nordamerika sind charakterisiert durch Temperaturen von -6 °C und niedriger, Windgeschwindigkeiten ab etwa 56 Kilometern pro Stunde, große Schneemengen mit Sichtweiten von 400 Metern und weniger sowie eine Dauer von mindestens drei Stunden. Blizzards nach dieser Definition sind eher selten und treten am ehesten in den Northern Plains der USA und in Kanada auf, aber auch im Norden Floridas wurden schon Blizzards beobachtet. Blizzards können mit ihren riesigen Schneemassen und teilweise haushohen Schneeverwehungen, begleitet von Eisregen und Dauerfrost, enorme Beeinträchtigungen der Verkehrsverhältnisse verursachen, Dächer unter dem Gewicht der Schneemassen zum Einsturz bringen und auch ganze Städte von der Außenwelt abschneiden. Dauern sie länger an, kann sich auch die Versorgungslage in den betroffenen Gebieten dramatisch verschlechtern.

Transportiert der Sturm bei Temperaturen knapp unter dem Gefrierpunkt sehr feuchte Luft, können sich an Oberflächen schlagartig zentimeterdicke Eisschichten bilden. Vor allem Strom- und Telefonleitungen können unter der Last der Eismassen umknicken und die Leitungsnetze großräumig unterbrechen.

„Blizzards können den Verkehr beeinträchtigen und ganze Städte von der Außenwelt abschneiden."

Im Gegensatz zu den Stürmen anderer Jahreszeiten wie etwa Frühlingsstürmen sind die periodisch während der Wintermonate auftretenden Blizzards – wie hier über Skandinavien – von Schneefall begleitet (gegenüberliegende Seite). Besonders häufig treten Blizzards beispielsweise in Kanada – wie etwa hier in Montreal (Bild oben) – oder in Nordamerika – wie bei diesem Beispiel in New York – auf (Bild links)

Beispiele für Blizzards

Vor allem im Norden und Nordosten der USA sowie in Kanada bringen Blizzards immer wieder den Verkehr zum Erliegen und bringen außer Wind auch Eisregen und Dauerfrost mit sich.

1888: Der sogenannte Große Schneesturm, der vom 11. bis zum 14. März 1888 in den Vereinigten Staaten von Amerika wütet, ist mit Schneeverwehungen von mehr als 15 Metern einer der heftigsten Blizzards der USA. Der bis zu 77 Kilometer pro Stunde schnelle Sturm türmt an der Ostküste von Chesapeake Bay bis nach Maine bis zu 1,30 Meter hohe Schneewälle auf. Ohne Unterlass wütet der Sturm eineinhalb Tage, unterbricht die telegrafische Verbindung, macht die Feuerwehr arbeitsunfähig, legt den Verkehr lahm und sorgt für eine Knappheit an Nahrungsmitteln und Kohle. Der Sturm versenkt außerdem 200 Schiffe und kostet mindestens 100 Seeleute das Leben. Insgesamt sterben etwa 400 Menschen.

1913: Am 9. November 1913 fegt ein kanadischer Blizzard von Westen kommend mit Spitzengeschwindigkeiten von 112 Stundenkilometern über den Huronsee, bringt 19 Schiffe zum Kentern und schleudert 20 weitere gegen die Felsen. 250 Seeleute ertrinken. In Cleveland/Ohio, kommt es zu 2,5 Meter hohen Schneeverwehungen.

> **„Vor allem im Norden und Nordosten der USA sowie in Kanada bringen Blizzards immer wieder Wind, Eisregen und Dauerfrost mit sich."**

Bild rechts: Die Satellitenaufnahme zeigt die Mitte und den Nordosten der USA am 2. Januar 2008 nach dem Vorbeiziehen eines Schneesturms. Infolge einer Serie von Schneestürmen zwischen dem späten Dezember 2007 und dem frühen Januar 2008 starben mehrere Menschen bei Verkehrsunfällen, und der Straßen- und Luftverkehr wurde zeitweise unterbrochen. Die in Südostrichtung über die USA ziehende kalte Luft nimmt über dem Golf von Mexiko und dem Atlantik Feuchtigkeit auf und erzeugt parallele Wolkenbänder. Bei schweren Winterstürmen wie hier in den Alpen können meterhohe Schneedecken umfassende Straßenräumarbeiten nötig machen (gegenüberliegende Seite unten). Unter den Folgen von Winterstürmen hat auch die Natur zu leiden, wie etwa dieser eisbedeckte Weißdorn im frühen Winter 2006, in dem ein Schnee- und Eissturm St. Louis/Missouri traf (gegenüberliegende Seite oben).

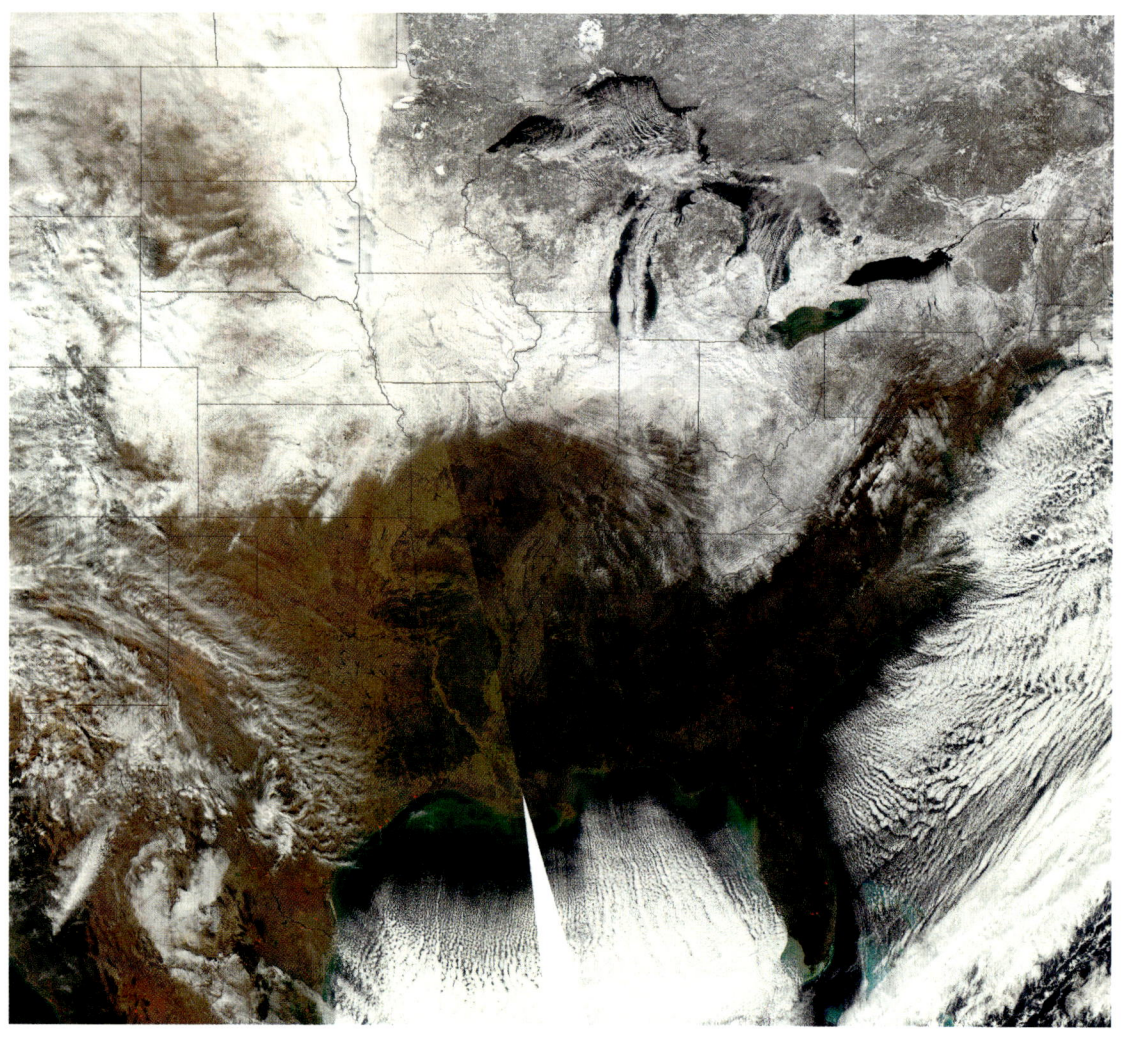

1977: Der auch als Great Lakes Blizzard bezeichnete „Blizzard of '77" sucht vom 28. Januar bis zum 1. Februar 1977 mit Windgeschwindigkeiten in Orkanstärke Nordamerika heim. Vor allem Buffalo im Westen des Bundesstaats New York sowie die angrenzenden Gebiete in New York, aber auch in Ontario/Kanada sind von den haushohen Schneeverwehungen und meterhohen Schneemassen betroffen. Insgesamt sterben 29 Menschen infolge des Schneesturms.

1993: Das orkanartige Tief, das vom 12. bis zum 14. März 1993 den Osten Nordamerikas von Kuba bis nach Kanada lahmlegt, verursacht Sachschäden in Höhe von etwa drei Milliarden US-Dollar und kostet mindestens 243 Menschen das Leben. Im gesamten Südosten der USA brechen Stromleitungen und Dächer unter den Schneemassen zusammen. An der Atlantikküste verursacht der bis zu 200 Kilometer pro Stunde schnelle Sturm eine gewaltige Sturmflut.

1996: Im Januar 1996 lähmt ein Schneesturm an der Ostküste der USA das öffentliche Leben und einen Großteil der Wirtschaft. Philadelphia erreicht eine Rekordschneehöhe von 80 Zentimetern. Der Verkehr kommt weitgehend zum Erliegen, öffentliche Einrichtungen und Geschäfte bleiben vielerorts geschlossen. In kürzester Zeit entstehen im gesamten Gebiet Millardenschäden. Mehr als hundert Menschen sterben.

2005: Ende Januar 2005 begräbt ein gewaltiger Blizzard den Nordosten der USA unter einer teils über 60 Zentimeter dicken Schneeschicht. Der Sturm mit Spitzenwerten von 244 Kilometern pro Stunde legt den Flugverkehr weitgehend lahm. In den Bundesstaaten Massachusetts, New Jersey und Rhode Island wird der Notstand ausgerufen. Insgesamt sind acht US-Bundesstaaten betroffen, mindestens 18 Menschen kommen infolge des Unwetters ums Leben.

„Der Great Lakes Blizzard suchte vom 28. Januar bis zum 1. Februar 1977 mit Windgeschwindigkeiten in Orkanstärke Nordamerika heim."

Tropische Stürme

Wütende Wolkenwirbel

Tropische Wirbelstürme gehören zu den zerstörerischsten Wetter-
phänomenen der Erde und bedeuten eine große Gefahr für Mensch
und Natur. Fortwährend hohe Windgeschwindigkeiten von bis über
250 Kilometern pro Stunde und Böen von über 350 Stundenkilometern können selbst massiv konstruierte Gebäude zerstören und
weiträumige Überflutungen auslösen. Über 20 Meter hohe Wellen
gefährden die Schifffahrt ebenso wie Insel- und Küstenbewohner.
Auch können riesige Niederschlagsmengen, die tropische Wirbelstürme beim Erreichen der Küsten mit sich bringen, Überschwemmungen
auslösen und zu Erdrutschen führen.

Hurrikane, Taifune und Zyklone

Begriffsabgrenzung

Tropische Wirbelstürme sind für gewöhnlich in den Tropen oder Subtropen entstehende Tiefdrucksysteme mit Gewittern und einer Bodenwindzirkulation um das Tiefdruckzentrum. Sie rotieren zyklonal, also um ein Gebiet niedrigen Luftdrucks herum auf der Nordhalbkugel gegen den und auf der Südhalbkugel im Uhrzeigersinn. Diese Rotation ist für die spiralförmigen Wolkenbänder der Wirbelstürme verantwortlich.

Je nach Region tragen Orkanstärke erreichende tropische Wirbelstürme verschiedene Namen:

Hurrikan: tropische Wirbelstürme in Orkanstärke im Atlantik, Nordpazifik östlich von 180° Länge (beiderseits von Nord- und Mittelamerika) und im Südpazifik östlich von 160° Ost mit einer maximalen Mittelwindstärke von über 120 Kilometern pro Stunde,

Taifun: starke tropische Wirbelstürme im Nordwestpazifik, also in Südost- und Ostasien (Japan, China, Philippinen),

Zyklon: heftige tropische Wirbelstürme im Golf von Bengalen, im Seegebiet vor Australien, im Indischen Ozean südlich des Äquators (im Bereich von Madagaskar, Mauritius und La Réunion) und an der Ostküste Afrikas sowie im Bereich des Südwestpazifiks.

„Tropische Wirbelstürme rotieren um ein Gebiet niedrigen Luftdrucks herum."

Tropische Wirbelstürme entstehen für gewöhnlich in den Tropen oder Subtropen und können bei ihrer Wanderung weite Wege zurücklegen. Je nach der Gegend ihres Auftretens tragen sie verschiedene Namen.

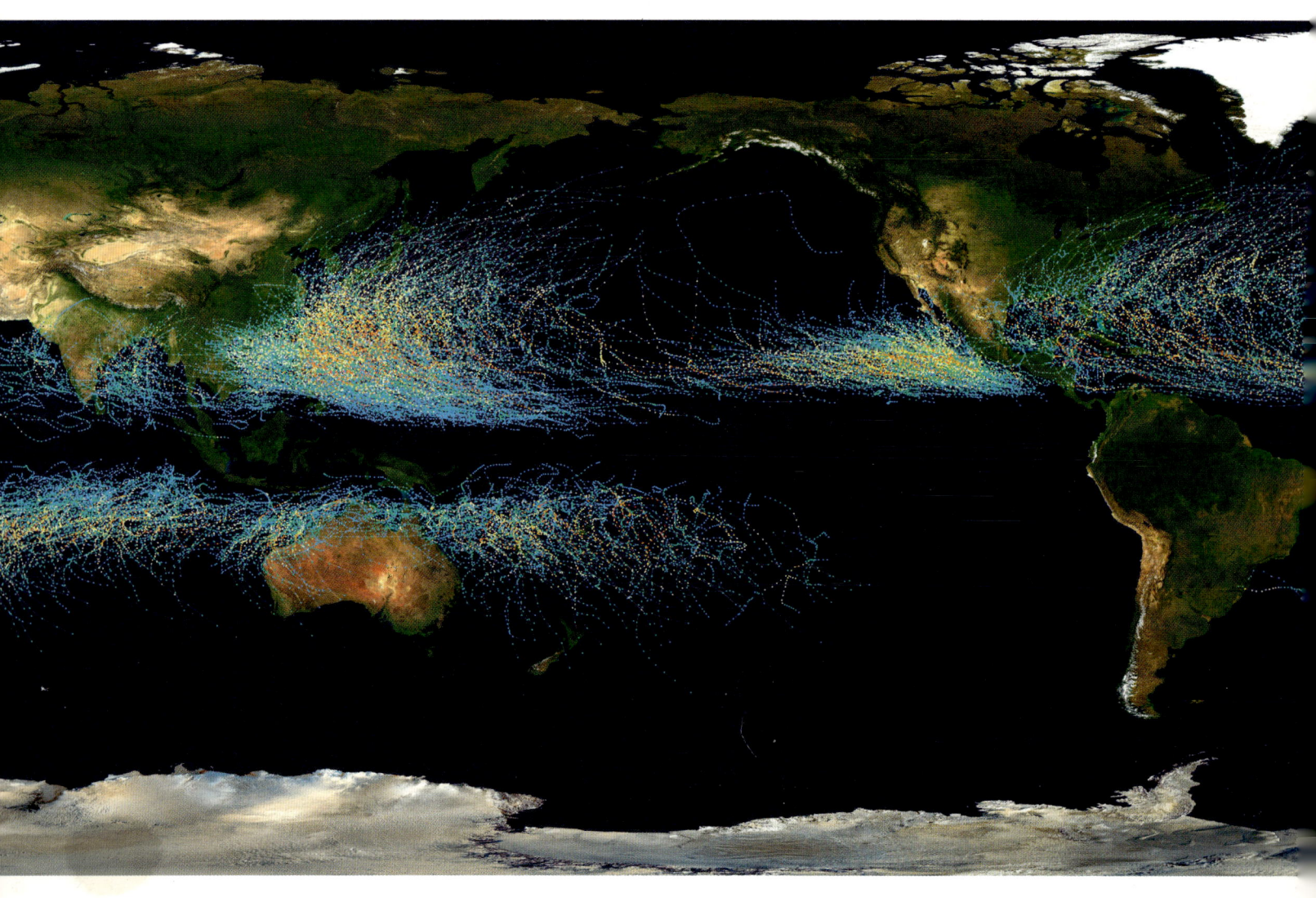

Saffir-Simpson-Skala

Die Klassifizierung tropischer Wirbelstürme nach Windstärken erfolgt durch die Anfang der 1970er-Jahre von den Wissenschaftlern Herbert Saffir und Bob Simpson entwickelte Saffir-Simpson-Skala, deren Stufen an die Beaufortskala (siehe Seite 157) anschließen:

Stufe auf der Saffir-Simpson-Skala	Beschreibung	Wind-geschwindig-keit in km/h
tropisches Tief	Tiefdruckgebiet	<63
tropischer Sturm	unterhalb der Orkanstärke	63–118
1 (Hurrikan)	schwach	119–153
2 (Hurrikan)	mäßig	154–177
3 (Hurrikan)	stark	178–209
4 (Hurrikan)	sehr stark	210–250
5 (Hurrikan)	verwüstend	>250

Die Werte der Windgeschwindigkeiten basieren auf einem einminütigen Mittelwert.

Entstehung

Tropische Wirbelstürme bilden sich aufgrund der niedrigeren Reibung und der Luftfeuchtigkeit nur über großen Wasserflächen. Voraussetzung ist eine Wassertemperatur von mindestens 26 °C bis zu einer Wassertiefe von 50 Metern. Der aufsteigende Wasserdampf sorgt für einen Unterdruck, der Umgebungsluft ansaugt. Über dem Meer bildet sich ein Tiefdruckgebiet. Auf diese Weise verdunsten Millionen Liter von Wasser.
Beim Verdunsten wird den Ozeanen die in der Luftfeuchtigkeit enthaltene Wärmeenergie entzogen

„Voraussetzung für die Entstehung von Wirbelstürmen ist eine Wassertemperatur von mindestens 26 °C bis zu einer Wassertiefe von 50 Metern."

und durch Kondensation in der Höhe, wenn die Luft kühler wird, schnell abgegeben. Die enorme Energie der Kondensationswärme ist die hauptsächliche Antriebskraft der tropischen Wirbelstürme. Die Luft innerhalb der Wolken wird dadurch aufgeheizt, dehnt sich aus und steigt weiter auf. Bei der Verdunstung großer Mengen mit der warmen Luft über dem Meer aufsteigenden Wassers entsteht durch die Drehung mit der Corioliskraft (ablenkende Kraft der Erdrotation) ein riesiger Wirbel.
In der Mitte dieses Wirbels bildet sich das sogenannte „Auge" des Sturms, ein Tiefdruckgebiet, in dem es vollkommen ruhig ist. Die Ausdehnung des Auges eines Wirbelsturms kann zwischen 8 und über 200 Kilometern schwanken, meist beträgt der Durchmesser jedoch etwa 30–60 Kilometer.

Der Hurrikan Isabel, von der ISS aus am 13. September 2003 aufgenommen, erreichte Spitzenwerte von 5 auf der Saffir-Simpson-Skala. Gut zu erkennen ist der Wolkenwirbel mit dem ruhenden Auge des Sturms in der Mitte.

Um das Auge heraum bildet sich ein Wolkenband mit hohen Windgeschwindigkeiten und Hochdruck, die sogenannte Eyewall. In dieser Wolkenwand kann der Wind eine Höchstgeschwindigkeit von bis zu 380 Kilometern pro Stunde erreichen.

Erreicht der Wirbel das Festland, wird er aufgrund des fehlenden Nachschubs an feuchtwarmer Luft schwächer. Daher sind tiefer landeinwärts gelegene Gebiete weniger stark von diesen Stürmen betroffen. Aufgrund der großen Wassermassen, die sich in den Wolken befinden, können jedoch auch noch Hunderte von Kilometern von der Küste entfernt riesige Niederschlagsmengen entstehen. Hier können innerhalb weniger Stunden etwa 500–1000 Millimeter Niederschlag fallen.

Merkmale und Gefahren

Tropische Wirbelstürme erreichen durchschnittliche Durchmesser von etwa 500–700 Kilometern, können jedoch mit ihren Randbereichen auch bis zu 1500 Kilometer messen. Sie bewegen sich in niederen Breiten mit 8–32 Kilometern pro Stunde, in höheren mit bis zu 80 Kilometern pro Stunde fort und können mehrere Tage oder auch Wochen andauern.

„Tropische Wirbelstürme erreichen durchschnittliche Durchmesser von etwa 500–700 Kilometern."

Um das Auge eines Hurrikans herum bildet sich ein Wolkenband, die sogenannte Eyewall. Hier können sehr hohe Windgeschwindigkeiten von bis zu 380 Kilometern pro Stunde vorherrschen.

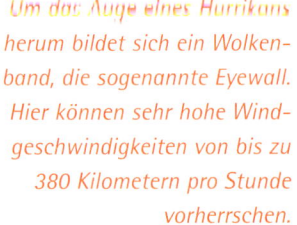

Drei Effekte bedingen die Zerstörungskraft tropischer Wirbelstürme: die Gewalt des Windes, starke anhaltende Niederschläge und Sturmfluten. Beim Erreichen der Küste kühlen sich Wirbelstürme durch die Reibung so stark ab, dass die zuvor aufgenommene Feuchtigkeit nicht mehr gehalten werden kann und es zu starken Niederschlägen kommt. Dabei können an einem Tag über 500 Millimeter Regen (500 Liter pro Quadratmeter) fallen. Starke Niederschläge können verheerende Überschwemmungen auslösen. Sturmfluten branden bis weit ins Landesinnere, überschwemmen ganze Landstriche und unterspülen die Fundamente von Gebäuden. Sie reißen Strände mit sich und verursachen Schäden an der Infrastruktur. Durch unterspülte Straßen und eingerissene Brücken werden der Verkehr lahmgelegt und die betroffenen Gebiete von der Außenwelt abgeschnitten. Weitere Folgen sind Ausfälle bei der Trinkwasserversorgung sowie wirtschaftliche Verluste zum Beispiel durch die Vernichtung der Ernte oder gelagerter Güter. Auch können hierdurch verheerende Erdrutsche ausgelöst werden.

Die Stürme können Schäden an Gebäuden, Bäumen und Fahrzeugen verursachen. Häufige Begleiterscheinungen tropischer Wirbelstürme sind Tornados, kleinräumige Luftwirbel, die sich in den Wirbelsturm umkreisenden Gewittern bilden. In den meisten Fällen sind dies Wasserhosen, aber auch über Land treten Tornados auf. Tornados dauern zwar meist nur einige Sekunden oder Minuten an, richten aber oft gewaltige Schäden an, zerstören Gebäude und wirbeln Autos durch die Luft. Etwa ein Viertel aller Hurrikane wird von Tornados begleitet.

Entstehungsorte und Zugbahnen

Zur Entstehung eines Wirbelsturms ist ein ausreichender Abstand vom Äquator nötig, da nur ab dem 5. Breitengrad oder einem Abstand von 550 Kilometern die Corioliskraft groß genug ist, um die

„Häufige Begleiterscheinungen tropischer Wirbelstürme sind Tornados, also kleinräumige Luftwirbel."

Luftmassen in Drehung zu versetzen. Günstige Entstehungsbedingungen bietet eine Zone, die zwischen dem südlichen und dem nördlichen 25. Breitengrad liegt. Hier entstehen die meisten tropischen Wirbelstürme. Zusätzlich wird die Wirbelsturmentstehung zwischen dem 5. und dem 25. Breitengrad durch die innertropische Konvergenzzone (ITC) unterstützt, die mit der oberflächennahen Konvergenz der beiden Passatwinde das Aufsteigen von Luftmassen und eine starke Konvektion begünstigt.

Hingegen kommen tropische Wirbelstürme im Südatlantik und Südostpazifik sehr selten vor, da hier durch die kalten Meeresströmungen des Benguela- und des Humboldtstroms die erforderlichen Wassertemperaturen nur selten erreicht werden. Dafür werden teilweise auf dem Mittelmeer Stürme beobachtet, die den tropischen Wirbelstürmen ähneln und als Medicane (von engl. „Mediterranean Sea" = Mittelmeer und „Hurricane" = Hurrikan) bezeichnet werden.

Die Auswirkungen von tropischen Wirbelstürmen, wie hier bei einem Sturm über dem Happy Valley von Hongkong, wo in den Sommermonaten regelmäßig Taifungefahr besteht, werden durch dichte Besiedlung verstärkt. Zu der Zerstörung durch gewaltige Windstärken können Schäden durch starke Niederschläge und Überschwemmungen kommen.

Ein Bild der Zerstörung bot sich am 20. September 2008 in Port Arthur in Südtexas. Im Yachthafen wurden Boote bis zu 130 Meter von ihren Ankerplätzen wegverfrachtet. In der hurrikangefährdeten Gegend in der Nähe des Golfs von Mexiko häufen sich seit Jahren Sturmkatastrophen. Erst im September 2005 kam es hier durch Hurrikan Rita zu schweren Zerstörungen.

Auf der Nordhalbkugel verlaufen tropische Wirbelstürme zuerst nordwestwärts und drehen in höheren Breiten oft nach Nordosten ab. Auf der Südhalbkugel ziehen sie zunächst nach Südwesten und biegen dann nach Südosten ab.

Folgen des Klimawandels

Bereits seit 1995 hat sowohl die Anzahl als auch die Intensität tropischer Wirbelstürme auf dem Atlantik stark zugenommen. Die Zahl der Hurrikane ist von ungefähr fünf auf acht pro Jahr gewach-

sen. Viele Experten führen dies auf die globale Erwärmung zurück. Ein neues Klimamodell besagt, dass pro 2 °C Temperaturerwärmung der Erdoberfläche die Sturmintensität um einige Prozent zunehmen könnte, mit einem Anstieg der Zerstörungskraft um bis zu 10%. Wie auch bei außertropischen Stürmen wird die wärmere und feuchtere Luft der wärmeren Ozeane zukünftig stärkere und intensivere tropische Wirbelstürme hervorrufen.

Durch die globale Erwärmung könnten sich die Meeresgebiete, die eine Oberflächentemperatur von mindestens 26 °C erreichen und in denen sich Hurrikane bilden können, weiter vergrößern. Experten gehen davon aus, dass sich mit jedem Grad der mittleren Erwärmung der Weltmeere die maximale Windgeschwindigkeit tropischer Stürme um ungefähr elf Stundenkilometer erhöht.

Durch einen Anstieg der Meerestemperatur um nur 1,5–1 °C könnte sich die Hurrikansaison zudem um mehrere Wochen verlängern. Da die Hurrikanstärke wesentlich vom Wasserdampfgehalt der Atmosphäre abhängt, der, wie Klimamodelle belegen, durch den Treibhauseffekt zunehmen wird, wird es wissenschaftlichen Prognosen nach zu einer höheren Hurrikanintensität kommen.

Zwar gibt es auch langfristige Veränderungen der Tiefenströmungen, die dafür sorgen, dass sich der Ozean auch ohne menschliches Zutun auf Zeitskalen von mehreren Jahrzehnten erwärmt und abkühlt – mit der Folge von etwa 20 aktiveren und 20 weniger aktiven Hurrikanjahren –, dies fällt jedoch für die Meereserwärmung der letzten Jahre mit einem Anteil von etwa 10% (0,1 °C) im Vergleich zum Anteil des Klimawandels, den die Wissenschaftler mit 0,45 °C beziffern, kaum ins Gewicht. Allerdings ist die Hurrikanentstehung auch von weiteren Faktoren wie etwa dem Ausbleiben starker Scherwinde aus unterschiedlichen Richtungen abhängig.

„Experten gehen davon aus, dass sich mit jedem Grad der mittleren Erwärmung der Weltmeere die maximale Windgeschwindigkeit tropischer Stürme um ungefähr elf Stundenkilometer erhöht."

Taifune: Stärkste Macht des Windes

Verheerende Wirbelwinde

Im Hinblick auf Windstärke und Durchmesser sind Taifune im Nordwestpazifik, verglichen mit Hurrikanen im Golf von Mexiko und Zyklonen im Indischen Ozean, am stärksten. Sie können Windstärken von bis zu 300 Kilometern pro Stunde erreichen, ab einer Windgeschwindigkeit von 241 Kilometern pro Stunde (Kategorie 4 auf der Saffir-Simpson-Hurrikanskala) werden sie vom Joint Typhoon Warning Center in Hawaii als „Supertaifune" klassifiziert. In den Küstengebieten des Pazifiks sind jeden Sommer eine Milliarde Menschen von Taifunen betroffen, sei es in Holzbehausungen auf den Philippinen oder in Vietnam oder in den Betonbauten Taiwans oder Japans. Sie treten regelmäßig zwischen Juli und November auf. Vor wenigen Jahrzehnten war es noch unmöglich, die Zugbahnen von Taifunen vorherzusagen, und sie waren erst mitunter tausende Kilometer vom Entstehungsort auf dem Pazifik entfernt erkennbar, wenn sie auf Schifffahrtsrouten oder Küsten trafen. Warnungen oder gar Schutzmaßnahmen kamen daher meist zu spät. Erst mit der Inbetriebnahme des ersten Wettersatelliten im Jahr 1960 konnten alle Taifune nach ihrer Entstehung entdeckt werden. Aber auch die heutige rechnergestützte Vorhersage ist oft schwer: Vor allem die Sturmintensität und damit zusammenhängend die voraussichtliche Zugbahn lassen sich oft nur schwer projizieren, da es hierfür viele Einflussfaktoren wie beispielsweise die Interaktion mit der Meeresoberfläche und dem umgebenden Wettersystem gibt.

Beispiele für Taifune

Taifune zählen zu den verheerendsten Naturkatastrophen des Nordwestpazifiks. Jedes Jahr verursachen sie starke Zerstörungen mit Hunderten von Toten. Hierfür sind nicht nur die hohen Windstärken, sondern auch die oftmals starken Niederschläge verantwortlich, die Überschwemmungen und Bergrutsche verursachen. Einige Beispiele für Taifunkatastrophen:

Taifun Tip, Japan (1979): Der Taifun, der als der stärkste und größte je beobachtete tropische Wirbelsturm seit der Einführung von Wetterstationen und der Entwicklung der Hochseeschifffahrt gilt, verursacht in Japan schwere Überflutungen und versenkt an der ostchinesischen Küste sowie auf den Philippinen zahlreiche Schiffe. Der Sturm der Kategorie 5 mit einem Durchmesser von 2200 Kilometern erreicht am 12. Oktober 1979 eine Windgeschwindigkeit von bis zu 300 Kilometern pro Stunde und kostet 99 Menschen das Leben, vor allem auf der japanischen Insel Honshu, wo auch die Landwirtschaft und die Fischerei Schäden in Millionenhöhe erleiden.

Taifun Tokage, Japan (2004): Am 20. und 21. Oktober 2004 über Japan hinwegziehend, hinterlässt Tokage eine Spur der Verwüstung. Besonders schwer betroffen ist auch diesmal die Hauptinsel Honshu mit der Präfektur Kyoto. Es gibt 99 Tote, 704 Verletzte und drei Vermisste.

Das Satellitenbild zeigt den Taifun Tip im Westpazifik, der im Oktober 1979 Spitzengeschwindigkeiten in Rekordhöhe erreichte und vor allem in Japan schwere Schäden anrichtete und zahlreiche Menschen das Leben kostete.

Taifun Talim, China (2005): Der Taifun trifft am 1. September 2005 mit Windgeschwindigkeiten von bis zu 230 Kilometern pro Stunde Taiwan, tötet drei Menschen und verletzt 59 weitere. Die gesamte Insel, vor allem die Ortschaften Yilan und Hualian, wird stark verwüstet. Es kommt zu schwerwiegenden Engpässen in der Strom- und Wasserversorgung sowie Erdrutschen und Überschwemmungen. Sechs Stunden später erreicht der Taifun mit einer Windgeschwindigkeit von 117 Kilometern pro Stunde das chinesische Festland und zerstört allein in der Provinz Zhejiang mehr als 10.000 Häuser. Viele Städte sind zudem von Hochwasser betroffen. In China sterben 102 Menschen, die Schäden betragen etwa 1,2 Milliarden Euro.

Taifun Nabi, Japan (2005): Der Sturm passiert am 31. August 2005 mit Windgeschwindigkeiten von 120 Kilometern pro Stunde und starken Niederschlägen Guam, Saipan und die Philippinen, zieht am 6. September 2005 über die japanische Insel Kyushu und am 8. September über Hokkaido. In Japan müssen 115.000 Menschen evakuiert werden, 21 Menschen sterben, 140 werden verletzt.

Taifun Damrey, China (2005): Der Taifun wütet am 26. September 2005 in Südchina, besonders auf der chinesischen Insel Hainan und in der Region um Guangdong, wo etwa 200.000 Menschen evakuiert werden müssen und sechs Menschen sterben. Ebenfalls betroffen sind die Philippinen, wo dem Taifun mindestens 16 Menschen zum Opfer fallen, sowie Vietnam, wo etwa 300.000 Menschen evakuiert werden müssen und 50 Menschen infolge der Überschwemmungen sterben.

Taifun Chanchu, Philippinen und China (2006): Chanchu überquert im Mai 2006 die Philippinen sowie das Südchinesische Meer und China, löst auf der philippinischen Inselgruppe Visayas und in den chinesischen Provinzen Guangdong und Fujian durch starke Regenfälle Erdrutsche aus, zerstört Brücken und Straßen, verursacht weitreichende Stromausfälle und zerstört in China mehr als 20.000 Häuser. Auf den Philippinen kommen 37 Menschen zu Tode, mindestens 28 Vietnamesen sterben auf offener See, und auch in China, wo 900.000 Menschen in Sicherheit gebracht werden können, überleben 23 Menschen die Katastrophe nicht.

Der Supertaifun Pongsona, der mit etwa 240–250 Kilometern pro Stunde auf Guam traf, zerstörte und versenkte Mitte Dezember 2002 an der Küste zahlreiche Boote (Bild links) und beschädigte weite Teile der Infrastruktur wie etwa diese Strommasten im Dorf Dededo (Bild unten).

Taifun Saomai, China (2006): Mit Windgeschwindigkeiten von bis zu 270 Kilometern pro Stunde erreicht der Taifun am 10. August 2006 das chinesische Festland südlich von Shanghai in der Provinz Zhejiang. Obwohl dort etwa eine Million Menschen sowie 570.000 Bewohner der Provinz Fujian evakuiert werden können, sterben in den betroffenen Gebieten insgesamt mindestens 295 Menschen. Etwa 50.000 Häuser werden zerstört, es entsteht ein geschätzter Schaden in Höhe von 1,1 Milliarden US-Dollar.

Am 12. Juli 2007 traf der Supertaifun Man Yi, hier in einer Satellitenaufnahme (gegenüberliegende Seite), mit Windgeschwindigkeiten von bis zu 250 Kilometern pro Stunde den Süden der japanischen Inseln.

Zyklone: Von Madagaskar nach Australien

Kraft aus dem Meer

Zyklone sind heftige tropische Wirbelstürme vor allem im Indischen Ozean und im Golf von Bengalen, aber auch im Bereich von Mauritius, La Réunion, Madagaskar und der afrikanischen Ostküste sowie in den Gewässern rund um Australien. Sie entstehen vor allem im Sommer über dem Indischen Ozean nördlich des Äquators und ziehen dann nordwärts in Richtung Indien. Höhepunkte der Zyklonbildung sind die Zeiträume im April und Mai vor dem Einsetzen des Monsuns und im Oktober und November nach dessen Ende. Die Sturmereignisse betreffen vor allem Bangladesch, Indien, Pakistan, Thailand, Sri Lanka sowie Myanmar, gelegentlich auch die Arabische Halbinsel. Die Hauptgefahr bei Zyklonkatastrophen bilden die in Küstenregionen vom Sturm verusachten teilweise über zehn Meter hohen Flutwellen.

„Zyklone sind heftige tropische Wirbelstürme vor allem im Indischen Ozean und im Golf von Bengalen, die meist im Sommer entstehen."

Zyklone brauen sich vor allem in den Sommermonaten über dem Indischen Ozean zusammen, bevor sie nach Norden in Richtung Indien ziehen.

Zerstörerische Zyklone

Immer wieder treffen verheerende Zyklone die Küstengebiete gefährdeter Regionen. Auch in den vergangenen Jahren kosteten die tropischen Wirbelstürme Tausende von Menschen das Leben.

Namenloser Zyklon (1970): Der Zyklon fordert am 12. November 1970 in Ostpakistan und im indischen Bundesstaat Westbengalen rund 500.000 Todesopfer und ist somit der Wirbelsturm mit den meisten Toten. Die meisten Menschen kommen durch die vom Zyklon ausgelösten bis zu 10 Meter hohen Sturmfluten ums Leben, die weite Teile der Inseln im Gangesdelta überfluten.

Namenloser Zyklon (1999): Mit Windgeschwindigkeiten von über 260 Kilometern pro Stunde trifft der Zyklon am 29./30. Oktober 1999 auf das Festland von Ostindien. Im Hafen von Paradip, einem der Hauptseehäfen des indischen Bundesstaats Orissa, sinken 50 Schiffe, mehr als 10.000 Menschen kostet der Zyklon das Leben.

Zyklon Catarina (2004): Als bisher einziger tropischer Wirbelsturm mit Hurrikanstärke im Südatlantik seit Beginn der Satellitenüberwachung wütet der Zyklon Catarina am 26. März 2004 über dem südöstlichen Brasilien. Betroffen sind die Gebiete Santa Catarina und Rio Grande do Sul. Es kommt zu Schäden in einer Höhe von mindestens 350 Millionen US-Dollar sowie zehn Todesopfern.

Zyklon Mala (2006): Der Zyklon zieht am 27. April 2006 mit Windgeschwindigkeiten von bis zu 230 Kilometern pro Stunde über Myanmar und Thailand. Mindestens 20 Menschen kommen bei dem Unglück ums Leben, 14 weitere werden vermisst.

Zyklon Ogni (2006): Infolge des Zyklons, der am 28. Oktober 2006 in Indien schwere Schäden verursacht, sterben 58 Menschen, 60.000 werden obdachlos. Rund 12.000 Häuser und 300.000 Hektar Ackerland werden durch Überschwemmungen am Golf von Bengalen vernichtet.

Zyklon Gonu (2007): Am 6. Juni 2007 wütet der Zyklon Gonu über dem Persischen Golf und verursacht im Sultanat Oman Schäden in Milliardenhöhe. 61 Menschen sterben, 27 werden vermisst.

Zyklon Yemyin (2007): Yemyin hinterlässt am 26. Juni 2007 in Pakistan 340 Tote. Starke Regenfälle und zahlreiche Deichbrüche zerstören etwa 200.000 Häuser.

Zyklon Sidr (2007): Der Zyklon mit Spitzenwindgeschwindigkeiten von 240 Kilometern pro Stunde sorgt vom 11.–16. November 2007 in Bangladesch für verheerende Schäden in einer Höhe von rund 450 Millionen US-Dollar und mindestens 3447 Todesopfer sowie 3322 Verletzte und Hunderte Vermisste. Etwa 773.000 Häuser werden beschädigt, ungefähr 250.000 Nutztiere verenden, und in weiten Gebieten werden die Ernten vernichtet. Am schwersten betroffen sind die Distrikte Patuakhali, Barguna und Jhalokathi, die von einer über 5 Meter hohen Sturmflut getroffen werden. In der Hauptstadt Dhaka sowie anderen Landesteilen sorgen starke Windböen für Unterbrechungen in der Strom- und Wasserversorgung sowie für Wind- und Überflutungsschäden.

Zyklon Nargis (2008): Der Zyklon bildet sich am 27. April 2008 im Golf von Bengalen und zieht nordwestwärts nach Myanmar, wo er Tausende von Häusern zerstört. Ebenfalls betroffen sind Gebiete in Sri Lanka, Indien und Bangladesch. Die Angaben zu Opferzahlen schwanken zwischen 78.000 und über 100.000.

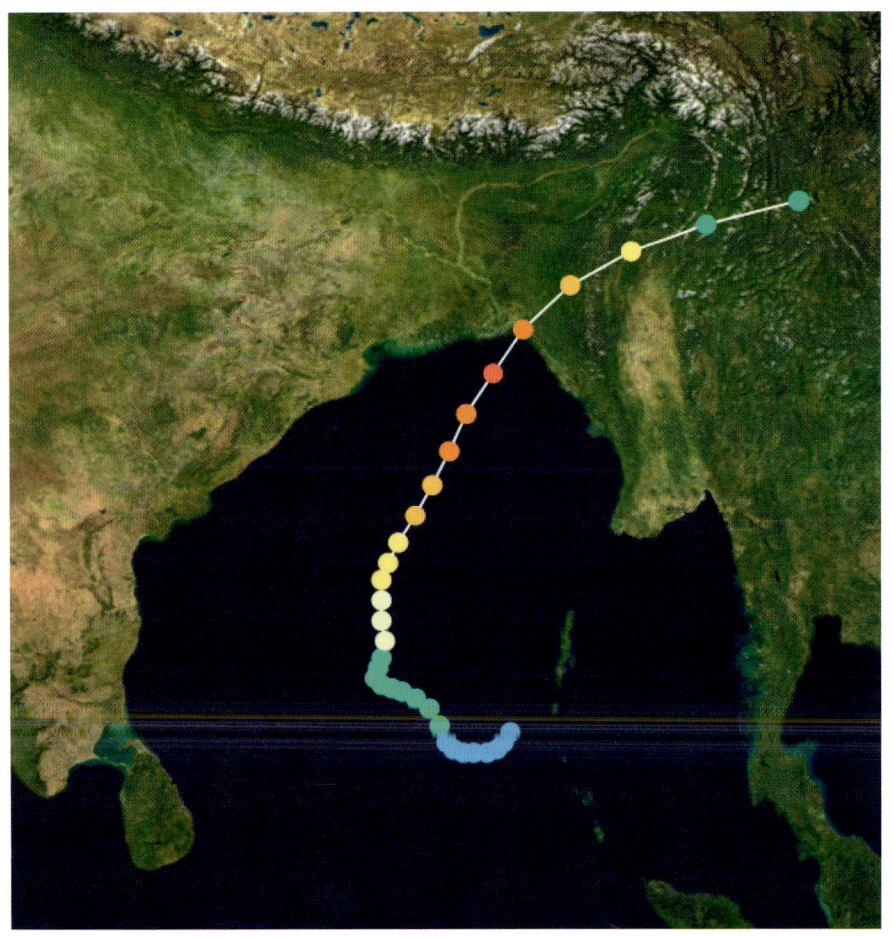

Zyklon in Bangladesch (1991)

Der offiziell namenlose Zyklon, der unter anderem als Bangladesch-Zyklon oder „Tropischer Zyklon 02B" bekannt ist, bildete sich am 22. April im Golf von Bengalen. Zyklonstärke erreichte er jedoch erst am 27. April, nachdem er sich langsam nordwestwärts bewegt hatte. Beschleunigt auf Windgeschwindigkeiten von bis zu 260 Kilometern pro Stunde, erreichte er am 29. April südlich der Division Chittagong im Südosten Bangladeschs Festland. Der Sturm löste eine etwa sechs Meter hohe Flutwelle aus, die weite Gebiete überschwemmte. Zwar waren in der stark gefährdeten Region Schutzgebäude vorhanden, allerdings wurden viele Menschen nicht rechtzeitig gewarnt und über die Lage von Schutzgebäuden informiert.

Andere wiederum schenkten den Warnungen keine Beachtung. Schätzungen zufolge konnten immerhin zwei Millionen Menschen aus den gefährdetsten Gebieten evakuiert werden. Dennoch kamen bei dem Unglück 138.000 Menschen ums Leben, meist durch Ertrinken. Damit gehört der Sturm zu den Zyklonen mit den höchsten Opferzahlen der Geschichte.

Durch den Zyklon und die Sturmflut entstanden verheerende Schäden. So wurde beispielsweise ein Betondamm an der Mündung des Karnaphuli in Patenga südlich von Chittagong von der Flut hinweggespült. Ein 100 Tonnen schwerer Kran, der vom Sturm auf eine Brücke über den Karnaphuli geschleudert wurde, ließ diese in zwei Teile zerbrechen. An der Küste wurden zahlreiche Boote und kleinere Schiffe an Land geworfen, Uferbefestigungen und gar ganze Dörfer wurden davongespült.

Infolge der Erosion durch die Fluten gingen große Flächen an Farmland verloren, und viele Bauern verloren ihre Lebensgrundlage. Der Zyklon zerstörte rund eine Million Häuser, etwa 10 Millionen Menschen wurden obdachlos. Insgesamt entstand ein Schaden von etwa 1,5 Milliarden US-Dollar. Am 30. April löste sich der Sturm über dem Westen von Yunnan wieder auf.

Durch die humanitäre Hilfe im Rahmen der Operation „Sea Angel" durch das US-Miliär, unterstützt durch Großbritannien, China, Indien, Pakistan und Japan, wurden 2 Millionen Menschen mit Nahrung, Trinkwasser und medizinischer Hilfe versorgt.

Die Gefahr im Auge: Hurrikane

Lange Lebensdauer

Hurrikane sind zerstörerische Wirbelstürme, die – treffen sie auf bewohnte Gebiete – Häuser, Menschen und Autos mit sich reißen. Sie bewegen sich mit etwa 15–30 Kilometern pro Stunde fort und können sich im Durchmesser Hunderte von Kilometern ausdehnen, wochenlang andauern und Flächen von Tausenden von Quadratkilometern zerstören. Auf der nördlichen Erdhalbkugel entstehen sie in der der Zeit von Mai bis Dezember, meist zwischen Juli und September. Erreichen Hurrikane die Frontalzone der mittleren Breiten, haben sie große Teile ihrer Schadensergie bereits verloren und werden meist zu außertropischen Tiefdrucksystemen. Typisches Merkmal eines Hurrikans ist sein Auge. Dadurch, dass die Wind- und Niederschlagsfreiheit dieser Zone häufig mit dem Ende des Sturms verwechselt wird, begeben sich viele Menschen ins Freie und werden erneut vom Sturm überrascht.

Forschung

Das Katastrophenrisiko, das von Hurrikanen ausgeht, ist aufgrund dicht besiedelter Küstengebiete immens. Allein an der Ostküste der Vereinigten Staaten leben rund 50 Millionen Menschen, die potenziell durch Hurrikane gefährdet sind. Sowohl die Ausprägung als auch die ungefähren Zugbahnen eines Hurrikans lassen sich jedoch vorhersagen. So kann man die Bevölkerung in gefährdeten Gebieten vorwarnen und gegebenenfalls evakuieren. Besonders in den USA konnte die Zahl der Todesopfer durch Hurrikankatastrophen infolge präziserer Methoden zum Beispiel mithilfe von Satellitenbildern, Messflugzeugen, seegestützten Aufzeichnungsinstrumenten und Computersimulationen effektiv gesenkt werden.
Satellitenaufnahmen können Hurrikane schon in der Entstehungsphase erkennen. So deuten charakteristische Wolkenformationen und Windgeschwindigkeitsmessungen mithilfe von Dopplerra-

„Mithilfe von Satellitenaufnahmen lassen sich Hurrikane schon in der Entstehungsphase erkennen."

dar auf die Hurrikanwirbel hin. Genau lokalisiert werden Hurrikane mithilfe von Infrarotmessungen. Nach der Entdeckung eines Wirbelsturms werden vor allem Temperatur, Luftdruck, Höhe und Zuggeschwindigkeit beobachtet. Diese Daten fließen in die Zugbahnberechnung mit ein. Zur Vorhersage der Intensität benötigt man Angaben über die Temperatur der umgebenden Atmosphäre, die aus dem Meer gewonnene Wärmemenge und die anfängliche Stärke des Hurrikans. Ist ein Hurrikan lokalisiert, sammeln spezielle Messflugzeuge mithilfe von Sonden im Zentrum des Hurrikans Daten zu Luftdruck- und Thermikverhältnissen, Feuchtigkeit, Windgeschwindigkeiten, -stärke und -richtungen sowie Lage und Größe des Auges.

Gegenüberliegende Seite oben: Weg des Zyklons von Bangladesch 1991. Farblich eingezeichnet ist die Entwicklung des Sturms auf der Saffir-Simpson-Skala. Der Zyklon brachte verheerende Überschwemmungen mit sich (links unten). Windgeschwindigkeiten können mithilfe von Radarmessungen festgestellt werden. Die Grafik zeigt den Taifun Lupit am 22./23. Oktober 2009 auf seinem Weg auf die Philippinen zu (Bild unten).

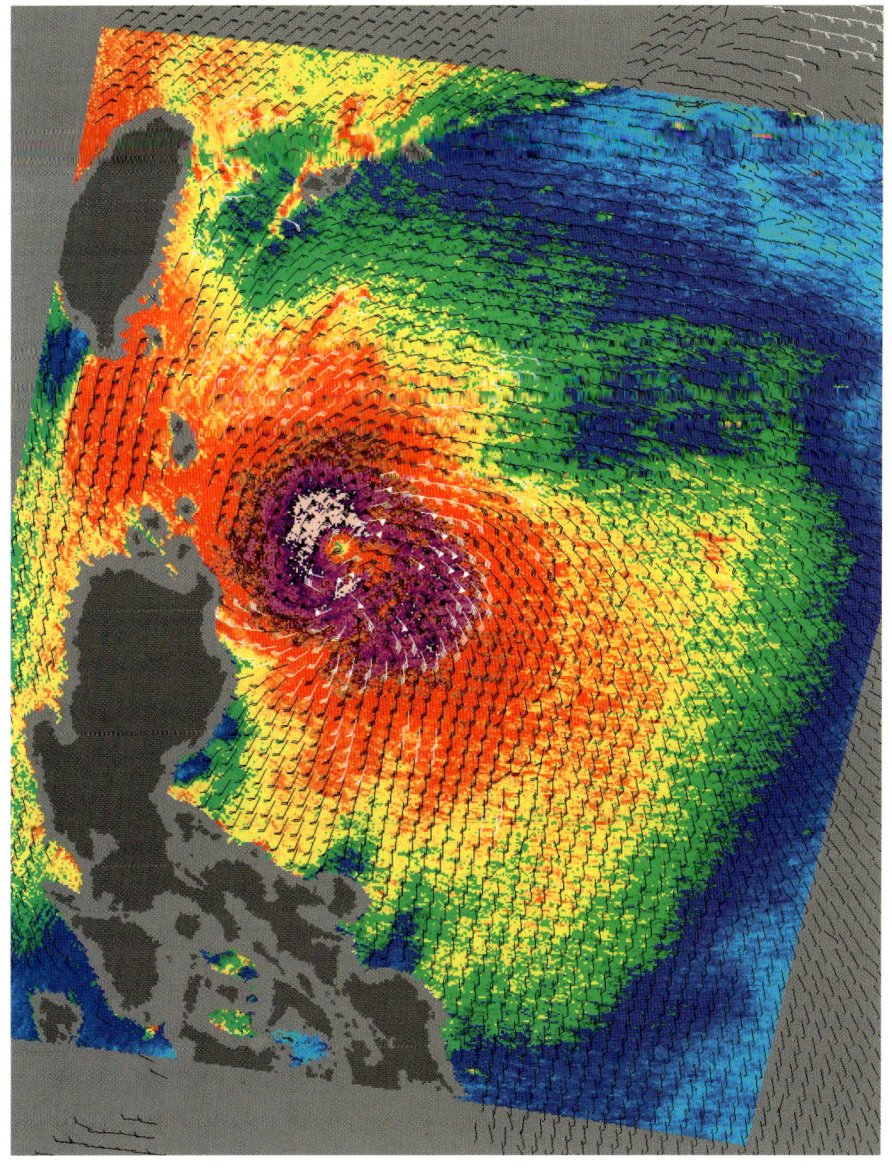

Schutzmaßnahmen

Seit einigen Jahrzehnten experimentiert die Wissenschaft mit Methoden zur Manipulation von Hurrikanen. Einer dieser Vorschläge ist die Abschwächung und Umlenkung von Stürmen in die Erdumlaufbahn durch Solarkraftwerke, die den Wasserdampf im Hurrikan aufheizen sollen. Eine andere Idee ist es, Ozeane bei Hurrikangefahr mit einem biologisch abbaubaren Ölfilm zu bedecken, der die Verdunstung des Wassers hemmt. Auch mit Schockwellen von Kampfflugzeugen, die um das Auge eines Hurrikans kreisen, soll das Ansaugen neuen Wasserdampfs verhindert werden. Bisher hat sich jedoch noch keine der Ideen zur Abschwächung von Hurrikanen durchsetzen können.

Meist bleibt als einzige Schutzmaßnahme die Evakuierung. Dank präziser Vorhersagemethoden haben die betroffenen Regionen heute ungefähr drei Tage Vorwarnzeit bis zum Eintreffen eines Hurrikans. Die Warnung erfolgt, wenn eine Wahrscheinlichkeit von 50% für das Erreichen einer Region innerhalb der nächsten 36 Stunden erreicht ist. Die Evakuierung folgt einem genauen Ablauf. So enthalten Katastrophenpläne für die Küstenregionen zum Beispiel sichere Routen landeinwärts sowie einen Plan, welche Regionen wann evakuiert werden sollen.

Problematisch ist dies bei Fehlalarmen. So kostet es beispielsweise eine Million US Dollar, einen anderthalb Kilometer langen Küstenstreifen zu evakuieren. Zudem kommen Menschen aus Angst vor Plünderungen Evakuierungsaufrufen oftmals nicht nach. Bauliche Maßnahmen, die die Bevölkerung in betroffenen Gebieten schützen sollen, sind beispielsweise Schutzwälle wie etwa die 5,2 Meter hohe Galveston Seawall in der gleichnamigen texanischen Stadt. Sturmsichere Brücken verbinden Inseln mit dem Festland und sollen verhindern, dass diese durch Sturmfluten von der Außenwelt abgeschnitten werden. Um großflächigen Überflutungen vorzubeugen, kann das Boden-

niveau gefährdeter Städte durch Sandaufschüttungen erhöht werden.

Eine möglichst sturmsichere Bauweise ist auch bei Gebäuden sinnvoll. Als am besten gegen die starken Winde geschützt haben sich Häuser mit einem stabilen Gerüst sowie solche aus Beton, Stahl, Ziegel oder Stein erwiesen. Fensterläden verhindern Schäden an Fenstern und Innenräumen. Bei sturmsicheren Bauweisen setzen verschärfte Bauvorschriften in den gefährdeten Gebieten ein.

Nach einer Hurrikankatastrophe müssen die Verantwortlichen dafür sorgen, dass Verletzte versorgt sowie Schäden erfasst und behoben und Plünderungen von Häusern und Geschäften verhindert werden. Zudem muss die Versorgung mit Nahrung und Trinkwasser sichergestellt und Notunterkünfte müssen errichtet werden.

> **„Dank präziser Vorhersagemethoden haben die betroffenen Regionen heute ungefähr drei Tage Vorwarnzeit bis zum Eintreffen eines Hurrikans."**

Uferdämme – wie dieser Damm in South Carolina an der US-amerikanischen Küste – schützen Siedlungen in sturmgefährdeten Gebieten vor Überschwemmungen (gegenüberliegende Seite). Bild oben: Dieses Haus in Grady/Oklahoma wurde durch einen umgebenden Damm vor der Überflutung infolge des Tropensturms Erin im August 2007 geschützt. Nach dem Hurrikan Katrina wurde in New Orleans eine Sturmflutanlage errichtet, die mit einer Kanalpumpstation den Wasserstand reguliert (Bild links).

Namensgebung bei Hurrikanen

Um Verwechslungen gleichzeitig auftretender tropischer Wirbelstürme zu vermeiden, werden ab Windgeschwindigkeiten von 62 Kilometern pro Stunde Namen für diese vergeben. Anfangs erhielten nur einige besondere Hurrikans wie etwa der „New England Hurricane" einen Namen. Die systematische Benennung von Hurrikanen begann 1950. Man begann mit Namen entsprechend dem internationalen phonetischen Alphabet – also Able, Baker, Charlie usw. Im Jahr 1953 ging man zur Benennung nach englischen Frauennamen über. Erstmals 1979 wurden abwechselnd männliche und weibliche Namen verwendet, zudem kamen französische und spanische Namen hinzu.

Derzeit gibt es sechs von der World Meteorological Organization (WMO) erstellte Namenslisten, die in regelmäßigen Wechseln in den verschiedenen Jahren hintereinander verwendet werden. Auf diese Weise kehren die gleichen Namen alle sechs Jahre wieder. Sie haben eine alphabetische Reihenfolge mit einem Namen pro Buchstaben, beginnend mit einem A für den ersten Hurrikan des Jahres. Auf diese Weise lässt sich leicht erkennen, der wievielte Hurrikan des Jahres ein spezielles Ereignis ist.

Die Anzahl der Namen ist auf 21 begrenzt. Reicht dieser Umfang nicht aus, werden die nachfolgenden Hurrikane nach dem griechischen Alphabet (Alpha, Beta, Gamma etc.) benannt.

Bei besonders verheerenden Hurrikanen kann es passieren, dass die WMO entscheidet, diese von der Namensliste zu löschen und nicht wieder zu verwenden. So wird beispielsweise der Name des Hurrikans „Ivan" aus dem Jahre 2004 im Jahr 2010 nicht mehr verwendet und stattdessen durch „Igor" ersetzt. Anders als bei den Eigennamen können die Alphabetnamen auch nach besonders verheerenden Stürmen eines solchen Namens nochmals verwendet werden.

Hurrikane werden in alphabetischer Reihenfolge benannt. So war Hurrikan Mitch der 13. Hurrikan der atlantischen Hurrikansaison 1998 (großes Bild). Geraten Stürme mit größeren Schäden und Todesfällen in die Schlagzeilen, wie der verheerende Hurrikan Katrina im Jahr 2005, werden diese Namen nicht nochmals vergeben (kleines Bild).

Monday, August 29th, 2005 - Late Edition

EWS OF

HURRICANE

KATRINA

LOUISIANA COAST
DEVASTATED AS
KATRINA MAKES
LANDFALL

Hurrikankatastrophen

Chronik der Zerstörung

Die Vergangenheit kennt zahlreiche Beispiele verheerender Hurrikankatastrophen. Zwar forderten die Hurrikane der letzten Zeit im Vergleich zur ersten Hälfte des vergangenen Jahrhunderts immer weniger Opfer, dafür gingen die materiellen Schäden immer weiter in die Höhe.

Großer Hurrikan (1780): Der Hurrikan in der Karibik ist der bislang zerstörerischste atlantische Hurrikan. Als er vom 10. bis zum 16. Oktober 1780 über die Inseln Martinique, St. Eustatius und Barbados hinwegfegt, fordert er rund 22.000 Menschenleben. Barbados wird nahezu vollständig dem Erdboden gleichgemacht.

Galveston-Hurrikan (1900): Am 8. September 1900 trifft der Sturm die texanische Stadt mit durchschnittlichen Windgeschwindigkeiten von über 200 Kilometern pro Stunde und bis zu 300 Stundenkilometer erreichenden Böen. Flutwellen, die der Hurrikan aus dem Golf vor sich hertreibt, erreichen eine Höhe von etwa 4,6 Metern und reißen Gebäude aus ihren Fundamenten. Über 3600 Häuser der Stadt werden zerstört. Die Angaben zu Todesopfern schwanken zwischen 6000 und 12.000. Die meisten Menschen ertrinken oder werden von angeschwemmten Trümmern erschlagen. Als sich die Katastrophe 15 Jahre später wiederholt, können inzwischen angelegte Deiche die Schäden begrenzen, dennoch sterben auch bei diesem Unglück 275 Menschen.

Okeechobee-Hurrikan (1928): Im September 1928 zieht der Hurrikan über Guadeloupe, die nördlichen Kleinen Antillen, Puerto Rico und die Bahamas bis nach Florida. Er verursacht durch hohe Windgeschwindigkeiten am Okeechobee-See in der Nähe von Palm Beach/Florida eine hohe Sturmflut und kostet mindestens 4075 Menschen das Leben. Tausende werden allein in Florida obdachlos.

Labor-Day-Hurrikan (1935): Der Hurrikan verursacht mit Spitzenwindgeschwindigkeiten von 260 Kilometern pro Stunde auf der Inselkette der Florida Keys verheerende Schäden. Betroffene Gebiete sind auch die Bahamas, Florida, Georgia, South Carolina, North Carolina und Virginia. Angaben zu Opferzahlen schwanken zwischen 408 und 600.

Hattie (1961): Als der Hurrikan, von der Karibik kommend, mit Spitzenwindgeschwindigkeiten von 260 Kilometern pro Stunde Mittelamerika trifft, sterben 275 Menschen. Große Teile von Belize werden zerstört.

Der Hurrikan in der texanischen Stadt Galveston im Jahr 1900 zerstörte über 3600 Gebäude. Tausende von Menschen wurden getötet, viele weitere wurden durch den Sturm obdachlos und suchten verzweifelt in den Trümmern ihrer Häuser nach verbliebenen Habseligkeiten.

Flora (1963): Als der Hurrikan Flora vom 3. bis zum 6. Oktober 1963 in Haiti, Kuba und Tobago wütet, sterben 9000 Menschen. Mindestens 100.000 werden obdachlos, allein auf Kuba werden 50.000 Menschen evakuiert. Der Sturm vernichtet Reis-, Kaffee- und Bananenplantagen, viele Flüsse treten über die Ufer, Nahrungsmittel und Trinkwasser werden knapp, vielerorts fällt die Stromversorgung aus, und viele Flüsse treten über die Ufer.

Camille (1969): Mit einer Spitzengeschwindigkeit von 305 Kilometern pro Stunde zieht der Hurrikan am 17. und 18. August 1969 über das Gebiet um das Mississippi-Delta. Betroffen sind Kuba, Alabama, Louisiana, Mississippi sowie die Süd- und die östlichen Zentralstaaten. 259 Menschen kommen ums Leben, 8931 Personen werden verletzt. Zudem werden 5662 Gebäude zerstört.

Allen (1980): Mit Spitzenwindgeschwindigkeiten von 305 Kilometern pro Stunde ist der Hurrikan der stärkste seit Beginn der Wetteraufzeichnungen. Er entwickelt sich über den Kapverdischen Inseln, streift Haiti, zieht, große Schäden hinterlassend, über Jamaika und sorgt auch auf der Inselkette der Florida Keys noch für orkanartige Winde. Die durch den Hurrikan ausgelöste Sturmflut erreicht im texanischen Port Mansfield eine Höhe von 3,7 Metern. Zudem löst der Hurrikan mehrere Tornados aus. Die Opferzahl wird auf etwa 250 geschätzt.

Gilbert (1988): Der am 8. September 1988 entstandene Hurrikan richtet innerhalb von fast neun Tagen große Zerstörungen am Golf von Mexiko und in der Karibik an. Er trifft zunächst mit Windgeschwindigkeiten von 240 Kilometern pro Stunde auf Jamaika, zieht über die Insel Grand Cayman, die mexikanische Halbinsel Yucatán und La Pesca in Nordostmexiko hinweg. In Texas verursacht er 29 Tornados, im Mittleren Westen der USA kommt es zu verheerenden Überflutungen. Insgesamt fordert der Hurrikan 318 Opfer.

Fran (1996): Am 6. September 1996 verwüstet der Hurrikan weite Teile der Küste North Carolinas, bevor er in Richtung Virginia weiterzieht. Fran verursacht weiträumig Stromausfälle und Überschwemmungen. Nahezu eine halbe Million Menschen müssen evakuiert werden, 34 Personen sterben.

Georges (1998): Der am 13. September 1998 entstehende Sturm passiert die Kleinen Antillen und zieht über Puerto Rico hinweg. In der Dominikanischen Republik und auf Haiti verursacht er sintflutartige Regenfälle, die riesige Fluten und Schlammlawinen hervorrufen. Er streift die Nordküste Kubas und erreicht Key West/Florida und Biloxi/Mississippi. Insgesamt kostet der Hurrikan, hauptsächlich in der Dominikanischen Republik und auf Haiti, 602 Menschen das Leben. Etwa 167.000 Menschen auf Haiti und 185.000 in der Dominikanischen Republik werden obdachlos. Allein auf Kuba werden 3500 Häuser zerstört.

Camille, der 1969 das Mississippi-Delta traf, fiel unter anderem dieses Schulgebäude im US-Bundesstaat Mississippi, das im September 1969 eröffnet werden sollte, zum Opfer (oben links). Der Hurrikan ließ nicht mehr als die Eingangstreppe übrig (oben rechts). Die Stärke des Sturms lässt sich beim Anblick dieses Bootes erahnen, das auf ein Gebäude in Biloxi geschleudert wurde (unten).

Floyd (1999): Der Hurrikan trifft am 16. September 1999 im US-Bundesstaat North Carolina auf Festland. Mit Windgeschwindigkeiten von 180 Kilometern pro Stunde verursacht er Sturmfluten und Windhosen in den Küstengebieten und bringt sintflutartige Regenfälle mit sich. Auch auf den Bahamas hinterlässt der Hurrikan eine Spur der Zerstörung. Auf seinem Weg deckt er Dächer ab, entwurzelt Bäume, die die Straßen blockieren, und verursacht weitgehende Ausfälle bei der Stromversorgung und in der Kommunikation. Mindestens 57 Menschen sterben bei der Katastrophe.

Isabel (2003): Im September 2003 fegt der Hurrikan mit einer Windgeschwindigkeit von 170 Kilometern pro Stunde über die Ostküste der USA hinweg, entwurzelt Bäume, beschädigt Highways und verursacht weitreichende Stromausfälle sowie massive Überschwemmungen. 16 Menschen sterben.

Charley (2004): Der Hurrikan streift am 11. August 2004 Jamaika, passiert einen Tag später Kuba und zieht bei Punta Gorda in Florida über Land, wo er schwere Schäden anrichtet. Am 14. August zieht er bei North Myrtle Beach in South Carolina erneut über Festland und löst sich schließlich am 15. August nahe Cape Cod in Massachusetts auf. Durch den Hurrikan sterben 15 Menschen.

Frances (2004): Nachdem der Hurrikan die Turks- und Caicosinseln streift, zieht er über die Bahamas auf die Küste Floridas zu. Mehr als 2,5 Millionen Bewohner müssen evakuiert werden. Vom Florida Panhandle aus zieht er am 6. September 2004 über Georgia hinweg, verursacht in den südlichen Bundesstaaten schwere Regenfälle und wird in den USA von 123 Tornados begleitet. Der Hurrikan ist für sechs Todesfälle verantwortlich.

Ivan (2004): Gegen Mittag des 7. September 2004 trifft Ivan Grenada, beschädigt 85% aller Gebäude der Insel und tötet 39 Menschen. Er streift die Küste Jamaikas, Grand Cayman und die Westspitze Kubas. Auf Grand Cayman beschädigt der Sturm 80% der Gebäude, auf Jamaika fordert er 20 Todesopfer. Bei Gulf Shores (Alabama) trifft er mit Windgeschwindigkeiten von 210 Kilometern pro Stunde auf die US-amerikanische Golfküste. Über dem Südosten der USA sorgt er für sturzflutartige Regenfälle und zieht durch Florida nach Louisiana und Texas. Insgesamt kommen 124 Menschen durch die direkte oder indirekte Einwirkung des Hurrikans ums Leben.

Jeanne (2004): Der Sturm überquert am 15. September 2004 Puerto Rico, zieht in Richtung Hispaniola, wo er verheerende Schäden anrichtet, und wandert entlang der Nordküste Haitis und der Dominikanischen Republik, wo er schwere Regenfälle verursacht, die zu Erdrutschen und Sturzfluten führen. Am 25. September zieht der Hurrikan über die Bahamas hinweg und verursacht bis in die nördlichen Bundesstaaten West Virginia und New Jersey Überflutungen. Der Hurrikan ist für über 3000 Todesfälle verantwortlich.

Dennis (2005): Am 6. Juli 2005 erreicht der Sturm die Südküste Hispaniolas und überquert am 8. Juli Kuba. Einen Tag später wandert er in Richtung der Golfküste der Vereinigten Staaten. Insgesamt sterben in Haiti, Kuba, den USA und Jamaika 88 Menschen.

Rita (2005): Mit mittleren Windgeschwindigkeiten von bis zu 290 Kilometern pro Stunde verursacht der Sturm auf den Bahamas, in Florida, Kuba, Yucatán, Louisiana, Texas und Mississippi durch starken Wind und sintflutartige Regenfälle verheerende Zerstörungen. Durch den Hurrikan kommt es in Texas und Louisiana zu weitreichenden Stromausfällen, Tausende von Menschen werden evakuiert. Der Hurrikan wird für 119 Todesfälle direkt und indirekt (etwa durch Autounfälle, Aufräumarbeiten usw.) verantwortlich gemacht.

Stan (2005): Mit maximalen mittleren Windgeschwindigkeiten von 130 Kilometern pro Stunde, starken Regenfällen mit Überflutungen, Erdrutschen und Schlammlawinen fordert der Hurrikan in Mexiko, El Salvador und Guatemala über 1000 Todesopfer.

„Hurrikan Jeanne, der 2004 vor allem in den nördlichen Teilen der Karibik wütet, ist für über 3000 Todesfälle verantwortlich."

Gegenüberliegende Seite oben: Die Stadt Miami wird, vor allem in der Hurrikansaison von Anfang Juni bis Ende November, besonders häufig von Sturmkatastrophen heimgesucht. Neben New Orleans und New York City gilt die Stadt aufgrund ihrer Lage auf der niedrig gelegenen Küstenebene am Rand des Atlantiks als eine der sturmgefährdetsten Großstädte der USA. Die Satellitenaufnahme (gegenüberliegende Seite unten links) zeigt den Hurrikan Floyd, wie er sich am 15. September 1999 auf den Osten des US-Bundesstaats Georgia zubewegt. Die Auswirkungen des Hurrikans Isabel zeigen sich eindrucksvoll an diesem zerstörten Haus in Kitty Hawk/North Carolina am 26. September 2003 (Bild rechts).

Die Satellitenaufnahme vom 26. Oktober 1998 zeigt Hurrikan Mitch auf dem Maximum seiner Intensität mit Windgeschwindigkeiten von 285 Kilometern pro Stunde.

Hurrikan Agnes (1972)

Am 18. Juni 1972 zog der Hurrikan Agnes vom Golf von Mexiko aus über Florida – wo er neun Todesopfer forderte – und die Ostküste entlang nach Pennsylvania. Hier ließen fünf Tage lang andauernde Regenfälle die Quellflüsse des Chemung-Tals anschwellen. Die Wassermassen flossen in Corning/New York in den schon hoch stehenden Chemung River und verursachten einen Deichbruch. Die riesige Wasserwand schoss flussabwärts, riss weitere Deiche, Dämme und Mauern mit sich und überschwemmte auf ihrem Weg viele Städte und Dörfer. In Corning durchbrach das Wasser den Deich am Flussufer und überflutete Tausende von Häusern bis zur Decke des zweiten Stockwerks. Dutzende Gebäude wurden aus ihren Fundamenten gerissen und weggespült. In dieser Gegend wurden über 100.000 Menschen obdachlos, 21 starben. Insgesamt forderte der Hurrikan über 120 Todesopfer.

Hurrikan Hugo (1989)

Hurrikan Hugo gilt als eine der verheerendsten Naturkatastrophen in der Geschichte der USA. Der Hurrikan entstand am 9. September 1989 nahe den Kapverdischen Inseln an der westafrikanischen Küste. Er zog über Guadeloupe und den Nordosten Puerto Ricos in Richtung Nordwesten, erreichte am 22. September als Hurrikan der Kategorie 4 die Küste South Carolinas und machte die Stadt Charleston zu einem großen Teil dem Erdboden gleich. Da es in der Marschlandgegend keinerlei schützende Deiche gab, wurde die Stadt teilweise bis zu zwei Meter hoch überflutet. Der Sturm erreichte eine Spitzengeschwindigkeit von 260 Kilometern pro Stunde. Sich langsam abschwächend, nahm der Hurrikan noch am selben Tag seinen weiteren Weg durch die US-Bundesstaaten North Carolina, Tennessee und Virginia, bevor er sich am 25. September auflöste. Von den verheerenden Schäden betroffen waren unter anderem auch der US-Bundesstaat Florida sowie die Dominikanische Republik und die Amerikanischen Jungferninseln. 76 Menschen kamen bei der Katastrophe ums Leben, der vom Sturm verursachte Schaden wird auf 10 Milliarden US-Dollar geschätzt.

Hurrikan Mitch (1998)

Der Sturm entwickelte sich am 22. Oktober 1998 vor der Nordküste Panamas und zog über Honduras, Guatemala und Mexiko, bevor er Anfang November den Golf von Mexiko erreichte. Am schwersten betroffen waren Nicaragua und Honduras. In Honduras zerstörte der Hurrikan mindestens 70.000 Gebäude und die Hälfte der Ernte. In Nicaragua lösten zehn Tage andauernde Regenfälle einen Abbruch des Vulkankraters Casitas und damit eine Schlammlawine aus, die mehrere Orte unter sich begrub und über 1500 Menschen tötete. Vor allem die ärmsten Menschen, die illegal in Hochrisikogebieten an steilen Berghängen und an Flussufern lebten, waren betroffen. Sie verloren vielfach ihr Obdach und ihr gesamtes Hab und Gut, sodass nach der Katastrophe eine große Landflucht einsetzte.

Viele Menschen mussten evakuiert werden. In den verlassenen Gebieten kam es zu massiven Plünderungen. Seuchen wie Cholera, Malaria und Dengue-Fieber breiteten sich aus, und die Lebensmittelpreise stiegen um das Dreifache.

Auch die Infrastruktur Nicaraguas erlitt schwerwiegende Schäden. Insgesamt wurde hier eine Fläche von rund 20 Quadratkilometern überschwemmt, über 4000 Menschen starben und 7000 galten als vermisst. Aber auch in El Salvador und Guatemala richtete der Hurrikan schwere Schäden an. Insgesamt kamen etwa 11.000–18.000 Menschen zu Tode. Auch eine riesige weltweite Hilfswelle konnte die auf etwa 6,2 Milliarden US-Dollar geschätzten Schäden nicht aufwiegen.

Hurrikan Katrina (2005)

Der tropische Sturm entwickelte sich am 23. August 2005 über den Bahamas und zog zunächst als Hurrikan der Kategorie 1 über Florida hinweg. Über dem Golf von Mexiko nahm er schnell an Stärke zu, überquerte am Morgen des 25. August in der Nähe von Miami mit Windgeschwindigkeiten von 130 Kilometern pro Stunde die Südspitze Floridas und kostete mindestens neun Menschen das Leben. In einigen Orten brachte der Sturm heftige Regenfälle mit sich. In der Stadt Homestead erreichte der Wasserpegel eine Höhe von mindestens 35 Zentimetern, im Monroe County betrug die Höhe der Sturmflut 1,5 Meter. In Florida verfügten über eine Million Menschen über keine Elektrizität mehr. Der hier größtenteils durch umgestürzte Bäume und die Sturmflut entstandene Schaden wird auf 1–2 Milliarden US-Dollar geschätzt. Zwar ließ die Plötzlichkeit des Ereignisses hier wenig Zeit zum

Reagieren, dennoch konnte die Küstenwache, als der Sturm in Höhe Miami-Dade und Broward County auf das südliche Florida traf, viele Menschen evakuieren. Nachdem sich Katrina zunächst über Land abgeschwächt hatte, nahm der Sturm über dem Golf von Mexiko neue Energie auf. Am 27. August, bevor der Hurrikan wieder die Küste erreichte, wurde für die Bundesstaaten Louisiana, Alabama und Mississippi der Notstand ausgerufen. Am frühen Morgen des 28. August erreichte der Hurrikan die Kategorie 5 und mit Windgeschwindigkeiten von bis zu 280 Kilometern pro Stunde und Sturmböen von bis zu 344 Stundenkilometern seine maximale Stärke. Nach Warnung durch die lokalen Behörden verließen 1,3 Millionen Menschen die Gegend rund um New Orleans. Die besondere Gefährdung bestand hier in der Tatsache, dass die Stadt sich zu etwa 80% und ihr näherer Umkreis sich zu ungefähr 20% unter dem Niveau des Meeresspiegels befindet.

Die Rettungsmaßnahmen in New Orleans infolge von Hurrikan Katrina nahmen so wie hier am 4. September 2005 vielfach dramatische Ausmaße an. Mit Booten und Helikoptern nahmen Bergungsmannschaften in der Stadt die Suche nach Vermissten und die Rettung in den Fluten Eingeschlossener auf.

Auch im Bundesstaat Mississippi fanden am 28. August Zwangsevakuierungen statt und Notunterkünfte wurden eingerichtet. Am selben Tag war nahezu die gesamte Infrastruktur entlang der Golfküste lahmgelegt.

Am 29. August traf Katrina bei Buras-Triumph in Louisiana mit einer verringerten Windgeschwindigkeit von 205 Kilometern pro Stunde auf die US-amerikanische Südküste und bewegte sich über das südöstliche Louisiana hinweg. Die Küste Louisianas war von einer riesigen Flut betroffen. In einem breiten Streifen im Osten des Bundesstaats fielen Regenfälle mit Wasserständen von 25–38 Zentimetern. Vor allem die erhöhten Pegelstände des Pontchartrain-Sees verursachten an dessen Ufern in den Gemeinden von Slidell bis Mandeville heftige Überflutungen. Mehrere Brücken wurden zerstört, fast 900.000 Menschen in Louisiana waren ohne Strom.

In New Orleans, das zwischen dem Pontchartrain-See und dem Mississippi liegt, durchbrachen die Flutwellen die Wände zweier Kanäle auf einer Länge von 150 Metern. Hier standen bis zu 80% des Stadtgebiets bis zu 7,60 Meter tief unter Wasser. Durch die Dammbrüche war die Stadt über die Zufahrtsstraßen nicht mehr zu erreichen, auch einer der Flughäfen musste seinen Betrieb einstellen.

Den Menschen, die New Orleans nicht rechtzeitig verlassen konnten, sollte der Superdome, das Football-Stadion der Stadt, Zuflucht bieten. Allerdings wurde auch dieser während des Hurrikans schwer beschädigt und vom Wasser eingeschlossen und musste ebenfalls evakuiert werden. Ersatz sollte der Astrodome in Houston bieten, aber auch dieser war schnell überfüllt. Durch das mit Leichen, Abfällen, Kot und Chemikalien verschmutzte Wasser stieg auch die Seuchengefahr stetig an.

Gleichzeitig war auch die Golfküste von Mississippi stark von den Auswirkungen des Hurrikans betroffen. Hier kamen 238 Menschen zu Tode, 67 galten als vermisst. In dem Bundesstaat wurden 65.380 Häuser beschädigt oder zerstört. Besonders die Stadt Biloxi war von den Zerstörungen betroffen. Mit einer Windgeschwindigkeit von 195 Kilometern pro Stunde zog der Hurrikan über die mittleren und westlichen Küstenregionen Mississippis und rief eine Sturmflut hervor, die kilometerweit bis ins Inland reichte und die Küste auf einer Länge von mehr als 160 Kilometern verwüstete.

Die Sturmflut und die Windböen trafen auch Alabama und den Nordwesten Floridas. In Mobile/Alabama erreichte die Sturmflut eine Höhe von etwa drei Metern, zudem brachte der Hurrikan hier vier Tornados mit sich. 600.000 Menschen in Alabama verloren durch den Hurrikan ihr Hab und Gut. Weniger schwer betroffen war Florida, wo Winde mit Geschwindigkeiten von 90 Kilometern pro Stunde einige Schäden an der Infrastruktur verursachten und Bäume entwurzelten. Der Nordwesten des Bundesstaats wurde geringfügig überflutet. Im Norden und der Mitte Georgias gab es schwere Regenfälle und heftige Stürme.

Ebenfalls am 29. August brachte der Hurrikan in Kuba tropische Windböen sowie in den westlichen Regionen mehr als 20 Zentimeter hohe Regenmengen mit sich. Die Küstenstadt Surgidero de Batabano stand zu 90% unter Wasser. Vielerorts wurden Telefon- und Stromleitungen beschädigt, in der Region Pinar del Río mussten etwa 8000 Menschen evakuiert werden.

Allerorts bemühten sich Nationalgarde und Küstenwache, die Menschen in den betroffenen Gebieten mit Helikoptern, Schiffen und Booten in Sicherheit zu bringen und aus den überfluteten Gebieten zu bergen. Auch die Versorgung mit Nahrungsmitteln und Trinkwasser sowie mit Zelten und Wohncontainern wurde vorangetrieben.

Als der Hurrikan allmählich schwächer wurde und am 30. August landeinwärts zog, bekamen weitere Bundesstaaten wie Kentucky, New York, West Virinia und Ohio die Auswirkungen von Windbö-

Nach dem Durchzug des Hurrikans Katrina war New Orleans weitflächig überflutet (gegenüberliegende Seite). Der zerstörerische Sturm und die folgenschweren Überschwemmungen machten etwa eine Million Menschen obdachlos. Tausende mussten in Notunterkünften untergebracht und versorgt werden (Bild oben).

en, starken Regenfällen mit Überflutungen und Tornados zu spüren, allerdings nur mit kleineren Schäden durch umgestürzte Bäume oder Stromausfälle. Am 31. August erreichte der Sturm Kanada. Sowohl in Ontario als auch in Québec kam es zu heftigen Regenfällen, die einige Dörfer von der Außenwelt abschnitten.

Insgesamt kamen durch Katrina 1836 Menschen ums Leben, der Schaden wird auf etwa 81,2 Milliarden US-Dollar, die Zahl der durch den Sturm Obdachlosen auf etwa eine Million geschätzt.

„In New Orleans standen aufgrund des Hurrikans Katrina bis zu 80% des Stadtgebiets bis zu 7,60 Meter tief unter Wasser."

Hurrikan Ike (2008)

Ike nahm Ende August vor der afrikanischen Küste seinen Anfang. Er zog südlich an Kap Verde vorbei und entwickelte sich am 3. September mit Windgeschwindigkeiten von 230 Kilometern pro Stunde zum Hurrikan der Kategorie 4. Der Sturm zog über die Turks- und Caicosinseln hinweg, wo er massive Stromausfälle verursachte und 80% aller Gebäude zerstörte. In Haiti kam es durch Regenfälle zu schweren Überschwemmungen, 47 Menschen wurden getötet, hauptsächlich in der stark von Flutwasser und Erdrutschen betroffenen Küstensiedlung Cabaret. Durch Schäden an der Infrastruktur wurden Hilfsmaßnahmen verzögert.

Am 8. September erreichte der Sturm mit Windgeschwindigkeiten von rund 200 Kilometern pro Stunde die kubanische Küste nahe des Cabo Lucrecia an der Nordküste der Provinz Holguín. Mit einer

Die Luftaufnahme zeigt New Orleans am 4. September 2005. Viele Häuser sind von Flutwassermassen umgeben. Die Schäden des Hurrikans Katrina durch Sturm und Überschwemmungen werden auf etwa 81,2 Milliarden US-Dollar geschätzt.

Geschwindigkeit von rund 210 Kilometern pro Stunde wanderte Ike die Nordküste entlang in Richtung der Provinz Las Tunas. In den betroffenen Gebieten richtete er schwere Schäden an. Überall wurden Straßen unterspült, Bäume entwurzelt oder Strommasten umgeworfen. Große Teile der Ernte wurden vernichtet, was die ohnehin vorhandene Lebensmittelknappheit weiter verstärkte. Allein in der Stadt Baracoa in der Provinz Guantánamo wurden rund 1000 Gebäude von den bis zu sieben Meter hohen Wellen zerstört oder beschädigt. Über das Meer zog der Hurrikan entlang der kubanischen Südküste auf die Provinz Pinar del Río zu. Besonders in den östlichen Provinzen entstanden verheerende Schaden an Infrastruktur, Gebäuden und in der Landwirtschaft. Auf Kuba mussten über zwei Millionen Menschen evakuiert werden.

Über dem Golf von Mexiko vergrößerte sich der Hurrikan auf einen Durchmesser von 1400 Kilometer und zog weiter in Richtung Texas, eine bis zu sechs Meter hohe Flutwelle vor sich hertreibend. In einigen Gebieten Louisianas verursachte der Sturm weitreichende Stromausfälle und überflutete einige mittlere und westliche Küstenabschnitte fast vollständig. In mehreren küstennahen Gebieten in Texas, wie etwa in Galveston, wurden ungefähr eine Million Menschen aufgefordert, ihre Häuser zu verlassen. Das Zentrum Galvestons stand durch die Sturmflut rund zwei Meter hoch unter Wasser. Am schwersten betroffen war die Bolivar Peninsula.

Am Morgen des 13. September traf der Hurrikan zwischen Corpus Christi und Houston auf Land und sorgte im Landesinneren bis in den Mittleren Westen und in den Norden Pennsylvanias für starke Niederschläge und Windschäden. Der Sturm verursachte weitreichende Ausfälle in der Stromversorgung, etwa 100.000 Häuser auf einer Länge von 160 Kilometern wurden überschwemmt. Ab dem 14. September waren auch küstenferne Bundesstaaten vom Hurrikan betroffen. Schwere Regen-

„Über dem Golf von Mexiko vergrößerte sich Hurrikan Ike auf einen Durchmesser von 1400 Kilometer und zog weiter Richtung Texas."

fälle und Überflutungen trafen das Ohio Valley, den Mittleren Westen, Gebiete in Illinois und Indiana. Aufgrund der Überflutungen in Chicago wurde für das Cook County der Notstand ausgerufen, ebenso in Kentucky und Ohio. Windböen von Orkanstärke, die Gebäude beschädigten und Bäume umstürzten, erreichten Teile Indianas, Kentuckys, Ohios und Pennsylvanias. Durch das Resttief des Hurrikans war Ontario in Kanada am 14. September von Rekordniederschlägen betroffen, die zur Überflutung zahlreicher Straßen führten. Windböen von rund 80 Kilometern pro Stunde verursachten Schäden an Stromleitungen. Auch in Québec waren verschiedene Ortschaften von 50–90 Millimeter hohen Niederschlagsmengen mit örtlichen Überschwemmungen und Sturzfluten betroffen. Durch die Beschädigungen von Ölbohrplattformen, Lagertanks und Pipelines entstand am Golf von Mexiko sowie den Marschlandschaften und Buchten von Louisiana und Texas ein immenser Umweltschaden. Insgesamt kamen bei der Katastrophe mindestens 177 Menschen ums Leben. Die vom Sturm verursachten Schäden werden auf 31,5 Milliarden US-Dollar geschätzt.

Am 22. September 2008 zeigen sich im texanischen Gilchrist die Auswirkungen von Hurrikan Ike. Inmitten einer dem Erdboden gleichgemachten Trümmerlandschaft hat nur ein Haus die Zerstörungen des tragischen Sturms weitgehend unbeschadet überstanden.

Tornados, Sand– und Staubstürme

Schadenträchtige Stürme

Tornados reißen Häuser, Autos und Bäume mit sich, machen Gegenstände zu gefährlichen Geschossen, gefährden den Flugverkehr und können in kürzester Zeit ganze Städte dem Erdboden gleichmachen. Sandstürme vernichten Ernten, legen das öffentliche Leben lahm und können schwere gesundheitliche Probleme bis hin zum Tod verursachen. Zum Schutz vor Personen-, Umwelt- und Sachschäden sind Vorhersagemöglichkeiten und Schutzmaßnahmen von äußerster Wichtigkeit, gestalten sich jedoch oft schwierig.

Wütende Windhosen: Tornados

Über Land und Wasser

Tornados sind kurzlebige, kleinräumige lokale Wirbelstürme, die sich aufgrund von starken Temparatur- und Luftdruckunterschieden entwickeln. Sie werden auch als Großtromben, Wind- oder Wasserhosen – je nachdem, ob sie sich über Land oder größeren Wasserflächen befinden –, im amerikanischen Raum als Twister und in Japan als Tatsumaki bezeichnet. Die Stürme weisen eine mehr oder weniger senkrechte Drehachse auf, der Luftwirbel erstreckt sich durchgehend vom Boden aus bis zur Wolkenuntergrenze. Ein Tornado hat eine kurze Lebensdauer, die zwischen wenigen Sekunden und mehr als einer Stunde liegen kann, im Durchschnitt beträgt sie unter 10 Minuten. Im Gegensatz zu tropischen Wirbelstürmen bilden sich Tornados über Land und weisen einen deutlich kleineren und schmaleren Windrüssel auf.

Durchschnittlich sind Tornadorüssel rund 100 Meter breit, es wurden aber auch schon über 1000 Meter breite Tornados beobachtet. Dabei erfassen sie vergleichsweise geringe Landflächen von etwa 10 bis 1000 Quadratkilometern. Die typische Schneise eines Tornados ist meist nur wenige Kilometer lang und ungefähr 60 Meter breit, allerdings kann sich die Tornadogröße während seiner Lebensdauer stark verändern. Der Weg eines Tornados kann auf einen Ort begrenzt sein, aber auch eine Strecke von bis zu 300 Kilometern ausmachen. Die durchschnittliche Zuglänge liegt bei einigen

„Ein Tornado hat eine kurze Lebensdauer, die zwischen wenigen Sekunden und mehr als einer Stunde liegen kann."

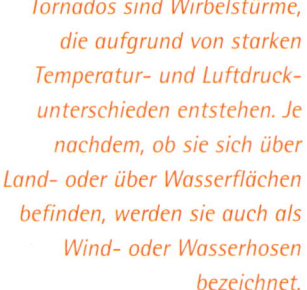

Tornados sind Wirbelstürme, die aufgrund von starken Temperatur- und Luftdruckunterschieden entstehen. Je nachdem, ob sie sich über Land- oder über Wasserflächen befinden, werden sie auch als Wind- oder Wasserhosen bezeichnet.

Kilometern. Sie bewegen sich entsprechend der Geschwindigkeit der zugehörigen Mutterwolke vorwärts, durchschnittlich liegt die Fortbewegungsgeschwindigkeit eines Tornados bei 50 Kilometern pro Stunde, kann aber auch bei über 100 Kilometern pro Stunde liegen. Die Bewegung ist dabei im Wesentlichen linear.

Deutlich höher ist hingegen die Rotationsgeschwindigkeit der Wirbelstürme. Die höchste hierbei gemessene Windgeschwindigkeit – und gleichzeitig die höchste je gemessene Windgeschwindigkeit auf der Erdoberfläche überhaupt – erreichte ein Tornado während des Oklahoma Tornado Outbreak am 3. Mai 1999 bei Bridge Creek, Oklahoma/USA. Sie lag mit 496 ± 33 Kilometern pro Stunde im oberen Bereich der Klasse F5 auf der Fujita-Skala (siehe Seite 201). Meist haben Tornados jedoch durchschnittliche Windgeschwindigkeiten von etwas mehr als 100 Kilometern pro Stunde. Die höchsten Geschwindigkeiten kommen in den untersten 100 Metern vor, da die Bodenreibung die Rotation beschleunigt. Diese hohen Rotationsgeschwindigkeiten und der extrem niedrige Luftdruck im Wolkenschlauch von etwa 80–100 hPa unter dem Umgebungsluftdruck sind auch für die dramatischen Verwüstungen durch Tornadoereignisse verantwortlich. Während im Inneren des Tornados Abwinde herrschen und es hier nahezu windstill ist, ist der Wolkenschlauch von starken Aufwinden geprägt, die Häuser, Bäume, Autos und Lokomotiven in die Luft reißen und sogar mehrere Kilometer weit mit sich schleppen können.

Wie entsteht ein Tornado?

Tornados entstehen innerhalb starker Gewittergebiete beim Zusammentreffen feucht-heißer Luft aus dem Golf von Mexiko und Kaltluft aus dem Norden, wenn starke vertikale Luftbewegungen in der Atmosphäre zu verzeichnen sind. Dabei schieben sich die kalten trockenen Luftmassen über die warme, feuchte Luft. Voraussetzung für die Tor-

„Die höchste je gemessene Geschwindigkeit auf der Erdoberfläche erreichte ein Tornado während des Oklahoma Tornado Outbreak am 3. Mai 1999."

nadoentstehung ist eine hochreichende Feuchtekonvektion. Hierzu sind eine ausreichend starke vertikale Temperaturabnahme, eine ausreichende Luftfeuchtigkeit in den unteren ein bis zwei Kilometern der Atmosphäre sowie ein Aufsteigen der Luftmassen durch Sonneneinstrahlung oder Aufeinandertreffen von Luftmassen an Luftmassengrenzen (Fronten) nötig. Genau wie bei Gewittern im Allgemeinen ist der wesentliche Energielieferant von Tornados die im Wasserdampf feuchter Luftmassen gespeicherte latente Wärme, die bei der Kondensation frei wird. Hierdurch kann die Luft hochreichend aufsteigen.

Bei entsprechenden Temperaturgegensätzen kann die kalte Luftmasse dabei heftig und strudelförmig mitunter mehrere Kilometer tief nach unten stür-

Der niedrige Luftdruck im Wolkenschlauch und hohe Rotationsgeschwindigkeiten sind für die Zerstörungskraft eines Tornados verantwortlich. Die höchste jemals gemessene Rotationsgeschwindigkeit erreichte ein Tornado während des Oklahoma Tornado Outbreaks am 3. Mai 1999. Die Schäden in dieser Küche in Oklahoma geben ein eindrucksvolles Beispiel der dramatischen Auswirkungen dieser Katastrophe.

zen. Am Rand dieses Strudels wird die herabstürzende Kaltluft durch die nach oben strömende Warmluft ersetzt. Hierdurch verstärkt sich die Drehgeschwindigkeit enorm, und die Luft konzentriert sich auf einen immer engeren Raum. Bei ihrem Aufsteigen kondensiert die Warmluft, und es bildet sich der typische trichterförmige Wolkenschlauch. Oft kondensiert aber auch der Kern des Tornados, wenn der Luftdruck schlagartig um bis zu 10% unter den Normalwert fällt und sich abkühlt, wodurch sich Tröpfchen und Wolken bilden. Der Tornadotrichter breitet sich immer weiter nach unten hin aus, bis er die Erdoberfläche erreicht. Mit hoher Geschwindigkeit rotiert der Tornado, überwiegend durch die Erdrotation bedingt, um seine senkrechte Achse. Auf der Nordhalbkugel erfolgt die Rotation überwiegend entgegen dem, auf der Südhalbkugel im Uhrzeigersinn. Vereinzelt wurden jedoch auch gegenläufige Drehrichtungen beobachtet.

Im Anfangsstadium sind Tornados meist fast unsichtbar. Sie werden erst sichtbar, wenn durch den Druckabfall und damit durch Abkühlung im Inneren des Wirbels Wasserdampf kondensiert oder Wasser, Staub oder Trümmer aufgewirbelt werden.

Tornados können dünn und schlauchartig aussehen, aber auch mehr oder weniger breit nach oben erweiterte Trichterformen aufweisen. Der Durchmesser eines Tornados kann von einigen Metern bis zu mehr als einem Kilometer betragen. Oft kommen auch Multivortex-Tornados vor, also mehrere Wirbel, die um ein gemeinsames Zentrum kreisen. Nach ihrer Entstehungsweise unterscheidet man zwischen mesozyklonalen und nicht-mesozyklonalen Tornados.

Tornados wie diese Windhose in Parker/Colorado im August 2008 (Bild rechts) können schlauch- oder trichterförmig sein und sind erst sichtbar, wenn im Inneren Wasserdampf kondensiert beziehungsweise Wasser, Staub oder Trümmer aufgewirbelt werden. Sie werden mithilfe der Fujita-Skala nach Windgeschwindigkeit und Zerstörungskraft kategorisiert. So wurde der Tornado, der am Abend des 9. April 2009 in der Stadt Mena/Arkansas Bäume entwurzelte und auf Häuser und Autos stürzen ließ, als F3-Tornado eingestuft (gegenüberliegende Seite).

Mesozyklonale Tornados

Mesozyklonale Tornados sind bestimmt durch eine starke vertikale Windscherung, also eine Änderung der Windrichtung und Zunahme der Windgeschwindigkeit mit der Höhe. Dies ermöglicht die Entstehung von Gewitterzellen mit rotierendem Aufwind (Mesozyklone). Diese sogenannten Superzellen sind durch ihre bis zu mehrere Stunden reichende Langlebigkeit und sehr ausgeprägte Begleiterscheinungen wie starke Sturzregenfälle, Hagel und Gewitterfallböen mit Geschwindigkeiten bis über 200 Kilometer pro Stunde charakterisiert. Etwa 10-20% aller Superzellen gehen mit einer Tornadobildung einher. Oft lässt sich vor der Entstehung derartiger Tornados eine sogenannte Wallcloud (Mauerwolke), also eine Absenkung der rotierenden Wolkenbasis, beobachten.

Nicht-mesozyklonale Tornados

Bei dieser Entstehungsart zerfällt eine bodennahe horizontale Windscherung in einzelne Luftwirbel mit einer vertikalen Achse. Diese werden in einer ansonsten eher windschwachen Umgebung mit starker vertikaler Temperaturabnahme in den unteren Luftschichten durch einen darüber befindlichen Aufwind einer Gewitter- oder Schauerwolke gestreckt und intensiviert. Anders als bei Mesozyklonen geht die Rotation nicht weit über die Wolkenbasis hinaus.

Klassifizierung

Die Stärke und Zerstörungskraft eines Tornados lassen sich nicht an seiner Größe ablesen. Gerade kleine Wirbelstürme richten oft verheerende Schäden an. Klassifiziert werden Tornados stattdessen nach der Windgeschwindigkeit sowie anhand der verursachten Zerstörung mithilfe der 1971 von Tetsuya Theodore Fujita (1920-1998) entwickelten Fujita-Skala. Dabei ist die Berücksichtigung der Windstärken allerdings nur theoretischer Natur, da es bislang nicht möglich ist, die Windstärken in einem Tornado sicher zu messen.

„Die Stärke und Zerstörungskraft eines Tornados lassen sich nicht an seiner Größe ablesen."

Stufe	Windgeschwindigkeit	Schäden
F0	64–116 km/h	leichte Schäden an Schornsteinen, Abbrechen von Ästen, Entwurzelung flachwurzelnder Bäume
F1	117–180 km/h	Verschiebung fahrender PKWs, Abreißen von Wellblech oder Dachziegeln, Umwerfen von Wohnmobilen, Zerstörung von Garagenanbauten
F2	181–253 km/h	Abdeckung ganzer Dächer, Entwurzelung großer Bäume, vollständige Zerstörung von Wohnmobilen, leichtere Gegenstände werden durch die Luft gewirbelt
F3	254–332 km/h	Abtragen von Dächern und leichten Wänden, Entgleisen von Zügen, Verschieben oder Umwerfen von LKWs, Entwurzelung ganzer Wälder
F4	333–418 km/h	Häuser mit schwachen Fundamenten werden von ihren Fundamenten gerissen, Umwerfen von PKWs, große Gegenstände werden durch die Luft gewirbelt
F5	419–512 km/h	selbst stabile Häusern werden von ihren Fundamenten gerissen, Anheben asphaltierter Straßen, Beschädigung von Stahlbetonkonstruktionen, Autos werden mehr als 100 Meter weit durch die Luft gewirbelt
F6	513–612 km/h	theoretischer, noch nie erreichter Wert, Auftreten unwahrscheinlich
F7	612–717 km/h	theoretischer, noch nie erreichter Wert
F8	717–827 km/h	theoretischer, noch nie erreichter Wert
F9	827–943 km/h	theoretischer, noch nie erreichter Wert
F10	943–1063 km/h	theoretischer, noch nie erreichter Wert
F11	1063–1188 km/h	theoretischer, noch nie erreichter Wert
F12	> 1188 km/h	Grenze der Schallgeschwindigkeit auf der Erde, physikalisch nicht überschreitbar

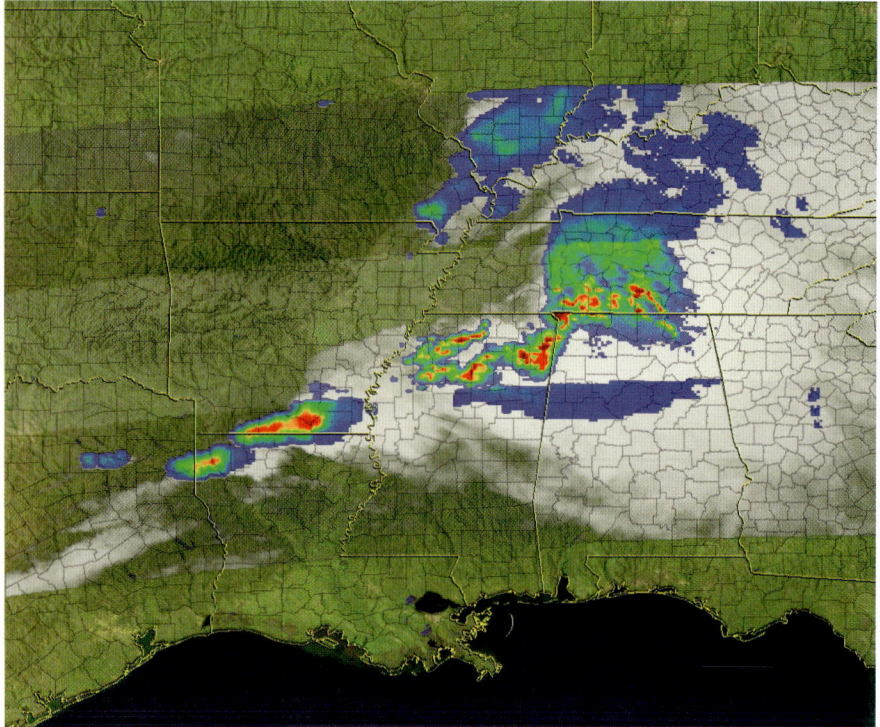

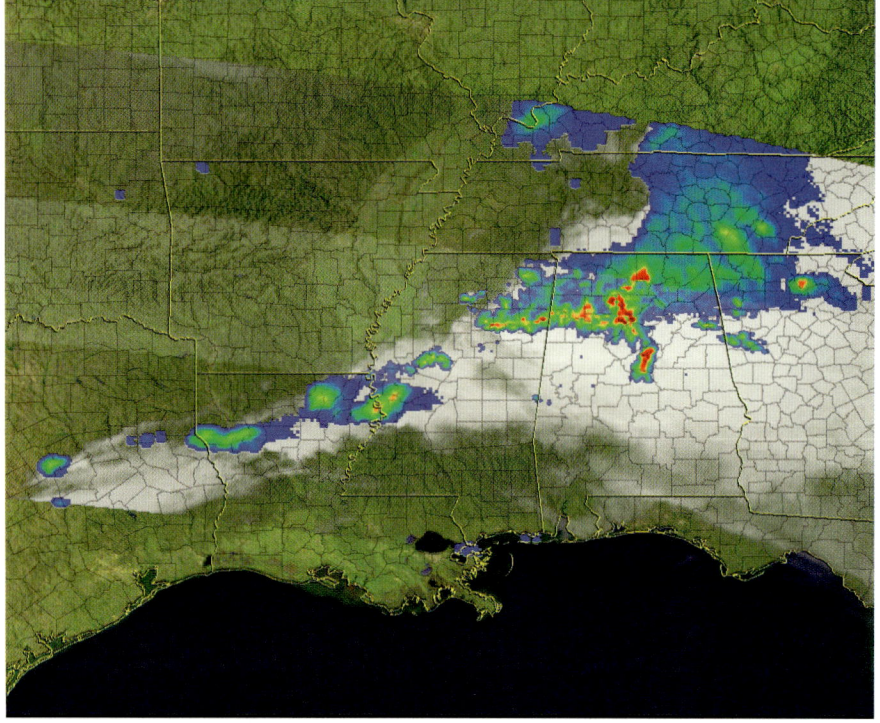

Die Satellitenbilder eines Tornadosystems zeigen dessen Niederschlagsraten am 11. Mai 2008 um 4:00 Uhr (Bild oben) und um 5:38 Uhr UTC (Bild unten). Der dunkelrote Bereich des ersten Bildes kennzeichnet eine Sturmzelle mit starkem Regen.

Gesamtzahl und von fast 30% bei den Todesopfern ein. Als verheerend werden nur etwa 2% der Tornados eingestuft, sie machen jedoch einen Anteil von 70% an der Gesamtzahl der Todesopfer aus. Problematisch ist die Abhängigkeit der Einstufung von der Zerstörung menschengemachter Strukturen, sodass selbst starke Tornados, die nur auf Naturlandschaften treffen, als schwache Wirbelstürme eingestuft werden. Ein Beispiel hierfür ist der Texas-Tornado vom 10. April 1979. Normalerweise als F4-Tornado einzustufen, traf er nur auf einige Bäume und Telefonmasten und wurde somit in der Stufe F2 klassifiziert.

Da sich die Zerstörungen durch Tornados aufgrund verschiedener Bauweisen von Häusern und Größen von Wohnmobilen nicht auf europäische Verhältnisse übertragen lassen, ist hier unter Einbeziehung von Vegetationsschäden die doppelt so feine TORRO-Skala in Gebrauch.

Verbreitung und Häufigkeit

In den USA werden jährlich ungefähr 1200 Tornados gezählt. Die meisten davon, etwa die Hälfte, kommen entlang der sogenannten Tornado Alley in Texas, Oklahoma, Kansas und Nebraska vor. Weitere stark gefährdete Gebiete sind Argentinien, Australien, Japan, Südafrika sowie Mittel-, Süd- und Osteuropa. Viele, wenn auch durchschnittlich schwächere Tornados kommen auch im Bereich der Front Range (Ostrand der Rocky Mountains), in Florida und über den Britischen Inseln vor.

In Europa werden jährlich etwa 170 registrierte Tornados sowie etwa 160 registrierte Wasserhosen beobachtet. Die tatsächlichen Zahlen einschließlich nicht registrierter Wirbelstürme werden jedoch höher geschätzt, bei Tornados auf etwa 300, bei Wasserhosen auf etwa 290–400. Verheerende Fälle sind etwa aus Nordwestdeutschland, Oberitalien, Nordfrankreich und den Beneluxstaaten bekannt. Zeitlich gesehen unterliegt das Auftreten von Tornados starken Schwankungen mit Häufungen innerhalb kurzer Zeitspannen, gefolgt von langen Abschnitten ohne Tornadoereignisse. Dies ist durch ein Zusammentreffen von Entstehungsfaktoren in bestimmten Wetterlagen begründet. Eine Tendenz zu steigenden Tornadohäufigkeiten und -intensitäten durch den Klimawandel der letzten Jahre konnte bislang nicht belegt werden.

Die meisten in den USA beobachteten Tornados, etwa 88%, sind als schwach (F0, F1) einzustufen, nur 11% werden als stark (F2, F3) klassifiziert, und unter 1% der Tornados sind gar verheerend (F4, F5). Die weltweite Verteilung gestaltet sich ähnlich: 69% aller Tornados werden als schwach eingestuft und machen einen Anteil von weniger als 5% der Todesopfer bei Tornadokatastrophen aus. Schwere Tornados nehmen einen Anteil von 29% an der

Vorhersage von Tornados

Nicht nur deshalb, weil die genauen Entstehungs-mechanismen von Tornados noch nicht vollständig verstanden sind, gestaltet sich ihre Vorhersage schwierig. Die atmosphärischen Bedingungen, die zur Tornadoentstehung beitragen, lassen sich zumindest teilweise vorhersagen. Auf diese Weise lässt sich zwar gegebenenfalls sagen, dass ein Tor-nado entstehen könnte, genaue Angaben zu Zeit und Ort der Entstehung sowie zu Intensität und Weg lassen sich jedoch im Voraus nicht machen. Zwar sind Tornados in den USA weit verbreitet, die Forschung ist jedoch noch sehr jung. Eine systema-tische Erfassung und Vorhersage von Tornados fin-det erst seit den 1950er-Jahren statt. Zum Zweck der Frühwarnung sind hier Doppler-Radare im Ein-satz, die schon im Frühstadium verdächtige Rota-tionen in Gewitterwolken erkennbar machen, diese können jedoch nicht alle Tornados ausfindig machen. Sogenannte Stormspotter, die im Netz-werk Skywarn organisiert und ehrenamtlich tätig sind, halten in den gefährdetsten Regionen der Tornado-Alley Ausschau nach herannahenden Tornados und melden ihre Beobachtungen dem nationalen Wetterdienst. Dieser kann den weiteren Verlauf des Wirbelsturms mithilfe des Radars erfassen und die auf dem voraussichtlichen Weg liegenden Orte über die Medien warnen. Auch private, nicht behördlich organisierte Hobbysturm-jäger tragen dazu bei, Informationen für die Tor-nadoforschung zu liefern. Die Hauptzentrale der Unwetterforschung in den Vereinigten Staaten ist das 1964 gegründete National Severe Storms Labo-ratory (NSSL) in Norman/Oklahoma. Dank der Arbeit der Wissenschaftler konnte die Zahl der Todesopfer von Tornadounglücken in den USA bereits deutlich gesenkt werden.
Der Wissenschaftszweig der Tornadoforschung ist in Europa zwar älter als in den USA – bereits in der ersten Hälfte des 20. Jahrhunderts leistete der Meteorologe und Geowissenschaftler Alfred Wege-ner (1880–1930) und in den 1930er-Jahren der Meteorologe Johannes Peter Letzmann (1885 bis 1971) Pionierarbeit auf diesem Forschungsgebiet –, ein engmaschiges Wetterradarnetz wurde in Euro-pa jedoch erst in den 1980er- und 90er-Jahren auf-gebaut. Im deutschsprachigen Raum erhielt die Tornadoforschung mit der Gründung des Netz-werks TorDACH im Jahr 1997 einen neuen Anstoß. Mit der Gründung von Skywarn kam in Deutsch-land, Österreich und der Schweiz 2003 ein Verband ehrenamtlicher Tornadospotter hinzu. Das Projekt European Severe Storms Laboratory (ESSL) dient der Tornadoforschung auf europäischer Ebene.

Für die Frühwarnung bei Tornadoereignissen werden Doppler-Radare eingesetzt. Diese ermöglichen es, schon im Frühstadium der Tornado-entstehung verdächtige Rota-tionen in Gewitterwolken zu erkennen und den Verlauf des Wirbelsturms zu erfassen.

„Auch private, nicht behördlich organisierte Hobbysturmjäger tragen dazu bei, Informationen für die Tornadoforschung zu liefern."

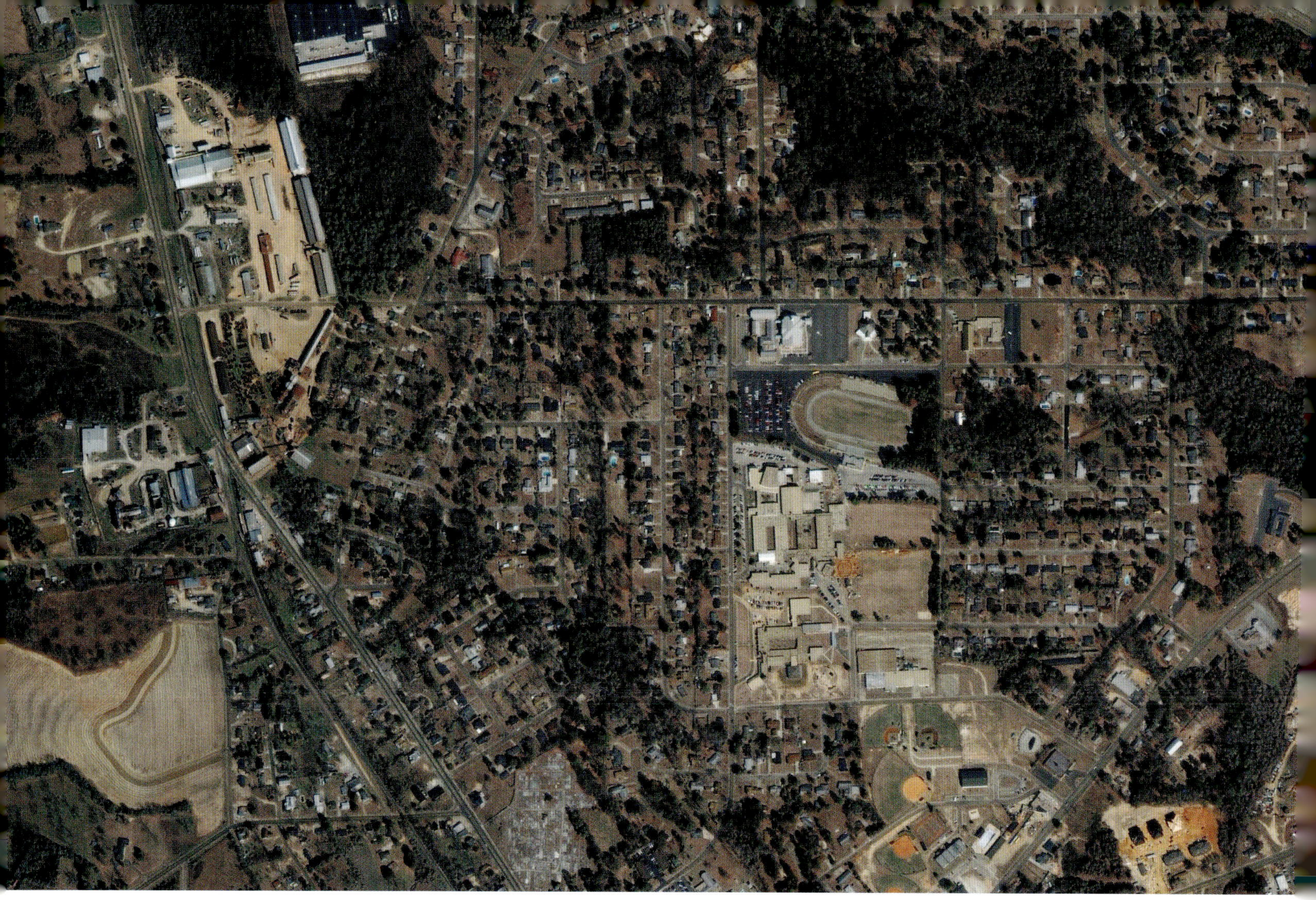

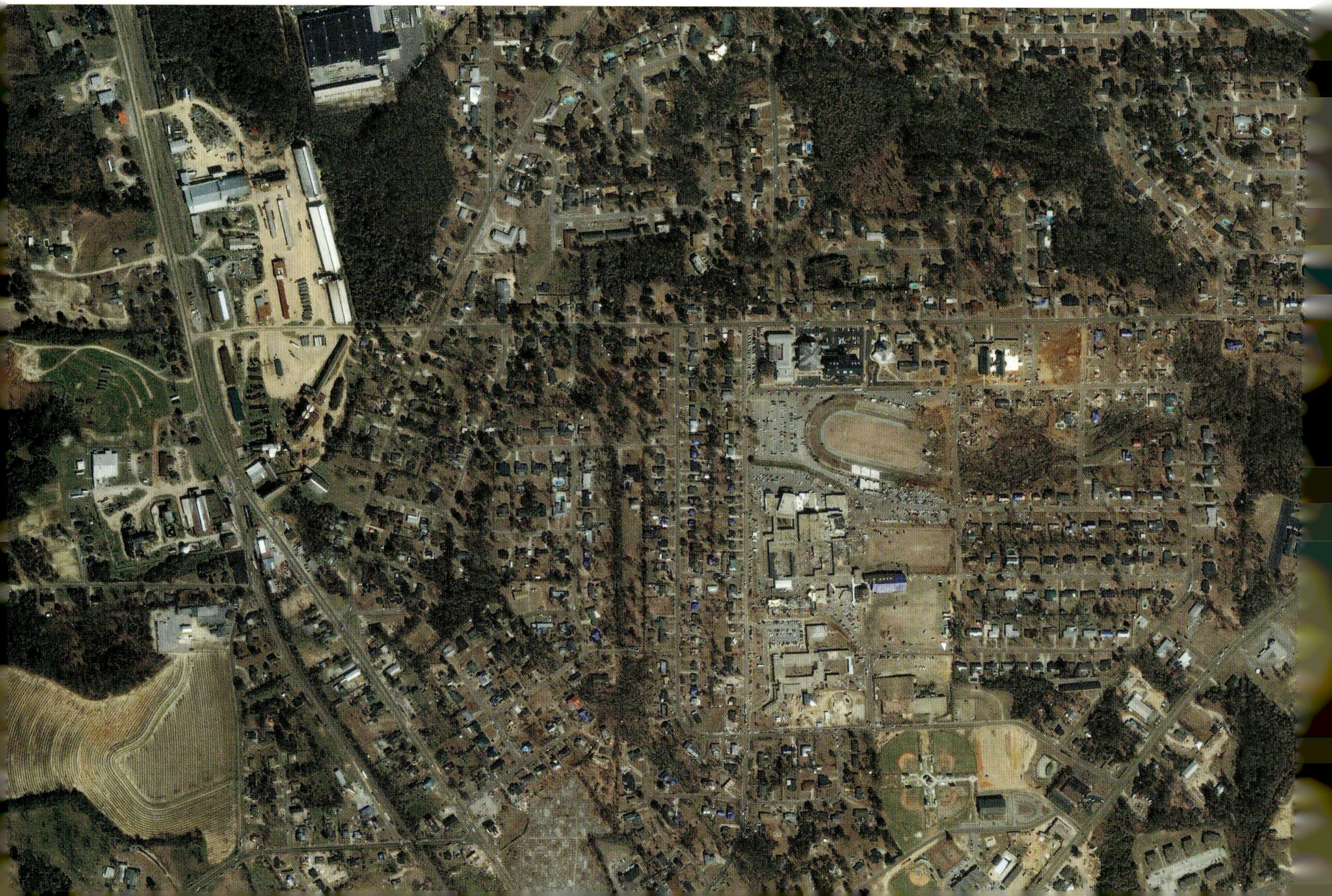

Beispiele für Tornados

Überall auf der Welt, wo es Gewitter gibt, werden auch Tornados beobachtet. Schwerpunkte bilden Regionen in den Subtropen bis in die gemäßigten Breiten. Am häufigsten betroffen ist der Mittlere Westen der USA.

1091: Der Tornado in London, Großbritannien, zerstört 600 Häuser und tötet zwei Menschen.

1840: Am 6. Mai 1840 wütet in Natchez, Mississippi (USA), der bis dahin verheerendste Tornado in der Geschichte des Landes. Er fordert 317 Menschenleben und zahlreiche Verletzte. Zudem verursacht er einen Sachschaden von über einer Million US-Dollar.

1880: In Marshfield, Missouri (USA), zerstört eine Serie von 24 Tornados die Stadt und kostet über 100 Menschen das Leben.

1884: Als über 60 Tornados über die Südstaaten hinwegfegen, sterben etwa 800 Menschen. Die Stadt Davisboro, Georgia (USA), wird dem Erdboden gleichgemacht.

1886: Am 14. April 1886 rast ein Tornado der Stufe 4 auf der Fujita-Skala mit einem maximalen Durchmesser von etwa 800 Metern über die Städte Sauk Rapids, St. Cloud und Rice im US-Bundesstaat Minnesota hinweg und zerstört große Teile von Sauk Rapids. 74 Menschen werden getötet, über 200 verletzt.

1903: Ein Tornado rast durch die Stadt Gainesville, Georgia (USA), und verwüstet eine Baumwollspinnerei, in der viele Arbeiter von den herumfliegenden Trümmern erschlagen werden. Insgesamt werden mehr als 200 Menschen getötet.

1906: Am 14. August 1906 trifft der Wirbelsturm im Bergischen Land die Landkreise Solingen und Remscheid, verursacht große Schäden an Häusern, Brücken und Wäldern und ist für drei Tote und viele Verletzte verantwortlich.

1916: Der etwa 1 Kilometer breite und etwa 3–5 Kilometer hohe F3-Tornado, der am 10. Juli 1916

Am 1. März 2007 hinterlässt ein Tornado in der Kleinstadt Enterprise in Alabama eine Spur der Zerstörung. Das obere Bild auf der gegenüberliegenden Seite zeigt die High School des Ortes mit ihrem u-förmigen Hauptkomplex vor dem Tornadoereignis. Am 5. März 2007 (gegenüberliegende Seite unten) ist die Spur des Tornados deutlich sichtbar. Das Schulgebäude, Sporthalle und Sportplatz sowie die Wohn- und Geschäftsgebäude auf der gegenüberliegenden Straßenseite sind zerstört. Bei dem Unglück starben acht Schüler. In den USA kommen Tornados besonders häufig vor (Bild oben), vor allem in den Bundesstaaten der sogenannten Tornado Alley wie etwa in Texas (Bild Mitte). Ein Beispiel ist der Tornado, der am 2. April 1957 über Dallas wütete (Bild unten).

mit Windgeschwindigkeiten von bis zu 330 Kilometern pro Stunde in einer etwa 20 Kilometer langen Zugbahn über Wiener Neustadt im südlichen Niederösterreich hinwegzieht, zerstört und beschädigt über 150 Häuser, tötet 32 Menschen und hinterlässt mehr als 300 Verletzte.

1924: Als 22 Tornados über sieben Bundesstaaten der USA hinwegfegen, sterben 115 Menschen. Der Ort Florence in South Carolina wird vollständig verwüstet.

1925: Dreieinhalb Stunden lang wütet der Tri-State Tornado am 18. März 1925 über dem Gebiet der US-Bundesstaaten Missouri, Illinois und Indiana. Er erreicht Windgeschwindigkeiten von bis zu 117 Kilometern pro Stunde, eine Zuggeschwindigkeit von etwa 95 Kilometern pro Stunde und zerstört auf einer Länge von 352 Kilometern viele Ort-

schaften. Am stärksten betroffen sind die Orte Annapolis, Gorham, Murphysboro, De Soto, West Frankfort und Parrish. Mindestens 695 Menschen kommen ums Leben, 2027 werden verletzt und über 15.000 Häuser werden beschädigt.

1936: Auf einer 400 Meter breiten Schneise richtet ein Tornado in Tupelo, Mississippi (USA), verheerende Schäden an. 216 Menschen kommen ums Leben, mehr als 700 werden verletzt.

1953: Der in Worcester, Massachusetts (USA), wütende Tornado tötet 62 Menschen und verursacht Schäden im Wert von 52 Millionen US-Dollar.

„1924 fordern 22 Tornados in 7 US-Bundesstaaten 115 Menschenleben."

Immer wieder verursachen Tornados große Zerstörungen. In Mena im Westen von Arkansas kommt es während eines Tornados am 9. April 2009 zu Schäden an Häusern durch entwurzelte Bäume (gegenüberliegende Seite oben). In Jackson/Tennessee wirbelt ein Tornado Anfang Februar 2008 Autos in die Luft und wirft sie übereinander (gegenüberliegende Seite Mitte). Such- und Rettungsteams suchen nach dem Oklahoma Tornado Outbreak am 3. Mai 1999 nach Vermissten (gegenüberliegende Seite unten). Nach einer Tornadokatastrophe am 9. Februar 2007 schützen Planen die abgedeckten Häuser der Stadt The Villages im Sumter County/Florida provisorisch vor Regen (Bild rechts).

1965: Innerhalb nur eines Tages ziehen 37 Tornados über den Mittelwesten der USA hinweg. 271 Menschen sterben, die Schadenshöhe wird auf 300 Millionen US-Dollar geschätzt.

1968: Am 10. Juli 1968 wird Pforzheim von einem Tornado der Stärke F4 auf der Fujita-Skala heimgesucht. Etwa 1750 Häuser und mehrere Hundert Kraftfahrzeuge in einer 27 Kilometer langen Tornadoschneise werden innerhalb von nur drei Minuten beschädigt, zwei Menschen sterben, über 200 werden verletzt. Zudem entstehen erhebliche Forstschäden.

1974: Insgesamt 148 Tornados wüten am 3./4. April 1974 im Süden und Mittleren Westen der USA, darunter 30 der Stufe F4/F5. Es entsteht ein Gesamtschaden von 600 Millionen US-Dollar, 315 Menschen kostet die Katastrophe das Leben.

1996: In Tangail, Dacca (Bangladesch), zerstört ein Tornado mit Windgeschwindigkeiten von 200 Kilometern pro Stunde etwa 10.000 Häuser und tötet ungefähr 500 Menschen.

1997: Am 27. Mai 1997 sucht ein F5-Tornado, einer von insgesamt 11 Tornados an diesem Tag, die Stadt Jarrell im US-Bundesstaat Texas heim, zerstört zahlreiche Gebäude, schleuderte Kühe durch die Luft, reißt Straßen auf einer Länge von über 150 Metern auf und tötet 27 Menschen.

1999: Über 70 Tornados ziehen am 3. Mai 1999 innerhalb von 11 Stunden über Texas, Oklahoma und Kansas hinweg. Am stärksten vom sogenannten Oklahoma Tornado Outbreak betroffen ist die Region um Oklahoma City. So zerstört ein 1,6 Kilometer breiter F5-Tornado mit einer Windgeschwindigkeit von 511 Kilometern pro Stunde in nur 15 Minuten die Kleinstadt Bridge Creek etwa 40 Kilometer südwestlich von Oklahoma City nahezu vollständig. Durch herumfliegende Trümmer und Gegenstände werden viele Menschen schwerstens verletzt. Allein der Bridge-Creek-Tornado tötet 36 Menschen. Insgesamt kommen 48 Personen ums Leben, mehr als 10.500 Gebäude werden zerstört. Der Sachschaden wird auf mehr als 1,5 Milliarden US-Dollar geschätzt.

Kleintromben

Zu unterscheiden sind Tornados von Kleintromben, die mit etwa 200 Kilometern pro Stunde geringere Geschwindigkeiten erreichen, sich meist in niedrigeren Höhen erstrecken und kleinere Wolkentrichterdurchmesser aufweisen. Wie Tornados sind sie kleinräumige Luftwirbel mit vertikaler Achse, es besteht jedoch kein direkter Zusammenhang mit konvektiver Bewölkung. Je nach dem Material, das Kleintromben aufwirbeln, sind verschiedene Bezeichnungen gebräuchlich, zum Beispiel Staub-, Sand-, Nebel- oder Heuteufel oder Sand- oder Staubhose beziehungsweise -trombe. Kleintromben entstehen bei einer bodennahen Überhitzung der Atmosphäre. Sogenannte Gustnados (aus engl. „gust" = „Bö" und „-nado" von „Tornado", dt. Böenfrontwirbel), eine Sonderform von Kleintromben, entstehen an den Böenfronten vor Gewittern oder Schauern. Nebelteufel bilden sich bei niedrigen Lufttemperaturen über warmen Wasseroberflächen. Staubteufel kommen am häufigsten in Wüsten- und Halbwüstengegenden vor. Auch in den USA treten sie häufig auf. In Mitteleuropa sind sie seltener, meist kleiner und niedriger. In unseren Breiten bilden sie sich am ehesten in den Sommermonaten über offenen Landflächen wie abgemähten Wiesen, unbewachsenen Äckern oder Sportplätzen. Meist entstehen sie in der Mittags- und Nachmittagszeit. Voraussetzungen sind eine Lufttemperatur von mindestens 20 °C, meist um und über 30 °C sowie geringe Windgeschwindigkeiten. Die aufgeheizte Luft steigt rasch auf, gerät durch Geländeunregelmäßigkeiten oder Windscherungen in Rotation und wirbelt Material wie Sand, Staub oder Blätter auf. Die zunehmende Rotation kann im Extremfall Windgeschwindigkeiten von Orkanstärke erreichen. Bei Sandtromben wurden bereits Spitzenwindgeschwindigkeiten bis knapp über 150 Kilometer pro Stunde gemessen. Durchschnittliche Staubteufel erreichen jedoch Windspitzen um die 50 Kilometer pro Stunde. Kleintromben können nahezu stationär bleiben, sich aber auch mit Geschwindigkeiten von bis zu 100 Kilometern pro Stunde fortbewegen. Die Drehrichtung der Staubteufel wird von der Windrichtung und den Geländeverhältnissen bestimmt. Meist sind Kleintromben vergleichsweise schwach und selten für größere Schäden verantwortlich. Ein Beispiel für einen heftigeren Sandteufel war eine Kleintrombe, die am 14. September 2000 mit geschätzten Spitzenwindgeschwindigkeiten von 120 Kilometern pro Stunde über die Coconino County Fairgrounds in Arizona (USA) hingwegfegte und dabei mehrere Gebäude leicht beschädigte.

Die Satellitenaufnahme der NASA vom 11. März 2009 zeigt eine über die Arabische Halbinsel hinwegziehende Staubhose, die sich vom Roten Meer bis an den Persischen Golf und darüber hinaus erstreckt. Die Staubwolke zog über Bahrain und Katar hinweg und bewegte sich nordwärts auf den Iran zu. In Saudi-Arabien und im benachbarten Kuwait brachte der Frühlingsstaubsturm den Luftverkehr mehrere Stunden lang zum Erliegen.

Sand- und Staubstürme

Ursache von Sandstürmen sind aufgewirbelte und vom Wind verfrachtete Partikel. So gelangte etwa am 23. September 2009 Staub aus Wüstenstürmen des Outbacks Australiens nach Redcliffe in Queensland (Bild unten) und hüllte die Stadt in eine riesige Staubwolke. Der Sturm erreichte auch Sydney, wo der Sand den Verkehr weitgehend lahmlegte (Bild oben).

Staubig und trocken

Sand- oder Staubstürme sind, wie der Name schon sagt, Stürme oder starke Winde, die Sand oder Staub bewegen. Besonders häufig sind Sand- und Staubstürme in den Wüsten verbreitet. Zu unterscheiden sind Sandstürme von den in der Regel räumlich deutlich enger begrenzten Sandhosen.

Ein Sandsturm ist ein sehr heißer, trockener Wind, der in Trockengebieten große Mengen an Sand aufwirbelt und mit sich führt. Einige dieser Stürme können bis zu 100 Millionen Tonnen Sand teilweise über große Entfernungen transportieren. Wie weit der Sand verfrachtet wird, ist von der Größe der Sandpartikel abhängig.

Sandpartikel können durch den Wind entweder in die Luft gehoben oder am Boden entlang bewegt werden (Sandkriechen). Größere Sandteilchen türmen sich an windgeschützten Stellen nach und nach zu Dünen auf.

Was ist der Unterschied zwischen Staub- und Sandstürmen?

Feinere Partikel mit Korngrößen von 0,002–0,063 Millimetern können in dichten Wolken hoch in die Luft gehoben und somit zu einem Staubsturm werden. Staubstürme machen sich als dunkle Wolken bemerkbar, die vom Boden aus bis zu mehrere Kilometer in die Höhe reichen können. Sie reduzieren die Sichtweite auf nur wenige Meter, überall dringt erstickender Staub ein. Schätzungen zufolge kann 1 Kubikkilometer Luft bis zu 1000 Tonnen Staub enthalten.

Im Gegensatz dazu bilden bei einem Sandsturm größere Partikel mit Korngrößen von 2–6,3 Millimetern niedrige Sandwolken, die aufrund der größeren Schwere nur bis höchstens 2 Meter vom Boden aus in die Höhe reichen und auch weniger weit verfrachtet werden. Stattdessen wird der Sand vom Wind in einer springenden Bewegung über den Boden getrieben, die Saltation genannt wird.

Die Verbreitung von Staub- und Sandstürmen

Reisige Staubstürme entstehen in der Sahara und im Vorderen Orient, wenn eine starke nördliche Kaltfront die heiße Wüstenluft verwirbelt. Jahr für Jahr gelangen rund fünf Milliarden Tonnen an Staubteilchen oder Aerosolpartikel und 1,5 Milliarden Tonnen Staub und Sand der Wüsten in die Atmosphäre. 60% dieser Partikel wiederum entstammen der Sahara. Durch die globalen Windsysteme werden jährlich 400 Milionen Tonnen dieser Staub- und Sandteilchen über 10.000 Kilometer weit verfachtet.

So wird der Saharastaub zunächst in eine Höhe von 4600 Metern getragen und dann in nur fünf bis sieben Tagen über den Atlantik transportiert. Von Februar bis April werden jedes Jahr etwa 13 Millionen Tonnen Staub von Afrika in das nordöstliche Amazonasbecken getragen. Wenn von Juni bis Oktober der Wind dreht, wird der Staub vor allem nach Nord- und Zentralamerika sowie in die Karibik transportiert. Bei südlicher Windrichtung kann der Staub über das Mittelmeer und die Alpen sogar bis nach Schweden geweht werden. Teilweise halten sich die Staubmassen sogar jahrelang in der Atmosphäre. Werden die Staubwolken mit dem Jetstream in Höhen von bis zu 10.000 Meter gerissen, können sie um den ganzen Globus getrieben werden.

Durch verschiedene Faktoren nehmen Staub- und Sandstürme immer mehr zu: Die Wüstengebiete werden immer größer, die Entwaldung schreitet voran und auch der Klimawandel nimmt zu. Ein weiterer Grund ist die steigende Nutzung von Geländewagen in Wüsten, wodurch verhärtete Krusten auf den Oberflächen aufgebrochen werden. Die gleiche Auswirkung hat die Rinder- und Schafhaltung im Landesinneren Australiens, bei der die dünne Vegetationsschicht durch die Hufe der Nutztiere zerstört wird.

Und die Folgen?

Vom verfrachteten Sand und den damit transportierten Stoffen geht eine oft unterschätzte Gefahr für die natürliche Umgebung aus. Der afrikanische Wüstensand, der sich in der Karibik ablagert, trägt beispielsweise zum dortigen Korallensterben bei. Die Anzahl der Korallenriffe nimmt seit den 1970er-Jahren immer weiter ab, auch andere Meeresbewohner dieser Regionen sind in einigen Jahren von einem Massensterben betroffen. Diese Erscheinungen treten genau in den Jahren auf, in denen Spitzenwerte beim Staubtransport in die entsprechenden Regionen erreicht werden. Einige Experten vermuten daher, dass mit dem afrikanischen Staub auch Keime in die Karibik gebracht werden, die die Korallenpopulation dezimieren. NASA-Wissenschaftler vermuten zudem, dass die an den Staubpartikeln haftenden Pilze oder Bakterien auch für den Menschen ein Gesundheitsrisiko bedeuten und Allergien auslösen können. Dies

„Durch verschiedene Faktoren nehmen Staub- und Sandstürme immer mehr zu."

betrifft auch eine nachgewiesene steigende Mikrobenkonzentration in der Luft, die vermehrt in Zeiten auftrat, in denen in Afrika Dürreperioden herrschten und über dem trockenen Boden aufgewirbelte afrikanische Staubwolken die nordamerikanische Küste erreichten.

Indessen enthält der Sand aus der australischen Wüste, der teilweise über Brisbane verbreitet wird, Ausscheidungen von Nutztieren, in denen sich auch Bakterien des Q-Fiebers finden, das grippeähnliche Symptome auslöst. Damit führt dieser Sand nicht nur zu Smog, sondern auch zu einem Anstieg von Erkrankungen.

Auch aus dem Baumwollanbau mit Pestiziden belasteter Sand von trockengefallenen Flächen des Aralsees führt in den Ablagerungsgebieten zu einer entsprechenden Belastung. Generell kann die Luftbelastung mit Sand und Staub zu Atemproblemen führen und besonders für Personen mit Asthma

Kaum bekannt ist die Bedrohung von Korallenriffen durch afrikanischen Wüstensand, der sich in der Karibik ablagert und dort zum Korallensterben beiträgt.

eine große gesundheitliche Belastung darstellen. Andererseits gibt es jedoch nicht nur negative Effekte. Für viele Ökosysteme bildet der Sand auf dem Land und im Meer eine wichtige Mineral- und Nährstoffquelle. So haben Forscher etwa festgestellt, dass der Staub aus der Wüste Gobi bis nach Hawaii transportiert wird und hier einen deutlichen Anstieg der Planktonpopulation bewirkt. Herrscht in einem Meeresgebiet ein Eisenmangel, kann eisenhaltiger Staub hier wie ein Dünger wirken und zum Beispiel das Algenwachstum anregen. Dadurch wiederum wird nicht nur die Lebensgrundlage für Meeressäuger und Fische verbessert, sondern auch die Fotosynthese angeregt, wodurch der Kohlendioxidverbrauch steigt und die Konzentration dieses Treibhausgases in der Atmosphäre gesenkt wird und es kühler wird.

Auch ein großer Teil der düngenden Nähr- und Mineralstoffe im tropischen Regenwald Zentral- und Südamerikas stammt aus Staubpartikeln, die aus Nordafrika über den Atlantik transportiert wurden. In einigen Gebieten Europas wirkt der herangetragene Saharasand mit seinen alkalischen Eigenschaften dem sauren Regen entgegen.

Forschungsstand

Der Weg von Sand- und Staubstürmen lässt sich mithilfe von satellitengestützten Beobachtungstechniken verfolgen. Forscher gehen davon aus, dass diese Stürme auch Auswirkungen auf das weltweite Klima haben. Um die Klimawirkung von Sand- und Staubstürmen zu untersuchen, werden Daten aus einem Forschungsprojekt am Rande der Sahara, die die Verteilung von Sand- und Staubpartikeln in der Luft darstellen, erhoben. Hierzu kommen Flugzeuge und Statelliten zum Einsatz, die Staub und Strahlung in der Atmosphäre messen. Zudem werden Proben für Laboruntersuchungen genommen. Einerseits können Staubpartikel in der Atmosphäre zur Wolkenbildung beitragen und helle Partikel könnten die Sonnenstrahlung in den Weltraum zurückstrahlen, andererseits können dunkle Teilchen auch die Sonnenenergie speichern. Somit könnten die Partikel je nachdem entweder kühlend oder erwärmend auf die Temperaturen der Erde einwirken. Je länger die Partikel in der Atmosphäre verbleiben, desto größer ist ihr Einfluss auf die dort ablaufenden Klimaprozesse.

Dust Bowl der 1930er-Jahre in den USA und Kanada

Sand- und Staubstürme führten zu einer der schlimmsten ökologischen Katastrophen der USA und Kanadas. In den 1930er-Jahren, besonders in den Jahren 1935–1938, waren Teile der Great Plains in den USA und Kanada von gewaltigen Staubstürmen betroffen, weshalb die betroffenen Gebiete als Dust Bowl (Staubschüssel) bezeichnet wurden. Ursachen waren die Rodung des Präriegrases, das die oberen Bodenschichten zuvor vor Erosion schützte, und die Überweidung zur landwirtschaftlichen Nutzung in Verbindung mit einer jahrelangen Dürreperiode. In den USA betraf die Winderosion etwa eine Fläche von 93.000 Quadratkilometern, in Kanada mehr als 12.000 Quadratkilometer. Die Folgen waren verheerend: Ernten und damit die

Sandstürme wie hier im Amboseli-Nationalpark im Südwesten Kenias (Bild unten) können die Gesundheit von Mensch und Tier belasten. Das Einatmen der Sand- und Staubpartikel (Bild links) kann zu Atemwegsbeschwerden führen, zudem können die Teilchen keim- und pestizidbelastet sein. Sandstürme haben jedoch nicht nur negative Auswirkungen. So bewirkt etwa der bis nach Hawaii verfrachtete Sand der Wüste Gobi (gegenüberliegende Seite) durch die darin enthaltenen Mineral- und Nährstoffe einen Anstieg der dortigen Planktonpopulation.

Lebensgrundlage vieler Farmer wurden vernichtet. Allein während der Zeit zwischen 1931 und 1936 wurden 650.000 Farmer mit einem Landbesitz von 400.000 Quadratkilometern von der Katastrophe in den Ruin getrieben. In der Zeit der Weltwirtschaftskrise verstärkte sich hierdurch das Problem der Arbeitslosigkeit. Zu den am schwersten betroffenen Gebieten in den USA gehörte der Bundesstaat Oklahoma. Etwa 15% der Bewohner verließen den Staat vor allem in Richtung Westen. Die Bezeichnung für diese Auswanderer, Okies, wurde zum Synonym für alle Flüchtlinge vor dieser Naturkatastrophe. Insgesamt belaufen sich Schätzungen zur Menge der Flüchtlinge auf 3,5 Millionen Personen. Aber auch Texas, Colorado, Kansas und New Mexico waren stark in Mitleidenschaft gezogen. In Kanada war die Provinz Saskatchewan am schwersten von der Katastrophe betroffen. Die Zustände in der als Dust Bowl bezeichneten Gegend änderten sich erst, als Ende der 1930er-Jahre normale Niederschlagsmengen erreicht wurden und Maßnahmen des Bodenmanagements getroffen wurden. Derartige Maßnahmen umfassten beispielsweise den landwirtschaftlichen Anbau auf schmaleren Ackerstreifen oder das Anlegen eines Wind- und Erosionsschutzes durch Anpflanzung von Bäumen auf einer Gesamtlänge von etwa 30.000 Kilometern. Mitte der 1930er-Jahre wurde zudem der dem Landwirtschaftsministerium unterstellte „Soil Conservation Service" gegründet. Diese Maßnahmen gerieten jedoch mit dem Agrarboom der 1940er-Jahre in Verbindung mit einer Ausdehnung der Anbauflächen und Vernachlässigung des Erosionsschutzes in Vergessenheit. Als es in den 1950er-Jahren zu einer erneuten Dürreperiode kam, rächte sich diese Nachlässigkeit, und ein noch größeres Gebiet als wenige Jahrzehnte zuvor war von Staubstürmen betroffen. Eine weitere Dürrephase schädigte die landwirtschaftlichen Flächen der Gegend in den 1970er-Jahren.

Die Sand- und Staubstürme der Dust-Bowl-Ära vernichteten wie hier im Cimarron County/Oklahoma in Teilen der Great Plains in den USA und in Kanada die Ernten und damit die Lebensgrundlage hunderttausender Farmer.

Sandstürme in China

Schon die antike chinesische Literatur, wie etwa die Zhu Shu Ji Nian (Die Bambusannalen), enthält Beschreibungen von katastrophalen Staubstürmen. Vor allem in den letzten Jahren wird dieses Phänomen jedoch mehr und mehr zum Problem. Der Gelbe Sand ist ein saisonal während der Frühlingsmonate in großen Teilen Ostasiens auftretendes Phänomen. Der Staub kommt aus den Wüsten Nordchinas, der Mongolei und Kasachstans. Die durch schnelle Oberflächenwinde aufgewirbelten Staubwolken werden nach Osten über China, Korea, Japan, den russischen Fernen Osten und teilweise sogar bis in die USA getragen. Im letzten Jahrzehnt wurde das Problem durch die industrielle Verschmutzung, das Austrocknen der Aral-Region in Kasachstan und das vermehrten Fortschreiten der Wüsten in China sowie die dortige Überweidung verstärkt. Weitere Gründe für die Entstehung der asiatischen Sandstürme sind Klimaphänomene wie die globale Erwärmung und El Niño in Verbindung mit erhöhten Temperaturen und verminderten Regenfällen. Hierdurch wird die Entstehung von Eisdecken verhindert, die im Winter einen Schutz vor Staubaufwirbelungen bilden würden.

In China dringt die Wüste weiter vor. Jedes Jahr verwandelt sich hier eine Landfläche von 3436 Quadratkilometern in Wüstenland – mit steigender Tendenz. Eine Landfläche von 1,71 Millionen Quadratkilometern, knapp ein Fünftel (18%) der Landfläche Chinas, ist von der Wüstenbildung betroffen. Zwei Drittel dieser Wüstengebiete sind natürliche Wüsten wie die Taklamakan oder die Gobi, ein Drittel sind jedoch durch menschlichen Einfluss entstanden. Mittlerweile rücken die Sanddünen immer näher an die Grenzen Pekings heran. Die Staubstürme sind mit giftigen und als krebserregend eingestuften Schadstoffen (zum Beispiel Schwefel, Kohlenmonoxid, Schwermetallen, Pestiziden, Herbiziden, Asbest) sowie mit verschiedenen Arten von Krankheitserregern (Viren, Bakterien, Pilzen) belastet. Hierdurch leiden verbreitet auch ansonsten gesunde Personen in den betroffenen Gebieten unter gesundheitlichen Problemen wie etwa Asthma, Lungenkrebs und anderen Atemwegserkrankungen. Sind Personen bereits von Atemwegserkrankungen betroffen, kann die zusätzliche Belastung sogar tödlich sein.

Weitere Auswirkungen sind die Gewässerbelastung und die Zerstörung und Verschlechterung von Ackerland durch Schwefelemissionen und dem daraus folgenden sauren Regen sowie durch Kontaminierung mit Asche-, Ruß- und Schwermetallablagerungen. Auch die Tierwelt leidet unter der Zerstörung der Lebensräume und Futterpflanzen sowie Fortpflanzungsbeeinträchtigungen durch giftige Schwermetalle. Durch Staubstürme verminderte Sichtweiten führen zudem zu einer Beeinträchtigung des Flug- und Straßenverkehrs sowie aushäusiger Aktivitäten. Der wirtschaftliche Verlust durch Staubstürme in China wird auf jährlich 6,5 Milliarden US-Dollar geschätzt.

In den letzten Jahren werden in China und Südkorea verstärkt Maßnahmen zur Bekämpfung dieser Sandstürme und ihrer Auswirkungen (zum Beispiel Schwefelfilter für Kohlekraftwerke) ergriffen. Zu den Schutzmaßnahmen gehört die Anpflanzung von Bäumen in Wüstengebieten sowie strenge Verbote und Vorschriften bezüglich Abholzung, Überweidung und Überkultivierung. Eines dieser Aufforstungsprojekte ist die sogenannte Grüne Mauer, die Peking vor Sandstürmen schützen soll. Insgesamt sollen hierzu 350.000 Quadratkilometer Land mit Bäumen bepflanzt werden. Zum Schutz vor Sandstürmen sind allerdings auch verstärkt grenzüberschreitende Kooperationen nötig.

Auf dieser Satellitenaufnahme vom 7. April 2006 vermischen sich dunkelgelber Staub, weiße Wolken und grauer Smog, der sich über das Ozeanwasser ausdehnt, im Himmel über Nordostchina.

Gewitter und Hagelschäden

Der Zorn der Götter

Seit jeher fürchten die Menschen Unwetter mit sintflutartigen Niederschlägen und Hagelregen. So galten Blitz und Donner bei vielen Völkern als Zeichen des Götterzorns. Bei den Germanen war es der Gott Thor, der die Blitze vom Himmel herabschleuderte, bei den Griechen Zeus und bei den Römern Jupiter. Auch heute noch wirken die zuckenden Blitze, das Donnergetöse und der herabprasselnde Hagel oftmals beängstigend. Diese Angst ist auch in der heutigen Zeit nicht unbegründet, denn einschlagende Blitze und schwere Hagelereignisse können nicht zu unterschätzende Schäden anrichten.

Bedrohlich und faszinierend: Gewitter

Entstehung von Gewittern

Gewitter sind mit luftelektrischen Entladungen, also Blitz und Donner, verbunden. In der Regel sind sie von heftigen Regen- oder Hagelschauern, selten auch von Tornados und Downbursts begleitet. Meist treten Gewitter im Sommer auf, oftmals von heftigen Schneeschauern begleitete Wintergewitter kommen hingegen seltener vor. Einer Gewitterfront gehen böige Winde bis zu Sturmstärke voran. Stündlich ereignen sich weltweit etwa 3000 Gewitter mit mehr als 100.000 Blitzen. Gewitterwolken bilden sich durch den Aufstieg feuchtwarmer Luft in die höhere, kältere Atmosphäre. Voraussetzung für den Luftaufstieg ist neben dem Vorhandensein einer feuchten Luftschicht in Bodennähe, dass in einem begrenzten Gebiet eine höhere Temperatur als in der Umgebung herrscht. Zudem muss eine hinreichende

Temperaturabnahme mit der Höhe gegeben sein. Dies ist dann der Fall, wenn die Temperatur pro 100 Meter Höhe um mehr als 0,65 °C abnimmt. Entsprechend kühlt sich die aufsteigende Luftmasse ab, jedoch durch die frei werdende Kondensationswärme weniger schnell als die Umgebungsluft. Die Luftmasse ist somit nicht nur wärmer, sondern wegen der Dichteabnahme auch leichter als die umgebende Luft, und ein Auftrieb entsteht. Ein Gewitter bildet sich erst durch die Hebung der feuchtwarmen Luftschicht am Boden. Bei der Hebung kühlt eine feuchte Luftmasse zunächst bis

„Gewitterwolken bilden sich durch den Aufstieg feuchtwarmer Luft in die höhere, kältere Atmosphäre."

Quellwolken bilden sich nach der Hebung einer feuchten Luftmasse bis zur Taupunkttemperatur bei der Kondensation des in der Luft enthaltenen Wasserdampfs. Diese Wolken können sich zu sogenannten Cumulonimbuswolken (lat. „cumulus" = „Anhäufung" und „nimbus" = „Regenwolke") entwickeln.

zur Taupunkttemperatur ab, wodurch der enthaltene Wasserdampf zu kondensieren beginnt. Es entsteht eine Quellwolke, die sich zu einer Gewitterwolke, einem sogenannten Cumulonimbus (Cb), entwickeln kann.

Der Energielieferant für die Feuchtekonvektion ist die latente Wärme, also die im Wasserdampf enthaltene Energie, die bei der Kondensation in Form von Wärme frei wird. Unter bestimmten atmosphärischen Bedingungen kann die Luft weiter in eine Höhe aufsteigen, in der die Temperaturdifferenz in Bezug auf die Höhe wieder abnimmt.

Hierdurch wird der Dichte- und Temperaturunterschied des aufsteigenden Luftpakets im Vergleich zur Umgebungsluft wieder verringert. Erreichen die Dichte und die Temperatur des Luftpakets die der Umgebungsluft, wird der Auftrieb gebremst.

Luftmassen- und Frontgewitter

Grundsätzlich unterscheidet man Luftmassengewitter, Frontgewitter und orografische Gewitter.

Luftmassengewitter

Luftmassengewitter kündigen sich durch Gewitterschwüle an. Voraussetzung für ihre Entstehung ist eine hinreichende Temperaturabnahme mit der Höhe und ein bodennaher Heizmechanismus. Die aufsteigenden Luftmassen treffen in größeren Höhen auf kältere Luft, und die Wassertröpfchen kondensieren zu Wolken, die sich bis in Höhen von über 10.000 Metern auftürmen können.

Luftmassengewitter sind relativ selten und mit einer Lebenszeit von rund einer Stunde recht kurzlebig. Sie bilden sich vor allem im Sommer durch die von den Sonnenstrahlen aufgeheizten bodennahen Luftmassen. Diese Art von Gewitter wird als Hitze- oder Wärmegewitter bezeichnet. Der zweite Haupttyp von Luftmassengewittern sind Wintergewitter.

„Ein Gewitter bildet sich erst durch die Hebung der feuchtwarmen Luftschicht am Boden."

Wärmegewitter: Die auch als Sommer- oder Konvektionsgewitter bezeichneten Unwetter entstehen, wie der Name bereits sagt, im Sommerhalbjahr. Durch die Sonneneinstrahlung wird die bodennahe Luft stark erwärmt und lässt Wasser verdunsten. Die wärmere Luft steigt auf und kondensiert. Bei entsprechenden Voraussetzungen können hierbei Gewitter ausgelöst werden. Sommergewitter kommen am häufigsten in den Nachmittags- und Abendstunden vor.

Wintergewitter: Wintergewitter entstehen zwar im Winterhalbjahr, grundsätzlich jedoch auf dieselbe Weise wie Wärmegewitter. Da hierbei allerdings oft eine ausreichend starke Sonneneinstrahlung fehlt, ist die Gewitterentstehung von einer starken

Bei der Kondensation wird Energie frei, was zu einem weiteren Aufstieg der Wolkenmasse und damit zu den charakteristischen vertikalen Türmen der Cumulonimbuswolken führt. Ein solcher Turm kann in Höhen von etwa 10 Kilometern aufsteigen und in den Tropen etwa 20 Kilometer breit werden. Diese vertikalen Wolken können Wassermengen von 20 bis 100 Millionen Tonnen enthalten und bringen Niederschläge sowie oft auch Gewitter und starke Winde mit sich.

Erreicht die Luftschicht einer Cumulonimbuswolke die Atmosphärenschicht der Tropopause, in der die Luft nicht weiter abgekühlt wird, kommt der Aufstieg der Wolkenmasse zum Stillstand. Die Wolken werden flacher und breiten sich ambossförmig aus (großes Bild unten). Orografische Gewitter entstehen durch die Hebung von Luftmassen an Gebirgen (gegenüberliegende Seite). Ein Gewittersturm wütete am 26. März 2009 über Mississippi. Die Zonen der höchsten Niederschlagsintensität zeigen sich auf der Radaraufnahme in Rot (kleines Bild).

Abkühlung in der Höhe abhängig. Meist passiert dies durch Zufuhr von Kaltluft polaren Ursprungs. Durch den hohen Temperaturunterschied zwischen vergleichsweise warmen Meeresoberflächen und der darüber befindlichen kalten Luft kann es ebenfalls zu einer Feuchtekonvektion kommen. Im Gegensatz zur Konvektion über Land ist dieser Mechanismus tageszeitenunabhängig. Am häufigsten finden Wintergewitter in den Mittags- und frühen Nachmittagsstunden statt. Oft sind sie mit heftigen Schnee- und Graupelschauern verbunden. Aufgrund des geringeren Wasserdampfanteils sind sie weniger energiereich als Sommergewitter und damit meist weniger intensiv.

„Wintergewitter gehen oft mit heftigen Schneeschauern einher."

Frontgewitter

Häufiger als Luftmassengewitter kommen Frontgewitter vor, die das ganze Jahr über entstehen. Sie treten bei einer großräumigen Luftverschiebung und damit am Beginn eines Wetterwechsels auf. Frontgewitter entstehen, wie der Name bereits sagt, beim Aufeinandertreffen zweier unterschiedlicher Luftmassen an einer Front. Wenn warme Luft auf eine Kaltfront trifft, schiebt sich die kalte Luft unter die warme Luftmasse, was zu einer Hebung führt. Ab einer bestimmten Höhe kommt es zu einer Kondensation des Wasserdampfs, und es entstehen Quellwolken, die sich bei geeigneten Voraussetzungen zu Gewitterwolken entwickeln können. Frontgewitter können das ganze Jahr über vorkommen, im Sommer sind sie jedoch häufiger und meist auch heftiger als im Winter.

Orografische Gewitter

Die Gewitterentstehung durch Hebung an Gebirgen wird als orografisches Gewitter bezeichnet. Diese Gewitter bilden sich, wenn eine Luftmasse über ein Gebirge hinwegströmt, sich auf diese Weise zwangsläufig hebt und dabei abkühlt und auskondensiert. Bei geeigneten Voraussetzungen kann sich eine Gewitterwolke bilden. Hierbei können enorme Regenmengen entstehen.

Niederschlagsentstehung

Zur Wolkenbildung müssen zunächst Regentropfen entstehen, die sich in der Atmosphäre zu Wolken formieren. Sie bilden sich durch das Verdampfen von Wasser aus Seen, Pfützen oder anderen Gewässern unter dem Einfluss der heißen Sonneneinstrahlung. Aufgrund der geringen Dichte der warmen Luft steigt diese nach oben auf. Wenn ein Wasserdampfmolekül auf kleinste Staub- oder Rußpartikel beziehungsweise gefrorene Eiskristalle trifft, kann es sich beim Abkühlen an diese sogenannten Kondensationskerne anlagern, wodurch ein kleiner Wassertropfen entsteht. Dies geschieht jedoch erst, wenn die Luft bei ihrer Abkühlung eine 100%ige Luftfeuchtigkeitssättigung erreicht hat. Aus zahlreichen kleinen Wassertröpfchen entsteht dann eine Wasserwolke.

Wenn die Wassertropfen in noch kältere Höhen aufsteigen, verwandeln sie sich bei einer Temperatur von −15 °C zu Eiskristallen. Aus der Wasser- wird eine Mischwolke. Bei einer Temperatur ab −35 °C sind alle Regentropfen zu Eiskristallen geworden, und eine reine Eiswolke hat sich gebildet.

Die typische Gewitterwolke ist die Cumulonimbus-Wolke, eine Mischwolke mit Regentropfen und Eiskristallen. Die leichteren Eisteilchen konzentrieren sich im oberen Teil, die schwereren, größeren und dunkleren Regentropfen sammeln sich im unteren und mittleren Teil der Wolke.

„Die typische Gewitterwolke ist die Cumulonimbus-Wolke, eine Mischwolke mit Regentropfen und Eiskristallen."

Blitz und Donner

Blitze sind Funkenentladungen zwischen Wolken oder zwischen einer Wolke und dem Boden, die sich in Gestalt eines Lichtbogens zeigen. Sie entstehen durch elektrostatische Aufladung der Wassertropfen in Gewitterwolken.

222 Naturkatastrophen

Entstehung von Blitz und Donner

Unter einem Blitz versteht man eine Funkenentladung, die sich als kurzzeitiger Lichtbogen zwischen Wolken oder einer Wolke und der Erde zeigt. Blitze entstehen durch die in Gewitterwolken auftretenden hohen vertikalen Windgeschwindigkeiten von bis zu 150 Kilometern pro Stunde in Verbindung mit Eiskristallen und Wassertropfen, die je nach Größe unterschiedliche Ladungen transportieren. An der Grenze zwischen Auf- und Abwinden kommt es im Inneren der Wolke zu einem Durcheinanderwirbeln der Regentropfen und Eis-

„Das Spannungfeld innerhalb der Wolke wächst an, wenn sie sich in eine Höhe von rund neun Kilometern auftürmt."

kristalle und zu weiteren Ladungstrennungen durch Reibung und Zerstäuben der Wasserteilchen. Eiskristalle laden sich durch die Reibungsenergie positiv, Wassertropfen negativ auf.

Je nach Ladung verteilen sich die Wassermoleküle in der Wolkenformation. Im kalten oberen Wolkenabschnitt entsteht durch die kleineren und leichteren positiv geladenen Eiskristalle ein Bereich positiver Ladung, näher am Boden überwiegt durch die negativ aufgeladenen Regentropfen die negative Ladung.

Das Spannungfeld wächst an, wenn sich die Wolke in eine Höhe von rund neun Kilometern auftürmt. Wird die kritische Schwelle von etwa 170.000 Volt pro Meter überschritten, entlädt sich die dabei aufgebaute elektrische Spannung in einem Blitz.

Blitze können sich entweder innerhalb von Wolken (Wolkenblitz) oder zwischen der Wolke und dem Boden (Erdblitz) entladen. Erdblitze kommen jedoch erst dann vor, wenn die Wolkenuntergrenze tiefer als 3000 Meter liegt. Daneben treten manchmal während eines Gewitters auch sogenannte Luftblitze, also Luftentladungen in den freien Raum, auf. Bei typischen Wolke-Boden-Blitzen breiten sich im Leitblitz zunächst stufenweise negative Ladungsträger in Richtung Boden aus, wodurch sich ein im Durchmesser rund 12 Millimeter großer ionisierter Kanal bildet.

Währenddessen lädt sich der darunter befindliche Boden positiv auf. An exponierten Stellen wie etwa Kirchtürmen, Bäumen oder Masten ist die elektrische Feldstärke besonders groß. Von hier aus wächst dem Leitblitz meist eine positive Ladung (Fangentladung) entgegen, wodurch sich der Blitzkanal als Verbindung zwischen der Wolke und dem Boden schließt. Die Ionisation im Blitzkanal regt dabei die dort befindlichen Luftmoleküle zum Leuchten an. Die Vorentladungen können dabei ihre Richtung ändern und sich stellenweise aufspalten, wodurch die Verästelungen und die Zickzackform des Blitzes entstehen. Die häufig zu beobachtende Zickzackform von Blitzen ist in der

Tatsache begründet, dass Blitze große Widerstände in der Luft umgehen.

Anschließend folgt die häufig aus mehreren Einzelentladungen bestehende Hauptentladung in Form eines Blitzschlags, bei der die Stromstärke zwischen 20.000 und 400.000 Ampere erreichen kann. Durchschnittlich wird ein Blitz von vier bis fünf Hauptentladungen gebildet.

Kurz darauf kommt es zu mehreren Nebenentladungen, die das menschliche Auge jedoch als einzigen, leicht flackernden Blitz erfasst. Bei der Entladung steigt die Lufttemperatur auf bis zu 30.000 °C. Die Luft im Blitzkanal dehnt sich hierdurch innerhalb von 10 bis 100 Millionstelsekunden aus, was zur Entstehung von Schockwellen führt. Diese machen sich als Donner bemerkbar.

Blitz und Donner entstehen immer gleichzeitig. Da sich der Schall (mit etwa 340 Metern pro Sekunde) jedoch viel langsamer als das Licht (mit etwa 300.000 Kilometern pro Sekunde) bewegt, kann man aus der Zeit, die zwischen Blitz und Donner liegt, die Entfernung des Blitzes vom Beobachter berechnen: Teilt man die Anzahl der Sekunden zwischen Blitz und Donner durch drei, erhält man die Entfernung des Blitzes zum eigenen Standort in Kilometern.

Herannahende Gewitter kündigen sich abends häufig auch durch Wetterleuchten an, ein Aufleuchten des wolkenverhangenen Himmels. Ist dabei kein Donner zu hören, ist das Gewitter über 20 Kilometer entfernt, entsprechend der Entfernung, in der die Schallwellen in der Atmosphäre absorbiert werden.

Allerdings verringert sich die elektrische Spannung zwischen Atmosphäre und Boden durch ein Gewitter nicht, sondern wird im Gegenteil vergrößert. Die Atmosphäre lädt sich dabei positiv auf, der Boden negativ. In gewitterfreien Wetterlagen baut sich die Spannung durch Ionentransport in der Luft nach und nach wieder ab.

Erscheinungsformen von Blitzen

Blitze können verschiedene Erscheinungsformen annehmen:

Linienblitz: Die häufigste Blitzform ist der Linienblitz. Linienblitze weisen keine Verzweigungen auf. Sie können nicht nur einen direkten Weg zum Erdboden nehmen, sondern auch Bögen beschreiben und dadurch knoten- oder kreisförmig verschlungen erscheinen.

Flächenblitz: Flächenblitze besitzen zahlreiche vom Hauptblitzkanal ausgehende Verzweigungen.

Perlschnurblitz: Perlschnurblitze weisen keinen zusammmenhängenden Blitzkanal auf, sondern zerfallen in einzelne, meist nur wenige Meter lange Abschnitte, die von Weitem betrachtet an eine Perlenschnur erinnern. Im Vergleich zu Linienblitzen leuchten diese heller und meist etwas länger. Perlschnurblitze kommen nur sehr selten vor.

Kugelblitz: Kugelblitze sind vorwiegend während Gewittern plötzlich und auch in geschlossenen Räumen auftretende schwebende, glühend helle Lichtkugeln. Sie sind undurchsichtig und meist hellgelb bis orange, können kugel-, ei- oder stabförmig sein und durchschnittliche Ausdehnungen von 10–40 Zentimetern erreichen. Da sie extrem selten sind und ihr Auftreten nur wenig doku-

Flächenblitze, wie dieser Blitz über Hamburg, weisen zahlreiche vom Hauptblitzkanal ausgehende Verzweigungen auf. Die Verästelungen und die Zickzackform entstehen durch Richtungsänderung und Aufspaltung von Vorentladungen.

mentiert und belegt ist, ist ihre Existenz noch heute umstritten. Sie treten überwiegend in Bodennähe auf und bewegen sich hier langsam voran. Die Bewegung ist dabei entweder zufällig oder von einem Objekt angezogen, sie können jedoch auch statisch sein. Manchmal erzeugen sie Geräusche oder versprühen Funken. Sie sollen durch Mauern und Ritzen dringen können, strahlen keine Wärme ab und haben eine Lebensdauer von wenigen Sekunden. Danach zerstreuen sie sich, werden von etwas absorbiert oder verschwinden, selten auch in einer Explosion etwa bei Berührung, wobei sie Verletzungen hervorrufen können.

Wetterleuchten: Als Wetterleuchten wird der Widerschein von fernen Blitzen oder von Blitzen innerhalb von Wolken bezeichnet, die man selbst nicht sieht und die von Wolkenfeldern widergespiegelt werden. Wegen der großen Entfernung macht sich der Donner dabei nicht oder nur schwach bemerkbar.

Elmsfeuer: Die äußerst seltenen Funkenentladungen, die meist an hohen Punkten wie Masten, Turmspitzen, Gipfelkreuzen oder Tragflächen von Flugzeugen zu beobachten sind, sind Vorentladungen aufgrund von großen Feldstärken. Sie treten als weiß-bläuliche Flammen vor oder während eines Gewitters auf und dauern meist nur wenige Minuten an. Elmsfeuer entstehen durch Spannungsdifferenzen zwischen Boden und Luft bei einer herannahenden Gewitterfront. Die Luft lädt sich stark auf und beginnt zu knistern. Wird eine ausreichend große Spannung zwischen dem elektrischen Feld eines exponierten Gegenstands und der Luft erreicht, fließt Strom und die Luftmoleküle werden ionisiert, was das Lichtflackern bewirkt.

Kobolde: Kobolde (engl. „sprites") treten in einer Höhe von ungefähr 70–100 Kilometern über intensiven Gewittern auf. Die meist rötlichen Blitze kommen in verschiedenen Formen von pilz- bis säulen- oder lattenzaunförmig vor und breiten sich in Sekundenbruchteilen nach oben und unten aus. Sie erlangen eine etwa 100- bis 1000-mal größere Intensität als typische Blitze und können Breiten von bis zu 50 Kilometern erreichen.

Blue Jets: Die blauen kegelförmigen Entladungen entstehen in einer Höhe von etwa 40–80 Kilometern. Auch sie bilden sich weit über den Gewitterwolken. Sie breiten sich vom oberen Rand der Gewitterwolke aufwärts aus und dauern einige Zehntelsekunden an.

Elfen: Elfen (engl. „elves") sind Blitzentladungen, die sich als rötliche Ringe in einer Höhe von etwa 90 Kilometern über großen Gewitterwolken zeigen. Man vermutet, dass sie durch Wolkenblitze hervorgerufen werden.

Blitzgewitter sind fantastische Naturschauspiele. Besonders eindrucksvoll zeigen sich die Erscheinungsformen und das Lichtspiel in Küstengegenden wie hier über der maltesischen Insel Gozo (gegenüberliegende Seite). Sind Blitze hinter Wolkenfeldern versteckt und nur als Widerschein sichtbar, spricht man von einem Wetterleuchten (Bild oben).

Weltweite Verteilung und Häufigkeit

Weltweit gibt es täglich Tausende von Blitzentladungen. Die Karte, basierend auf Daten von optischen Sensoren der NASA aus dem Zeitraum zwischen 1995 und 2003, zeigt die globale Verteilung von Gewitterhäufungen. Deutlich erkennbar ist die ungleichmäßige Verteilung von Blitzen über den Globus. Während die Ozeane sowie die Polarregionen weitgehend gewitterfrei sind, häufen sich die Blitze über Florida, der Himalajaregion und vor allem Zentralafrika. Auch nahezu ganz Südamerika ist gewitteranfällig.

Täglich entstehen auf der Erde 10–30 Millionen Blitze, über 100 Blitze pro Sekunde. Allerdings schlagen nur 10% aller Blitze in den Boden ein. Am häufigsten kommen sie über tropischen Landmassen vor, da Gewitter hier aufgrund der schwülen aufsteigenden Luft günstige Bedingungen finden. Die höchste Blitzdichte der Erde findet sich im tropischen Zentralafrika. Besonders im Kongobecken, speziell im Lee westlich der Zentralafrikanischen Schwelle, haben Forscher der NASA eine enorme Blitzhäufigkeit festgestellt. Hier kommt es ganzjährig zu Blitzereignissen. Weitere Ballungsgebiete für Blitze sind der äußerste Norden der Indus-Ebene in Pakistan, Nordkolumbien bis zum Maracaibo-See in Venezuela, die Straße von Malakka und die Südstaaten der USA sowie die vorgelagerten Inseln der Karibik. Meist ist die Blitzhäufigkeit in diesen Gebieten orografisch bedingt, also durch ein Aufsteigen von Luftmassen an Gebirgsketten. Einige Gebiete wie etwa die Polarregionen bleiben hingegen von Blitzen weitgehend verschont.

Die Blitzhäufigkeit ist jedoch auch sehr stark jahreszeitenabhängig. Während hierzulande im Januar nahezu keine Blitze auftreten, kommen sie im Juli und August sehr häufig vor. Auch in anderen Gebieten fällt das Blitzmaximum mit dem Sommer der jeweiligen Erdhalbkugel beziehungsweise mit dem Monsun zusammen.

„Täglich entstehen auf der Erde 10–30 Millionen Blitze, über 100 pro Sekunde. Allerdings schlagen nur 10% aller Blitze in den Boden ein."

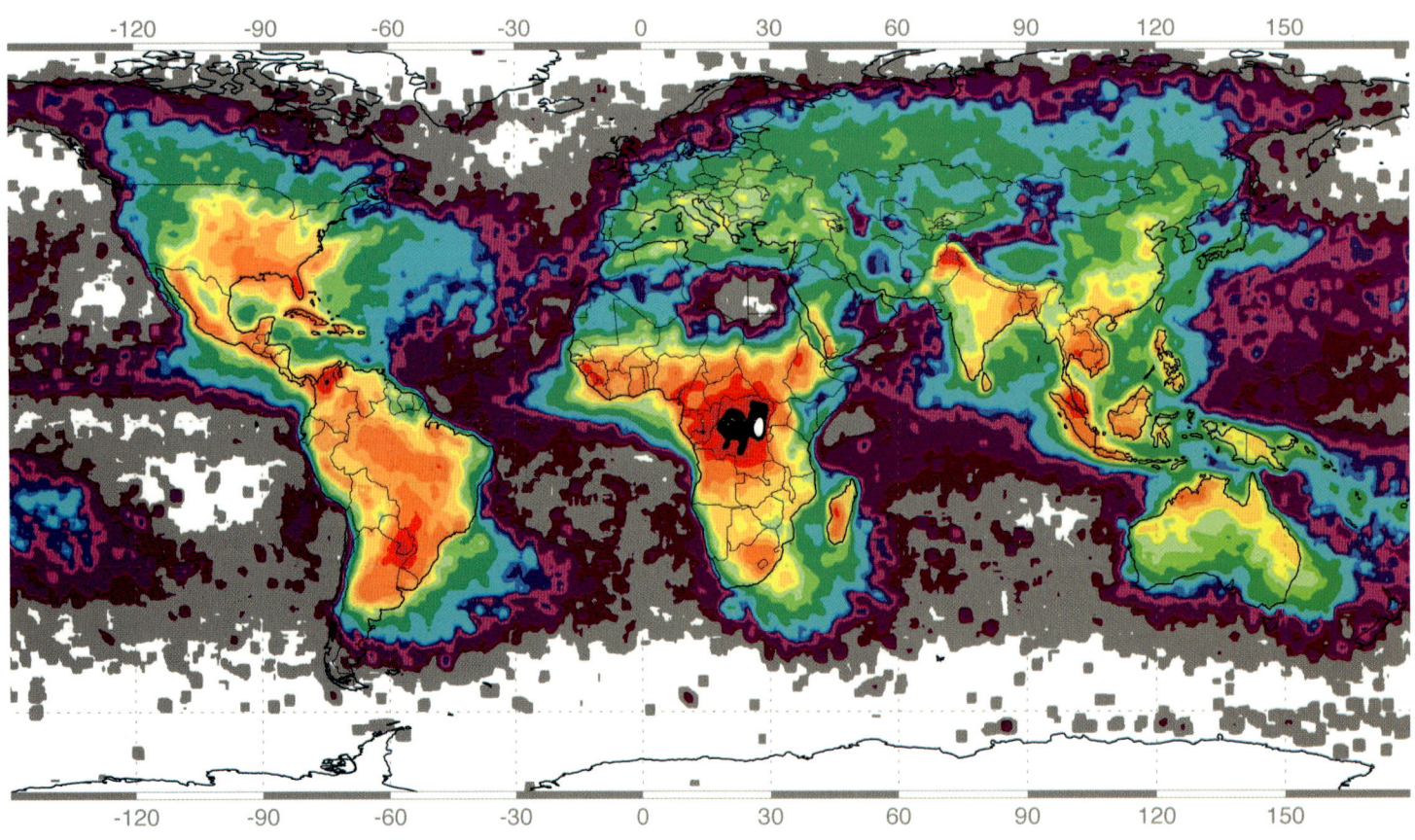

Auswirkungen des Klimawandels

Heftige Unwetterereignisse mit sintflutartigen Regenschauern sind in den letzten Jahren vielerorts schon fast zur Regel geworden. Experten gehen davon aus, dass dies zukünftig noch häufiger der Fall sein wird. Aufgrund des klimabedingten Anstiegs der bodennahen Temperatur und der Luftfeuchte wird auch das Gewitterpotenzial in der Atmosphäre und somit die Zahl der schweren Gewitter ansteigen.

Eine Entsprechung findet diese Erkenntnis in der Zunahme der jährlichen Anzahl schwerer Hagelunwetter in einem ähnlichen Zeitraum. Auch werden Versicherungsdaten von Unwetterschäden mit Daten von Radarmessungen verglichen, um künftige Gefährdungen durch Hagelstürme besser einschätzen zu können und die Maßnahmen zu Prävention und Katastrophenmanagement zu verbessern. Auf jeden Fall lässt sich feststellen, dass die Anzahl der Tage mit Hagelschäden an Gebäuden zunimmt.

Zudem haben Wissenschaftler herausgefunden, dass sich die Heftigkeit der Gewitter, durch den Klimawandel bedingt, im langjährigen Durchschnitt erhöht hat. Dies lässt sich vor allem an der Zunahme der Hagelunwetter ablesen.

Folgen und Schutzmaßnahmen

Die durch Blitze entfesselten Kräfte sind enorm. Sie können Kommunikationsnetze unterbrechen, Flugzeuge zum Absturz bringen, Sand zu Glas schmelzen und Menschen meterweit durch die Luft schleudern. Starke Gewitter können Sturm- und Hagelschäden sowie Überschwemmungen mit sich bringen.

Auch kommt es zu Schäden durch Blitzeinschlag wie beispielweise Bränden oder Kurzschlüssen. Zwar sind die meisten Gebäude durch Blitzablei-

„Starke Gewitter können Sturm- und Hagelschäden sowie Überschwemmungen mit sich bringen."

ter vor Blitzeinschlag geschützt, vor allem auf dem Land, etwa auf Bauernhöfen, kommt es jedoch noch häufiger zu Großbränden durch Blitzeinschlag. Auch Waldbrände sind mögliche Folgen von Blitzeinschlägen. In den USA ist jeder dritte Stromausfall von einem Blitz verursacht. Ausfälle in der Elektronik, zum Beispiel in Kraftwerken oder Fabriken, können schlimmstenfalls katastrophale Auswirkungen haben. Häufiger sind Geräteschäden ohne direkten Einschlag, die beispielsweise durch Potenzialunterschiede elektrischer Anlagen ausgelöst werden. Seltener sind Personenschäden mit Verletzungs- oder gar Todesfällen.

Wird ein Mensch vom Blitz getroffen, kann dies allerdings gravierende Auswirkungen haben. So

Durch den Klimawandel und den dadurch bedingten Anstieg der bodennahen Temperaturen werden auch Häufigkeit und Intensität von Gewittern ansteigen. Damit steigt auch die Gefahr von Sturm- und Hagelschäden, Überschwemmungen oder Blitzeinschlag.

Schutz vor Sachschäden

Zum Schutz von Gebäuden schreiben Bauordnungen für bauliche Anlagen, die zum Beispiel aufgrund ihrer Ausdehnung oder Lage blitzschlaggefährdet sind oder bei denen ein Blitzschlag zu schweren Folgen wie etwa Personenschäden führen kann, Blitzschutzanlagen vor, die den Blitzstrompfad am zu schützenden Objekt vorbei in den Erdboden leiten sollen. Geerdete metallische Blitzableiter werden hierzu an exponierten Stellen installiert.

Aber auch trotz Blitzschutzeinrichtung kann ein Blitz einschlagen und elektrische Geräte zerstören. Durch die induktive Wirkung können hohe Potenzialdifferenzen auftreten. Zur Sicherheit von elektrischen Installationen und Anlagen wird ein Überspannungsschutz eingesetzt. Hierzu dienen Überspannungsschutzgeräte, Überspannungsableiter für Strom- und Signalleitungen, spezielle Steckdosen sowie geerdete Antennen. Vor allem teure Geräte wie Computer oder Netzwerkrouter oder Anlagen, deren Ausfall ein Risiko für den Menschen darstellen könnte wie Geräte der Medizintechnik oder die Elektronik von Fahrstühlen oder Kränen, sollten gut gegen Überspannung geschützt sein.

Schutz vor Personenschäden

Beim Schutz vor Personenschäden ist vor allem das richtige Verhalten wichtig. Den besten Schutz bietet ein Aufenthalt in Gebäuden oder Fahrzeugen, die den Blitz in der Regel ableiten. Im Freien sollte man vor allem Hügel, Höhenzüge sowie die Nähe zu Bäumen, Türmen oder Masten meiden, da Blitze vor allem in diese exponierten Stellen einschlagen. Nicht nur kann ein etwa in einen Baum einschlagender Blitz auch auf eine danebenstehende Person überspringen oder der Austritt des Blitzes in Bodennähe diese treffen, Menschen in der Nähe können auch von abgesprengten Teilen getroffen werden. Bäume können bei einem Blitzeinschlag durch die Überhitzung des enthaltenen Wassers und Verdampfung schlagartig regelrecht explodieren.

Da auch Wasser ein hervorragender Stromleiter ist, sollte man es zudem vermeiden, sich bei Gewittern in Gewässern oder Schwimmbecken aufzuhalten. Aus ebendiesem Grund sollte die Nähe zu metalli-

Blitze schlagen oft an exponierten Stellen eines Geländes wie etwa in Bäume ein. Ein in einen Baum einschlagender Blitz kann zum Beispiel auf eine Person überspringen oder diese beim Austritt in Bodennähe treffen. Daher sollte man bei Gewittern die Nähe zu höheren Objekten meiden.

kann er vorübergehend blind, taub oder gelähmt sein oder einen Schock erleiden. Kleidung wird versengt, Metallschmuck schmilzt, Schuhe und Socken werden von den Füßen gerissen. Weitergehende Folgen können psychische Veränderungen, Atemstillstand, schwere Gehirnschäden, Herzkammerflimmern und -stillstand sowie äußerliche und innere Verbrennungen sein. Jährlich sterben weltweit mehrere Tausend Menschen an den Folgen eines Blitzschlags.

schen Gegenständen wie etwa die Drahtseilsiche-rung an Klettersteigen im Gebirge gemieden wer-den.

Bei einem Blitzeinschlag bildet sich ein hohes Potenzial, also ein starkes Spannungsfeld an der Stelle des Einschlags, das nach außen hin kreisför-mig abnimmt. Dies führt dazu, dass jedes Bein einer an der Stelle des Blitzeinschlags befindlichen Per-son auf einem leicht anderen Potenzial steht. Da die Potenzialdifferenz im Körper, die sogenannte Schrittspannung, zu einem gefährlichen Stromfluss im Körper und damit zu inneren Schäden bis hin zum Tod führen kann, sollte diese möglichst gering gehalten werden. Dies ist dann der Fall, wenn das Blitzopfer seine Füße beim Blitzeinschlag dicht nebeneinanderstellt. Zudem sollte man die Arme dicht am Körper halten, in die Hocke gehen und den Kopf einziehen, um nicht den höchsten Punkt im Gelände zu bilden. Ebenso sollte man es unbe-dingt vermeiden, sich bei Blitzschlag auf den Boden zu legen. Auf ausreichend Abstand zu anderen Per-sonen ist zu achten.

Forschung

Die Vorhersage von Gewittern ist schwierig, denn eine Gewitterfront kann sich innerhalb weniger Minuten zusammenbrauen. Auch sind noch nicht alle Erscheinungs- und Entstehungsformen von Blitzen sowie deren physikalische Gesetzmäßigkei-ten wissenschaftlich geklärt. Für die Wettervorher-sage und zum Schutz vor Blitzschäden ist die Erfor-schung von Blitzen wichtig. Gewitterstürme lassen sich durch Beobachtungssysteme wie Bodenmess-stationen allerdings nicht vollständig erfassen.

Seit 1995 ist ein System zur Frühortung weit ent-fernter Gewitter im Einsatz. Seine Funktion basiert auf kurzzeitig von Blitzen hervorgerufenen elek-tromagnetischen Impulsen. Diese Impulse können noch von Messgeräten, die weit über 1500 Kilome-ter von der Gewitterfront entfernt sind, auf unter-schiedlichen Frequenzen wahrgenommen werden. Blitze verursachen elektromagnetische Störungen

im Funkverkehr und äußern sich durch Knacken oder Kratzen auf unbenutzen Radiofrequenzen der Lang- und Mittelwelle. Auf diese Weise können Blitzeinschläge geortet werden. Die Gewitterakti-vität wird in sogenannten Blitzkarten erfasst, die im Internet veröffentlicht werden. Zudem erfolgt die Blitzortung auch satellitengestützt. Diese Art der Blitzortung basiert auf optischen oder elektro-magnetischen Messmethoden.

Eine weitere Methode zur Erforschung von Blitzen ist die sogenannte Blitztriggerung. Dabei werden Raketen gestartet, die mit einem metallischen Draht versehen sind. Der Draht verbindet den Blitz mit einer Messstation, in der der Blitz analysiert werden kann. Aber auch Wetterballons und Flug-zeuge sind zur Erforschung von Blitzen im Einsatz. Zudem werden zu Forschungszwecken mithilfe von Hochspannungsimpulsen Blitze künstlich erzeugt, um sie zu studieren oder Stromnetzeinrichtungen auf die Wirkung von Blitzeinschlägen zu überprü-fen.

Gewitter können wie hier im Fall eines mit Tornados einher-gehenden Gewittersturms in Zentralflorida 1998 mithilfe von mit Doppler-Radar ausge-statteten Blitzsensoren erkannt und verfolgt sowie grafisch dargestellt werden. Hierfür werden elektrische Ladungen erfasst, die durch die Bewe-gung von Eispartikeln in Gewitterwolken entstehen und bei der Blitzentstehung Energie freisetzen, die zur Entwicklung eines Tornados führen kann.

„Seit 1995 ist ein System zur Frühortung weit entfernter Gewitter im Einsatz."

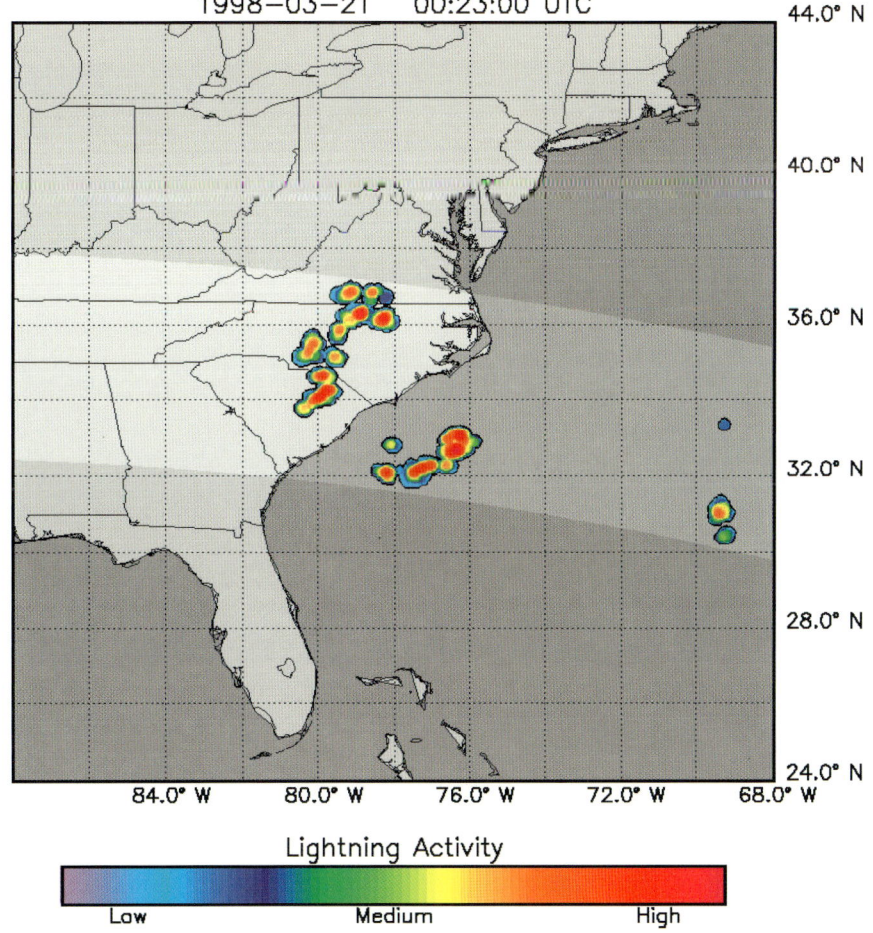

Wenn es Nacht wird über Manhattan, zeigen sich neben den beeindruckenden Lichtspielen der Skyline auch die Naturgewalten deutlich. Wolkenkratzer ziehen durch ihre Höhe und ihre Metallbauten sehr oft Blitze an. Angeblich wird das Empire State Building (mit seiner hell erleuchteten Spitze hier gut zu sehen) über 100-mal im Jahr von Blitzen getroffen.

Hagel

Eisiger Niederschlag

Als Hagel bezeichnet man eine aus Eisklumpen bestehende Niederschlagsform. Erst ab einem Durchmesser von mehr als 0,5 Zentimetern spricht man von Hagel, darunter von Graupel, bei Durchmessern unter einem Millimeter von Griesel.

Die Größe von Hagelkörnern kann stark variieren. Verglichen mit bekannten Objekten können sie Ausmaße von Erbsen- über Golfball- bis hin zu Tennisballgröße aufweisen. Bisweilen kommen Hagelkörner mit einem Durchmesser von über 10 Zentimetern vor. Das Gewicht kann zwischen 0,1 Gramm und mehr als 0,5 Kilogramm betragen.

Ab einem Durchmesser von ungefähr 2 Zentimetern mit Fallgeschwindigkeiten von etwa 70 Kilometern pro Stunde kann es zu Schäden an Fahrzeugen, Glasscheiben und Zelten kommen. Je nach Größe können Hagelkörner Fallgeschwindigkeiten von etwa 35–150 Kilometern pro Stunde erreichen. Auch Form und Struktur können stark variieren. Größere besitzen oft eine unregelmäßigere Form als kleinere Hagelkörner, die eher rund sind. Zum Teil schließen sich kleinere Hagelkörner zu einem größeren Klumpen zusammen. Für Schäden ist jedoch nicht nur die Größe entscheidend, sondern auch die Stärke und Dichte des Hagelschauers und die dabei vorherrschende Windstärke.

Hagel ist ein häufiger Begleiter von starken Sommergewittern, weshalb Hagelschauer oft zwischen Mai und August vorkommen. Ein Vorzeichen von Hagelgewittern sind tiefziehende dunkle Wolken mit einer gelblich-grünen Färbung im Inneren.

Entstehung

Hagelkörner bilden sich in den niedriger liegenden Abschnitten von Gewitterwolken. Sie entstehen durch unterkühltes Wasser, das an Kristallisationskernen gefriert. Hierzu muss die Anzahl dieser Kerne vergleichsweise gering sein, damit das Wachstum durch eine ausreichende Wassermenge pro Kern des Hagelkorns schnell voranschreiten kann.

In einer Wolke befinden sich gefrorene Regentropfen, die entweder durch Kondensieren von Wasserdampf oder durch Abschmelzen von vorhandenen Hagel- oder Graupelkörnern entstehen. Der Gefrierkern kann sich entweder durch das Gefrie-

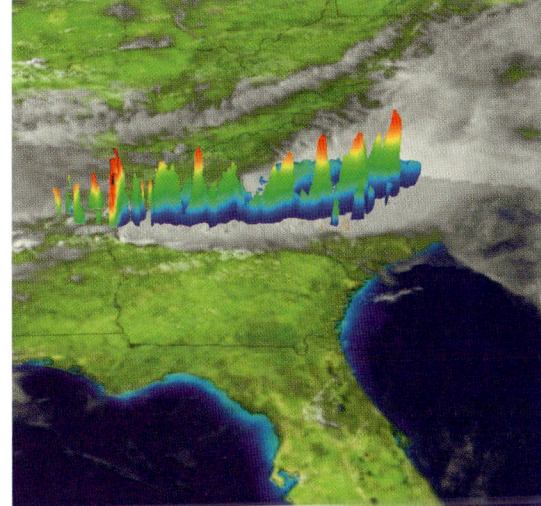

ren eines Wassertropfens bei Temperaturen ab −36 °C bis −40 °C oder durch Fremdkörper wie Aerosole oder Silberiodidkristalle bilden.

Hierdurch können sich Eiskristalle aus Wasserdampf bilden, die neben kleinen Graupelkörnern sogenannte Embryonen bilden. An diese können sich in wachsenden Schichten weitere unterkühlte Wassertropfen und Eiskristalle anlagern, wodurch sich ein Hagelkorn bildet.

Eine wichtige Rolle spielen starke Aufwinde, die verhindern, dass die Partikel durch die Schwerkraft aus der Wolke fallen, bevor der Wachstumsprozess abgeschlossen ist. Durch unterschiedlich starke Aufwinde innerhalb einer Wolke werden die Partikel zunächst angehoben und fallen danach wieder in tiefere Luftschichten, wo sie weiteres Wasser

Ein Vorzeichen eines Hagelgewitters sind dunkle, gelblichgrüne Wolken wie bei diesen Hagelsturmwolken, die sich von der Insel Anglesey aus auf das Snowdonia-Gebirge zu bewegen (gegenüberliegende Seite oben). Hagel entsteht in niedrigeren Gewitterwolkenabschnitten. Eine Gewitterfront brachte am 4.–6. Mai 2003 Stürme mit schweren Hagelschauern über die Southern Plains und den Südosten der USA. Die Höhe der Regenzellen, die eine maximale Höhe von 13–16 Kilometern über dem Boden erreichten, ist farblich dargestellt (Bild oben). Die Größe von Hagelkörnern variiert zwischen Erbsen- und Tennisballgröße (gegenüberliegende Seite unten). Hagelkörner mit einem Durchmesser von etwa zwei Zentimetern, wie hier bei einem Hagelsturm im niederländischen Velp am 22. Juni 2008, können zu Schäden an Bäumen und Fahrzeugen führen (Bild links).

aufnehmen. Werden sie wieder nach oben geweht, kann das aufgenommene Wasser am Partikel anfrieren. Dieser Kreislauf schreitet so lange voran, bis das Hagelkorn so schwer wird, dass es nicht mehr von den Aufwinden getragen werden kann: Die Hagelkörner fallen zur Erde. Aber bereits ein einmaliges Durchqueren der Hauptwachstumszone reicht manchmal schon zur Entstehung riesiger Hagelkörner aus.

Je größer die Gewitterwolke ist, desto größer werden auch die Hagelkörner. Allerdings schmilzt der größte Teil der Hagelkörner auf dem Weg durch die warmen Luftmassen nach unten. Schmilzt der Hagel vollständig ab, erreichen die Körner den Erdboden als Regentropfen oder verdunsten vollständig.

Verbreitung

Hagel tritt überall auf der Erde auf, in einigen Gebieten kommt es jedoch öfter zu Hagelereignissen als in anderen. Die meisten Hageltage weltweit sind in den Kericho-Nandi-Hills in Kenya (Afrika) zu verzeichnen. Hagelstürme mit großem Hagel sind vor allem im Norden Indiens verbreitet. Schwere Hagelunwetter häufen sich zudem östlich der Hochplateaus der Himalajaregion, von Indien über Bangladesch bis nach China. In den USA erstreckt sich die sogenannte Hail Alley („Hagel-Allee") auf etwa demselben Gebiet wie die Tornado Alley (siehe Seite 202 ff.).

Eine große Anzahl von Hagelunwettern und viele großkörnige Hagelschläge kommen in den Great

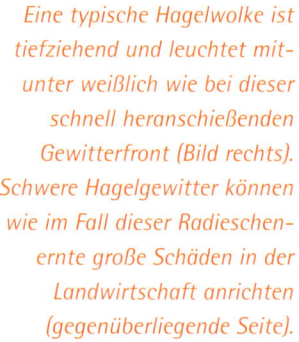

Eine typische Hagelwolke ist tiefziehend und leuchtet mitunter weißlich wie bei dieser schnell heranschießenden Gewitterfront (Bild rechts). Schwere Hagelgewitter können wie im Fall dieser Radieschenernte große Schäden in der Landwirtschaft anrichten (gegenüberliegende Seite).

Plains zwischen Texas, Oklahoma und Kansas vor. Die meisten Hageltage der USA häufen sich – vor allem durch die Höhenlage bedingt – im Gebiet zwischen den Bundesstaaten Colorado, Kansas und Nebraska. In Australien bildet der Bundesstaat New South Wales das am meisten von Hagelunwettern betroffene Gebiet.

Die europäische Hail Alley befindet sich in Gebieten Süddeutschlands, Österreichs, der Schweiz, Norditaliens sowie vom französischen Jura bis zu den Vogesen.

Aus diesen Beobachtungen lässt sich schließen, dass die meisten Hagelgewitter in bergigen und voralpinen Gebieten stattfinden, während die meisten großkörnigen Hagelschläge auf die voralpinen Ebenen und Täler konzentriert sind.

Beispiele für Hagelereignisse

Schwäbische Alb (1040). In der Schwäbischen Alb fallen Hagelbrocken mit einem Gewicht von etwa 1,0 Kilogramm vom Himmel.

Moradabad, Indien (1888): Bei einem Hagelunwetter am 30. April 1888 kommt es in Moradabad zu 246 Todesopfern.

Yuwu, China (1902): 3,4 Kilogramm schwere Hagelbrocken werden in Yuwu beobachtet.

Straßburg, Frankreich (1958): Am 1. August 1958 wird Straßburg von 972 Gramm schweren Hagelbrocken getroffen.

Stuttgart (1972): Bis zu einem Meter hoch türmt sich im Sommer 1972 der Hagel in der Stuttgarter Innenstadt auf.

Orient, Iowa/USA (1980): Dichter, lang anhaltender Hagel erreicht im August 1980 in Orient eine Höhe von bis zu zwei Metern.

München (1984): Ein Hagelsturm in München am 12. Juli 1984 verursacht Schäden in einer Höhe von 1,5 Milliarden Euro. Der Hagel hat hier einen Durchmesser von bis zu 9,5 Zentimetern und ein Gewicht von über 300 Gramm.

Sichuquan, China (1986): Bei einer Hagelkatastrophe in Sichuquan am 2. Juni 1986 sterben 116 Menschen.

Denver, Colorado/USA (1990): Hagelschäden in einer Höhe von 500 Millionen Euro entstehen am 11. Juli 1990 in Denver.

Fort Worth, Texas/USA (1995): Gar 1,1 Milliarden Euro Schäden verursacht ein Hagelereignis am 5. Mai 1995 in Fort Worth.

Sydney, Australien (1999): In Sydney kommt es am 14. April 1999 durch Hagel zu Schäden in einer Höhe von 1,2 Milliarden Euro.

St. Louis, Missouri/USA (2001): Am 10. April 2001 entstehen in St. Louis Hagelschäden in einer Höhe von 1,4 Milliarden Euro.

Berlin (2002): Sachschäden in Millionenhöhe richtet im Juli 2002 ein Unwetter mit orkanartigen Böen, starken Regenfällen und golfballgroßen Hagelkörnern in Berlin an.

Henan, China (2002): In der chinesischen Provinz Henan fordert ein Hagelunwetter am 19. Juli 2002 25 Todesopfer.

Aurora, Nebraska/USA (2003): Ein Hagelbrocken mit einem Durchmesser von 17,8 Zentimetern, einem Umfang von 47,6 Zentimetern und einem Gewicht von knapp 758 Gramm wird am 22. Juni 2003 in Aurora gefunden.

Villingen-Schwenningen (2006): Bei einem Hagelunwetter in Villingen-Schwenningen im Schwarzwald gehen am 28. Juni 2006 bis zu 12 Zentimeter große Hagelkörner hernieder. Der Hagelsturm verursacht Gebäudeschäden in Höhe von rund 200 Millionen Euro. Etwa 150 Menschen wurden bei der Katastrophe verletzt.

San Rafael, Mendoza/Argentinien (2007): Hagelbrocken mit einem Durchmesser von bis zu 12 Zentimetern regnet es am 26. Januar 2007 im Gebiet um San Rafael in Argentinien vom Himmel herab.

Port Edwards, Wisconsin/USA (2007): Hagelkörner mit einem Durchmesser von bis zu 13,3 Zentimetern fallen in Port Edwards am 7. Juni 2007 vom Himmel.

Sioux Falls, South Dakota/USA (2007): Riesige Hagelbrocken mit einem Durchmesser von 13,3–17,8 Zentimetern fallen am 21. August 2007 bei Sioux Falls in South Dakota vom Himmel.

Bangladesch (2007): Bei einem Hagelschauer in Bangladesch, bei dem Hunderte von Menschen verletzt oder getötet und ganze Dörfer verwüstet werden, werden ananasgroße Hagelkörner gemeldet.

Rio Grande do Sul, Brasilien (2007): Bis zu elf Zentimeter große und knapp 400 Gramm schwere Hagelklumpen treffen am 20. Oktober 2007 die südbrasilianische Provinz Rio Grande do Sul.

folgenschweren Schäden kommen, und in der Agrarwirtschaft können bereits schwache Hagelschläge verheerende Wirkungen zeigen. Zum anderen spielen auch Gewicht, Größe, Struktur und Volumen des Hagels eine wichtige Rolle. Je schwerer, größer und härter die Hagelkörner sind, desto größere Schäden können sie anrichten. Zudem kommt es durch gezackte Hagelkörner in der Landwirtschaft zum Beispiel beim Obst- und Gemüseanbau zu größeren Schäden als durch runde Körner. Ein weiterer Faktor ist die Dichte und Dauer des Hagelfalls. Je dichter und andauernder dieser ist, desto größer sind die potenziellen Schäden. Schließlich wird die Aufprallenergie des Hagels zusätzlich durch die vorherrschende Windgeschwindigkeit bestimmt, wodurch auch der Aufprallwinkel verändert wird. So kann es durch starke Winde dazu kommen, dass die Hagelkörner die Wände von Gebäuden seitlich treffen und zum Beispiel Fensterscheiben einschlagen.

Durch die wachsende Bevölkerungsdichte und die hierdurch steigende volkswirtschaftliche Wertekonzentration werden verheerende Hagelschäden weiter ansteigen. Laut wissenschaftlichen Untersuchungen ist die Häufigkeit von Hagelunwettern in den letzten Jahrzehnten zudem durch den Einfluss des Klimawandels gestiegen. Ein Anhalten dieser Tendenz ist wahrscheinlich.

Vorhersage und Forschung

Die Hagelvorhersage basiert auf einer Analyse der Wetterlage sowie der Erfassung einiger bestimmender Faktoren, die etwa durch Radiosonden erfasst werden. Dazu gehören unter anderem der Feuchtegehalt der Luft in den betreffenden Schichten, die Intensität des Aufwinds speziell in der Wachstumszone, die Stärke der vertikalen Temperaturabnahme speziell im unteren Bereich der Gewitterzelle und in der Wachstumszone sowie die Hebung und Windscherung. Auch spezielle Radar- und Satellitenanwendungen erlauben eine genaue Analyse von Gewitterzellen. Mithilfe eines Wetterradars lassen sich herannahende Gewitter frühzeitig lokalisieren sowie Eis in der Gewitterwolke erkennen. Ein vom Gerät ausgesendeter elektromagnetischer Impuls wird von den Niederschlagsteilchen zurückgestreut und vom Empfangsteil des Radars empfangen und gemessen. Auf diese Weise

Hagelunwetter zerstören mitunter ganze Felder und sorgen für folgenschwere Ernteausfälle wie bei diesem Maisfeld. Auf diese Weise kann bereits ein kurzes, schwaches Hagelgewitter ganze Existenzen vernichten.

Auswirkungen

Starke Hagelschauer können in Minutenschnelle Autos zerbeulen, Fassaden und Dächer beschädigen, die natürliche Vegetation verwüsten, Fensterglas zertrümmern, Straßen- und Flugverkehr lahmlegen sowie ganze Ernten und damit unter Umständen Existenzen vernichten. Auch Tiere und Menschen können bei heftigen Hagelschauern zu Schaden kommen. Faustgroße Hagelkörner können schwere Verletzungen zur Folge haben. Immer wieder kommt es durch große Hagelbrocken auch zu Todesfällen.

Wie groß der Schaden ist, hängt zum einen von den betroffenen Flächen ab: So kann es in großen Ballungsräumen und Wirtschaftszentren zu besonders

lässt sich die Niederschlagsintensität feststellen. Auch die Zugbahn der Gewitterzellen lässt sich verfolgen und die weitere Verlagerungsrichtung kurzfristig vorhersagen. Satellitenbilder zeigen vor allem noch nicht auf dem Radar erscheinende Neuentwicklungen. Die Temperatur und Höhe der Gewitterzellen wird mithilfe des Infrarotscans der Wolkenoberfläche bestimmt.

Neben der Vorhersage sind auch Entstehung und Abwehr von Hagel seit Jahrzehnten Forschungsgebiete. Zur Hagelsimulation werden sogenannte Hagelprüfanlagen verwendet, die der Erforschung der Aufprallenergie und der Schäden durch Hagelfall dienen. Hierbei werden die zu erforschenden Baumaterialien wie etwa Wellbleche, Dachplatten oder Fensterscheiben mit künstlichen Eiskugeln aus einer Hagelkanone beschossen. Je nach Schaden können die untersuchten Materialien in Widerstandsklassen eingestuft werden. Diese Ergebnisse dienen Herstellern von Baumaterialien, aber auch von Materialien für den Flug- und Zugverkehr zur Verbesserung ihrer Produkte.

Hagelimpfung mit Silberiodid

Verschiedene Methoden werden eingesetzt, um landwirtschaftliche Schäden durch Hagel möglichst gering zu halten. Ab Mitte der 1950er-Jahre wurde die Entdeckung, dass Silberiodid bereits ab Temperaturen von −15,2 °C eiskeimbildend wirkt, dazu genutzt, Silberiodid mithilfe von Hagelraketen in Gewitterwolken zu schießen, um diese vorzeitig abregnen zu lassen. Auch heutzutage wird diese umweltfreundliche Hagelabwehrmethode noch angewendet, allerdings mithilfe von Flugzeugen. Durch die künstliche Erhöhung der Anzahl der Kristallisationskeime wird die Bildung extrem großer Hagelkörner verhindert, sodass auch die Wahrscheinlichkeit des Aufschmelzens der Hagelkörner erhöht wird. Zwar gibt es Versuche und Studien, die den Rückgang der Hageltage und -schäden sowie eine Verringerung der vom Hagel betroffenen Flä-

„Seit Mitte der 1950er-Jahre wird oftmals Silberiodid in Gewitterwolken freigesetzt, um diese vorzeitig abregnen zu lassen."

che in den Regionen bestätigen, in denen diese sogenannte Hagelimpfung eingesetzt wird, die Wirksamkeit dieser Methode ist jedoch noch nicht endgültig bewiesen.

Hagelschutznetze

Seit einiger Zeit sind in der Landwirtschaft auch Hagelschutznetze im Einsatz. Diese Polyethylennetze werden in Form eines Giebeldachs über die Bepflanzung gespannt, sodass die Hagelkörner im Traufebereich herabfallen. Neben dem Schutz vor Hagel beugen die Netze auch Schäden durch eine intensive Sonneneinstrahlung vor. Die Lichtreduzierung hat allerdings auch Nachteile bei der Reife sowie für die Farbausbildung der Ernteerzeugnisse. Zudem sind die Luftfeuchtigkeit und die Temperatur unter den Netzen verringert, sodass es nach Niederschlägen zu einer längeren Blattnässe kommt, wodurch die Anfälligkeit für Pflanzenkrankheiten wie Pilzbefall erhöht wird. Des Weiteren beweisen die Netze ihre Wirksamkeit nur bei gemäßigteren Hagelereignissen. Im Fall von heftigen Hagelstürmen oder wenn sehr kleine Hagelkörner in großen Mengen fallen, stößt die Schutzwirkung der Hagelnetze oft an ihre Grenzen.

Bei der sogenannten Hagelimpfung wird Silberiodid mithilfe von Flugzeugen in Gewitterwolken eingebracht, um diese vorzeitig abregnen zu lassen und damit Schäden für die Landwirtschaft abzuwenden beziehungsweise möglichst gering zu halten.

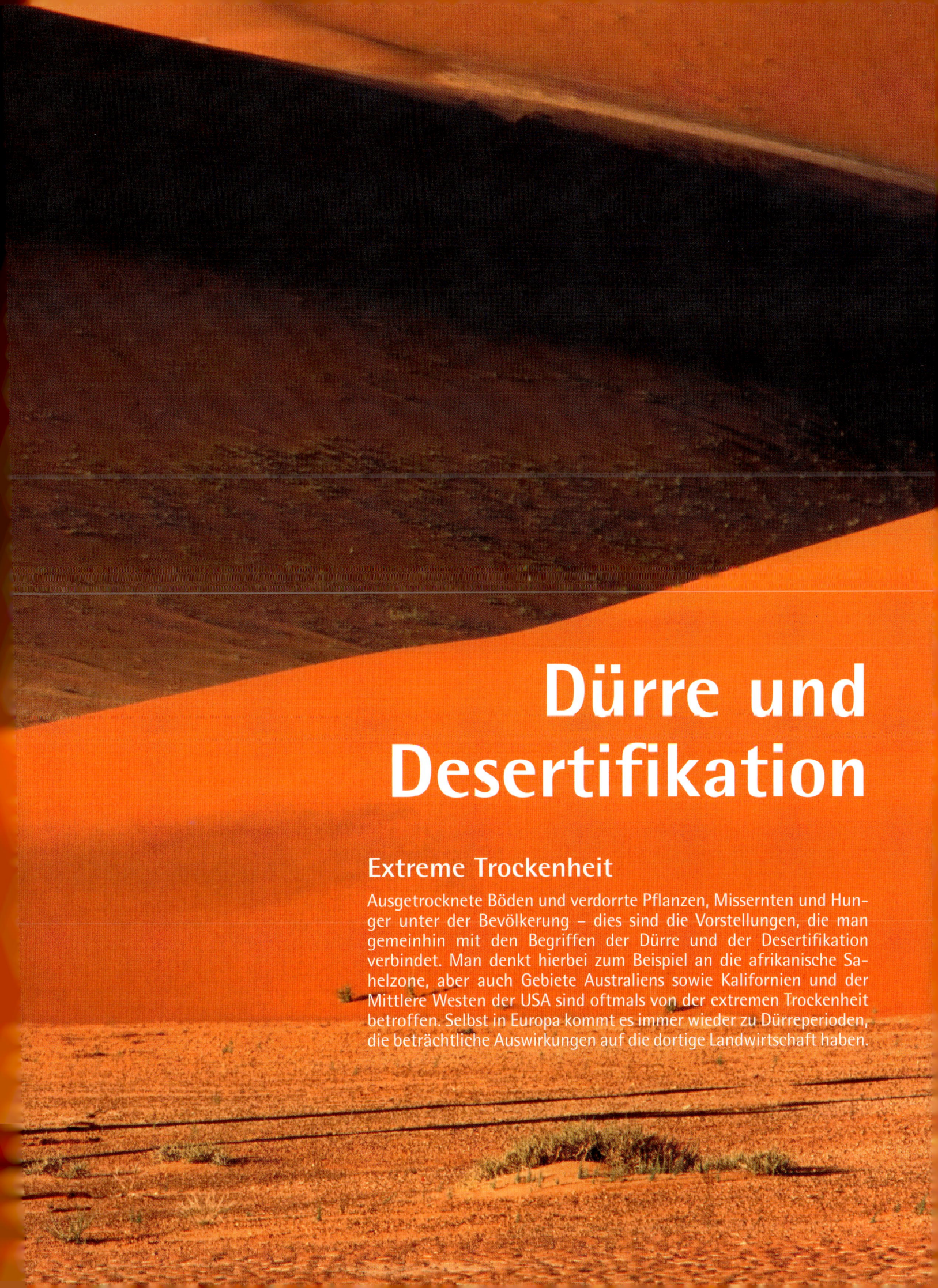

Dürre und Desertifikation

Extreme Trockenheit

Ausgetrocknete Böden und verdorrte Pflanzen, Missernten und Hunger unter der Bevölkerung – dies sind die Vorstellungen, die man gemeinhin mit den Begriffen der Dürre und der Desertifikation verbindet. Man denkt hierbei zum Beispiel an die afrikanische Sahelzone, aber auch Gebiete Australiens sowie Kalifornien und der Mittlere Westen der USA sind oftmals von der extremen Trockenheit betroffen. Selbst in Europa kommt es immer wieder zu Dürreperioden, die beträchtliche Auswirkungen auf die dortige Landwirtschaft haben.

Kein Niederschlag in Sicht: Dürre

Extreme Trockenheit

Als Dürre wird ein extremer Trockenzustand bezeichnet, der über eine längere Zeit vorherrscht und in dem weniger an Wasser beziehungsweise Niederschlägen verfügbar ist, als nötig wäre. Gleichzeitig sind Dürreperioden durch hohe Temperaturen gekennzeichnet. Als Dürreperiode definiert man eine Zeitspanne von mindestens vier Tagen mit Temperaturen über dem langjährigen mittleren Höchstwert und einer mittäglichen Luftfeuchtigkeit von maximal 40%. Vor allem in semiariden (halbtrockenen) Gegenden sind durch die hohe Niederschlagsvariabilität dieser Region bedingte Dürren keine Seltenheit.

Vor allem auf die natürliche Vegetation sowie auf den landwirtschaftlichen Anbau von Nutzpflanzen wirken sich Dürren verheerend aus, da die Pflanzen den Verlust der abgegebenen Feuchtigkeit nicht mehr durch die Aufnahme von Wasser aus dem Boden ausgleichen können.

Folgen der hohen Verdunstungsraten und der Trockenheit der Böden sind Ernteausfälle, die ganze Existenzen vernichten und unter Umständen auch Hungersnöte auslösen können. Eine weitere Folge kann auch eine Trinkwasserknappheit sein.

Es gibt drei Arten von Dürre:

- Meteorologische Dürre:
  bei längere Zeit andauernden unterdurchschnittlichen Niederschlägen,
- Hydrologische Dürre:
  bei unterdurchschnittlichen Wasserreserven in Seen und Wasserspeichern,
- Landwirtschaftliche Dürre:
  bei einer unterdurchschnittlichen Wassermenge für den Anbau von Nutzpflanzen.

Besonders in semiariden Gebieten sind Trockenperioden mit lang anhaltend hohen Temperaturen und geringen Niederschlägen weit verbreitet (Bild rechts). Die Ausbreitung der Wüste wird wie hier im Tschad durch die Übernutzung von Grundwasser und Überweidung weiter verstärkt (gegenüberliegende Seite oben). Dies hat gravierende Auswirkungen auf die betroffene Bevölkerung. So hatten etwa die Farmerfamilien des Mittleren Westens der USA wie hier im Cimarron County/Oklahoma im April 1936 in der Dust-Bowl-Ära unter dürrebedingten Ernteausfällen zu leiden. Viele mussten die Gegend verlassen (gegenüberliegende Seite unten).

Sahelzone

Die 3 Millionen Quadratmeter große Sahelzone am Südrand der Sahara umfasst eine Ausdehnung von rund 6000 Kilometern und erreicht eine Breite von 300 Kilometern. In der Gegend, die vor allem den Charakter einer halbwüstenartigen Dornensavanne trägt, leben mehr als 40 Millionen Menschen. Schon seit jeher hat es hier Dürreperioden gegeben. Katastrophencharakter erhalten diese jedoch erst durch menschliche Einflussnahme. Zu nennen sind hier Überbevölkerung, Überweidung oder eine erhöhte landwirtschaftliche Nutzung durch die Ansiedlung sesshafter Hirsebauern in einstigen Nomadengebieten. Während die Nomadenstämme in früheren Zeiten der Dürre in fruchtbarere Gebiete ausweichen konnten, macht die Überbevölkerung dies heute unmöglich. Diese Übernutzung führte zu einer Zunahme der Bodenerosion und der Zerstörung der Vegetation, die die Ausbreitung der Wüste begünstigten und damit auch zu verheerenden Hungerkatastrophen beitrugen.

USA

Bekannt ist besonders die Dürrekatastrophe im Mittleren Westen der USA in den 1930er-Jahren, als die durch die Weltwirtschaftskrise ohnehin stark angeschlagene Landwirtschaft durch die dürrebedingten Ernteausfälle einen weiteren harten Rückschlag erlebte. Die damit einhergehende Bodenerosion durch starke Windverwehungen zwang zahlreiche Farmer zur Abwanderung. Vor allem in den Great Plains gab es schon mehrfach Dürreperioden. Da auf diese jedoch auch niederschlagsreichere Zeiten folgten, missachteten viele Farmer die Grenzen des Ackerbaus, was weitere katastrophale Auswirkungen zur Folge hatte. Beispiele längerer Dürren in den USA gibt es auch in jüngerer Zeit, etwa im Jahr 2000, als es infolge einer verheerenden Dürrekatastrophe zu ausgedehnten Waldbränden kam.

„Bekannt ist besonders die Dürrekatastrophe im Mittleren Westen der USA in den 1930er-Jahren, die viele Farmer zur Abwanderung zwang."

Australien

In den letzten 100 Jahren waren auch weite Gebiete Australiens bei verschiedenen Gelegenheiten von Dürreperioden betroffen. Besonders der Osten Australiens wurde zwischen 1995 und 1998 Opfer schwerster Dürren. Der Grund für diese Trockenzeiten ist das Klimaphänomen El Niño (siehe Seite 266 f.). Während in früheren Zeiten die Farmer bei Dürrezeiten noch dazu gezwungen waren, ihre Felder aufzugeben, das Vieh notzuschlachten und weiterzuziehen oder sich Arbeit in den Städten zu suchen, fördert der Staat heutzutage Bewässerungs- und Erosionsschutzmaßnahmen in dürregefährdeten Regionen. Verheerend sind Dürrekatastrophen allerdings nach wie vor für die australische Tierwelt. So stellen die Roten Riesenkängurus, um Energie zu sparen, bei beginnenden Dürren die Fortpflanzung ein, und bereits entwickelte Embryos sterben ab. Austrocknende Seen und Flüsse drängen die verbliebenen Fische auf engstem Raum zusammen, was sie zudem zur leichten Beute von Pelikanen und Kormoranen werden lässt. Durch die Dürre werden auch Buschfeuer begünstigt, die zahlreiche Tiere – entweder durch den direkten Feuertod oder durch anschließenden Nahrungsmangel – das Leben kosten.

Europa

Auch Europa hatte in der Vergangenheit einige Dürren zu verzeichnen. So traf etwa 1990 weite Teile Europas eine extreme Trockenperiode. Ungewöhnlich hohe Temperaturen von bis zu 38 °C herrschten etwa in Westengland, Griechenland war von der folgenschwersten Wasserknappheit seit

Ein Beispiel für Dürren in Australien ist die trockene Wüstengegend The Breakaways 33 Kilometer nördlich der südaustralischen Ortschaft Coober Pedy. Einige Tier- und Pflanzenarten konnten sich an diese harten Lebensbedingungen anpassen, andere sind durch die Trockenheit und die extremen Sommertemperaturen gefährdet.

über 50 Jahren betroffen, in Italien kam es zur schlimmsten Dürreperiode seit 250 Jahren, ähnlich schwer betroffen war Südfrankreich. Vor allem treffen Dürren häufig die Mittelmeerländer. So kam es 2007 in Spanien, Griechenland und Portugal zu monatelang anhaltenden Dürren mit der Folge zahlreicher Waldbrände. Zwischen 1992 und 1994 fanden auch in Deutschland ungewöhnliche Trockenzeiten mit gravierenden Ernteeinbußen statt. Vielfach werden die wiederholten Dürreperioden in Europa als Zeichen des anthropogenen Klimawandels (siehe Seite 255 ff.) gewertet. Zudem wird hier oftmals Wasserverschwendung durch illegale Brunnen, marode Leitungsnetze und unangepassten Pflanzenanbau bemängelt.

Beispiele für Dürren

Katastrophale Dürren sind bereits aus der Antike bekannt. Die erste belegte Dürreperiode der Geschichte ereignete sich etwa 3500 v. Chr. in Alexandria, Ägypten. Durch die darauffolgende Hungersnot kamen Tausende von Menschen ums Leben. Den verheerenden Dürren und Hungerkatastrophen fielen sogar ganze Reiche zum Opfer. So führte eine möglicherweise das ganze Jahrhundert dauernde Dürre im 22. Jahrhundert v. Chr. durch das mehrjährige Ausbleiben des Nilhochwassers zu Hungersnöten und somit zum Untergang des Alten Reiches in Ägypten und des Akkadischen Reichs in Mesopotamien. Im 9. und 10. Jahrhundert brach die Mayakultur unter dem Einfluss dreier schwerer mehrjähriger Dürreperioden im Abstand von 50 Jahren (etwa um 810, 860 und 910) zusammen. Aber auch in der darauffolgenden Zeit ereigneten sich verheerende Dürrekatastrophen:

Kairo, Ägypten (1064 und 1072): Ein Ausbleiben des Nilhochwassers führt zu verheerenden Ernteausfällen. 4000 Menschen verhungern. Die Katastrophe wiederholt sich, als in den Jahren 1199 und 1202 das Nilhochwasser erneut ausbleibt und etwa 100.000 Menschen den Hungertod sterben.

„Katastrophale Dürren sind bereits aus der Antike bekannt. Die erste belegte Dürreperiode ereignete sich etwa 3500 v. Chr. in Alexandria."

Durham, England (1069): Infolge einer Dürre, die drei Jahre nach der Eroberung Englands durch die Normannen die Ernten vernichtet, sterben fast 50.000 Menschen an den Folgen des Hungers.

Surat, Indien (1669/70): Eine anhaltende Dürreperiode vernichtet die Ernten. Schätzungen zufolge kommen über sechs Millionen Menschen durch die Katastrophe ums Leben.

Delhi, Indien (1769/70): Als Folge einer 18 Monate andauernden Dürre verhungern etwa drei Millionen Menschen.

Madras, Indien (1876/77): Von der Dürrekatastrophe, die als bisher verheerendste der Geschichte gilt, sind 36 Millionen Menschen betroffen. Drei Millionen sterben an den Folgen des Hungers, weitere drei Millionen an Cholera.

Wie sehr eine lang anhaltende Trockenheit die Landwirtschaft und damit die Lebensgrundlage vieler Menschen bedrohen kann, zeigt dieses Beispiel einer Dürre auf einer indischen Reisplantage.

Lahore, Pandschab/Indien (1898): Als eine Dürre die Ernten vernichtet, müssen 36 Millionen Menschen im Süden und Westen Indiens hungern. Nahezu eine Million Menschen sterben.

Nischni-Nowgorod (heute Gorki), Russland (1921/22): Eine lang andauernde Dürreperiode in der Wolgaregion verursacht eine Hungersnot, der mehrere Millionen Menschen zum Opfer fallen.

Holodomor, Russland (heute Ukraine) (1932/33): Rund sieben Millionen Bauern sterben aufgrund von Dürre und Hungersnot.

Mittlerer Westen der USA (1930, 1935, 1937): Jahrelang dauert die Dürre an, die den Mittleren Westen der USA heimsucht. Zahlreiche Farmer werden durch Missernten in den Ruin getrieben, 350.000 Menschen verlassen die betroffenen Gebiete. Neben Hunger sind auch durch riesige Staubstürme ausgelöste Lungenkrankheiten eine häufige Todesursache.

Parana, Brasilien (1962): Sieben Monate dauert die Dürreperiode im Jahr 1962 in Parana an. Sie ist für einen verheerenden Großbrand verantwortlich, bei dem die gesamte Kaffeeernte Brasiliens vernichtet wird und 250 Menschen sterben sowie 300.000 obdachlos werden.

Biafra, heute Teil von Nigeria (1967–1970): Eine dürrebedingte Hungersnot trifft die Region in der Zeit des Kriegs mit Nigeria. Acht Millionen Menschen müssen Hunger leiden, ein Großteil dieser Menschen stirbt an den Folgen der Unterernährung.

Mek'ele, Äthiopien (1984/85): Eine verheerende Dürre, die 20 afrikanische Länder heimsucht, verursacht Missernten mit der Folge von Hungersnöten. Am schlimmsten betroffen ist Äthiopien, wo schon drei Jahre zuvor kaum Niederschläge gefallen waren. In der zudem vom Bürgerkrieg betroffenen Region sterben in dieser Zeit beinahe 20.000 Kinder pro Monat an Unterernährung.

Grafton, New South Wales/Australien (1994): In New South Wales und Queensland werden bei einer durch das El-Niño-Phänomen verursachten Dürre rund 90% der Weizenernte vernichtet.

Desertifikation

Wenn Wüsten wachsen

Als Desertifikation (von lat. „desertus facere" = „wüst machen, verwüsten") wird eine fortschreitende Wüstenbildung bezeichnet. Dabei verschlechtert sich der Boden in vergleichsweise trockenen Regionen, und die natürlichen Ressourcen werden beeinträchtigt oder zerstört. Dies ist mit einem Rückgang oder gar einem vollständigen Verschwinden der Vegetation sowie Wassermangel verbunden. Böden erodieren, versanden oder versalzen, die Landflächen werden unfruchtbar und veröden. Anbauflächen, Weideland, Wiesen und Wälder werden zurückgedrängt oder gehen verloren, und auch die biologische oder wirtschaftliche Vielfalt und Produktivität leiden. Folgen sind die Entstehung beziehungsweise Ausbreitung von Wüsten oder wüstenähnlichen Gebieten in Regionen, in denen derartige Verhältnisse klimazonenbedingt eigentlich nicht vorherrschen. Meist läuft diese Entwicklung über den vorherigen Prozess einer auch als Versteppung bezeichneten Steppenbildung. Die Desertifikation unterscheidet sich von der Dürre durch die ursächliche Beteiligung des Menschen. Im Gegensatz zu Dürreperioden, denen feuchte Jahre und damit eine Wiederkehr der Vegetation in scheinbar leblosen Wüsten folgen können, lasst sich die Desertifikation nur schwer oder gar nicht rückgängig machen. Dennoch gibt es hierbei Zusammenhänge. So kann eine durch eine jahrelang anhaltende Wasserknappheit ausgelöste Dürre die Desertifikation verstärken. Diese kann ihrerseits die Wahrscheinlichkeit für eine Dürre erhöhen und deren Folgen verschlimmern.

Betroffene Gebiete

Am stärksten betroffen sind aride, semiaride und trocken subhumide Gebiete. Aber nicht nur extrem heiße und trockene Gebiete sind von der Wüstenbildung bedroht, sondern auch Regionen mit vergleichsweise hohen jährlichen Niederschlägen wie etwa die Elfenbeinküste.

„Im Gegensatz zu Dürreperioden, denen feuchte Jahre folgen können, lässt sich die Desertifikation nur schwer oder gar nicht rückgängig machen."

Desertifikation kommt nicht nur in Afrika vor, sondern ist ein weltweites Problem. Nicht nur in der Sahara, dem Sahelgebiet, der Wüste Gobi oder der Kalahari schreitet die Wüstenbildung voran, auch die Industrieländer sind betroffen. So bedroht die Desertifikation auch große Teile des einst von dichten Eichenwäldern bedeckten Mittelmeerraums, sodass sich hier oftmals nur noch niedrige Buschwälder finden. Ein Beispiel ist die südfranzösische Region der Calanques zwischen Cassis und Marseille. Wo sich heute karstige Felshügel befinden, erstreckte sich einst ein dichter Steineichenwald. Das heute sichtbare Landschaftsbild ist ein Ergebnis jahrtausendelanger Waldrodung zur Holzgewinnung sowie Brandrodung zur Schaffung von Weideland für Schafe und Ziegen. Ein Übriges taten heftige winterliche Regenfälle, die den ungeschützten Boden wegschwemmten und nurmehr den bloßen Kalkstein zurückließen.

In Asien findet die Desertifikation im Aralsee ein weiteres Beispiel. 1960 noch das viertgrößte Bin-

Wasserstellen wie das Nebrownii-Wasserloch werden in vielen afrikanischen Wüstengebieten immer seltener. Mittlerweile ist Nebrownii ein künstliches Wasserloch, das von einer Solarpumpe gespeist wird (gegenüberliegende Seite oben). In vielen afrikanischen Dörfern ist Wasser ein Luxusgut. Die Menschen müssen jeden Tag mehrere Kilometer zurücklegen, um sich mit Wasser zu versorgen (gegenüberliegende Seite unten). Auch Teile Europas werden immer trockener wie hier die Gegend um Calanque d'en Vau zwischen Marseille und Cassis in der französischen Provence (Bild unten).

nenmeer weltweit, trocknete er aufgrund der
Ableitung der großen Zubringerflüsse immer mehr
aus, sodass er in den letzten 40 Jahren auf etwa
20% seines einstigen Volumens und 40% der ehemaligen Fläche geschrumpft ist. Die Folge ist die
Beeinträchtigung und Zerstörung landwirtschaftlicher Flächen durch Sand und Salzstaub vom
einstigen Seegrund.

Etwa 40% der Landoberfläche der Erde sind Trockengebiete. 70% dieser Trockengebiete – Wüsten
nicht mitgerechnet – sind von Auswirkungen der
Desertifikation betroffen. Weltweit sind heute etwa
zwei Milliarden Hektar Ackerland und Weideflächen, etwa 15% der weltweiten Bodenfläche, mehr
oder weniger stark von der Degradierung betroffen. Etwa neun Millionen Hektar dieser Fläche sind
unwiederbringlich zerstört. Jährlich wächst die
betroffene Fläche um 5–7 Millionen Hektar Land.
Eine Fläche von weiteren 30 Millionen Quadratkilometern in über 110 Ländern mit Trockengebieten
sind akut von der Desertifikation bedroht.

Schätzungen zufolge sind etwa ein Drittel der
landwirtschaftlich nutzbaren Flächen weltweit
sowie weit über eine Milliarde Menschen potenziell
von Desertifikation bedroht. Dies betrifft vor allem
Entwicklungsländer wie den Tschad, den Sudan
oder Mali und Schwellenländer wie China, Argentinien, Mexiko und Brasilien, aber auch Industrieländer wie einige Mittelmeeranrainerstaaten und
die Südstaaten der USA. Desertifikation ist besonders in Südafrika, weiten Teilen Nordafrikas, Teilen
Nord- und Südamerikas, Australien, Zentral- und
Südasien sowie Südeuropa ein Problem.

Anzeichen für eine beginnende Desertifikation

Ist die Wüstenbildung abgeschlossen, ist es für
Gegenmaßnahmen meist zu spät. Daher ist es
wichtig, die Desertifikation schon frühzeitig in
ihrem Beginnen zu erkennen. Diese ersten Anzeichen umfassen folgende Bereiche:

Vegetation

Ein deutliches Anzeichen für eine beginnende
Desertifikation ist eine flecken- bis flächenhafte
teilweise Zerstörung der Pflanzendecke. Der Anteil
der Bodenbedeckung in Trockengebieten beträgt

unter normalen Umständen etwa 20–40%, was als
Schutz gegen die Bodenerosion ausreicht. Die
Desertifikation vermindert diesen natürlichen
Erosionsschutz deutlich. Zunächst sind anspruchs-
volle Pflanzenarten betroffen, die von unter trockenen Bedingungen konkurrenzfähigeren Arten
verdrängt werden.

Wasserhaushalt

Eine Zerstörung der Vegetation hat eine erhöhte
Verdunstung von Feuchtigkeit aus dem Boden und
damit eine schnelle und nachhaltige Austrocknung
der Bodenschicht zur Folge. Eine unverhältnismä-
ßig große Entnahme von Grundwasser bewirkt
zudem eine Senkung des Grundwasserspiegels. In
heutigen Trockengebieten findet eine Neubildung

*Die Zerstörung der Pflanzende-
cke hat eine vermehrte Bodenerosion zur Folge, die Vegetation wird dadurch weiter
beeinträchtigt wie sich in
diesem Beispiel eines teilweise
oberirdisch wurzelnden Bau-
mes in Utah zeigt (gegenüberliegende Seite). Auch der Aralsee in Zentralasien, hier in
einer Aufnahme vom August
2009, trocknet immer weiter
aus. In der Karte eingezeichnet
sind die einstigen Uferlinien
von 1960 (Bild oben).*

des Grundwassers nur sehr beschränkt statt, sodass es, selbst wenn die Wasserentnahme eingestellt würde, bis zur Erholung des Grundwasserspiegels Jahrzehnte dauern kann. Aufgrund der Absenkung des Grundwasserspiegels steht auch nicht mehr genug Bodenwasser für Pflanzen zur Verfügung, sodass diese nur vermindert regenerationsfähig sind. Eine fehlerhaft durchgeführte Bewässerung kann zudem eine Versalzung der Böden bewirken, sodass sich im Extremfall dicke Salzkrusten auf den Bewässerungsflächen bilden.

Bodeneigenschaften

Bei gelegentlichen starken Regenfällen kann die Wassererosion in abschüssigem Gelände den Boden abtragen. Dies kann dazu führen, dass der lockere Oberboden oben am Hang stellenweise vollständig abgetragen wird, die normalerweise in tieferen Bodenschichten liegenden festen Krusten an die Oberfläche kommen und die Böden unfruchtbar machen. Besonders auf ebenen, vegetationsarmen Flächen findet hingegen häufig eine Winderosion statt. Da feinkörnigere Bodenpartikel leicht vom Wind fortgeweht werden, bleiben hierbei nur grobe Teile zurück, die die Böden ertragsarm und teilweise sehr steinig machen. Zudem werden die Böden hierdurch immer flachgründiger, sodass Pflanzen nicht mehr ausreichend Raum zum Wurzeln bleibt. Gleichzeitig sinken auch die Gehalte an von Pflanzen benötigten Nährstoffen wie Phosphor und Stickstoff.

„Wind- und Wassererosionen können eine Desertifikation beschleunigen."

In Gegenden wie der afrikanischen Savanne in Uganda, in denen es teilweise nur eine Regenzeit gibt oder es gar jahrelang nicht regnet, kann es bei heftigen Monsunregen zu einer starken Bodenerosion an Hängen und damit zu Bodenunfruchtbarkeit kommen. In Uganda wirken sich auch Abholzung, Überweidung und Entwässerung von Feuchtgebieten umweltschädigend aus.

Oberflächengestalt

Bei einer landwirtschaftlichen Nutzung von zuvor bewachsenen und auf diese Weise erosionsgeschützten Dünen kann es vorkommen, dass der Sand wieder in Bewegung gerät und Wanderdünen entstehen. Diese kriechen langsam in Windrichtung voran, können so auch in Savannen- oder Anbaugebiete eindringen und Dörfer, Oasen oder bewässerte Flussterrassen bedrohen. Sie können Wadis (zeitweilig austrocknende Flussläufe in Trockentälern, vor allem in Wüstengebieten Nordafrikas und Vorderasiens) blockieren und deren Unterläufe trockenlegen. Durch die Trockenheit nimmt die Wasseraufnahmefähigkeit des Bodens ab und ein großer Teil des Wassers fließt an der Oberfläche ab. Die Folgen sind eine verstärkte Erosion bis hin zu katastrophalen Überschwemmungen.

Ursachensuche

Natürliche Faktoren, die die Wüstenbildung voran treiben, sind neben Schwankungen der Niederschlagsmengen zum Beispiel auch Windböen oder Versalzung. Zwar bieten geringe Niederschlage und starke Verdunstung in ariden Gebieten ungünstige Lebensbedingungen, die Vegetation dieser Klimazone hat sich jedoch diesen harten Umgebungsbedingungen angepasst. Allerdings ist das Klima in den letzten Jahren insgesamt trockener geworden. Die Ursachen der Klimaerwärmung sind größtenteils menschengemacht und etwa auf zu hohe Kohlenstoffdioxidemissionen durch Verkehr und Industrie oder die Abholzung der Regenwälder zurückzuführen.

Die gravierendsten Ursachen sind durch eine zu intensive und zu wenig angepasste Nutzung der betroffenen Gebiete bedingt. Hierzu gehören eine landwirtschaftliche Übernutzung – beispielsweise durch Monokulturen –, fehlerhafte Bewässerung und Abholzung. Am häufigsten jedoch ist eine Überweidung und die damit zusammenhängende verstärkte Erosion für die Desertifikation verantwortlich.

„Die häufigsten Ursachen für Wüstenbildungen sind meist landwirtschaftliche Übernutzung und Abholzung."

Ein Beispiel hierfür ist die afrikanische Sahelzone: Wichen die hier lebenden nomadischen oder halbnomadischen Völker der Dürre früher noch mit ihren Viehherden in weniger betroffene Regionen aus, hat sich im letzten Jahrhundert die Zahl der Viehbesitzer verdoppelt und sesshafte, Hirseanbau betreibende Stämme siedelten sich im einstigen Nomadengebiet an. Mit enger werdendem Raum und Rückgang der Niederschläge musste der Ackerbau trotz Wassermangels weiter betrieben werden. So dehnten sich die Anbauflächen während der Dürrezeit zwischen 1968 und 1972 weiter aus und verursachten nicht mehr rückgängig zu machende Schäden an Boden und Vegetation, was zusammen mit der wachsenden Bodenerosion die Desertifikation begünstigte.

In einigen Gebieten wie in der Wüste Namibias bedrohen Wanderdünen die ohnehin spärliche Vegetation der trockenen Gegend sowie angrenzender vegetationsreicher Landstreifen und Ackerbaugebiete.

Von der Natur zuruckerobert: Die einstige deutsche Siedlung Kolmanskuppe (Afrikaans: Kolmanskop) wurde Anfang des 20. Jahrhunderts als Diamantensuchercamp errichtet. Der Reichtum der Bewohner ließ in der ansonsten lebensfeindlichen, wasserlosen und unfruchtbaren Gegend einen luxuriösen Ort entstehen, in dem bis zu 400 Menschen in herrschaftlichen Steinhäusern lebten (großes Bild). Als 1930 der Diamantenabbau eingestellt wurde, verließen die Einwohner nach und nach den Ort. Die Häuser verfielen (Bild unten links) und in den Ruinen häufte sich durch regelmäßige Sandstürme meterhoch der Sand (Bild unten rechts).

Dürren der Jahre 1972/73 jährliche Verluste von etwa 1,5 Millionen Hektar landwirtschaftlicher Fläche zur Folge. Die weltweiten direkten wirtschaftlichen Verluste durch Desertifikation werden auf 42,3 Milliarden US-Dollar jährlich geschätzt. Indirekt kommen weitere Folgekosten, etwa durch Abwanderung und Flüchtlingsarmut, hinzu. Laut einer Studie der Vereinten Nationen könnte die Desertifikation noch innerhalb dieser Generation zu Massenfluchten aus den betroffenen Regionen führen. Werden keine Gegenmaßnahmen ergriffen, könnten bereits in den kommenden zehn Jahren über 50 Millionen Menschen zu Umweltflüchtlingen werden.

Mögliche Gegenmaßnahmen

Es gestaltet sich oft schwierig, natürliche und anthropogene Ursachen für eine beginnende Desertifikation zu unterscheiden und dementsprechend eine geeignete und auf die jeweilige Ursache abgestimmte Gegenmaßnahme zu finden. So kann beispielsweise eine fortschreitende Klimaerwärmung alle Anstrengungen einer Wiederaufforstung zunichtemachen. Hier ist eine Erforschung der Desertifikation in der Vergangenheit besonders wichtig, um die bestimmenden Faktoren genauer identifizieren zu können.

Wegen der engen Verknüpfung der durch die Desertifikation verursachten Probleme lassen sich sinnvolle Gegenmaßnahmen im Regelfall nur durch ein Maßnahmenpaket bekämpfen, das sowohl land- und forstwirtschaftliche als auch soziale und politische Aspekte mitberücksichtigt. Das heißt, es muss eine Aufklärung der Bevölkerung erfolgen und gleichzeitig müssen sinnvolle Alternativen zur land- und forstwirtschaftlichen Übernutzung angeboten werden. So sind zum Beispiel Wiederaufforstungsmaßnahmen und eine Anlage von Waldschutzstreifen nur dann dauerhaft sinnvoll, wenn gleichzeitig Maßnahmen ergriffen werden, die eine übermäßige Rodung beschränken, wie etwa der Einsatz sparsamerer Öfen, die deutlich weniger Brennholz benötigen. Zudem müssen auch alternative Einkommensmöglichkeiten geschaffen werden, etwa in der Fischerei und Fischzucht. Auch die sogenannte Agroforstwirtschaft bietet eine Alternative. Hierbei werden Elemente der Landwirtschaft und der Forstwirtschaft mitei-

Wo früher noch Bäume und Gräser wuchsen, wird die Vegetation heute vielerorts unter Sanddünen begraben (Bild oben). Durch Wasser- und Winderosion gehen jährlich etwa 75 Milliarden Tonnen fruchtbaren Bodens verloren. Werden nicht rechtzeitig Gegenmaßnahmen ergriffen, könnten auch trockenere, sandige Gegenden in Europa und Nordamerika bald von der fortschreitenden Wüstenbildung betroffen sein (gegenüberliegende Seite).

Auswirkung der Wüstenbildung

Folgen sind neben einer Abnahme der Fruchtbarkeit der Böden und damit der land- und forstwirtschaftlichen Produktivität auch die der Artenvielfalt. Besonders in ländlichen Gegenden gefährdet die Desertifikation die Existenzgrundlage vieler Menschen. Dies bedeutet nicht nur einen Verlust von Einnahmequellen und daher steigende Armut, sondern auch eine Gefährdung der Ernährungssicherheit. Die landwirtschaftlichen Auswirkungen sind oft fatal: Durch Wasser- und Winderosion gehen jährlich etwa 75 Milliarden Tonnen fruchtbaren Oberbodens verloren. Allein im Sahel hat die fortschreitende Wüstenbildung seit der großen

nander kombiniert, indem man auf derselben Fläche neben einjährigen Nutzpflanzen auch mehrjährige Hölzer anpflanzt. Vorteile dieses Systems sind die Erhaltung des Artenreichtums, der Schutz des Bodens vor Erosion und die Stabilisierung des Wasserhaushalts. Bäume auf Ackerflächen reduzieren mit ihrer Schattenwirkung die Wasserverluste durch Verdunstung und wirken so einer Bodenaustrocknung entgegen. Eine vorübergehende, einige Jahre andauernde Sperrung der Wälder für die Öffentlichkeit soll beispielsweise zu einer Erholung des stark zerstörten Baumbestands in Abengourou/Elfenbeinküste beitragen. Die Menschen bauen als alternative Quelle für Nahrung und Einkommen Obstbäume und Gemüse sowie Bäume für Brenn- und Bauholz an.

Eine häufig eingesetzte Maßnahme zur Eindämmung der voranschreitenden Wüstenbildung sind 30–40 Zentimeter hohe Stein oder Lehmwälle, die die geringen Niederschläge zur Gewinnung landwirtschaftlich nutzbarer Felder aufstauen, oder Pflanzlöcher, in denen sich Wasser ansammeln kann. Zudem müssen Bildungsmaßnahmen zur Wartung der Dämme durchgeführt werden. Bewachsene Dämme, Hecken, Pflanzhügel und Terrassen können als Erosionsschutz eingesetzt werden. Längere Pachtperioden fördern die Aspekte der Nachhaltigkeit und langfristige Investitionen in die Verbesserung der Bodenfruchtbarkeit. Das Landrecht muss zudem gewährleisten, dass brachliegendes Land nicht als besitzlos gilt.

Bei all diesen Maßnahmen ist eine aktive Beteiligung der Bevölkerung an der Planung der Landnutzung wichtig. Die Verantwortung für den Kampf gegen ein weiteres Voranschreiten der Desertifikation haben aber nicht nur die Menschen in den betroffenen Ländern, sondern auch die Industrieländer. Ein Schuldenerlass seitens der Industrieländer kann dazu beitragen, dass die betroffenen Länder das Ackerland für die eigenen Bedürfnisse statt für den Export und damit zur Schuldentilgung nutzen können.

„Eine häufig eingesetzte Maßnahme zur Eindämmung der Wüstenbildung sind niedrige Wälle, die die geringen Niederschläge aufstauen."

Klimawandel

Wie der Mensch das Klima verändert

Unter dem Begriff der globalen Erwärmung versteht man die Erhöhung der weltweiten Durchschnittstemperaturen innerhalb der vergangenen 2000 Jahre, die seit dem 19. Jahrhundert direkt messbar ist. Oftmals wird der Begriff gleichbedeutend mit dem des Klimawandels verwendet, der allerdings eigentlich die natürliche Erderwärmung über einen längeren Zeitraum bezeichnet, während der Begriff der globalen Erwärmung die durch den Menschen verursachte Klimaveränderung der Gegenwart beschreibt. Die Hauptursache der globalen Erwärmung sehen Wissenschaftler in der Verstärkung des Treibhauseffekts durch den Menschen.

Globale Erwärmung

Treibhauseffekt

Zu unterscheiden ist zwischen dem natürlichen Treibhauseffekt, der eine unerlässliche Bedingung für das Leben auf der Erde ist, und der Verstärkung dieses Effekts durch die menschliche Emission von Treibhausgasen, dem sogenannten anthropogenen Treibhauseffekt.

Während kurzwellige Sonnenstrahlung auf Atmosphäre und Erdoberfläche trifft, wird die langwellige Strahlung wieder von der Erdoberfläche abgestrahlt und in der Atmosphäre nahezu völlig absorbiert. Herrscht ein thermisches Gleichgewicht, wird je die Hälfte der absorbierten Energie zur Erde und ins Weltall abgestrahlt.

Treibhausgase wie beispielsweise Wasserdampf (H_2O), Kohlenstoffdioxid (CO_2), Methan (CH_4), Distickstoffoxid (N_2O), Lachgas und Halogenkohlenwasserstoffe (besonders FCKW und FKW) wirken wie das Glas eines Treibhauses und lassen die kurzwellige Strahlung der Sonne weitgehend ungehindert zur Erde durchdringen, absorbieren jedoch einen großen Teil der von der Erde abgestrahlten Infrarotstrahlung und emittieren die Strahlung in alle Richtungen, teilweise auch zurück in Richtung Erdoberfläche. Diese Strahlung ist für den Treibhauseffekt verantwortlich. Die Erdoberfläche erhält auf diese Weise mehr Strahlung und erwärmt sich stärker, als dies normalerweise nur durch die kurzwellige Sonnenstrahlung der Fall wäre. Die Treibhausgase Wasserdampf, Kohlendioxid, Methan und

„Herrscht ein thermisches Gleichgewicht, wird je die Hälfte der absorbierten Energie zur Erde und ins Weltall abgestrahlt."

Vorherige Doppelseite: Der Perito-Moreno-Gletscher in Patagonien ist der einzige Gletscher außerhalb der Antarktis und Grönlands, der kontinuierlich wächst. Doch auch er ist von der Klimaerwärmung betroffen, da die für ihn typischen Gletscherbrüche seit einiger Zeit auch ungewöhnlicherweise in den Wintermonaten stattfinden. Seit 1957 hat sich die Antarktis um etwa 0,12 °C pro Jahrzehnt erwärmt. Die Darstellung (Bild rechts) zeigt die Erderwärmung in der Antarktis im Zeitraum von 1957 bis 2006. In den dunkelrot eingefärbten Gebieten der Westantarktis fand die stärkste Erwärmung pro Jahrzehnt statt. Die orangefarben gekennzeichneten Gebiete verzeichnen einen geringeren Erwärmungstrend, in den weißen Bereichen wurde keine Veränderung festgestellt.

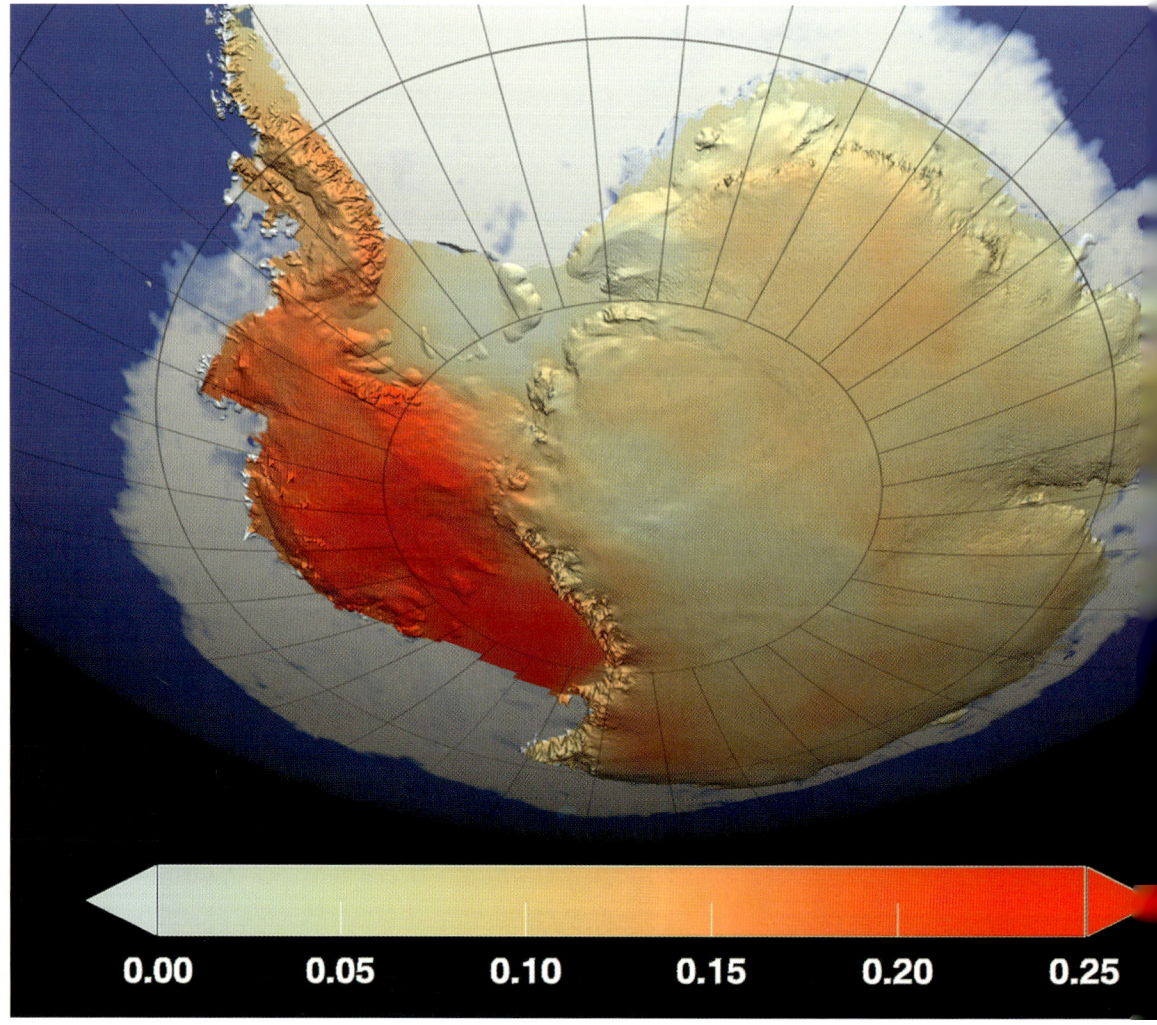

Lachgas sind natürliche Bestandteile der Atmosphäre. Die globale gemittelte bodennahe Lufttemperatur läge ohne diese Treibhausgase mit etwa –18 °C ungefähr 33 °C unter dem heutigen Mittelwert von ungefähr +15 °C, was die Erde unbewohnbar machen würde. Allerdings erhöhen sich die Treibhausgaskonzentrationen in der Atmosphäre durch menschliche Eingriffe. Im Gegensatz zum natürlichen atmosphärischen Treibhauseffekt findet der anthropogene innerhalb einer extrem kurzen Zeit statt. Während die natürlichen Temperaturveränderungen sich innerhalb von Jahrtausenden abspielen, ist die globale Durchschnittstemperatur unter menschlichem Einfluss in nur einem Jahrhundert um rund 0,8 °C gestiegen.

Die Analyse von Eiskernbohrungen in der Antarktis und Bohrungen im Wostok-Eiskern zeigen, dass die globale Kohlenstoffdioxidkonzentration mindestens während der letzten 750.000 Jahre niemals 290 ppm (parts per million, Teile pro Million) überschritten hat, während seit Beginn der Industrialisierung ein dramatischer Anstieg dieser Konzentration zu verzeichnen ist. 2002 betrug der Mittelwert bereits 375 ppm, Ende 2009 erreichte er 388 ppm. Zugleich lässt sich etwa in den letzten 30 Jahren durch Boden- und Satellitenmessungen eine Zunahme der globalen Durchschnittstemperatur um etwa 0,17 °C pro Jahrzehnt belegen.

Treibhausgase

Für mehr als die Hälfte des anthropogenen Treibhauseffekts sind Kohlendioxid (CO_2) und Kohlenmonoxid (CO) verantwortlich. Es ist jedoch nicht das CO_2 allein, das für den Temperaturanstieg sorgt. Mindestens 38 weitere Gase verstärken die Treibhauswirkung der Atmosphäre.

Kohlendioxid: Grund für die CO_2-Zunahme durch menschliche Aktivitäten ist vor allem die Verbrennung fossiler Rohstoffe wie Kohle, Öl und Gas zur Energieerzeugung für Haushalte, Industrie und Ver-

„Für mehr als die Hälfte des anthropogenen Treibhauseffekts sind Kohlendioxid (CO_2) und Kohlenmonoxid (CO) verantwortlich."

kehr sowie großflächige Entwaldung und in geringerem Maße auch die Zementindustrie.

Methan: An vorderster Stelle sind ebenfalls hohe Konzentrationen von Methan (CH_4) zu nennen. Die Zunahme des Methananteils ist vor allem auf die Massentierhaltung zurückzuführen. Weltweit gibt es mehr als drei Milliarden Wiederkäuer wie Rinder, Schafe und Ziegen. Aber auch der landwirt-

Methan entsteht beim Abbau von organischem Material ohne Sauerstoff. So setzen auch Wiederkäuer wie Kühe bei ihrer Verdauung Methan frei. Ein ausgewachsenes Rind kann täglich bis zu 300 Liter Methan ausstoßen.

schaftliche Anbau, etwa der von Reis, hat Anteil an der Methanproduktion. Auch bei der Brandrodung des Tropenwalds, durch Lecks in Erdgasleitungen, in Klärwerken und auf Mülldeponien entsteht Methan, das auch in Permafrostböden (Dauerfrostböden) enthalten ist.

Distickstoffoxid (Lachgas): Ebenfalls durch die Landwirtschaft gelangt Lachgas in die Atmosphäre, zum Beispiel beim Abbau von Stickstoffverbindungen im Boden, die in den meisten Kunstdüngern enthalten sind. Zudem entsteht es bei der Verbrennung unter hohen Temperaturen, wie dies beispielsweise bei der Brandrodung oder in Düsentriebwerken der Fall ist.

Fluorchlorkohlenwasserstoffe (FCKW): Im Gegensatz zu Kohlendioxid, Methan und Distickstoffoxid, die auch ohne den Menschen in der Natur vorkommen, ist die Freisetzung von Fluorchlorkohlenwasserstoffen (FCKW) rein zivilisatorischen Ursprungs.

Ozon: Während Ozon in der oberen Luftschicht der Atmosphäre die gesundheitsschädliche UV-Strahlung filtert, trägt es in der tiefer liegenden Schicht zur Verstärkung des Treibhauseffekts bei. Es wird bei Verbrennungsprozessen freigesetzt. Durch Autoverkehr und Industrie freigesetzte Stickoxide und Kohlenwasserstoffe sind Vorläufersubstanzen des Ozons, die unter Sonneneinfluss miteinander reagieren und den sogenannten Sommersmog bilden.

Auch durch den Anbau von Reis werden große Mengen an Methan freigesetzt. Das farb- und geruchlose Gas entsteht immer dann, wenn Mikroorganismen Pflanzenmaterial zersetzen. Die überfluteten Reisfelder (Bild rechts) bieten den perfekten Lebensraum für methanbildende Bakterien, da hier nicht genug Sauerstoff in den Boden eindringen kann. Gegenüberliegende Seite: Ein Resultat der Erderwärmung sind die schmelzenden Gletscher. Diese haben wiederum einen Anstieg des Meeresspiegels, Überschwemmungen und die Bildung neuer Seen zur Folge.

Schwefelhexafluorid: Ebenfalls nicht in der Natur kommt Schwefelhexafluorid vor, das aus der Industrie und in Hochspannungsschaltanlagen eingesetzt und vom Weltklimarat IPCC (Intergovernmental Panel on Climate Change) als stärkstes Treibhausgas gewertet wird. Allerdings ist es in der Atmosphäre nur in einem sehr geringen Anteil enthalten, sodass sein Einfluss auf die Klimaerwärmung eher gering ist.

Zukünftige Entwicklung

Zwar hat es im Lauf der Erdgeschichte immer wieder Wechsel von Warm- und Eiszeiten gegeben, die menschengemachte Zunahme der Treibhausgase wird jedoch den Treibhauseffekt in den kommenden Jahrzehnten und Jahrhunderten weiter verstärken, so die klare Mehrheit der Wissenschaftler. Die meisten Klimamodelle gehen bei einer Verdoppelung des CO_2-Gehalts der Atmosphäre von einer Erwärmung der Erdmitteltemperatur von 2–4,5 °C aus. Dieser auf das vorindustrielle Niveau (von 1750) bezogene Wert wird als Klimasensitivität bezeichnet. Experten berechnen, bezogen auf die Zuwachsraten der Treibhausgase (etwa einer Zunahme des CO_2-Gehalts der Atmosphäre auf etwa 550 ppmV), eine Zunahme der globalen Durchschnittstemperatur um 1,1–6,4 °C bis 2100. Allerdings können schwer vorherzusagende Faktoren wie Rückkopplungseffekte (zum Beispiel das Aufschmelzen der Permafrostböden, die riesige Mengen an Methan speichern) oder die Entwicklung der wirtschaftlichen Aktivität auf die tatsächliche Erwärmung Einfluss nehmen.
Zudem werden eine Zunahme von Wetterextremen, ein Rückgang von Eismassen und ein Anstieg des Meeresspiegels prognostiziert. Auch in der Realität lassen sich diese Ereignisse beobachten, was als Beleg für den anthropogenen Treibhauseffekt gelten kann. Zudem haben sich auch die Ozeane erwärmt. Seit 1955 hat sich die Oberflächentemperatur der Meere um 0,6 °C erhöht.

„Zudem werden eine Zunahme von Wetterextremen, ein Rückgang von Eismassen und ein Anstieg des Meeresspiegels prognostiziert."

Aerosole

Ebenfalls klimabestimmend wirken sogenannte Aerosole in der Atmosphäre. Diese bestehen vor allem aus Ruß und Mineralpartikeln. Freigesetzt werden sie besonders durch Industrie und Landwirtschaft, aber auch in natürlicher Weise durch die Wüsten (siehe Seite 210). Man geht davon aus, dass die helle Oberfläche der Aerosole das Sonnenlicht reflektiert, was ebenfalls zu einer Abkühlung der Atmosphäre beiträgt. Allerdings ist die Temperaturauswirkung von der Flughöhe der Aerosole in der Atmosphäre abhängig. Nur in höheren Luftschichten sorgt die Abschirmwirkung der Rußpartikel für eine Erdabkühlung. In der untersten Atmosphärenschicht, der Troposphäre, hingegen absorbieren die Rußpartikel die Sonnenstrahlung und geben die Wärmeenergie ab, was zu einem Temperaturanstieg führt.

Wissenschaftler gehen davon aus, dass der aerosolbedingte Kühleffekt durch die Luftverschmutzung der nach dem Zweiten Weltkrieg rapide wachsenden Wirtschaft die eigentlich zu erwartende Erderwärmung jahrzehntelang ausgeglichen hat. Erst mit dem Überhandnehmen des Treibausgasausstoßes ab 1960 konnte der Treibhauseffekt nicht mehr maskiert werden. Durch Rußpartikel, die sich auf Schnee- und Eisflächen ablagern, verringert sich zudem die Reflektionskraft der Oberfläche (Albedo), was ebenfalls zu einer Klimaerwärmung beiträgt.

Neben der Klimawirkung haben Aerosole wie etwa Sulfate auch weitere Negativfolgen beispielsweise in Form von saurem Regen oder gesundheitsschädlichen Auswirkungen, etwa der Entstehung von Atemwegserkrankungen wie Asthma.

Die Aerosole über Nordindien und Bangladesch sind reich an Sulfaten, Nitraten, organischem Kohlenstoff, Ruß und Flugasche. Die Aerosolpartikel stellen nicht nur ein Gesundheitsrisiko für die Menschen dar, die in dieser Region leben, sondern können auch einen entscheidenden Einfluss auf den Wasserkreislauf und das Klima dieser Region haben.

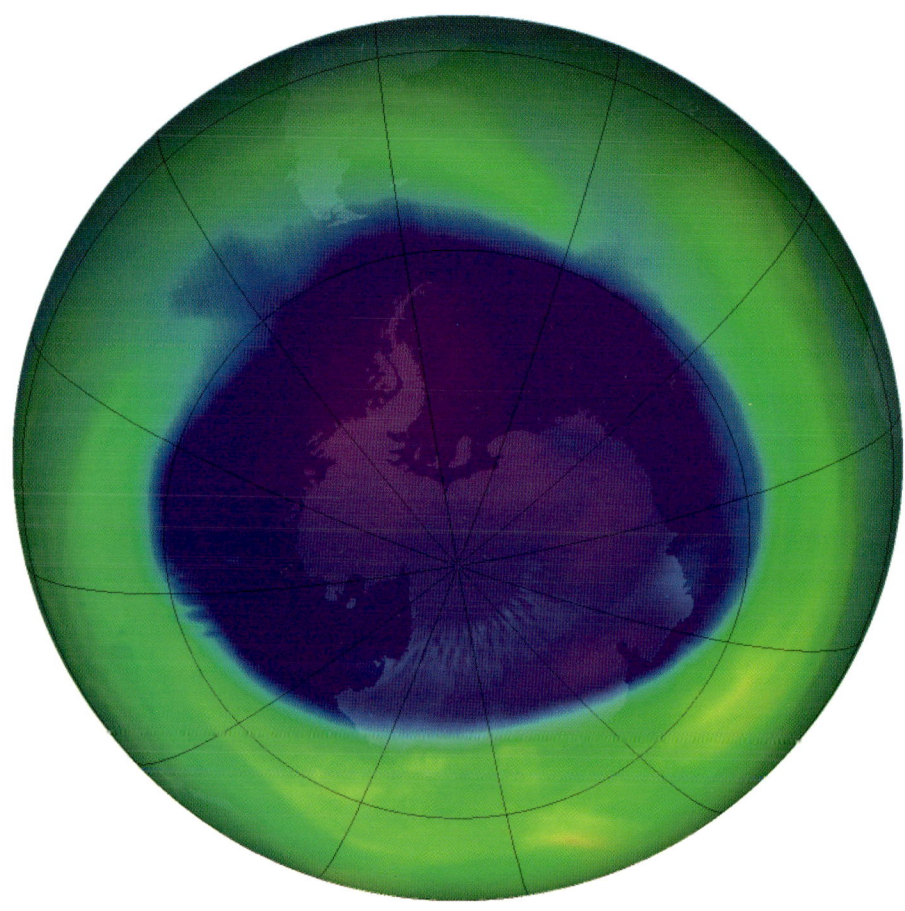

Die Abbildung zeigt das Ozonloch im Jahr 2005, das zu diesem Zeitpunkt eine Fläche von 27 Millionen Quadratkilometern umfasste. Dunkelblau hinterlegt sind die Bereiche mit einer so geringen Ozonschicht, dass sie dem Ozonloch zuzurechnen war.

nicht mehr ausreichend absorbiert wird. Zwar entstehen auch auf natürliche Weise ozonschädigende Verbindungen, etwa durch Methylbromid, das von Kreuzblütengewächsen wie Raps produziert wird, oder Bromverbindungen, die bei Vulkanausbrüchen entweichen, aber der Hauptverursacher für die Schädigung der Ozonschicht sind die Fluorchlorkohlenwasserstoffe, organische Verbindungen, die aus Kohlenstoff- und Wasserstoffatomen zusammengesetzt sind. FCKW wurden noch vor wenigen Jahren in großem Umfang als Treibgas in Spraydosen, als Reinigungs- und Lösungsmittel, als Treibmittel für Schaumstoffe und als Kältemittel in Kühlschränken verwendet.

Das Ozonloch

Klimagase können zudem noch weitere Auswirkungen haben. So erkannte man bereits 1974 die negativen Auswirkungen von Fluorchlorkohlenwasserstoff (FCKW) auf die Ozonschicht der Erde, bevor 1985 das Ozonloch entdeckt wurde. Die Ozonschicht ist Teil der Stratosphäre (zweite Schicht der Erdatmosphäre über der Troposphäre) in einer Höhe von 15–50 Kilometern. Hier wird unter dem Einfluss der UV-Strahlung der Sonne Sauerstoff (O_2) in Ozon (O_3) umgewandelt. Die hohe Ozonkonzentration absorbiert die gefährliche UV-Strahlung der Sonne, wobei die Strahlung das Ozon zum Teil wieder in Sauerstoff zerlegt. Dabei schirmt die Ozonschicht die UV-B-Strahlen der Sonne um etwa 95–97% von der Erde ab. Bei diesem als Ozon-Sauerstoff-Zyklus bezeichneten Kreislauf bleibt die Ozonmenge annähernd konstant.

Verschiedene Gase, vor allem aber die Fluorchlorkohlenwasserstoffe (FCKW), können den Ozonabbau beschleunigen. Dies führt zur Entstehung des Ozonlochs, einer starken geografisch abgegrenzten Abnahme der Ozonschicht während der Polarnächte. Seine bisher größte Ausdehnung erreichte das Ozonloch über dem Südpol im Jahr 2006 mit einer Größe von 27,45 Millionen Quadratkilometern. Dies führt dazu, dass die UV-Strahlung

Folgen und Schutzmaßnahmen

Durch die zerstörte Ozonschicht erreicht mehr UV-Strahlung die Erde, was beim Menschen Hautschäden bis hin zum Hautkrebs verursachen kann. Zudem kann die erhöhte Strahlung den Augen schaden und die Entstehung von Grauem Star bis hin zur Erblindung begünstigen, das Immunsystem schwächen und die Erbsubstanz schädigen. Ebenso ist mit niedrigeren Ernteerträgen zu rechnen, da die UV-B-Strahlung die Bodenbakterien abtöten und so den Boden unfruchtbar machen kann und die Fotosynthese der Pflanzen beeinträchtigt. Zudem hat die Strahlung einen Rückgang der Entstehung des Phytoplanktons in den Meeren zur Folge, was deutliche Auswirkungen auf die gesamte Nahrungskette hat. Seit dem Bekanntwerden dieser Risiken hat sich die Politik um eine Reduzierung des FCKW-Ausstoßes bemüht. So verpflichtete sich die internationale Staatengemeinschaft 1987 mit dem Montreal-Protokoll, die Herstellung und Verwendung von FCKW zu verbieten oder wenigstens stark zu reduzieren. Inzwischen haben die Industrieländer die Emission der ozonschädlichen Stoffe wie FCKW und Halone um 99%, die Entwicklungsländer um 60% reduziert. Die ozonschädigenden Gase sind jedoch nach wie vor in der Atmosphäre vorhanden. Seit dem Höhepunkt des Ozonabbaus 1994 lässt sich beobachten, dass sich das Ozonloch langsam wieder schließt. Wissenschaftler der NASA gehen jedoch davon aus, dass die Ozonschicht über der Antarktis erst 2068 den Zustand vor der anthropogenen Ausdünnung erreicht haben wird.

Auswirkungen des Klimawandels

Wetter

Temperaturen

Werden die weltweiten Treibhausgasemissionen nicht sinken, gehen die Forscher von einer Temperaturerwärmung um bis zu 6 °C für die kommenden 100 Jahre aus. Das Intergovernmental Panel on Climate Change (IPCC, Zwischenstaatlicher Ausschuss für Klimaänderungen) geht bei einem weiteren Emissionsanstieg von einer Erhöhung der globalen Durchschnittstemperatur bis 2100 um 1,1–6,4 °C aus. Die Folgen sind häufigere und länger anhaltende Hitzewellen und Abnahme der Frosttage sowie Dürreperioden. Auch eine zum Beispiel an der früher einsetzenden Blüte von Laubbäumen im Frühling oder dem Wanderverhalten von Zugvögeln bereits beobachtete Verschiebung der Jahreszeiten ist eine Folge des Klimawandels. So zeigt eine Untersuchung des saisonbedingten Verhaltens von 130 Tierarten eine durchschnittliche Verschiebung um 3,2 Tage pro Jahrzehnt, die Blattentfaltung und Blüte von Pflanzen beginnt in Europa pro Jahrzehnt 2,4–3,1 Tage, in Nordamerika 1,2–2,0 Tage früher.

Man geht davon aus, dass der Klimawandel und die damit zusammenhängend steigenden Frühlings- und Sommertemperaturen sowie eine immer früher einsetzende Schneeschmelze ebenfalls zu dem in den letzten Jahren beobachteten verstärkten Auftreten von Waldbränden beitragen. Veränderte Niederschläge und höhere Temperaturen bergen zudem die Gefahr der Austrocknung von Flüssen und Seen und gefährden damit den Lebensraum vieler Lebewesen, die Wasserversorgung und Ernten sowie vom Wasser abhängige Wirtschaftszweige. Nicht nur in trockenen und heißen Gebieten werden Seen, bedingt durch den Klimawandel, austrocknen. So haben Forscher ein Austrocknen von immer mehr Süßwasserseen der sommerlichen Arktis beobachtet. Durch die erhöhte Verdunstung aufgrund wärmerer Temperaturen sinken die

„Durch die globale Erwärmung ist eine Verschiebung der Klimazonen wahrscheinlich."

Wasserspiegel. Somit gehen zahlreiche Nahrungsquellen für Wasservögel verloren, und die Trinkwasserversorgung der auf diese Seen angewiesenen Tierwelt ist bedroht.

Niederschläge und Überschwemmungen

Durch die globale Erwärmung ist eine Verschiebung der Klimazonen wahrscheinlich. Die steigenden Lufttemperaturen beeinflussen auch das weltweite Ausmaß und die Verteilung von Niederschlägen. So kann die wärmere Luft mehr Wasser aufnehmen, wodurch die Verdunstungsrate und damit auch die durchschnittliche Niederschlagsmenge steigen. Durch riesige Niederschlagsmengen erhöht sich wiederum das Risiko von Überschwemmungen und Hochwasserereignissen. Veränderungen in den Niederschlagsmengen sind in Europa bereits nachgewiesen. Vor allem im Winter werden die Niederschläge in Europa weiter zunehmen. So geht man

Um die Gefahr von Waldbränden aufgrund der steigenden Temperaturen im Frühling und Sommer als Folge des Klimawandels zu vermeiden, werden, wie hier im Wallowa-Whitman Nationalwald in Oregon (USA), in der kühleren Jahreszeit häufig kontrolliert Feuer gelegt, um die für Brände anfällige Fläche zu minimieren

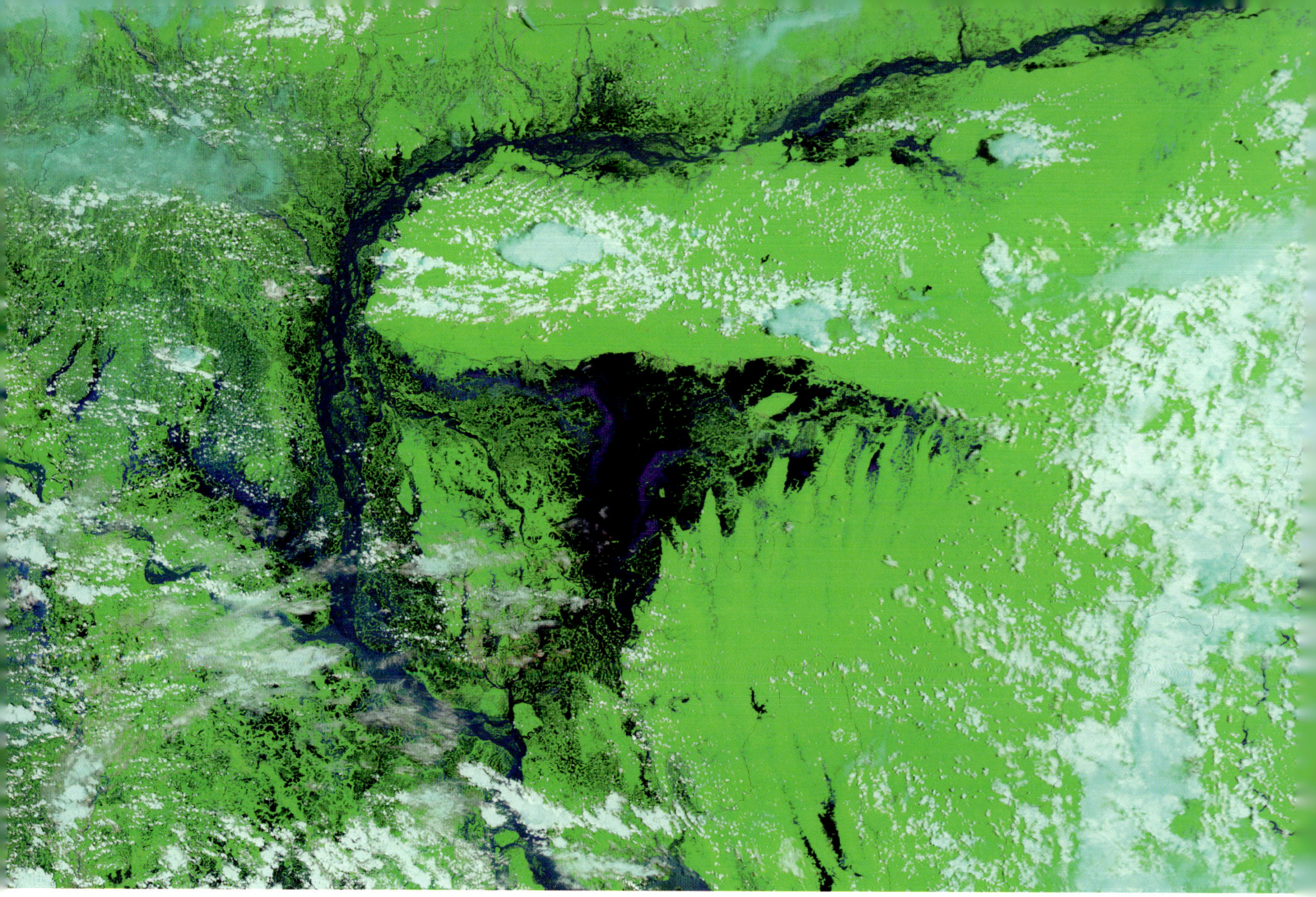
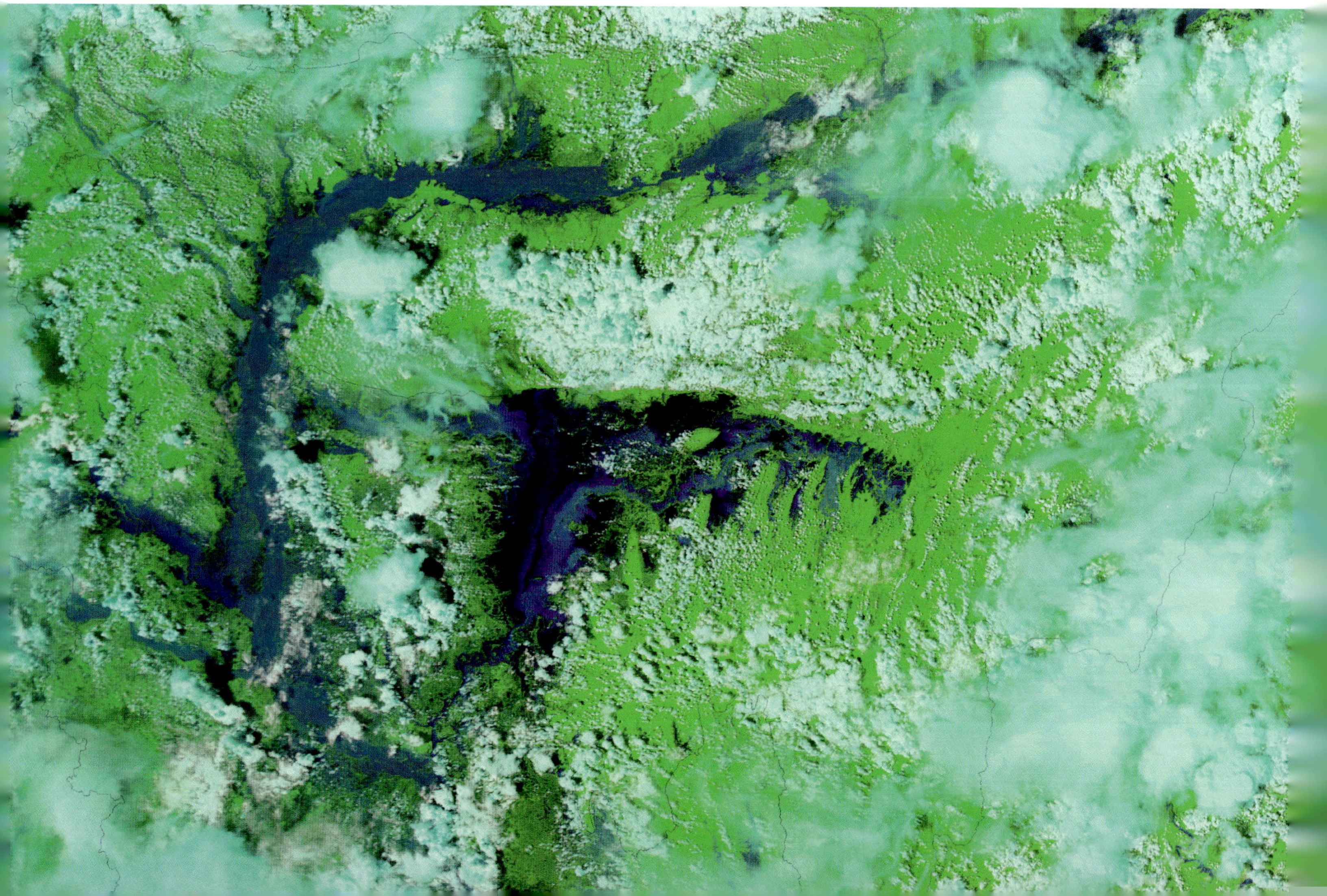

bis zum Jahr 2050 von einem Niederschlagsanstieg um 20, in einigen Gegenden sogar um 40% aus. In Nord- und Mitteleuropa fallen im Winter schon heutzutage deutlich mehr Regen und Schnee als vor 100 Jahren. Durch damit einhergehende Hochwasserkatastrophen (siehe Seite 141 f.) werden die Anrainer von Flüssen vermehrt von Schäden betroffen sein. Auch der Monsun in Asien wird sich laut Expertenmeinung verstärken und damit ohnehin hochwassergefährdete Gebiete wie Bangladesch bedrohen. Vor allem in hohen Breiten werden Niederschläge vermutlich zunehmen, während sie über den Kontinenten in den Subtropen aller Wahrscheinlichkeit nach abnehmen werden. Während seit 1900 vor allem auf Nordeuropa, Kanada, Ostaustralien und Westindien mehr Niederschläge entfielen, wurden insbesondere in West- und Ostafrika sowie im Westen Lateinamerikas Niederschlagsrückgänge von bis zu 50% festgestellt. Vor allem für den Osten Afrikas, aber auch für Mittelamerika und eine Region, die von Neuseeland über Australien und Neuguinea bis nach Japan verläuft, wird bis ins Jahr 2050 ein weiterer Rückgang erwartet. Für Teile Lateinamerikas und Westafrikas, den Osten Grönlands sowie den Pazifik erwartet man hingegen einen deutlichen Anstieg der Niederschlagsmenge.

Stürme

Einige Wissenschaftler gehen zudem von einem größeren Risiko der Entstehung tropischer Wirbelstürme sowie einer steigenden Hurrikanintensität durch die erhöhten Meerestemperaturen aus. In den letzten 20 Jahren haben sich die Meeresgebiete, die mindestens zeitweise eine Oberflächentemperatur von 27 °C erreichen und damit geeignete Entstehungsbedingungen für tropische Wirbelstürme bieten, über 15% ausgeweitet (siehe Seite 171).

Verlagerung oder Schwächung von Meeresströmungen

Bei einer abrupten Klimaerwärmung könnte es durch Süßwasser aus den schmelzenden Eismassen zu einer Verlagerung oder Schwächung von Meeresströmungen wie dem Golfstrom kommen, was weitreichende Folgen für das wesentlich von diesen Meeresströmungen bestimmte Klimasystem der

Die Überflutung des Flusses Brahmaputra in Indien im August 2007 (gegenüberliegende Seite oben) war gering, verglichen mit der Überflutung Anfang September desselben Jahres (gegenüberliegende Seite unten). Etwa 800.000 Menschen, die in der Nähe des Flusses lebten, mussten evakuiert werden. Weitere 500.000 Personen wurden im Nachbarstaat Bangladesch evakuiert. Die Überschwemmung zerstörte die Ernte, die nach dem Hochwasser im August neu angepflanzt worden war. Aufgrund der erhöhten Meerestemperaturen als Folge des Klimawandels kann es vermehrt zu tropischen Wirbelstürmen wie Zyklonen (Bild oben), die im Indischen Ozean oder der Südsee entstehen, und Hurrikanen (Bild unten), die im Atlantik oder im Nordpazifik auftreten, kommen.

Erde hätte. Insbesondere ein Versiegen des Nordatlantikstroms hätte massive Kälteeinbrüche in ganz West- und Nordeuropa zur Folge. Der Nordatlantikstrom kann durch den Zufluss großer Süßwassermengen, wie dies durch das Abschmelzen der grönländischen Gletscher der Fall wäre, unterbrochen werden, indem sich hierdurch der Verdichtungsprozess, der das Oberflächenwasser in tiefere Schichten absinken lässt, abschwächt. Das Absinken und damit auch der Sog, der immer wieder neues Oberflächenwasser nachströmen lässt, wird verhindert. Zwar wird das Versiegen des Nordatlantikstroms mittelfristig für sehr unwahrscheinlich gehalten, allerdings erwartet man gemäß Simulationen mit Klimamodellen bis zum Ende des 21. Jahrhunderts eine leichte Abschwächung des Nordatlantikstroms.

El Niño

Die Temperaturen der Meeresoberfläche während El Niño im Juli 2009 wurden mit den Durchschnittstemperaturen der Jahre 1985 bis 1997 verglichen. Die cremefarben markierten Bereiche weisen eine normale Temperatur auf, Gebiete mit einer vergleichsweise wärmeren Temperatur sind rot, Gebiete mit kälteren Temperaturen als normal blau markiert. Dunkelrot ist der östliche Pazifik vor der Küste Perus und Ecuadors. Hier waren die Temperaturen sehr viel wärmer als der Durchschnitt.

El Niño, also eine nicht-zyklische veränderte Strömung im Pazifik, ist in erster Linie ein natürliches Phänomen. Der Name dieses ozeanografisch-meteorologischen Ereignisses leitet sich vom spanischen Wort für Junge/Kind ab und bezieht sich auf das Jesuskind, da der Zeitpunkt des Auftretens mit der Weihnachtszeit zusammenfällt. Zu dieser Zeit liegen die normalen Wassertemperaturen im Pazifik vor Indonesien bei 28 °C, vor der Küste Perus nur bei 24 °C. Die kälteren Temperaturen sind beeinflusst durch den kalten Humboldtstrom vor der Küste Südamerikas. Durch den vom Nachlassen der Passatwinde verursachten El Niño wird der Humboldtstrom abgeschwächt und kommt zum Erliegen, sodass sich das Oberflächenwasser vor der peruanischen Küste erwärmt. Dadurch durchmischt sich die obere Wasserschicht nicht mehr mit dem kühlen, nährstoffreichen Tiefenwasser, und das Plankton stirbt ab, was einen Zusammenbruch ganzer Nahrungsketten bewirkt. Fische wandern ab oder sterben, Robben und Seevögel verhungern. Das gewaltige Fischsterben hat auch erhebliche wirtschaftliche Auswirkungen auf die Fischerei. Eine weitere Folge ist die durch hohe Temperaturen ausgelöste Korallenbleiche.

Durch eine Verschiebung der Windzonen bei einem El Niño strömt das warme Oberflächenwasser nicht mehr von Südamerika nach Indonesien, sondern in umgekehrte Richtung, wodurch sich auch die Wassertemperaturen in den entsprechenden Gebieten

„Besonders in den letzten Jahrzehnten haben sich El-Niño-Ereignisse verstärkt."

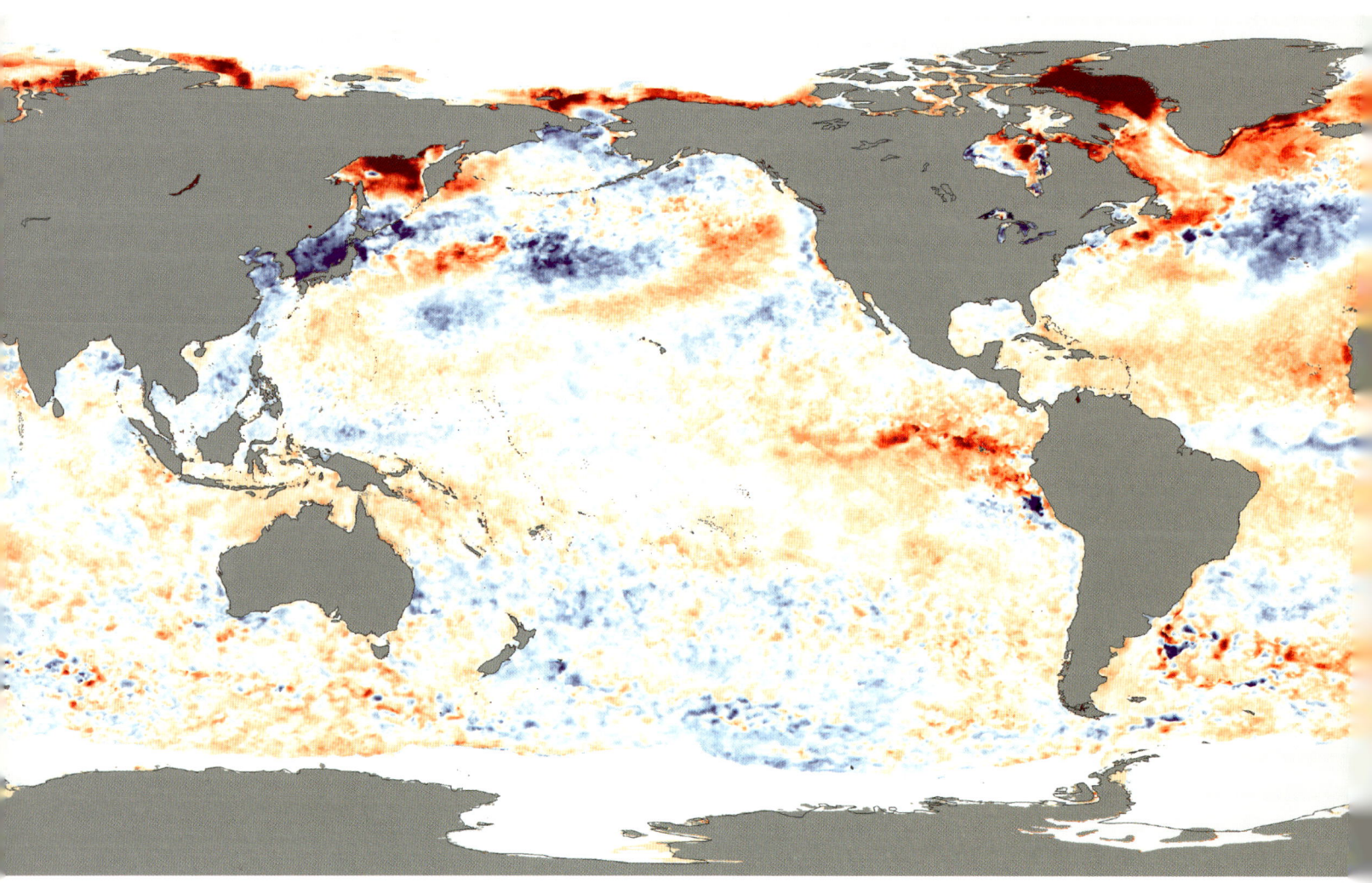

umkehren. Aufgrund der starken Erwärmung des Ostpazifiks durch El Niño bilden sich durch Verdunstung starke Tiefdruckgebiete, die in den betroffenen Regionen wie zum Beispiel an der amerikanischen Westküste von Chile bis hinauf nach Kalifornien sowie in Ostafrika sintflutartige Regenfälle, Überschwemmungen und Erdrutsche auslösen können, teilweise mit bis in die Tausende gehenden Todesopfern und Obdachlosen. Vor Mexiko können verheerende Wirbelstürme entstehen. Das Klimaphänomen führt zudem zur Entstehung von Dürren, Buschfeuern, Waldbränden und Ernteausfällen in einigen Teilen Südamerikas, in Indonesien und in Australien.

In den letzten Jahren kommt die warme Meeresströmung weiter vor der Küste zum Stillstand. Besonders in den letzten Jahrzehnten haben sich El-Niño-Ereignisse zudem verstärkt. Seit Mitte der 1970er-Jahre lassen sich eine Veränderung der Ausbreitung des warmen Oberflächenwassers, stärkere Windanomalien und größere Intensitäten feststellen. Der Rhythmus des Auftretens des Wetterphänomens verkürzt sich. Bisher ist jedoch nicht eindeutig geklärt, ob dies ein Effekt des anthropogenen Klimawandels ist. Einiges deutet jedoch darauf hin, dass dies in einer seit 1976 beobachteten Erwärmung des tropischen Pazifiks um 0,3 0,4 °C begründet ist. Damit fällt auch der Abbaumechanismus dieser Wärme, der El Niño, stärker aus. Einige Modellrechnungen gehen davon aus, dass eine erwärmte Oberflächentemperatur des tropischen Pazifiks um 2–4 °C zu einer weiteren Verstärkung des El Niños bis zum Ende des 21. Jahrhunderts führen wird.

Ozeane

Erwärmung und Meeresspiegelanstieg

Durch die thermische Ausdehnung und das zusätzliche Wasser aus schmelzenden Gletschern hat sich das Meeresspiegelniveau zwischen 1992 und 2009

„Auf jeden Zentimeter des Meeresspiegelanstiegs kommt ein Meter an verlorenem Küstenland."

um 3,3 Millimeter jährlich erhöht – um die Hälfte mehr als der Durchschnittsanstieg im 20. Jahrhundert. Durch die globale Erwärmung wird dieser Anstieg weiter voranschreiten. Das IPCC sagt bis zum Jahr 2100 eine Erhöhung zwischen 0,19 und 0,58 Metern voraus. Diese Berechnungen beziehen jedoch die schwer einschätzbaren Abschmelzraten der grönländischen Eisschilde und der Antarktis nicht mit ein. Einige Küstengebiete und flache Inseln werden infolgedessen unbewohnbar werden. Auf jeden Zentimeter des Meeresspiegelanstiegs kommt ein Meter an verlorenem Küstenland. Hierdurch erhöht sich das Risiko verheerender Sturmfluten in den Küstenregionen (siehe Seite 126 ff.). Besonders küstennahe Gebiete und Inseln in ärmeren Ländern, die sich keine Küstenschutzmaßnahmen leisten können, sind von den Folgen

Da durch El Niño starke Tiefdruckgebiete entstehen, können enorme Regenfälle auftreten. In vielen betroffenen Gebieten werden nicht nur wie hier Straßen überflutet, sondern die Auswirkungen von El Niño sind sehr viel gravierender, da es mitunter zu starken Überschwemmungen und Erdrutschen mit enormen Zerstörungen kommen kann.

Pakistan, Ägypten, Indonesien und Thailand, die eine vergleichsweise große und arme Bevölkerung haben, sind stark gefährdet. Rund ein Zehntel der Weltbevölkerung lebt in Küstengebieten, die zehn Meter und niedriger über dem Meeresspiegel liegen. Weitere Risiken sind eine weitergehende Küstenerosion, ein Eindringen von Salz in Grund- und Oberflächenwasser sowie eine Veränderung des Grundwasserspiegels.

Werden keine Gegenmaßnahmen getroffen, könnten bei einem Meeresspiegelanstieg um einen Meter weltweit Flächen von 150.000 Quadratkilometern dauerhaft überschwemmt werden. Betroffen wären 180 Millionen Menschen, zu erwarten wären Schäden in einer Höhe von 1,1 Billionen US-Dollar. Auch wenn ein effektiver Klimaschutz die Lufttemperaturen stabilisiert, setzt der Temperaturanstieg in den Ozeanen mit einer Verzögerung von mehreren Jahrhunderten ein, und am Meeresspiegelanstieg würde sich in den nächsten Jahrzehnten kaum etwas ändern.

Methan und Kohlendioxid

Der Meeresboden ist ein riesiger Speicher von Methan in Form von Methanhydraten. Weltweit schätzt man diese Methanhydratvorkommen auf 500–3000 Gt C (Gigatonnen Kohlenstoff). Diese könnten bei einer starken Erwärmung freigesetzt werden. Allerdings wird dieser Prozess aufgrund der langsamen Erwärmung in tieferen Ozeanschichten nur über Jahrhunderte hinweg voranschreiten.

Ein weiteres Problem ist die Versauerung der Ozeane durch die vermehrte Aufnahme von Kohlendioxid aus der Atmosphäre. Jährlich nehmen die Meere 92 Gt Kohlenstoff auf, geben 90 Gt davon wieder ab und speichern die restlichen 2 Gt. Insgesamt speichern die Meere derzeit ungefähr 38.000 Gt Kohlenstoff. Teilweise verbindet sich das Kohlendioxid mit dem Wasser zu Kohlensäure und trägt somit zur Versauerung bei, der meereseigene ph-Wert nimmt ab.

Zwar wird hierdurch die Erderwärmung verringert, Tiere mit einem Schutzmantel aus Kalk werden jedoch gefährdet, da dieser sich unter den sauren Bedingungen auflöst. Stark betroffen sind davon etwa Korallen, die hierdurch kein stützendes Kalkskelett mehr bilden können, aber auch Kleinstlebewesen wie Zooplankton und Meeres-

Halligen sind kleine Inseln im Wattenmeer Nordfrieslands. Sie sind meist Reste des durch Sturmfluten untergegangenen Festlandes oder durch Aufschwemmungen der Nordsee entstanden. Aufgrund ihrer geringen Höhe über dem Meeresspiegel sind sie besonders gefährdet, bei einem weiteren Anstieg des Meeresspiegels im Ozean zu versinken.

bedroht. Einige kleine Länder im Pazifik mit Landflächen, die nur wenig über dem Meeresspiegel liegen, könnten bei einem weiteren Anstieg in den nächsten Jahrzehnten im Ozean versinken. Schon heute spüren viele küstennahe Regionen auf Meeresniveau wie etwa Bangladesch oder die meist flachen Atolle der Südsee die Auswirkungen und haben immer wieder mit Überschwemmungen zu kämpfen. Als besonders gefährdet gilt die Inselgruppe Tuvalu, deren höchster Punkt nur fünf Meter über dem Meeresspiegel liegt, sowie die Halligen der deutschen Nordsee. Auch die Länder

schnecken, die am Beginn der Nahrungskette stehen. Auch die Lebensbedingungen, das Wachstum und die Fortpflanzung anderer Meeresbewohner wie etwa verschiedener Muschelarten, Seeigel oder Clownfische beeinträchtigt der sinkende pH-Wert. Dies gefährdet die gesamte Nahrungskette der Ozeane.

Abschmelzen von Eismassen

Bereits heute schmelzen die Eismassen der Arktis und Antarktis sowie die Gebirgsgletscher stellenweise ab. Die Meereisbedeckung der Pole hat sich zwischen 1980 und 2007 um rund 40% verringert, der Verlust der Gletscherflächen in den Alpen wird mit rund 50% angegeben. Setzt sich dies fort, kann es passieren, dass diese Eis- und Schneemassen schon in absehbarer Zeit ganz verschwunden sein werden. Das IPCC schätzt, dass der grönländische Eisschild mit 0,21 ($\pm$ 0,07), die Antarktis mit 0,21 ($\pm$ 0,35) und schmelzende Gletscher mit 0,77 ($\pm$ 0,22) Millimeter zum bisherigen Meeresspiegelanstieg beigetragen haben.

Das Abschmelzen der Eismassen unter sich erwärmenden Temperaturen hat einen selbstverstärkenden Effekt: Die hellen Eisflächen weichen dunkleren Land- oder Wasserflächen und reflektieren auf diese Weise weniger Sonnenlicht. Während Eisflächen nur 50% der einfallenden Sonnenenergie absorbieren, absorbieren beispielsweise Wasserflächen 94% der Sonnenenergie. Auf der Erde wird mehr Sonneneinstrahlung in Erderwärmung umgesetzt. Durch diese Rückkopplung würde die globale Erwärmung stark beschleunigt.

Gletscher

Der Rückgang der Gebirgsgletscher begann bereits im 19. Jahrhundert und hat sich seitdem deutlich beschleunigt. Gletscher werden durch langjährige Klimaveränderungen beeinflusst und sind sowohl von den Lufttemperaturen als auch vom Schneefall abhängig. Mit einer durchschnittlichen Rück-

„Bereits heute schmelzen die Eismassen der Arktis und Antarktis sowie die Gebirgsgletscher stellenweise ab."

gangsrate von 0,31 Metern jährlich waren zwischen 1970 und 2004 83% aller Gletscher weltweit von einer Schmelze betroffen. In den letzten 150 Jahren sind beispielsweise die Alpengletscher um etwa ein Drittel ihrer Fläche geschrumpft.

Laut IPCC wird das Volumen der Gletscher auf der Nordhalbkugel bis 2050 um durchschnittlich 60% zurückgehen. Die Folgen sind rückläufige sommerliche Wassermengen der Flüsse in der zweiten Hälfte des 21. Jahrhunderts. Zudem führt der Gletscherwasserabfluss zum Anstieg des Meeresspiegels. Die knapp 160.000 Gletscher der Welt umfassen ein Wasservolumen von 80.000 Kubikkilometern und könnten zu einem Meeresspiegelanstieg von 24 Zentimetern beitragen.

Durch die Gletscherschmelze kommt es vor allem im Sommer zu einem Anstieg vieler Flüsse. Zunächst droht hierdurch in den betroffenen Gebieten ein erhöhtes Überschwemmungsrisiko durch steigende Flusspegel und vermehrte Ausbrüche von Gletscherseen. So haben sich mitunter töd

Besonders betroffen vom immer schnelleren Abschmelzen der Eismassen ist der Westen der Antarktis. In den letzten fünf Jahren, so britische und US-amerikanische Wissenschaftler, sind die Gletscher um etwa 50 Meter pro Jahr abgeschmolzen. Dies ist schneller als zu jeder anderen Zeit in den vergangenen 50 Jahren.

lich verlaufende und große Zerstörungen anrichtende Gletscherseeausbrüche in Tibet, Nepal und Bhutan bereits von 0,38 pro Jahr in den 1950er-Jahren auf 0,54 in den 1990er-Jahren erhöht. Schmelzen die Gletscher weiter ab, kann es zu einem Wassermangel kommen, da vielerorts die Landwirtschaft von steigenden Wassermengen durch die sommerliche Zufuhr von Gletscherwasser abhängt. In einigen Gebieten ist das Gletscherschmelzwasser zeitweilig die hauptsächliche Trinkwasserquelle. So spielen etwa die Himalajagletscher eine entscheidende Rolle für die Wasserversorgung trockener Gegenden wie der Mongolei, Westchinas, Pakistans und Afghanistans. Auch einige südamerikanische Städte und Siedlungen wie die ecuadorianische Hauptstadt Quito oder das bolivianische La Paz sind stark gletscherwasserabhängig. Neben Bevölkerung und Landwirtschaft sind auch wasserabhängige Industriezweige wie etwa Wasserkraftwerke vom Wassermangel infolge von Gletscherrückgängen betroffen.

Antarktis und Grönland

In den Eisschilden der Antarktis und Grönlands finden sich ungefähr 99% des Süßwassereises der Erde. Jährlich verlieren diese Eisschilde aktuell etwa 125 Gigatonnen an Masse (100 Gt Verlust in Grönland, 50 Gt Verlust in der Westantarktis und 25 Gt Zunahme in der Ostantarktis).

In der Antarktis ist es trotz globaler Erwärmung nicht warm genug, um größere Eismengen zum Schmelzen zu bringen. Im Westen der Antarktis sind zwar die Temperaturen seit den 1940er-Jahren um 2,5 °C angestiegen, in anderen Gebieten des Südpols wird es hingegen kälter, und es könnte durch das weitere Vordringen feuchter Luftmassen und dadurch vermehrte Niederschläge zu einer verstärkten Eisbildung kommen. Im Mittel erhöhte sich die Temperatur in der Antarktis seit dem 19. Jahrhundert um 0,2 °C. Zwischen April 2002 und August 2005 betrug der jährliche Eismassenverlust des gesamten antarktischen Eisschilds durchschnittlich 152 (± 80) Kubikkilometer. Sorgen bereitet den Wissenschaftlern der Abbruch großer Teile des schwimmenden Larsen-Schelfeises. Würden die großen Eisplatten der Antarktis destabilisiert und ins Meer gleiten, könnte dies zu einem starken Meeresspiegelanstieg führen. Bei einer Eismenge von 25,4 Millionen Kubikkilometern würde das Antarktiseis zu einer Meeresspiegelerhöhung um etwa 57 Meter führen.

In Grönland befindet sich nach der Antarktis der zweitgrößte Eisschild der Erde. Ein vollständiges Abschmelzen des grönländischen Eisschilds würde eine Meeresspiegelerhöhung um etwa 7,3 Meter bewirken. Ein solcher Prozess würde allerdings nach heutigen Einschätzungen mindestens mehrere Hundert Jahre dauern. Seit Mitte des 20. Jahrhunderts haben sich die Temperaturen im Süden Grönlands um 2,5 °C erhöht. Dies hatte einen beschleunigten Eisverlust in den Randgebieten Grönlands zur Folge. Die Eisschmelze hat sich in den letzten 20 Jahren weiter verstärkt. Da hier die Sommertemperaturen hoch genug sind, um Teile der Eiskappen schmelzen zu lassen, wird die Region eher zu einem Meeresspiegelanstieg beitragen, als dies bei der Antarktis der Fall ist.

Gletscher gehören zu den Hauptquellen der Trinkwasserversorgung vieler Städte. Auch die ecuadorianische Hauptstadt Quito (gegenüberliegende Seite) erhält einen großen Teil ihres Trinkwassers aus dem Gletscher auf dem Vulkan Antizana. Aufgrund des Rückgangs der Gletscher kann die Wasserversorgung allerdings stark beeinträchtigt werden. Auch in Grönland (Bilder oben) verläuft die Eisschmelze sehr viel schneller als erwartet. Heute gibt es auf der größten Insel der Erde so wenig Eis wie nie zuvor.

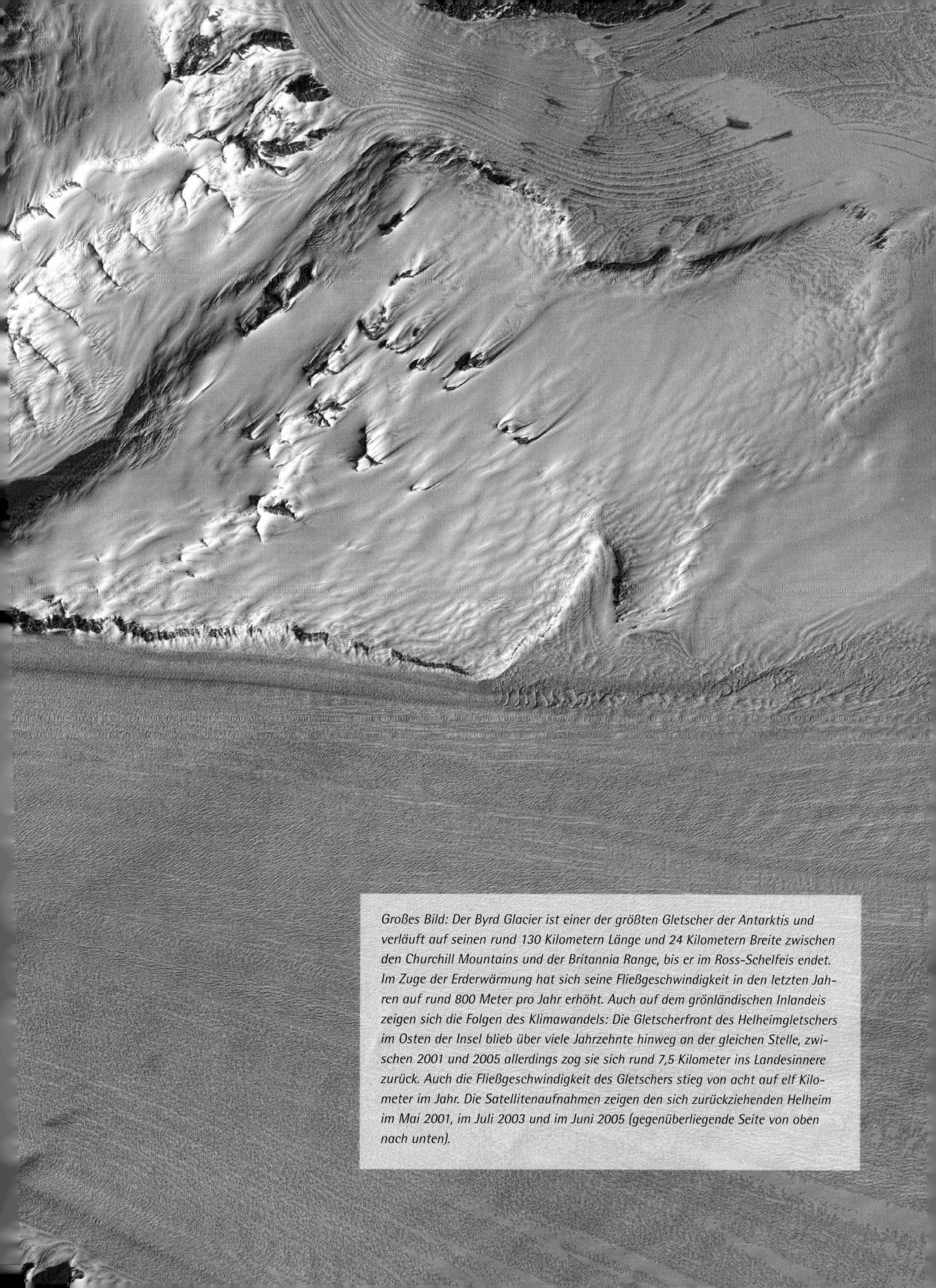

Großes Bild: Der Byrd Glacier ist einer der größten Gletscher der Antarktis und verläuft auf seinen rund 130 Kilometern Länge und 24 Kilometern Breite zwischen den Churchill Mountains und der Britannia Range, bis er im Ross-Schelfeis endet. Im Zuge der Erderwärmung hat sich seine Fließgeschwindigkeit in den letzten Jahren auf rund 800 Meter pro Jahr erhöht. Auch auf dem grönländischen Inlandeis zeigen sich die Folgen des Klimawandels: Die Gletscherfront des Helheimgletschers im Osten der Insel blieb über viele Jahrzehnte hinweg an der gleichen Stelle, zwischen 2001 und 2005 allerdings zog sie sich rund 7,5 Kilometer ins Landesinnere zurück. Auch die Fließgeschwindigkeit des Gletschers stieg von acht auf elf Kilometer im Jahr. Die Satellitenaufnahmen zeigen den sich zurückziehenden Helheim im Mai 2001, im Juli 2003 und im Juni 2005 (gegenüberliegende Seite von oben nach unten).

Arktis

Klimaforscher haben herausgefunden, dass sich die Lufttemperatur in der Arktis in den letzten 50 Jahren mit 1,1 °C doppelt so stark wie im weltweiten Durchschnitt erhöht hat. Für die kommenden 100 Jahre wird eine Erwärmung um weitere 4–7 °C erwartet.

Zusätzlich könnte der Klimawandel auch die Meeresströmungen beeinflussen, wodurch wärmeres Wasser die Arktis erreichen könnte. Bereits jetzt zeigt dies Auswirkungen. Da in der Arktis die Wassertemperaturen vergleichsweise schnell steigen, entstehen im Sommer in Polnähe zunehmend offene Wasserflächen. In den letzten 30 Jahren sind die eisbedeckten Meeresflächen in der Arktis im Winter um 2,7% pro Jahrzehnt zurückgegangen. Das Meereis, das bis zu 15% der Weltmeere bedeckt, nimmt durch die globale Erwärmung ab. Im September 1979 betrug die arktische Meereisfläche, die im Winter entsteht und sich im Sommer teilweise wieder zurückzieht, noch ungefähr 7,5 Millionen Quadratmeter. Seitdem ist sie pro Jahrzehnt um über 8% geschrumpft. Die schneebedeckte Fläche der arktischen Landgebiete nahm hingegen in den letzten 30 Jahren um etwa 10% ab. Modellrechnungen gehen davon aus, dass bei einer fortschreitenden Erderwärmung das Nordpolargebiet zwischen Mitte und Ende des 21. Jahrhunderts in den Sommermonaten eisfrei sein wird

Eine gravierende Folge des Klimawandels ist das weltweite Schmelzen der Gletscher. Aufgrund der Gletscherschmelze kommt es zu einem Anstieg des Meeresspiegels, was Überschwemmungen und Hochwasser zur Folge haben kann. Auch der Lebensraum vieler Tiere ist durch den Rückgang der Gletscher bedroht.

Permafrostböden

Durch das Auftauen der Permafrostböden würden riesige Mengen an Treibhausgasen freigesetzt, was den Treibhauseffekt und damit ebenfalls die Klimaerwärmung verstärkt. So wurde in Westsibirien beobachtet, dass die Temperaturen hier um ein Vielfaches schneller in die Höhe schießen als im globalen Mittel. Die mittlere Temperatur ist hier seit den 1960er-Jahren um etwa 3 °C angestiegen. Die Folge ist ein Auftauen der Permafrostböden seit der Jahrtausendwende und ein Freisetzen riesiger, bis dahin im Boden gebundener Methanmengen.

Ähnlich sieht es in Alaska aus, wo seit dem Beginn des 20. Jahrhunderts die Temperaturen an der Oberfläche um 5–7 °C gestiegen sind. Im Nordwesten Kanadas haben sich die obersten 20 Meter des Permafrostbodens in den letzten 20 Jahren um 2 °C erwärmt.

Verschiedene Klimamodelle deuten darauf hin, dass die Permafrostböden weltweit bis 2080 auf 47 bis 74% der heutigen Ausdehnung geschrumpft sein könnten. Weitere Folgen dieser Auftauprozesse sind beispielsweise auslaufende oder versickernde Seen und Teiche sowie Küstenerosion. Zudem schädigt das Abschmelzen der gefrorenen Böden Bäume, deren Wurzeln jetzt noch fest im Frostboden verankert sind. Ebenfalls sind Schäden an Straßen oder Pipelines zu erwarten, die auf Permafrostboden gebaut sind.

Pflanzen- und Tierwelt

Eine Untersuchung von 1103 Pflanzen- und Tierarten ergab, dass bei einer Temperaturerhöhung von 0,8–1,7 °C bis zum Jahr 2050 ein Anteil von ungefähr 18% der untersuchten Arten aussterben würde. Bei einer Erwärmung zwischen 1,8 und 2 °C wären es im gleichen Zeitraum 24% und über 2 °C sogar 35%.

Ab einer Klimaerwärmung von 2 °C entsteht ein erhöhtes Risiko für das Aussterben vieler Pflanzen-

„Besonders die Tiere der Polargebiete sind bedroht, da es hier keinerlei Ausweichmöglichkeiten für sie gibt."

und Tierarten, da die höheren Temperaturen Lebensräume schaffen, die den entsprechenden Arten keine geeigneten Überlebensbedingungen mehr bieten. Sie werden somit von anderen Arten verdrängt. Tierarten sterben aus, wenn sie sich nicht schnell genug in geeignetere Ökosysteme ausbreiten können, einige Pflanzen werden sich nicht schnell genug anpassen können. Betrifft dies Nutzpflanzen, ist auch die Ernährungssicherheit bedroht.

Durch die Erwärmung und Übersäuerung der Meere werden viele Fischarten dezimiert. Der erwartete Temperaturanstieg könnte einer Studie der University of York zufolge ein Massensterben verursachen, das mehr als die Hälfte aller Pflanzen- und Tierarten betreffen könnte.

Besonders die Tiere der Polargebiete sind bedroht, da es hier keine Ausweichmöglichkeiten gibt. Vor allem die Wildtierpopulationen des Nordpolargebiets werden dezimiert werden. Bekannt ist die Gefährdung von Eisbären, die auf dem Eis lebende

Die während der Eiszeit entstandenen Permafrostboden sind bis in mehrere Tausend Meter Tiefe das gesamte Jahr hindurch gefroren, weshalb sie auch als Dauerfrostböden bezeichnet werden. Große Flächen mit Permafrostböden findet man vor allem in Gebieten mit arktischem und antarktischem Einfluss wie beispielsweise in dem hier abgebildeten Gebiet der arktischen Tundra.

durch die zeitliche Vorverlagrung der Lebenszyklen der als Hauptnahrungsquelle dienenden Raupenart Probleme bei der Versorgung der Jungvögel haben.

Korallen sind hingegen durch die Erwärmung der Meere von der sogenannten Korallenbleiche bedroht, die bei einer Erhöhung von 1–2 °C über dem sommerlichen Temperaturmaximum einsetzt und bei längerer Belastung zu einem Absterben der Koralle führen kann.

Menschliche Gesundheit

Durch die steigenden Temperaturen treten immer mehr extreme Hitzewellen auf. Schon jetzt lässt sich bei großen Hitzewellen eine hohe Anzahl hitzebedingter Todesfälle beobachten. Wie verschiedene Studien zeigen, wird diese Zahl noch weiter ansteigen. Zudem werden sich in den Entwicklungsländern Krankheiten durch wärmeliebende Schädlinge und Krankheitserreger, wie etwa Malaria und Denguefieber, weiter in Gegenden ausbreiten, die heute noch zu kühle Bedingungen für diese Krankheiten bieten. Schon bei einer Erwärmung von über 3 °C drohen häufigere Hungerkatastrophen und Wassermangel.

Schon heute, so eine Studie der Weltgesundheitsorganisation (WHO), sterben jährlich mindestens 150.000 Menschen an den indirekten Folgen der globalen Erwärmung wie Herz-Kreislauf-Erkrankungen, Nahrungsmangel oder Infektionskrankheiten wie Malaria. Besonders betroffen sind dabei die Entwicklungsländer.

Soziale Konflikte

Dadurch dass immer mehr Gebiete unbewohnbar werden, muss man mit Millionen von Klimaflüchtlingen rechnen. Dies betrifft vor allem Entwicklungsländer, wo die Lebensräume etwa durch den Meeresspiegelanstieg wie zum Beispiel in Bangladesch oder durch Dürre und Wasserknappheit wie beispielsweise in Afrika bedroht sind.

Die knapper werdenden Lebensräume und Acker- und Weideflächen, dazu Hungersnöte und Wasserknappheit durch den Rückgang von als Wasserspeicher dienenden Gletschern sowie austrocknende Flüsse und Seen führen zu vorhersebaren Konflikten.

Eisbären leben den größten Teil des Jahres auf Packeis und Eisschollen, wo sie nach Robben – ihrem Hauptnahrungsmittel – jagen und auch ihre Jungen zur Welt bringen. Schmilzt das polare Eis aufgrund der Klimaerwärmung, bedeutet dies, dass der natürliche Lebensraum der Eisbären immer geringer wird und der Bestand der Tiere deutlich gefährdet ist.

Robben jagen und die Eisflächen für ihre Wanderungen nutzen. Kommt es zu einem vollständigen Verlust des sommerlichen Meereises, ist ihr Überleben unwahrscheinlich. Die US Geological Survey nimmt bei einem weiteren Verlust des arktischen Meereises einen Rückgang der Eisbärenpopulation bis 2050 um zwei Drittel an. Ebenfalls stark vom Klimawandel betroffen sind Mützenrobben und Narwale.

Auch durch jahreszeitliche Verschiebungen sind einige Tiere bedroht. So ist zu beobachten, dass bestimmte Vogelarten wie etwa die Kohlmeise

Bei einem weitgehenden Abschmelzen der Himalaja- und Andengletscher entsteht zunächst das Risiko häufiger verheerender Überschwemmungen sowie später eines Versiegens großer Flüsse in niederschlagsarmen Zeiten. Hierdurch wäre die Wasserversorgung von Milliarden von Menschen in Gefahr. Immer knapper werdende Landflächen und Ressourcen könnten schon bald in einigen Gegenden vermehrt zu Aufständen und Kriegen beitragen.

Wirtschaft

Naturkatastrophen werden immer schwerer und teurer. Ein ungebremster Klimawandel hätte auch beträchtliche finanzielle Folgen. So errechnet etwa das Deutsche Institut für Wirtschaftsforschung bei einer unveränderten Entwicklung des Klimawandels volkswirtschaftliche Kosten in einer Höhe von bis zu 200 Billionen US-Dollar bis zum Jahr 2050. Der 2006 veröffentlichte Stern-Report der britischen Regierung geht bis zum Jahr 2100 von volkswirtschaftlichen Schäden infolge von klimabedingten Unwettern mit Werten von 5–20% der weltweiten Wirtschaftsleistung aus. Man nimmt an, dass Präventionsmaßnahmen wie eine CO_2-Reduktion im Gegensatz hierzu nur knapp 1% des Welt-Bruttoinlandsproduktes kosten. Die Auswirkungen des Klimawandels und damit die wirtschaftlichen Schäden treffen vor allem die ohnehin armen Entwicklungsländer. Meist liegen sie zum einen in wärmeren, niederschlagsärmeren Gebieten und sind damit häufig von Dürren betroffen, zum anderen sind sie oft abhängig von klimaanfälligen Wirtschaftszweigen wie etwa der Landwirtschaft. Durch eine Verschiebung der Vegetationszonen, die Temperaturerhöhungen und die Veränderung der Niederschläge verändern sich auch die landwirtschaftlichen Erträge. Dies führt zu einer Verbesserung der landwirtschaftlichen Bedingungen in kühleren und gemäßigten Klimazonen sowie zu einer Verschlechterung in tropischen und subtropischen Regionen. Allerdings können sich die för-

derlichen Auswirkungen in den gemäßigteren Breiten bei einer Erwärmung von unter 2 °C bei einem Temperaturanstieg um 3 oder 4 °C bereits wieder umkehren.

Die riesigen Versicherungsschäden, die beispielsweise verheerende Sturmkatastrophen heute schon anrichten, werden durch wachsende Bevölkerungszahlen und wirtschaftlichen Wohlstand noch weiter ansteigen. So prognostiziert die Association of British Insurers bis 2080 allein durch Stürme um zwei Drittel steigende Versicherungsschäden in den USA, Europa und Japan.

Aufgrund der Hitze und der Niederschlagsarmut als Folgen des Klimawandels sind besonders viele Länder der Dritten Welt von Dürren betroffen. Gravierende wirtschaftliche Folgen der Dürre sind Ernteausfälle und Wasserknappheit. Ein besonders betroffenes Dürregebiet ist die afrikanische Sahelzone.

„Ein umgebremster Klimawandel hätte auch beträchtliche finanzielle Folgen."

Klimaforschung und Klimaschutz

Veränderungen sichtbar gemacht

Seit 1860 vorliegende Temperaturmessungen und die Auswertungen von Klimaarchiven belegen die globale Erwärmung um 0,7 °C seit dem Beginn der Industrialisierung (1750). Ein Pionier dieser Forschung war Charles David Keeling, der 1958 mit regelmäßigen Messungen des CO_2-Gehalts in der Atmosphäre auf dem Berg Mauna Loa (Hawaii) begann. Das aktuelle Klima kann zum Beispiel mithilfe von Wetterballons erfasst werden, die Luftfeuchtigkeit, Luftdruck und Temperatur messen. Die erhobenen Daten können dann in Wetterstationen gesammelt und ausgewertet werden. Klimastationen erfassen außerdem Daten wie Sonnenstrahlung und Windstärke. Die Wasserkreisläufe der Meere werden von Satelliten und schwimmenden Messsonden beobachtet, die beispielsweise Temperatur, Tiefenströmung und Salzgehalt bestimmen. Schiffe und Satelliten messen die Meeresoberflächentemperatur. Zur Bestimmung des Meeresspiegelanstiegs wird die Radar-Höhenvermessung durch Satelliten eingesetzt, will man weiter in die Vergangenheit zurückgehen, muss man auf Gezeitenpegelmessungen an Piers, Molen und Kais zurückgreifen. Mithilfe der Laser-Höhenmessung lassen sich beispielsweise Aussagen über die Dicke-

verluste von Gletschern machen. Das Ozonloch wird mithilfe von Satelliten und Höhenforschungsflugzeugen erforscht.

Ebenso wichtig ist das Verständnis der Klimageschichte, auf der Simulationen des zukünftigen Klimas beruhen. Derartige Klimaarchive, die Rückschlüsse auf vergangene Klimabedingungen zulassen, sind zum Beispiel Pollen oder Fossilien, Sedimente, Eisschichtungen oder durch Wind, Wasser oder Eis gebildete Bodenformen. In der Dendrochronologie macht man sich die Tatsache zunutze, dass Baumstämme in günstigen Witterungsbedingungen breite, in kalten Jahren schmalere Jahresringe aufweisen. Eine weitere Methode ist die Analyse von Sauerstoffisotopen. Je nachdem ob Wasser zu Eis gefriert oder in flüssiger Form vorliegt, verändert sich das temperaturabhängige Verhältnis der Sauerstoffisotopen O_{16} und O_{18}. Wird in einer Kaltzeit vermehrt Eis gebildet, in dem bevorzugt die leichteren O_{16}-Moleküle eingebunden werden, steigt im verbleibenden Meerwasser der Anteil der schwereren O_{18}-Moleküle. Je höher der O_{18}-Wert ist, desto höher waren die zur entsprechenden Zeit vorherrschenden Temperaturen. Diese Veränderungen lassen sich am Verhältnis der Sauerstoffisotope ablesen, die Meeresorganismen in ihre Kalkschalen einbauen. Aber auch Säugetie-

Der Mauna Loa (hawaiianisch „langer Berg") ist einer der größten aktiven Vulkane der Erde, auf dem sich eine meteorologische Forschungs- und Messstation befindet, die seit 1958 den CO_2-Gehalt der Luft misst. Da die Luft in der Umgebung der Messstation kaum durch lokale Einflüsse der Vegetation oder der Menschen beeinträchtigt ist, ist die Lage der Station für atmosphärische Messungen besonders geeignet.

re bauen Sauerstoffisotope aus dem Trinkwasser in ihren Knochen und Zähnen ein. Zur Analyse dienen Funde aus archäologischen Ausgrabungen, die Rückschlüsse auf das jeweilige Klima geben.

Die Untersuchungen von Eisbohrkernen ergeben ebenfalls Informationen über das Klima der Vergangenheit. In den Schichten der Eispanzer finden sich durch den Schneefall abgelagerte Spuren der Atmosphäre. So erhält man zum Beispiel Informationen über die Zusammensetzung der Atmosphäre, den Treibhausgasgehalt und vergangene Temperaturen, die aus der Konzentration der Wasserisotope erschlossen werden können. Wegen seltener Schmelzperioden und häufiger Niederschläge ist hier besonders der grönländische Eisschild aufschlussreich. Auf diese Weise lässt sich eine fast lückenlose Chronik der Klimageschichte der letzten 100.000 Jahre erstellen.

Die ersten computergestützten Berechnungen der zukünftigen Erderwärmung nutzte man 1956. Klimamodelle errechnen heute – Daten zu Temperatur, Luftdruck, Niederschlägen, Wolkenverteilung, Windstärke und -richtung integrierend – die zukünftig zu erwartende Erwärmung. 1988 wurde das Intergovernmental Panel on Climate Change (IPCC) gegründet. In einem Abstand von etwa sechs Jahren fasst es in einem Bericht die weltweiten Forschungsergebnisse zur Klimatologie zusammen.

Was kann der Mensch tun?

Die internationale Politik bemüht sich darum, die Folgen der globalen Erwärmung zu mildern. Völkerrechtlich verbindliche Regelungen zum Klimaschutz schreibt die Klimarahmenkonvention (UNFCCC) der Vereinten Nationen vor, deren Hauptgegenstand die Verminderung von Treibhausgasen ist. Derzeit gibt es 189 Vertragsstaaten, die sich alljährlich auf der UN-Klimakonferenz treffen. Die bekannteste dieser Konferenzen, die 1997 im japanischen Kyoto stattfand, führte zum Kyoto-Protokoll. In diesem verpflichteten sich die Industriestaaten zur Senkung der Emissionen von sechs wichtigen Treibhausgasen (Kohlendioxid, Methan, Stickoxide und drei langlebige Fluorkohlenwasserstoffverbindungen) um durchschnittlich 5%, bezogen auf die Werte von 1990 bis zum Jahr 2010. 2007 einigten sich die Staats- und Regierungschefs der Europäischen Union auf das Ziel, die CO_2- Emis-

sionen bis 2020, verglichen mit 1990, um mindestens 20% zu senken. 2009 fassten die Staats- und Regierungschefs wichtiger Volkswirtschaften auf dem G8-Gipfel in L'Aquila den Beschluss, die globale Erwärmung auf 2 °C zu begrenzen.

Ein wichtiger Stützpfeiler klimasenkender Technologien ist auch der verstärkte Einsatz erneuerbarer Energien (Fotovoltaik, Geothermie, Solarthermie, Biomasse), die weitestgehend CO_2-neutral sind. Auch eine zunehmende Energieeffizienz trägt zum Klimaschutz bei. Dies bedeutet, dass Produkte und Dienstleistungen mit weniger Energieverbrauch als zuvor hergestellt oder angeboten werden (zum Beispiel benzinsparende Autos, energieeffiziente Kühlschränke). Weitere Möglichkeiten bietet das sogenannte Geo-Engineering. So können etwa große Mengen in die Atmosphäre eingebrachter Sulfate eine Art Schutzschirm gegen die einfallende Sonneneinstrahlung bilden.

Aber auch die Privathaushalte können zum Klimaschutz beitragen, indem die Verbraucher ihr Verhalten beim Energieverbrauch sowie ihr Konsumverhalten umstellen. Beispiele hierfür sind der Umstieg auf umweltfreundlichere Verkehrsmittel, gut isolierte Gebäudehüllen, der Einsatz energieeffizienterer Geräte, das Vermeiden langer Transportwege beim Einkauf sowie die Investition in erneuerbare Energieträger.

Bei den sogenannten erneuerbaren Energien handelt es sich um Energiequellen, durch deren Nutzung die Quelle nicht erschöpft wird, oder solche, die sich kurzfristig selbst erneuern. Neben Wasserkraft, Erdwärme oder Wind ist eine wichtige Energieressource die solare Strahlung. Sonnenenergie kann beispielsweise in Form von Fotovoltaikanlagen genutzt werden.

Umweltkatastrophen

Die Zerstörung durch den Menschen

Umweltkatastrophen sind vom Menschen verursachte starke Schädigungen der Umwelt. Meist werden sie durch Betriebsunfälle ausgelöst, sie können aber auch Folgen einer schleichenden Umweltverschmutzung sein, die sich in relativ kurzer Zeit gravierend bemerkbar macht. Zum Anteil, den der Mensch an verheerenden Katastrophen mit schweren Folgen für Menschen und Natur hat, gehören nicht nur der anthropogene Klimawandel und seine Folgen, sondern auch Unfälle wie Reaktorkatastrophen, Tankerunglücke, Chemieunfälle sowie Folgen der Luftverschmutzung wie Smog und saurer Regen. Aber auch direkte bewusste Eingriffe in die Natur wie die Errichtung von Staudämmen und Flussregulierungen können die natürliche Umgebung und ganze Ökosysteme stark schädigen.

Der Super-GAU: Reaktorunfälle

Risiken von Kernkraftwerken

Durch Unfälle in Kernkraftwerken ist es möglich, dass eine größere Menge an radioaktivem Material in die Umwelt gelangt und die Nahrungskette verseucht wird. Beim Ausfall der Notkühlung kann der Reaktorkern schmelzen und sich dadurch selbst zerstören. Zwar können die Auswirkungen auf das Kernkraftwerk beschränkt sein, es können aber auch wie beim Reaktorunglück in Tschernobyl riesige Mengen an radioaktivem Material austreten, ein sogenannter Super-GAU. Ein weiteres Risiko besteht bei der Lagerung der im Betrieb entstandenen Spaltprodukte. Bis diese zerfallen sind, dauert es je nach Isotop von einigen Monaten bis zu vielen Tausend Jahren. Sowohl bei der Lagerung als auch bei der Wiederaufbereitung vor der Endlagerung kann es zu einer unbeabsichtigten Freisetzung kommen.

Bereits bei der Förderung des Kernbrennstoffs Uran werden große Mengen gesundheitsgefährdender radioaktiver Substanzen wie Radon freigesetzt. In den betroffenen Regionen verseuchen die Abraumhalden den Boden sowie das Grundwasser und verursachen vermehrt Krebserkrankungen und Missgeburten bei den Anwohnern. Auch beim Transport der hoch radioaktiven Brennelemente zur Entsorgung sind Unfälle nicht ausgeschlossen. Zudem gibt es Studien, die bereits den normalen Betrieb eines Kernkraftwerks mit Gesundheitsrisiken in Verbindung bringen, da auch hierbei klei-

„Bereits bei der Förderung des Kernbrennstoffs Uran werden große Mengen gesundheitsgefährdender radioaktiver Substanzen freigesetzt."

Neben den Risiken eines Reaktorunfalls mit Austreten von radioaktivem Material ist auch nicht auszuschließen, dass Atomkraftwerke bereits im Normalbetrieb gesundheits- und umweltbelastende Schäden verursachen.

nere Mengen radioaktiven Materials in die Umwelt entweichen. So zeigte eine Studie im Auftrag des Bundesamtes für Strahlenschutz 2007 eine signifikant erhöhte Rate an Leukämieerkrankungen bei Kindern, die in einem Umkreis von fünf Kilometern von Kernkraftwerken lebten. Die Interpretation dieser Studie ist jedoch umstritten.

Aufgrund dieser Risiken werden Kernkraftwerke stark kontrolliert und man versucht, Risiken vorherzusehen, um Störfälle möglichst beherrschbar zu machen. Dies betrifft auch Einwirkungen von außen wie beispielsweise den Schutz gegen Erdbeben, Hochwasser, Explosionsdruckwellen, Flugzeugabstürze und terroristische Angriffe.

Zwar sind sofortige Todesfälle bei Reaktorunglücken äußerst selten, die Todesfolgen durch Langzeitschäden wie Strahlenkrankheit und Krebserkrankungen jedoch kaum abzuschätzen.

Tschernobyl

Der bisher größte Reaktorunfall und zugleich eine der schlimmsten Umweltkatastrophen aller Zeiten war der des Kernkraftwerks bei Tschernobyl in der Ukraine am 26. April 1986. Durch technisches und menschliches Versagen gelangten infolge einer Explosion gewaltige Mengen radioaktiven Materials in die Atmosphäre. Das Unglück ereignete sich bei einem Versuch zu einer ausreichenden Stromversorgung nach einer Reaktorabschaltung, bei dem die geltenden Sicherheitsvorschriften nicht eingehalten wurden. Durch Konstruktionsmängel sowie Planungs- und Bedienungsfehler wurden große Mengen radioaktiven Materials in der Luft verteilt und gelangten hauptsächlich in die Region von Tschernobyl, aber auch in zahlreiche andere Gebiete Europas.

Bei der Strahlenexposition sind besonders die Radionuklide Jod-131 mit einer Halbwertszeit von acht Tagen, Cäsium-134 mit einer Halbwertszeit von zwei Jahren und Cäsium-137 mit einer Halbwertszeit von 30 Jahren von Bedeutung. Europa-

„Eine der schlimmsten Umweltkatastrophen aller Zeiten war die Kernschmelze im Kernkraftwerk Tschernobyl in der Ukraine am 26. April 1986."

weit wurde eine Fläche von insgesamt etwa 3.900.000 Quadratkilometern durch Cäsium-137 kontaminiert. Weitere große Radionuklidmengen wurden während des zehn Tage lang andauernden Feuers in der Reaktoranlage freigesetzt. Mit Helikoptern wurde der Reaktor mit Blei, Bor, Dolomit, Sand und Lehm zugeschüttet, um die Freisetzung der Spaltprodukte zu unterbinden, was schließlich auch gelang.

Aufgrund einer bewussten Falschmeldung wurden die Einwohner der von einer großen Menge radioaktiver Substanzen verseuchten Stadt Prypjat jedoch erst sehr spät evakuiert. In der Umgebung lagerten sich größere radioaktive Aerosole ab, kleinere Aerosole und Gase verteilten sich weiträumig über ganz Europa. Noch in einer Entfernung von

Eine Kernschmelze mit folgender Explosion im Block IV der Kernkraftanlage Tschernobyl war Auslöser für das bisher größte Reaktorunglück. Um den zerstörten Reaktor wurde eine sogenannte Sarkophag-Ummantelung gebaut.

2000 Kilometern kam es zu beträchtlichen Radionuklidablagerungen durch Regenfälle. Etwa 116.000 Menschen mussten im Frühjahr und Sommer 1986 aus den verseuchten Gebieten in einem Umkreis von 30 Kilometern rund um den Reaktor evakuiert werden, weitere 240.000 wurden in der späteren Zeit umgesiedelt. Von den ungefähr 200.000 Aufräumarbeitern, die unmittelbar nach der Katastrophe bis Ende 1987 eingesetzt wurden, waren etwa 1000 innerhalb des ersten Tages nach dem Unglück schwersten Strahlendosen ausgesetzt. Ingesamt gab es besonders unter den Kraftwerksbeschäftigten und Feuerwehrleuten 134 bestätigte Fälle von akuter Strahlenkrankheit. 28 dieser Personen starben 1986, weitere 19 zwischen 1987 und 2004. Die Gesamtzahl der durch die Katastrophe bedingten Todesopfer ist jedoch nicht bekannt.

Weitere Folgen waren die radioaktiven Belastungen von Lebensmitteln wie Milch oder Blattgemüse. Konnten Gegenmaßnahmen in der Landwirtschaft die Belastung in landwirtschaftlichen

Produkten effektiv verringern, blieb die Kontamination von Wildfleisch und Pilzen in den betroffenen Regionen relativ konstant. Da sich vor allem in der Schilddrüse größere Mengen an radioaktivem Jod-131 ansammeln können, ließ sich besonders bei Kleinkindern in den betroffenen Gebieten eine hohe Belastung feststellen. Insgesamt waren mehr als eine Million Menschen in der Ukraine, Weißrussland und Russland mit erheblichen Schilddrüsendosen durch radioaktives Jod belastet. In den betroffenen Gebieten wurde seit 1990 eine signifikante Zunahme an Schilddrüsenkrebserkrankungen bei Menschen, die zum Zeitpunkt des Unglücks im Kinder- oder Jugendalter waren, festgestellt. Unter diesen Personen waren im Zeitraum von 1986–2002 in der Ukraine und Weißrussland 4400 Schilddrüsenkrebsfälle registriert. Zudem traten in den betroffenen Gebieten verstärkt psychische Beschwerden wie Depressionen oder Angstzustände auf. Aber auch Erkrankungen wie Leukämie und andere Krebserkrankungen sowie Herz-Kreislauf-Beschwerden und Beeinträchtigungen des Immun-

Bild unten: Die Karte zeigt den weltweiten Stand der Kernenergienutzung im Jahr 2009. Gegenüberliegende Seite: Das Satellitenbild, das von der ehemaligen russischen Raumstation Mir aus aufgenommen wurde, zeigt die Anlage von Tschernobyl. Sie liegt an einem Kühlsee am Fluss Prypjat, der in den Dnjepr mündet. Massive Betondämme sorgen dafür, dass kontaminiertes Erdreich nicht in das Wasser gelangt.

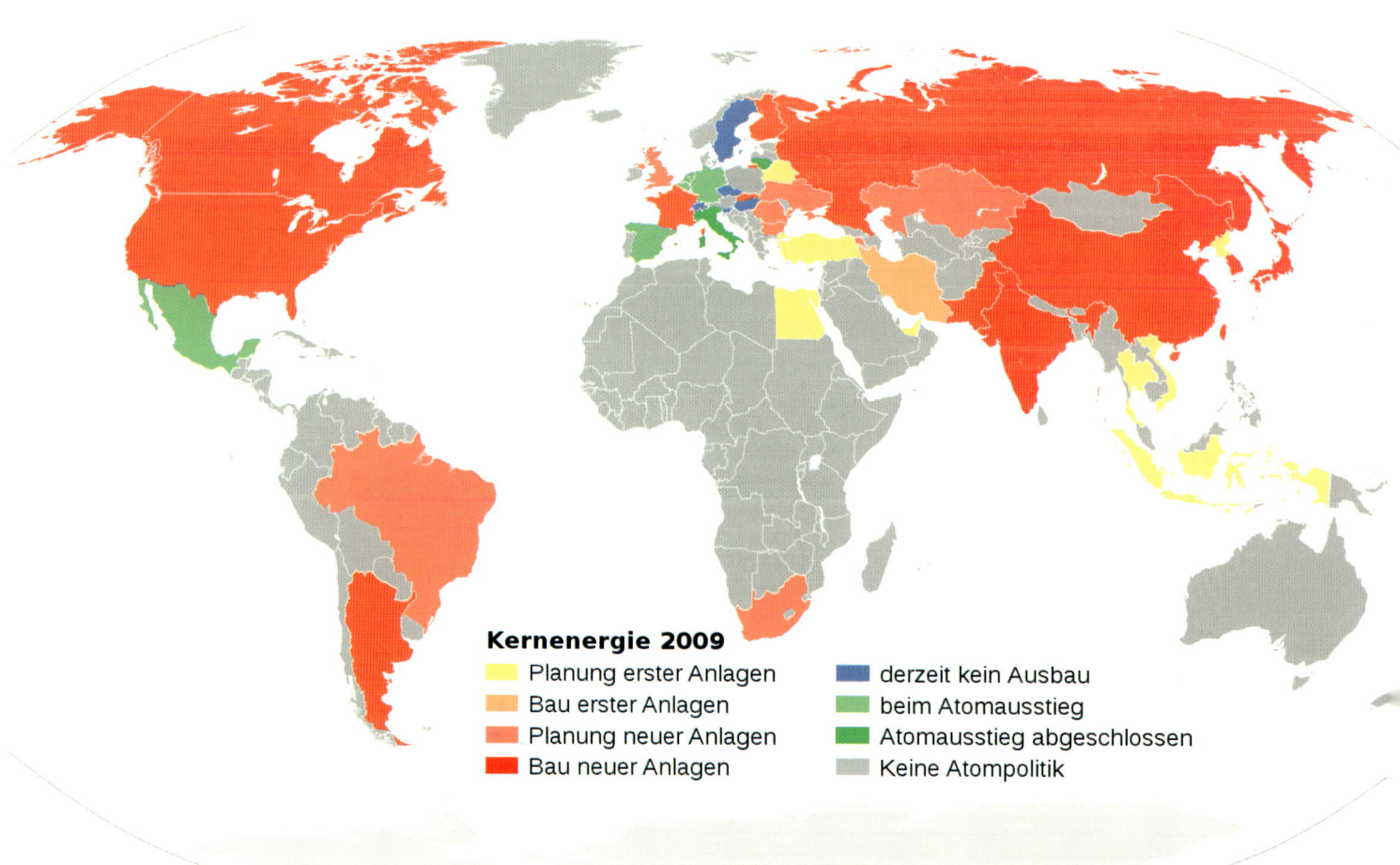

Kernenergie 2009

- 🟨 Planung erster Anlagen
- 🟧 Bau erster Anlagen
- 🟥 Planung neuer Anlagen
- 🟥 Bau neuer Anlagen
- 🟦 derzeit kein Ausbau
- 🟩 beim Atomausstieg
- 🟩 Atomausstieg abgeschlossen
- ⬜ Keine Atompolitik

systems werden als Folge vermutet, können jedoch nicht zweifelsfrei auf das Unglück als Ursache zurückgeführt werden. Aufgrund langer Latenzzeiten für einige Krebserkrankungen sind weitere Langzeitfolgen nicht auszuschließen.

Aufgrund des Vergleichs mit ähnlichen Belastungen etwa bei Opfern der Atombombenabwürfe in Japan rechnen Risikomodelle mit mindestens 16.000 Fällen von Schilddrüsenkrebs und 25.000 Fällen von anderen Krebsarten bis 2065 als Folge der Strahlenbelastung durch die Tschernobylkatastrophe. Zudem wird ein Zusammenhang mit Augenerkrankungen wie etwa dem grauen Star vermutet. Studien, die Folgen wie vermehrte Totgeburten und Fehlbildungen in der Unglücksregion auf die Katastrophe zurückführen, sind jedoch umstritten. Auch die wirtschaftliche Schädigung der betroffenen Regionen, besonders der Land- und Forstwirtschaft, ist immens. Aufgrund der Strahlenbelastung können knapp 700.000 Hektar Waldfläche und 800.000 Hektar Land nicht mehr wirtschaftlich genutzt werden.

Schutzmaßnahmen möglich?

Regelmäßige Messungen können Luft- und Niederschlagskontamination bestimmen. Die stationäre Messung wird durch Messfahrzeuge und Hubschrauber ergänzt. Bei einer Erhöhung der Messwerte können automatische Frühwarnungen ausgegeben werden. International gibt es unter der Leitung der Internationalen Atomenergieorganisation (IAEO) seit 1986 ein Abkommen über eine frühzeitige Benachrichtigung bei nuklearen Unfällen sowie zu einer entsprechenden Hilfeleistung. Zudem hat der Rat der Europäischen Union 1989 und 1990 Höchstwerte für radioaktive Kontaminationen beim Handel mit Futter- und Lebensmitteln festgelegt. Immer wieder wird in einigen Ländern auch ein Ausstieg aus der Atomenergie und ein Ausbau der erneuerbaren Energien gefordert.

Ist eine Reaktorkatastrophe eingetreten, sind neben Sicherungsarbeiten am Reaktor auch die Aufklärung und Schutzmaßnahmen bei der betroffenen Bevölkerung wichtig. So kann beispielsweise die Einnahme von Jodtabletten, die im Katastrophenfall an die Bevölkerung verteilt werden, die Aufnahme von radioaktivem Jod in die Schilddrüse verringern.

Weitere Beispiele für Reaktorunglücke

Weitere Beispiele für Reaktorunfälle mit erheblichen Kontaminations- und Gesundheitsschäden sind folgende Unglücke:

Chalk River, Kanada (12. Dezember 1952): Eine Verkettung von Fehlbedienungen, -einschätzungen, Falschanzeigen und Missverständnissen führt in einem Reaktor der Chalk River Laboratories in der Nähe von Ottawa zu einer partiellen Kernschmelze. Bei der Explosion werden mindestens 100 Tera-Becquerel an Spaltprodukten freigesetzt.

Kyschtym, Sowjetunion (29. September 1957): Ein Funken eines Messgeräts löst in der kerntechnischen Anlage Majak eine Explosion aus. Dabei werden große Mengen an radioaktiven Substanzen freigesetzt. Die Belastung entspricht fast der doppelten Menge des Tschernobylunglücks. Betroffen ist eine Fläche von etwa 20.000 Quadratkilometern. Die hohe Konzentration der Radioaktivität, mangelnde Aufklärung sowie unzureichende Evakuierung und Entseuchung hat große Schäden zur Folge. Bis heute leidet die Bevölkerung unter einer erhöhten Rate strahlungsbedingter Erkrankungen wie Leukämie.

Idaho Falls, Idaho/USA (3. Januar 1961): In der National Reactor Testing Station in Idaho kommt es zur Dampfexplosion eines Reaktors mit einer schwerwiegenden Freisetzung radioaktiven Materials. Die dreiköpfige Bedienungsmannschaft kommt bei dem Unglück ums Leben. Auch 22 Mann der zur Hilfe geeilten Rettungskräfte sind hohen Strahlendosen ausgesetzt.

Wladiwostok, Sowjetunion (August 1985): Beim Brennelementwechsel eines atomgetriebenen U-Boots kommt es in der Chazhma-Bucht nahe Wladiwostok durch unsachgemäße Handhabung zu einem Unfall. Zehn Menschen sterben, weitere 29 sind hohen Strahlendosen ausgesetzt. Längerfristige Todesfälle durch Krebserkrankungen sind in den nahe gelegenen Orten nicht auszuschließen.

Nur ein kleiner Tropfen ... – Ölhavarien

Ein Ölteppich schwimmt auf einem Gewässer: Da Öl und Wasser sich nicht vermischen, treibt ausgelaufenes Öl immer oben auf der Wasserfläche und lässt sich so absieben. Allerdings werden die giftigen Stoffe im Öl mithilfe von Bakterien dennoch ins Wasser entlassen, sodass ein Tropfen Öl bereits ausreicht, um 600 Liter Wasser zu verunreinigen.

Wie gelangt Öl in die Meere?

Immer wieder werden die Ozeane durch Rohöl oder Mineralölprodukte verschmutzt. Hauptsächlich passiert dies bei Havarien, insbesondere von Öltankern. Bei größeren derartigen Verschmutzungen, vor allem wenn auch Küsten betroffen sind, spricht man auch von einer Ölpest. Ungefähr 100.000 Tonnen Öl gelangen jedes Jahr bei Tankerunglücken ins Meer. Etwa 90% der 3000 weltweit eingesetzten Öltanker wurden zwischen 1967 und 1974 gebaut und sind damit eigentlich schrottreif. Nur 10% entsprechen den neuesten internationalen Sicherheitsbestimmungen. Zudem kommt es häufig zu Tankerhavarien durch Unglücke bei stür-

mischer See. Der größte Anteil der Öle gelangt jedoch vom Land aus ins Meer, etwa über Flüsse. Auch im normalen Schiffsbetrieb entsteht eine Ölverschmutzung der Ozeane, etwa durch Waschen von Tanks oder Ballastwasseraufnahme in Ladungstanks bei Öltankern. Weitere Quellen für eine Ölverschmutzung sind aber auch die Erdölförderung auf See oder natürliche Erdölaustritte.

Katastrophale Folgen

Einige Schweröle ausgenommen, schwimmt das Öl zunächst an der Wasseroberfläche, wobei dünnflüssige Öle sich schnell ausbreiten und eine dünne Schicht auf der Oberfläche bilden, zähe Öle langsamer an Ausdehnung zunehmen und dickere Ölteppiche erzeugen. Nach einigen Tagen kommt die Ausbreitung zum Stillstand. Die leicht flüchtigen Anteile verdunsten in die Atmosphäre oder lösen sich im Wasser. Die Ölteppiche werden durch den Wind und die Strömung zerteilt und weiterverbreitet, sodass die betroffene Fläche wächst. Bei stärkerem Seegang kann dünnflüssiges Öl in Tropfen und zähflüssiges in Klumpen zerteilt werden. Die Tropfen können sich weiter im Wasser verteilen und damit auch größere Entfernungen erreichen, das verunreinigte Wasservolumen wächst weiter an. Mischt sich dieses Wasser mit gelösten Feststoffen wie etwa aufgewirbelten Sedimenten, lagert es sich bevorzugt an diesen an und sinkt ab, was eine hohe Ölkonzentration an den Meeresböden bewirkt. Auch Schwerölklumpen können auf den Meeresboden absinken.

Einige Meeresbakterien bauen das Öl an der Öl-Wasser-Grenzfläche je nach Art der Verunreinigung mehr oder weniger schnell ab. Dabei gelangen die ursprünglich im Öl gebundenen giftigen Stoffe ins Meer. Einige Ölbestandteile können jedoch nicht biologisch abgebaut werden.

Die Ölteppiche werden von vielen Seevögeln für Ruheplätze gehalten. Landen die Tiere hier, verklebt das zähflüssige Öl ihr Gefieder, wodurch die Wärmeisolation und teilweise auch die Schwimmfähigkeit beeinträchtigt werden. Zudem nehmen die Tiere das Öl beim Versuch, das Gefieder zu reinigen, auf. Die Folge ist ein Massensterben durch Ertrinken, Unterkühlung, Ersticken oder Vergiftung. Auch Säugetiere wie Seehunde oder Eisbären sind gefährdet. Das Öl entzieht nicht nur vielen Meeresorganismen die Lebensgrundlage, es gelangt auch in die Nahrungskette, sodass nicht nur Lebewesen gefährdet sind, die unmittelbar mit dem Öl in Berührung gekommen sind. Zudem gefährden die toxischen Stoffe die Fortpflanzungsfähigkeit und das Erbgut vieler Arten. An die Küste geschwemmtes Öl kann Bodenlebewesen an den Stränden ersticken oder vergiften. Besonders empfindliche Ökosysteme sind etwa Mangrovenwälder, Korallenriffe, geschützte Wattgebiete und Lebensräume von Meeressäugern, Seevögeln und Meeresschildkröten.

Trotz einer langfristigen Verwitterung können toxische Bestandteile das Ökosystem schwer schädigen. Untersuchungen an Ölbohrplattformen zeigen eine Beeinträchtigung des Ökosystems in einem Umkreis von 500 Metern. Auch noch acht Jahre nach der Stilllegung von Bohrinseln konnte in einem Umkreis von 250 Metern keine Regeneration der Artenvielfalt der Bodenlebewesen festgestellt werden.

Ölunfälle vermeiden

Reichen bei leichteren Verschmutzungen die natürlichen Abbauprozesse aus, ist bei schwerwiegenden Ölverschmutzungen im Regelfall ein Eingreifen sinnvoll. Mit Ölsperren lässt sich die Ausbreitung eines Ölteppichs verhindern. Dünne Ölteppiche können durch das Bewegen der Sperre mithilfe von Schiffen zusammengeschoben und abgeschöpft werden. Dabei wird es von Spezialschiffen aufgenommen, abgepumpt und vom Wasser getrennt. Ein weiteres Mittel ist der Einsatz von chemischen Dispergatoren, die die natürliche Dispersion des Öls im Wasser beschleunigen und die Anhaftung an Feststoffen verhindern. Ebenfalls möglich ist eine kontrollierte Verbrennung des Öls, wobei feuerfeste Sperren eingesetzt werden können. Allerdings gelangen hierbei Verbrennungsrückstände in die Luft oder sinken ab, wobei sie das Ökosystem Meeresboden gefährden können.

„Dünne Ölteppiche können durch das Bewegen einer Sperre mithilfe von Schiffen zusammengeschoben und abgeschöpft werden."

Da an die Küste gelangtes Öl Bodenlebewesen unmittelbar abtötet, kann ein Säubern der Strände allenfalls eine Wiederansiedlung ermöglichen. Zudem kann eine unsachgemäße Reinigung dazu führen, dass Öl in tiefere Sandschichten gelangt und hier nicht mehr abgebaut werden kann. Zwar werden Versuche unternommen, das verklebte Gefieder von Seevögeln vom Öl zu reinigen, allerdings schätzen Experten, dass nur etwa ein Drittel der Vögel nach der Säuberung wieder ausgesetzt werden kann. Nur ungefähr 1% der ausgesetzten Vögel überlebt das erste Jahr. Meist sterben die freigelassenen Tiere nach wenigen Wochen oder Monaten an Folgeschäden wie der Vegiftung innerer Organe. Daher ist vor allem die Prävention von Ölunfällen unabdingbar. Zu nennen sind hier doppelwandige Tankschiffe und die Flugüberwachung von Meeresgebieten. Zudem bestehen auch internationale Vereinbarung zur Zusammenarbeit bei der Bekämpfung der Ölverschmutzung und zum Schutz der Meeresumwelt.

1979 trat bei der mexikanischen Ölbohrinsel IXTOC I die bisher größte Ölmenge ins offene Meer aus. Bedingt durch einen Druckabfall im Bohrturm konnten bis zu 1.400.000 Tonnen Öl über einen Zeitraum von zehn Monaten in den Golf von Mexiko gelangen.

Beispiele für Ölunfälle

Immer wieder machen folgenschwere Tankerunglücke und Ölunfälle Schlagzeilen:

Torrey Canyon (1967): Vor der Küste Südenglands kollidiert der Öltanker wegen eines Navigationsfehlers mit einem Riff und sinkt. Ungefähr 190 Kilometer der englischen und 80 Kilometer der französischen Küste werden mit Öl verseucht, etwa 15.000 Seevögel und andere Meereslebewesen sterben. Durch den großflächigen Einsatz von giftigen Reinigungsmitteln kommt es zu weiteren ökologischen Schäden.

MT Böhlen (1976): Aufgrund eines Navigationsfehlers schlägt das Schiff an der französischen Atlantikküste leck und läuft auf Grund. Von den etwa 10.000 geladenen Tonnen Rohöl treten etwa 2000 Tonnen aus und verseuchen die Gewässer. Das darauffolgende 19 Jahre geltende Fischfangverbot hat hohe Einbußen in der Fischerei zur Folge.

Amoco Cadiz (1978): Der Supertanker läuft am 16. März 1978 vor der bretonischen Küste auf einen Felsen auf und bricht auseinander. 223.000 Tonnen Rohöl gelangen in den Ozean und verschmutzen die Gewässer sowie über 350 Kilometer Küstengebiete.

Exxon Valdez (1989): Als die „Exxon Valdez" aufgrund eines Navigationsfehlers auf ein Riff aufläuft, laufen 37.000 Tonnen Rohöl aus und verunreinigen den Prince William Sound in Alaska. Da das Öl nicht direkt nach dem Unfall aufgehalten und abgesaugt wird, wächst der Ölteppich auf über 700 Quadratkilometer an. Laut Schätzungen fallen der Katastrophe mehr als eine Viertelmillion Seevögel sowie Hunderttausende Fische und andere Tiere zum Opfer. 2000 Kilometer Küste werden verschmutzt. Die Schädigung von Meeresorganismen beeinträchtigt auch die Nahrungskette. Der Zusammenbruch des Fischfangs bringt viele Küstenbewohner um ihre Lebensgrundlage. Noch Jahrzehnte später halten die Umweltauswirkungen trotz groß angelegter Säuberungsaktionen an.

IXTOC I (1979): Beim Blow-out an der Bohrinsel im Golf von Mexiko tritt über zehn Monate lang unkontrolliert Rohöl aus. Insgesamt wird die ausgetretene Rohölmenge auf 440.000–1.400.000 Tonnen geschätzt. Das Öl verseucht die Küste von Texas und dezimiert dabei die Populationen von Seevögeln und Meereslebewesen stark.

Erika (1999): Am 12. Dezember 1999 sinkt der überladene Tanker vor der bretonischen Küste und verliert rund 17.000 Tonnen Öl. Die dabei entstehenden Schäden werden auf 500 Millionen Euro geschätzt, die ökologischen Schäden nicht mitgerechnet. So fallen etwa 150.000 Vögel der Katastrophe zum Opfer.

Jessica (2001): Der Öltanker verunglückt aufgrund eines Navigationsfehlers am 16. Januar 2001 im Pazifik bei den Galapagosinseln. Der Tanker verliert 170.000 Gallonen Öl, davon können 50.000 Gallonen bereinigt werden. Eine Wasserfläche von 1000 Quadratkilometern ist mit einem Ölteppich bedeckt. Das Öl tötet viele Tiere wie Seelöwen, Pelikane und Seeleguane. Zudem drohen langfristige Schäden durch die Zerstörung von Algen, die vielen Tieren als Nahrungsgrundlage dienen.

Prestige (2002): 270 Kilometer vor der Küste Galiciens (Spanien) führt ein Maschinenausfall des Öltankers „Prestige" mit anschließendem Grundauflauf zum Auslaufen von 64.000 Tonnen Schweröl in den Atlantik. 2900 Kilometer der spanischen und französischen Küste werden verseucht. Die Katastrophe kostet unter anderem 250.000 Seevögel das Leben.

Selendang Ayu (2004): Die Havarie des Frachters „Selendang Ayu" vor den Aleuten bedroht die als „Goldenes Dreieck" bekannte Region, die Lebensraum vieler ohnehin bedrohter Tierarten ist. Gefährdete Fischarten sind etwa Alaska-Seelachs, Seewolf, Lodde, Hering und Heilbutt. Zudem ist das betroffene Gebiet eine wichtige Wanderroute verschiedener Walarten und Seevögel. Betroffen sind auch Seelöwen und die Nördliche Pelzrobbe sowie Seevogelkolonien an der Küste.

Gegenüberliegende Seite oben: Kommen Seevögel mit durch Öl verunreinigtem Wasser in Berührung, kommt meist jede Hilfsmaßnahme zu spät: Selbst wenn es Tierschützern gelingt, Gefieder und Körper wieder vom Öl zu befreien, verenden die meisten Tiere doch nach einiger Zeit an den Langzeitwirkungen durch die giftigen Stoffe im Erdöl.
Für Öltanker gelten – zumindest in Deutschland – besondere Sicherheitsbestimmungen: Jeder Tank muss mit einer doppelwandigen Konstruktion gesichert und die Schiffscrew für den Fall eines Lecks oder einer Havarie besonders geschult sein. Allerdings sind diese Mindestanforderungen bisher noch nicht weltweit Standard, da noch viele Staaten ihre Zustimmung verweigern (gegenüberliegende Seite unten).

Toxisch: Chemieunfälle und Co.

Gesundheitsschädlich

Chemieunglücke ereignen sich durch Unfälle im Umgang mit giftigen oder explosiven Chemikalien. Sie können sich etwa in Chemiefabriken ereignen oder aus verunglückten Gefahrguttransporten resultieren. Ursachen sind zum Beispiel menschliches oder technisches Versagen. Entweder werden die Unglücke durch ein einmaliges Ereignis ausgelöst oder sind Folge einer langfristigen Freisetzung von Chemikalien. Aber auch bei plötzlichen Ereignissen muss sich die zerstörerische Wirkung nicht immer sofort bemerkbar machen, sondern sie können auch noch Jahrzehnte später Menschen und Umwelt schädigen.

Die Schäden umfassen gesundheitliche Auswirkungen für Mensch und Tier im Umkreis der Unfallstelle und Umweltschäden wie etwa Luftkontamination, Trinkwasservergiftung oder eine Schädigung von Pflanzen. Besonders gefährdet sind Einsatzkräfte, die etwa Leckagen abdichten und dabei je nach Risikostoff der Gefahr von Verbrennungen und Verletzungen durch Brand oder Explosion beziehungsweise Vergiftung oder Verätzung ausgesetzt sind.

Professionelle Hilfe

Neben Präventionsmaßnahmen wie Schulungen für mit gefährlichen Chemikalien umgehendes Personal und die Wartung der entsprechenden Anlagen sind auch Maßnahmen für den Notfall

„Die Schäden umfassen gesundheitliche Auswirkungen sowie Luftkontamination oder Trinkwasservergiftungen."

Ein Team von Feuerwehrleuten kämpft nach einem Unfall eines Gefahrguttransports mit Wasser und Lösungsmitteln gegen ausgelaufene Chemikalien.

wichtig. Dem Schutz vor Chemieunfällen dienen bestimmte gesetzliche Vorgaben wie etwa eine EU-Richtlinie zur Verhütung von Betriebsunfällen mit gefährlichen Stoffen und zur Begrenzung der Folgen eines Unfalls, die regelmäßige Sicherheitsberichte, Notfallpläne, Sicherheitsabstände zu Wohn- und Naturschutzgebieten, regelmäßige Inspektionen und Meldepflicht umfasst.

In der Regel ist das Eingreifen professioneller Hilfeleister (zum Beispiel Feuerwehr, Katastrophenschutzeinrichtungen, Umweltbehörden oder vergleichbare Institutionen) mit entsprechender Ausrüstung notwendig. Sowohl der Katastrophenschutz als auch die Feuerwehr verfügen über entsprechendes Gerät, etwa spezielle Fahrzeuge, die dazu dienen, beschädigte Tanklastzüge leer zu pumpen, sowie Schutzausrüstungen für die Einsatzmannschaften. Zu den Aufgaben der Hilfsmannschaften gehören die Rettung und Evakuierung gefährdeter Personen, die Sicherung und Kennzeichnung der Unfallstelle sowie Eindämmungs- und Bekämpfungsmaßnahmen.

Unter Umständen ist eine Dekontamination der mit gefährlichen Stoffen in Berührung gekommenen Gegenstände und Personen sowie teilweise auch der gesamten Umgebung nötig. Dazu gehört auch die Entfernung von Gebäudeteilen und Erdreich sowie eine geeignete Entsorgung nach einer entsprechenden Vorbehandlung. Bei der Beurteilung der Gefährdung durch bestimmte Stoffe hilft die Kennzeichnung mit bestimmten Gefahrenkennzeichen.

Kleine Chronik der Chemieunfälle

Minamata, Japan (1950er-Jahre): Infolge einer Einleitung von Methylquecksilberiodid ins Meerwasser durch einen ortsansässigen Chemiekonzern kommt es in den 1950er-Jahren im japanischen Minamata bei Mensch und Tier zu Schädigungen des zentralen Nervensystems durch die Quecksilberaufnahme aus Lebensmitteln und Trinkwasser. Die Zahl der geschädigten Personen wird heute auf etwa 17.000, die der Todesopfer durch Vergiftung auf 3000 geschätzt.

Seveso, Italien (1976): In einer Chemiefabrik in der norditalienischen Stadt Seveso am 10. Juli 1976 tritt bei der Herstellung eines Desinfektionsmittels aufgrund von menschlichem Versagen nach einer Explosion hochgiftiges Dioxin aus. Hunderte Menschen müssen evakuiert werden. 1800 Hektar Land werden auf Jahre vergiftet, Bäume und Sträucher sterben ab. Etwa 3300 Rinder und Kleintiere in der Umgebung, die von den vergifteten Weiden gefressen hatten, erleiden einen plötzlichen Tod. Bei rund 200 Personen wird eine schwere Chlorakne festgestellt. Die Zahl der Todesopfer ist unbekannt. Spätfolgen für die dem Giftgas ausgesetzten Menschen bestehen in Diabetes, Krebserkrankungen und einer um etwa 15 Jahre sinkenden Lebenserwartung.

Bhopal, Indien (1984): Am 3. Dezember 1984 ereignet sich in der indischen Stadt Bhopal die schlimmste Chemiekatastrophe des 20. Jahrhunderts. In einer Pestizidfabrik entweichen 40 Tonnen des hochgiftigen Gases Methylisocyanat. Etwa 8000 Menschen sterben unmittelbar an Herzstillstand oder Atemlähmung, andere erleiden Lungen- oder Augenverätzungen. An den Spätfolgen sterben 20.000 Menschen, 600.000 weitere erkranken. Zudem häufen sich in der betroffenen Gegend Missbildungen bei Neugeborenen. Bis heute kommt es zu immer neuen Vergiftungen, da das mit Hunderten von Tonnen Giftmüll verseuchte Gelände nicht saniert wurde. 27.000 Tonnen vergiftetes Erdreich und vergiftete Brunnen gefährden immer noch die Gesundheit der Menschen.

Baia Mare, Rumänien (2000): Am 30. Januar 2000 bricht in der Stadt Baia Mare nach schweren Regenfällen der Damm einer Golderzaufbereitungsanlage. Hunderttausende von Kubikmetern mit Schwermetallen versetzte Natriumcyanidlauge überfluten das angrenzende Gebiet und gelangen über die Flüsse Lapus und Somes in die Theiß und in die Donau. Die Folge ist ein massives Fischsterben, das die Existenzgrundlage von Hunderten von Fischern in Ungarn vernichtet. In einigen ungarischen Städten ist die Trinkwasserversorgung mehrere Tage lang unterbrochen. Im rumänischen Dorf Bozânta Mare vergiftet das verseuchte Wasser den Erdboden und das Trinkwasser.

Dicke Luft in den Städten – Smog

Die kolumbianische Hauptstadt Bogotá kämpft seit vielen Jahren mit den Folgen der direkt im Stadtgebiet angesiedelten Industrie und des zunehmenden Autoverkehrs. Hohe Ozon- und Kohlenmonoxidwerte sowie dichter Smog sind fast an der Tagesordnung.

Nebenwirkungen der Mega-Citys

Smog (Kombination aus engl. „smoke" = „Rauch" und „fog" = „Nebel") ist eine durch menschliche Emissionen (Rauch, Ruß, Staub, Schwefeldioxid) bedingte Luftverschmutzung, die vor allem in Großstädten vorkommt. Hierbei treten sichtbeeinträchtigende Luftschadstoffe in gesundheitsschädlichen Konzentrationen auf. Smog bildet sich bei besonderen meteorologischen Voraussetzungen während windschwacher Bedingungen wie zum Beispiel einer Inversionswetterlage über dicht besiedelten Gebieten. Aber auch bestimmte topo-grafische Bedingungen wie etwa eine Tal- oder Kessellage können die Smogentstehung begünstigen. Dadurch kann auch in ländlichen Gebieten, in denen im großen Umfang Holz verbrannt wird, Smog entstehen.

Die Emissionen, die sich bei der Smogbildung mit Nebel mischen, können aus verschiedenen Quellen wie etwa Fahrzeugen mit Verbrennungsmotoren, Kraftwerken oder der Holzfeuerung stammen. Drei Viertel der Schadstoffe und des Staubs der Stadtluft kommen aus dem Verkehr und der Industrie, der Rest aus den Schornsteinen von Wohn- und Bürogebäuden. Aber auch flüchtige Bestandteile von Lösungsmitteln, etwa in Lacken, sowie chemische Dämpfe können sich mit Nebel zu Smog mischen. Abhängig von den Entstehungsbedingungen und der Art der beteiligten Schadstoffe unterscheidet man Winter- und Sommersmog.

Wintersmog

Der auch als London-Smog bezeichnete Wintersmog ist eine Anreicherung von Schadstoffen in der Luft infolge einer sogenannten Inversionslage im Winterhalbjahr. Unter normalen Bedingungen verteilen sich die Schadstoffe in einer Höhe von bis zu 200 Metern, Inversionswetterlagen hindern jedoch Staub und Abgase am Aufsteigen. Mehrtägige Inversionslagen kommen besonders im Winter bei windarmen Wetterlagen vor. Hierbei schiebt sich eine wärmere Luftmasse über die kalte Bodenluftschicht. An der Grenze zwischen den Luftmassen entsteht meist eine Nebelschicht. Durch den tiefen Sonnenstand wird die kalte Bodenluft tagsüber nicht von der Sonne erwärmt und die Trennung der beiden Luftmassen bleibt bestehen. Durch die wie ein Deckel wirkende warme Luftschicht sammeln sich die Luftschadstoffe tage- und wochenlang unter der Inversionsschicht und werden nicht in die Atmosphäre abgeführt. Dabei erreichen die Luftschadstoffkonzentrationen ein weit über der sonstigen Schadstoffbelastung liegendes Niveau. Erst bei windreicheren Wetterlagen kommt die Inversion zum Erliegen.

Der Begriff London-Smog rührt von einer einwöchigen Inversionslage in London im Dezember 1952 her, auf deren Höhepunkt die Sichtweite gerade einmal etwa 30 Zentimeter betrug. Der Grund waren große Mengen verheizter Kohle, deren

Schwefelgehalt zu einer übermäßigen Produktion von Schwefeldioxid führte und in Verbindung mit Staub, vor allem Ruß, und den winterlichen Temperaturen sowie der Inversionlage zu dem berühmten Wintersmog führte. Die Luftverschmutzung kostete nach einigen Quellen 4000, nach anderen bis zu 25.000 Menschen das Leben, vor allem durch Atemstillstand und/oder Herz- oder Kreislaufkollaps.

Sommersmog

Häufiger als Wintersmog ist heute der auch als Fotosmog, Ozonsmog oder L.A.-Smog bezeichnete Sommersmog. Sommersmog ist eine Belastung der bodennahen Luft durch hohe Konzentrationen von Ozon. Er entsteht, wenn in den wärmeren Monaten bei einer mehrere Tage andauernden stabilen, eher schwachwindigen Schönwetterperiode die UV-Strahlung in Verbindung mit Stickoxiden (zum Beispiel aus Kraftwerken oder Autoabgasen), Kohlenmonoxid, Wasserstoffperoxid und flüchtigen organischen Verbindungen durch chemische Veränderung unter Bestrahlungs- und Wärmeeinfluss erhöhte Konzentrationen an Ozon und Feinstaub verursacht. Zugleich bilden sich hierbei auch andere Schadstoffe wie Formaldehyd, Peroxyacetylnitrat und Salpetersäure. Sommersmog wird hauptsächlich durch den Verkehr, Industrie und Haushalte verursacht. Hierbei kann die Schadstoffkonzentration so große Ausmaße annehmen, dass das Sonnenlicht diffus und wie durch einen Nebelschleier erscheint. Den Namen Los-Angeles-Smog erhielt das Phänomen von seinem ersten Auftreten in den 1940er-Jahren in Los Angeles. Der Smog machte sich dabei durch einen sauren Dunst bemerkbar.

Folgen für Mensch und Umwelt

Die am Smog beteiligten Schadstoffe können je nach Art und Konzentration des Stoffes verschiedenartige Auswirkungen auf die menschliche Gesundheit und die Umwelt haben:

„Sommersmog ist eine Belastung der bodennahen Luft durch hohe Konzentrationen an Ozon."

- Kohlenstoffmonoxid: Schon Konzentrationen von 0,01% verursachen Kopfschmerzen und Übelkeit. Höhere Belastungen können zu Bewusstlosigkeit und Tod durch Atemlähmung führen.
- Feinstaub: Hohe Konzentrationen belasten das Herz-Kreislauf-System bis hin zu Todesfällen aufgrund von Herzkrankheiten. Auch für die Verstärkung von Allergiesymptomen, Atemwegserkrankungen wie Asthma sowie Krebserkrankungen wird Feinstaub verantwortlich gemacht.
- Kohlenwasserstoffverbindungen: Diese Stoffe können krebserregend sein.
- Stickoxide: Stickoxide sind schleimhautreizend und können chronische Atemwegserkrankungen verursachen.

Der Smog von Los Angeles ist mittlerweile bereits zum festen wissenschaftlichen Begriff geworden. Der L.A.-Smog gab dem im Sommer auftretenden Smogphänomen seinen Namen, nachdem in den 1940er-Jahren zum ersten Mal der dichte Dunst über der Skyline der Stadt der Engel bemerkt wurde.

- Ozon: Ozon wirkt reizend auf die Schleimhäute, dringt tief in die Lunge ein und kann Entzündungen und chronische Atemwegserkrankungen hervorrufen. Abhängig von der Konzentration und der Dauer der Belastung können gesundheitliche Beeinträchtigungen von einer Reizung der Atemwege (Kratzen und Brennen im Hals), Husten und Augenreizungen über Kopfschmerzen bis hin zu Lungenfunktionsstörungen entstehen. Ozon fördert die Erderwärmung und schädigt zudem Pflanzen und Tiere.
- Schwefeldioxid: In Verbindung mit Wasser können sich Schadstoffe wie Schwefelsäure bilden, die Gebäude und Pflanzen schädigen und zu Augen- und Atemwegsreizungen führen.

Emissionsschutz

Eine individuelle Schutzmaßnahme gegen die gesundheitsschädlichen Auswirkungen von Smog ist ein Vermeiden der Exposition durch das Verlassen belasteter Gegenden oder das Aufsuchen geschlossener Räume. Die ersten negativen Wirkungen einer Ozonbelastung können bei einer Konzentration von etwa 100–120 µg/m³ auftreten. Ab etwa 180–200 µg/m³ droht bei einem mehrstündigen Aufenthalt im Freien und reger körperlicher Betätigung eine Einschränkung der Lungenfunktion. Es wird geraten, anstrengende Aktivitäten wie Ausdauersportarten bei Smogalarm zu vermeiden oder möglichst außerhalb von smoggefährdeten Städten, zum Beispiel im Wald, zu betreiben. Kommen gesundheitliche Beschwerden bei Smog häufiger vor, sollte ein Arzt aufgesucht werden. Autofahrer können sich im laufenden Verkehr vor den Smogschadstoffen schützen, indem sie einen Innenraumfilter in ihr Fahrzeug einbauen lassen.

Zur Verminderung von Emissionen sollen gesetzliche Grenzwerte wie beispielsweise die EU-Grenzwerte für Dieselruß und andere Staubteilchen dienen. Wird eine starke Luftverschmutzung fest-

„Eine kurzfristige Begrenzung von Emissionen kann durch eine Verkehrsvermeidung und Anlagenabschaltung bewirkt werden."

Asiatische Millionenstädte wie Shanghai, Hongkong oder Kuala Lumpur (gegenüberliegende Seite) haben durch ihren wirtschaftlichen und industriellen Aufschwung auch mit deren Folgen in Form von erheblichen Luftverschmutzungen und Smogbildung zu kämpfen. Selbst aus dem All lässt sich die Staub- und Abgaswolke über der Millionenstadt Peking erkennen (Bild unten). Vielerorts ist besonders der innerstädtische Autoverkehr mit seinen Abgasen und der Feinstaubbelastung die Ursache für dichten Smog (Bild oben).

gestellt, können Fahrverbote erlassen werden. Eine weitere Möglichkeit sind Geschwindigkeitsbegrenzungen beim Überschreiten bestimmter Ozonkonzentrationen. Auch Mauten sind eine Möglichkeit, Schadstoffemissionen zu beschränken.

Eine kurzfristige Begrenzung von Emissionen wie Stickoxiden und flüchtigen Kohlenwasserstoffen kann durch eine Verkehrsvermeidung und Anlagenabschaltung bewirkt werden. Langfristig müssten Fahrzeuge und Anlagen mit hohen Schadstoffemissionen nachgerüstet oder ausgetauscht werden. Ein Beispiel für die Begrenzung von Emissionen sind Katalysatoren, bei denen das Ozonbildungspotenzial gegenüber einem Fahrzeug ohne Katalysator um 80–95% reduziert ist. Besonders wenig Ozon erzeugen auch mit Erdgas betriebene Fahrzeuge.

Saurer Regen

Was ist saurer Regen?

Als saurer Regen werden Niederschläge bezeichnet, deren pH-Wert niedriger als der ist, der normalerweise durch den natürlichen Kohlenstoffdioxidgehalt der Atmosphäre in Wasser bedingt ist. Der pH-Wert von unbelastetem Regen liegt in etwa bei 5,6, im Freiland wurden hingegen häufig Werte zwischen 4,0 und 4,5 festgestellt. Die Hauptursache ist die Luftverschmutzung, vor allem durch Abgase. Besonders durch schwefelhaltige fossile Brennstoffe wie Heizöl und Kohle bilden sich Schwefeloxide, die mit Wasser und gegebenenfalls Sauerstoff zu Schwefelsäure reagieren. Zudem entstehen bei jeder Verbrennung Stickoxide, die in Verbindung mit Wasser und Sauerstoff Salpetersäure bilden. Schwefeldioxid entsteht vor allem in der industriellen Energieerzeugung, Stickoxide bilden sich vor allem im Straßenverkehr. Globale Auswirkungen hat das bei der Verbrennung der genannten fossilen Brennstoffe frei werdende Kohlendioxid, das den natürlichen CO_2-Gehalt der Atmosphäre deutlich ansteigen lässt.

Dies führt einerseits zur Versauerung von Niederschlägen und andererseits zu einem Anstieg des Treibhauseffekts (siehe Seite 256). Auch Ammoniak, das in der Tierhaltung entsteht, trägt zum sauren Regen bei. Zudem können in tropischen Regionen auch organische Säuren wie etwa Ameisensäure zu einer wesentlichen Absenkung des pH-Werts von Niederschlägen führen.

Durch die sogenannte Transmission, also die Verteilung von Schadstoffen in der Luft durch Wind, bildet sich saurer Regen häufig in Regionen, die weit vom Entstehungsort der verursachenden Schadstoffe entfernt sind.

Schadhafte Fraser- und Hemlocktannen auf dem Clingman's Dome im Great Smoky Mountains National Park: Der Waldbestand der Appalachen in den US-Bundesstaaten Tennessee und South Carolina ist durch starkes Vorkommen von saurem Regen und eine erhöhte Luftverschmutzung in der Region seit einigen Jahren immer stärker gefährdet.

Gar nicht lustig: die Folgen

Pflanzen

Durch die Versauerung der Böden kann saurer Regen Pflanzen schädigen und zum Waldsterben beitragen. Die hauptsächlich betroffenen Wälder befinden sich in Gegenden mit häufigen und ergiebigen Niederschlägen mit relativ niedrigen Jahresdurchschnittstemperaturen. Allerdings werden als Ursache für das Waldsterben neben dem sauren Regen auch andere Gründe wie etwa Klimaveränderungen, bodennahes Ozon, Mineralienmangel, Frost, Trockenheit, Schädigung geschwächter Bäume durch Bakterien oder Pilze sowie forstwirtschaftliche Mängel vermutet.

Durch die Übersäuerung des Bodens werden giftige Schwermetall- und Aluminiumionen freigesetzt, die stark toxisch wirken, was zu einem Absterben der Feinwurzeln von Bäumen und einer Schwächung der Mineralienaufnahme führt. Dies behindert das Wachstum von Jungbäumen, stört den Nährstoff- und Wasserhaushalt der Bäume und schwächt ihre Widerstandskraft, sodass sie für Schäden durch Bodenfrost oder Schädlingsbefall und Krankheiten anfälliger werden. Zudem vergiften die freigesetzten Aluminiumionen die mit den Baumwurzeln in Symbiose lebenden Mykorrhiza-Pilze, die für die Nährstoffversorgung der Bäume von Bedeutung sind.

Der saure Regen trägt auch dazu bei, dass sich die wasserundurchlässige Wachsschicht auf Nadeln und Blättern auflöst oder porös wird. Infolgedessen kommt es besonders bei großer Hitze oder Trockenheit zu einer erhöhten Verdunstung. Zudem werden auch wichtige Nährstoffe wie Calcium oder Magnesium aus den Blättern gespült, sodass Stoffwechselprozesse in den Pflanzenzellen zum Stillstand kommen. Schwefeldioxid und Stickoxide können mit der Luft in die Blätter eindringen, wodurch Chlorophyll zerstört wird. Die Folgen sind

„Hauptsächlich betroffene Wälder befinden sich in Gegenden mit viel Niederschlag und relativ niedrigen Jahresdurchschnittstemperaturen."

ein Vergilben von Blättern und Nadeln und eine sinkende Wachstumsgeschwindigkeit. Ein niedriger pH-Wert kann auch ein Absterben von Bakterien, Insekten und Pilzen zur Folge haben, die normalerweise für eine Durchlüftung und Durchmischung der Böden sorgen. Auch dies beeinträchtigt die Mineralienversorgung der Bäume.

Zunächst zeigen sich die Auswirkungen des sauren Regens an den Baumkronen. Blätter und Nadeln werden abgeworfen und die Kronen lichten sich. Schließlich können die Bäume auch absterben.

Gewässer

Über saure Niederschläge und Zuflüsse sind auch Gewässer zunehmend von einem Säureeintrag betroffen. Hierdurch reichern sich im Wasser Metallkationen an. Diese wirken als Zellgifte und können somit zu einer Dezimierung von Arten füh-

Saurer Regen enthält meist auch Stickoxide sowie Schwefeldioxid, das den Pflanzenfarbstoff Chlorophyll abtötet und die Blätter zunächst vergilben und dann absterben lässt.

Durch die vom Menschen verursachte Luftverschmutzung erhöhte sich bereits der Anteil der Sulfataerosole in der Atmosphäre. Diese lösen sich bei Niederschlag und führen als saurer Regen zu erheblichen Schäden an den Wäldern.

ren. Der Grad der Versauerung hängt unter anderem vom umgebenden Gestein ab. Während Kalkstein stark neutralisierend auf den sauren Regen wirkt, ist dies bei anderen Gesteinsarten wie Granit, Sandstein und Gneis kaum der Fall.

Gebäude

Der saure Regen beschleunigt die Verwitterung von Gebäuden und Kulturdenkmälern, da er insbesondere Sand- und Kalkstein, aber auch Beton und Marmor angreift. Auf die Dauer werden die entsprechenden Bauten stark beschädigt oder zerstört. Die Strukturen werden angeraut, rissig oder abgetragen. Entsprechend aufwendig und kostspielig ist die Wiederherstellung beschädigter Gebäude und Kulturgüter.

Prävention als bester Schutz

Präventive Maßnahmen zur Verringerung der Schäden durch sauren Regen sind Versuche zur Luftreinhaltung. Hierzu tragen sowohl gesetzliche Vorgaben wie etwa eine Festlegung von Schadstoffgrenzwerten als auch technische Maßnahmen wie zum Beispiel Filteranlagen für Schadstoffquellen bei. Beispiele für weltweite Luftreinhaltungsabkommen sind etwa das Helsinki Protokoll zur Reduzierung der Schwefelemissionen um mindestens 30%, das Sofia-Protokoll zur Kontrolle der Stickoxidemissionen oder das Göteborg-Protokoll zur Vermeidung von Versauerung und des Entstehens von bodennahem Ozon. Gemäß den vorgegebenen gesetzlichen Auflagen sind die Betreiber schadstoffemittierender Anlagen zur Einhaltung dieser Grenz- und Zielwerte verpflichtet. Dazu müssen die entsprechenden Anlagen entweder umgestellt oder es müssen nachgeschaltete Reinigungsverfahren in den Produktionsprozess integriert werden. Seit den 1980er-Jahren können Rauchgase entschwefelt werden, sodass Schwefeldioxid aus dem Abgas etwa von Kohlekraftwerken entfernt und meist in Gips umgewandelt wird, das sich weiterverwenden oder deponieren lässt. Auch aus Kraftstoffen wie Benzin, Diesel, Erdgas und Kerosin wird der Schwefel entfernt. Hierdurch konnten die Schwefeldioxidemissionen zumindest in den Industrieländern stark verringert werden. Stickstoffoxide werden durch Autokatalysatoren aus den Abgasen entfernt, jedoch nicht vollständig.

Eine Schutzmaßnahme gegen die Übersäuerung von Böden ist die Neutralisierung mit Kalk. Zu diesem Zweck werden vielerorts per Hubschrauber große Mengen an Kalk über den Waldböden verstreut. Diese Maßnahme ist jedoch umstritten, da hierdurch zwar der pH-Wert des Bodens erhöht wird, in der Bodenschicht unterhalb des Kalks im Sickerwasser jedoch deutlich erhöhte Nitrat- und Schwermetallkonzentrationen nachgewiesen wurden. Waldschadensberichte, die etwa mithilfe von Infrarotaufnahmen der Baumkronen von Flugzeugen oder Satelliten aus erstellt werden, geben Aufschluss über die Schadensentwicklung. So ist neueren Waldschadensberichten zufolge durch Maßnahmen wie Rauchgasentschwefelungsanlagen und Katalysatoren die Schwefelbelastung der Böden beispielsweise in vielen Gebieten Deutschlands seit den 1990er-Jahren stark zurückgegangen.

Dem Wasser entgegen: Staudämme

Im Dienste der Umwelt?

Staudämme sollen mit ihren Wasserkraftwerken sauberen und preiswerten Strom liefern, sie können jedoch auch ökologische Probleme bedingen. Die Auswirkungen eines Staudammbaus machen sich meist im gesamten Einzugsgebiet des aufgestauten Flusses und damit bei allen betroffenen Menschen, Tieren und Pflanzen bemerkbar. Die überwiegende Zahl der heute etwa 45.000 Dämme weltweit wurde ohne Rücksicht auf mögliche Auswirkungen im jeweiligen Flussunterlauf gebaut. Soziale Folgen sind Umsiedlungen und der Verlust der Lebensgrundlage etwa vieler Bauern und Fischer. Weltweit wurden mindestens 60–80 Millionen Menschen für den Bau von Staudämmen von ihrem Land vertrieben, jährlich, so schätzt man, kommen bis zu zwei Millionen Menschen hinzu. In tropischen und subtropischen Dammgebieten steigt zudem das Risiko für Krankheiten wie Malaria, Leishmaniose oder Schistosomiase, da die Erreger dieser Erkrankungen bevorzugt in stehenden Gewässern wie Stauseen auftreten.

Verlust von Sedimenten

Durch die Staudämme verlieren die Flüsse große Teile der mitgeführten Sedimente, die sich vor den Staumauern anlagern oder den Speichersee versanden lassen. Hierdurch kann einerseits der Damm selbst geschädigt werden; die Kapazitäten von Speicherseen, bei extremen Flutereignissen große Wassermassen aufzunehmen, sinken. Andererseits werden hierbei Flussbette und Uferböschungen stark erodiert. Durch die Abtragung von Steinen und Kies verlieren zudem viele Fischarten ihre Laichplätze und zahlreiche kleine Tiere wie etwa Weichtiere oder Insekten ihren Lebensraum. Die ausbleibenden regelmäßigen Überflutungen des Schwemmlands gefährden zudem die Lebensgrundlage der vom Ackerbau lebenden Bevölkerung im Einzugsgebiet der betroffenen Flüsse. So

> **„Durch die Staudämme verlieren die Flüsse große Teile der mitgeführten Sedimente, die sich vor den Staumauern anlagern."**

verzeichnete man etwa nach dem Bau des Assuan-Staudamms in Ägypten ein erhebliches Sinken der Bodenfruchtbarkeit und rückgängige Erträge in der Landwirtschaft durch die ausbleibenden fruchtbaren Sedimentablagerungen auf den Feldern.

In den Deltaregionen der aufgestauten Flüsse kommt es durch geringere Sedimentablagerungen häufig zu schwerwiegenden Erosionsschäden an den Küsten im Mündungsbereich.

Das Ausbleiben des saisonalen Hochwassers führt zu einem Verlust des Wasser- und Nährstoffnachschubs in den Auengebieten und zu einem Austrocknen der Feuchtgebiete. Damit sind auch die entsprechenden Lebensräume vieler Tier- und Pflanzenarten bedroht. Mit der Gefährdung zahlreicher Fische und Meerestierarten ist nicht nur die Existenz vieler Fischer gefährdet, sondern es verschlechtert sich häufig auch die Ernährungssituation der Bevölkerung.

Der ägyptische Assuan-Staudamm wurde vor allem aufgrund einer erhofften Vergrößerung der landwirtschaftlichen Nutzfläche errichtet. Teile des Unterlaufs des Nils wurden allerdings durch die Errichtung von Stausee und -damm überflutet; auch die antiken Tempel von Abu Simbel und Philiae mussten mit der Zeit gehen und wurden an einen anderen Ort versetzt.

Klimaschäden

Zwar gilt die Stromerzeugung aus Wasserkraft als besonders klimaschonend, da hierbei kaum Emissionen aus den Kraftwerken in die Umwelt gelangen, dennoch haben auch Stauseen klimatische Auswirkungen.

Die Biomasse, die beim Füllen der Stauseen unter Wasser gesetzt wird, zerfällt im See, wobei große Mengen an Methan freigesetzt werden. Dieses ist eines der klimaschädlichsten Treibhausgase (siehe Seite 257). So entspricht zum Beispiel die Treibhausgasfreisetzung des Balbina-Stausees in Brasilien im Zeitraum zwischen 1988 und 2008 dem Achtfachen eines herkömmlichen Kohlekraftwerks gleicher Leistung. Allerdings unterscheidet sich die Klimawirkung dabei von Stausee zu Stausee und kann fallweise auch überhaupt nicht in Erscheinung treten.

Beispiel Drei-Schluchten-Staudamm

Der Drei-Schluchten-Staudamm, der den Jangtsekiang in China aufstaut, gilt als ein anschauliches Beispiel für die Auswirkungen menschlicher Eingriffe in die Natur. Der am 20. Mai 2006 in Betrieb genommene Staudamm in der Provinz Hubei zwischen den Städten Yichang und Chongqing im Bereich der berühmten drei Schluchten Qutang, Wuxia und Xiling gehört zu den größten Talsperren der Welt. Zwar führen die Befürworter für den

„Der Drei-Schluchten-Staudamm gilt als ein anschauliches Beispiel für die Auswirkungen menschlicher Eingriffe in die Natur."

Bild rechts: Der Pournari-Staudamm in der Nähe der griechischen Stadt Arta staut den Fluss Arachthos auf seinem Weg in das Ionische Meer. Die 185 Meter hohe Staumauer umschließt den gleichnamigen Stausee, der ein Wasserkraftwerk versorgt. Die Drei-Schluchten-Talsperre am Jangtsekiang in China bildet nicht nur das größte Wasserkraftwerk der Welt, sondern auch sicher das umstrittenste (gegenüberliegende Seite Mitte). Für den Bau wurde der Fluss reguliert sowie an zahlreichen Stellen eingedämmt und aufgestaut. Das untere Satellitenbild entstand vor dem Bau, das obere zeigt bereits den Damm (rechts unten im Bild): Sehr gut zu erkennen ist, dass der Wasserspiegel des Jangtse aufgrund des Rückstaus fast überall angestiegen ist und die Nebenflüsse sich ebenfalls verbreitert haben.

Bau der Talsperre Gründe wie Energieerzeugung, Verbesserung der Schifffahrt durch steigende Wassertiefe und breitere Schluchten sowie den Hochwasserschutz an, die Argumente der Staudammgegner sind jedoch neben den sozialen Auswirkungen wie etwa Umsiedlungen auch die verheerenden ökologischen Folgen.

Der Staudamm verhindert die Selbstreinigung des Jangtsekiang, da hierbei riesige Mengen an Sedimenten zurückgehalten werden, die der Fluss mit sich führt. Vor dem Staudammbau wurden diese Sedimente bei Hochwasser auf den umliegenden Feldern abgelagert, was den Nährstoffgehalt der Böden verbesserte. Zudem sorgen die Sedimente für einen Ausgleich der Abtragung am Flussgrund. Mit dem Ausbleiben dieses Effekts besteht das Risiko einer Eintiefung des Flusses und eines Absinkens des Grundwasserspiegels.

Durch den Staudamm wird der natürliche Lebensraum vieler Tier- und Pflanzenarten zerstört. So sind etwa 335 Fischarten, aber auch beispielsweise der China-Alligator oder der Chinesische Flussdelfin durch den Staudamm vom Aussterben bedroht.

Bereits jetzt wurden ökologische Folgen festgestellt. So werden einheimische Quallenarten im Mündungsgebiet mehrere Hundert Kilometer unterhalb der Staumauer von eingewanderten Quallenarten verdrängt, für die das durch die verringerten Sedimente bei Flut vermehrt vom Meer einströmende Salzwasser ideale Lebensbedingungen bietet. Geringer werdende Fischbestände vernichten zudem die Existenzgrundlage vieler Fischer. Das Ausbleiben fruchtbarer Sedimente, die bisher jedes Jahr auf den Überschwemmungsflächen abgelagert wurden, gefährdet die Existenz vieler Agrarbetriebe. Werden stattdessen Kunstdünger eingesetzt, können bei unsachgemäßer Verwendung Umweltschäden und Trinkwasserverschmutzung drohen.

Weitere Probleme sehen Kritiker in der Verseuchung von Ökosystemen und Ackerland durch Giftstoffe, die aus den Müllhalden der überfluteten Dörfer ins Flusswasser gelangen. Zudem wurde die Talsperre in einem erdbebengefährdeten Gebiet nahe einer geologischen Verwerfung errichtet. Ein hierdurch bedingter Dammbruch könnte über 100 Millionen Menschen bedrohen.

Flussregulierungen

Wider den Wasserlauf

Bei einer Flussbegradigung werden die natürlichen Mäander eines Flusses in einer geraden Strecke durchbrochen, wodurch der Flusslauf verkürzt und der meist in mehreren Armen verlaufende Fluss auf ein Flussbett festgelegt wird.

Eine Flussbegradigung zur Schiffbarmachung bezeichnet man als Durchstich. Andere Gründe für Flussbegradigungen sind die Landgewinnung für Ackerbau oder als Siedlungsfläche oder eine Festlegung von Landes-, Gemeinde- oder Grundstücksgrenzen. In Verbindung mit anderen Maßnahmen wie geplanten Überflutungsflächen lässt sich durch die bauliche Festlegung eines Flusslaufs auch ein Hochwasserschutz erreichen.

Folgen für Land und Wasser

Durch die natürlichen Mäander fließen Flüsse langsamer und bieten bei seitlichen Brachflächen einen Hochwasserschutz. Durch Flussbegradigungen gehen Auengebiete und damit wichtige Überschwemmungsgebiete verloren, und das Wasser kann sich bei Hochwasser leichter seinen Weg in bewohnte Gebiete bahnen.

Bei einer Flussbegradigung kommt es durch schnelles Abfließen von Regenwasser zu Hochwasser. Das schnell fließende Wasser gräbt sich – bei Uferbefestigungen verstärkt durch die fehlende Seitenerosion – tief ins Flussbett ein, was zu einer Absenkung des Grundwasserspiegels und damit einem Austrocknen angrenzender Ökosysteme führt. Bei einer höheren Fließgeschwindigkeit geben mehrere Zubringer das schnell fließende Hochwasser gleichzeitig in den Unterlauf ab, sodass stromabwärts die Überschwemmungsgefahr steigt.

Zudem können Flussbegradigungen den Lebensraum vieler – zum Teil seltener – Tiere und Pflanzen sowie ganzer Ökosysteme gefährden oder gar zerstören. Bedroht sind sowohl viele an den Flüssen wachsende Pflanzenarten, aber auch hier lebende Tierarten wie Fische, Muscheln, Otter oder Wasservögel. So haben die artenreichen Flussauen zum Beispiel für Fische eine wichtige Funktion als Laichplätze und „Kinderstube". Durch Flussbegradigung und den Verbau von Uferzonen sind die Auen jedoch oftmals bedroht.

Beispiel Rhein

Ein Beispiel für eine Flussbegradigung bildet der Rhein. Die ursprüngliche potenzielle Überflutungsfläche von bis zu mehreren Kilometern Breite beschränkt sich heute vielerorts auf das Flussbett. Ehemalige Auwälder werden heute durch Straßen und Eisenbahnlinien durchquert, die fruchtbaren Schwemmböden dienen als Ackerland. Wurde die Flussbegradigung ursprünglich unter anderem aus Gründen des Hochwasserschutzes durchgeführt, hat sie heute die Hochwassergefahr durch den Verlust von Auengebieten erhöht, sodass die Deichanlagen verstärkt werden müssen. Durch die Beschleunigung der Fließgeschwindigkeit erhöht sich die Wahrscheinlichkeit, dass Flutwellen aus Rhein, Neckar und Mosel zusammenstoßen.

Zudem sorgt der sich rasch stromabwärts bewegende Kies für eine Vertiefung des Flussbetts. Dies hatte einen so niedrigen Grundwasserspiegel zur Folge, dass die landwirtschaftliche Nutzung der Auen erschwert wurde und einzelne Auwälder abstarben. Zur Sicherstellung der Wasserversorgung mussten vielerorts die Brunnen vertieft werden, und die Nebenarme blieben auch bei Hochwasser noch trocken. Heute bemüht man sich darum, die einstigen Überflutungsflächen wiederherzustellen.

Renaturierungsmaßnahmen

Heutzutage werden Flüsse nicht mehr in geraden gepflasterten oder betonierten künstlichen Flussbetten kanalisiert, und man berücksichtigt naturnahe Flussverläufe, Inseln und Stillwasserbereiche. Auch noch bestehende Auwälder werden erhalten.

Zunehmend bemüht man sich auch um Renaturierungsmaßnahmen bei begradigten und eingedämmten Flüssen. Darunter versteht man die Wiederherstellung naturnaher Lebensräume. So wird oftmals versucht, das einstige Flussbett wiederherzustellen und so die Strömungsgeschwindigkeit zu verringern sowie die Überschwemmungsgefahr zu reduzieren. Auch neue Überschwemmungsflächen werden geschaffen. Zudem gibt es auch Bemühungen, ursprüngliche Pflanzen- und Tierarten wieder anzusiedeln.

Gegenüberliegende Seite: Der Canal d'Ille-et-Rance in der Bretagne, hier in der Ortschaft Dinan. Die französische Rance wurde in ihrem natürlichen Lauf weitgehend reguliert und eingedämmt, auch Schifffahrtskanäle mit Schleusentechnik wurden errichtet. In der Mündung der Rance befindet sich heute eines der größten Gezeitenkraftwerke weltweit.

Beispiel Elbe

Bereits im Mittelalter wurden erste Deiche im Mittel- und Unterlauf der Elbe angelegt, um Siedlungsraum zu gewinnen. Die Deiche rückten immer näher an den Fluss heran, sodass heute weite Bereiche der ursprünglichen oft bis zu 20 Kilometer breiten Auen – und damit auch Rückhalteräume für Hochwasser – verloren gegangen sind. Um die Wassertiefen in den Fahrrinnen zu erhalten, sollen Buhnen am Ufer dazu beitragen, die Elbe zu beschleunigen, damit weniger Sediment abgelagert wird und das Flussbett erodiert. Durch die Eintiefung der Elbe sinkt jedoch der Grundwasserspiegel, was dazu führt, dass die Auenlandschaft immer mehr austrocknet. Hierdurch gehen auch Uferlebensräume für Pflanzen und Tiere verloren. Umweltschützer fordern daher eine Renaturierung, sodass der Fluss „entgradigt" und langsamer wird, sowie einen Deichrückbau. Auch Auwälder und Feuchtwiesen sollen geschaffen werden. Die künstliche Elbvertiefung und der Deichbau mit der Folge des Abschneidens und Ausdeichens von Altarmen und Marschen soll zwar Hochwasser verhindern, greift jedoch auch in die Strömungsverhältnisse ein und verhindert bei Hochwasser eine Ablagerung von Sedimenten in den Uferbereichen. Diese Eingriffe werden mit für ein Verschlicken der Fahrrinne und des Hamburger Hafens verantwortlich gemacht. Der natürliche Tidenhub in der Unterelbe ist durch diese Eingriffe deutlich erhöht. Während der Flutphase mit starkem Flutstrom werden mehr Feststoffe erodiert und als Sedimente stromaufwärts transportiert als bei wesentlich schwächerem Ebbestrom elbabwärts (Tidal-Pumping-Effekt). Durch das Anlegen von Sandbänken, die den Flutstrom bremsen sollen, sowie durch Rückdeichungen und die Öffnung von seitlichen Sperrwerken soll der Tidal-Pumping-Effekt wieder verringert werden.

Die Elbe, hier der Blick von der Festung
Königstein in der Sächsischen Schweiz,
ist in ihrem Verlauf vielfach begradigt
worden – mit teilweise fatalen Folgen:
Die Hochwasserstände des Jahrhun-
derthochwassers 2002 waren auch teils
der fehlenden Ablaufmöglichkeit des
Wassers durch Eindämmungsmaßnah-
men geschuldet. Auch in Dresden (kleines Bild unten) sind die einst so aus-
ufernden Elbauen immer mehr aus dem
Stadtbild verschwunden, ein Umstand,
der die Stadt anfälliger für Hochwasser
gemacht hat. Das Wasser im Hamburger Hafen (kleines Bild oben) hingegen
verschlickt immer mehr; auch dies ist
auf die Begradigungsmaßnahmen der
Elbe zurückzuführen.

Invasion der anderen Art

Bedrohte und bedrohliche
Tier- und Pflanzenwelt

Nicht nur Wetterkatastrophen gefährden die weltweiten Ökosysteme.
Auch indirekte menschliche Eingriffe wie die Gefährdung endemischer
Arten durch bewusst oder unbewusst in andere Gebiete eingeschleppte Spezies können zu verheerenden Schäden in der Natur führen.
Inzwischen sind beispielsweise invasive Arten so gefährlich und häufig, dass sie nach der Zerstörung natürlicher Lebensräume für die
größte Bedrohung der weltweiten Artenvielfalt gehalten werden.
Massenhaft auftretende Schädlinge wie etwa Heuschrecken wiederum können ganze Ernten vernichten und so zu katastrophalen Hungersnöten führen.

Biologische Invasion

Begriffsdefinition

Die umgangssprachlich auch als Einschleppung bezeichnete biologische Invasion ist die durch menschlichen Einfluss bewirkte Einwanderung und Ausbreitung einer Art (Pflanzen, Tiere, Pilze, Mikroorganismen) in einem Gebiet, in dem sie nicht beheimatet ist und das sie ohne die Mitwirkung des Menschen nicht hätte erreichen können. Die entsprechenden Arten bezeichnet man als Neobiota. Eingeschleppte Pflanzen werden als Neophyten, Tiere als Neozoen und Pilze als Neomyceten bezeichnet. Viele Neobiota können sich weitgehend folgenlos in neue Ökosysteme integrieren, nur ein gewisser Prozentsatz kann sich langfristig etablieren und führt zu einer nachhaltigen, schnellen Veränderung des ökologischen Gleichgewichts sowie der Biodiversität und wird daher im strengen Sinne als invasiv bezeichnet.

Konventionell wird der Begriff der Neobiota nur auf solche Arten angewendet, die seit 1492, dem Jahr der Entdeckung Amerikas, irgendwo auf der Welt eingeschleppt wurden. Dieses Datum gilt meist als erster gravierender menschlicher Einfluss der Arteneinschleppung und hatte einen weltumspannenden Transport von Personen und Gütern in Verbindung mit der Verbreitung großer Anzahlen fremder Pflanzen und Tiere zur Folge.
Die natürliche Ausbreitung von Arten kommt meist an naturgegebenen Barrieren (Berge, Gewässer, Eis, Wüsten) zum Stillstand und geht sehr langsam

„Die natürliche Ausbreitung von Arten kommt meist an natürlichen Barrieren zum Stillstand und geht sehr langsam vonstatten."

Vorherige Doppelseite: Das ursprünglich in Nordamerika beheimatete Grauhörnchen hat bereits seinen Weg über den Atlantik angetreten und verdrängt immer mehr das in Europa vorherrschende Eichhörnchen. Besonders in Italien und auf den Britischen Inseln ist die Situation für das europäische Hörnchen mittlerweile dramatisch, da der amerikanische Verwandte robuster und krankheitsresistenter ist. Für Allergiker eine wahre Plage ist das mittlerweile auch in Deutschland immer häufiger anzutreffende Beifußblättrige Traubenkraut, auch als Ambrosia bekannt. Ursprünglich aus Amerika stammend, wird dieses Unkraut mit seinen hoch allergenen Pollen hierzulande bereits mit großem Einsatz bekämpft. Auch die Bevölkerung ist aufgerufen, größere Bestände der Beifuß-Ambrosie zu melden, damit eine weitere Ausbreitung verhindert werden kann (Bild rechts).

vonstatten, sodass die ansässigen Arten sich auf die eingewanderten einstellen und zum Beispiel die einwandernde Art zurückdrängen oder sich neue Lebensräume erschließen können. Werden jedoch fremde Arten vom Menschen in neue Gebiete eingeschleppt, ergeben sich etwa durch Schifffahrt und Flugverkehr viel weitergehende und schnellere Verbreitungsmöglichkeiten und eigentliche Ausbreitungsbarrieren werden überwunden.

Oftmals verursachen eingeschleppte Arten am bestehenden Ökosystem nicht mehr rückgängig zu machende Schäden. Ein viel zitiertes Beispiel ist die Einschleppung von Ratten und Katzen nach Neuseeland, die viele endemische (natürlicherweise nur in einem abgegrenzten Gebiet vorkommende) Arten dezimierten. In über Jahrtausende isolierten Gebieten wie etwa auf Inseln, in Kapregionen, in Australien oder Neuseeland haben sich eine sehr eigenständige Flora und Fauna entwickelt. Die entsprechenden Ökosysteme mit ihren nahezu ausschließlich endemischen Arten reagieren wesentlich empfindlicher auf invasive Arten, als dies etwa in Mitteleuropa der Fall ist. Je kleiner der Lebensraum ist, desto größer ist die Gefährdung durch eingeschleppte Arten. Schon geringe Veränderungen können zum Aussterben ganzer Arten führen. Daher entstanden etwa in Australien und Neuseeland große ökologische Schäden durch den Versuch europäischer Siedler, ihre heimischen Tiere und Pflanzen auch im neuen Lebensraum zu etablieren.

Verbreitung invasiver Arten

Besonders folgenschwere Einschleppungen begleiteten die Entdeckung und Besiedlung Amerikas, Australiens, Neuseelands und verschiedener Inseln. So ist etwa die um 600 n. Chr. von den ersten polynesischen Siedlern von den Marquesasinseln aus nach Hawaii gebrachte Kokospalme ein Beispiel für eine frühe Einschleppung. Im Lauf der Besiedlung Hawaiis verdrängten immer mehr eingeschleppte Arten die einheimischen, sodass heute geschätzt

"**Besonders Inseln sind gefährdet: Je kleiner der Lebensraum ist, desto größer ist die Bedrohung durch eingeschleppte Arten.**"

wird, dass in den letzten rund 200 Jahren rund die Hälfte aller einheimischen Tiere und Pflanzen für immer von den Inseln getilgt wurden.

Auch Australien und Neuseeland waren stark betroffen, da es hier kaum Raubtiere gab. So wurden die nur hier vorkommenden Beuteltiere sowie viele kleine Säugetiere durch eingeschleppte verwilderte Arten wie Kaninchen, Ratten, Hunde, Katzen und Füchse, die als Räuber und Nahrungskonkurrenten fungierten, stark dezimiert. Währenddessen breiteten sich die eingeschleppten Arten stark aus, etwa die sich explosionartig vermehrenden Kaninchen.

Ebenso machten die auf den Galapagosinseln ausgesetzten Schweine und Ziegen den sich nur langsam vermehrenden Riesenschildkröten die Nahrung

Ein typisches Beispiel für einen Neozoon ist der Waschbär, der sich nun auch jenseits seiner nordamerikanischen Heimat in den Wäldern Europas erfolgreich eine Heimat geschaffen hat. Forscher sind sich allerdings uneinig darüber, ob der äußerst anpassungsfähige Einwanderer negative Folgen für die Ökosysteme im europäischen Wald haben wird.

streitig, sodass heute nur noch elf der einst mindestens 15 Unterarten existieren. Ein weiteres
berühmtes Beispiel für das Aussterben einer endemischen Art durch den Einfluss invasiver Arten ist
der Dodo, ein etwa ein Meter großer, flugunfähi-
ger Vogel, der auf Mauritius und Réunion im Indischen Ozean beheimatet war. Als Hauptgrund für
die Ausrottung des Vogels um 1690 nimmt man
eingeschleppte Ratten und verwilderte Haustiere
wie Schweine und Affen an, die die Eier der boden-
brütenden Dodos fraßen.

Mit jedem Personen- oder Gütertransport kann
theoretisch eine biologische Invasion stattfinden. Zu
unterscheiden sind zufällige von absichtlichen
Einschleppungen. Werden gebietsfremde Arten
absichtlich in neue Gebiete eingeschleppt, geschieht
dies oft, damit sie dem Menschen nützen sollen. Der
langfristige Schaden, der dabei entstehen kann,

wird meist nicht bedacht. Eingeschleppte Zier- und
Nutzpflanzenarten sowie Haus- und Nutztiere
verwildern und dezimieren oder verdrängen einheimische Arten. Auch zu Forschungszwecken oder
zur Schädlingsbekämpfung in Land- und Forstwirtschaft beziehungsweise zur Krankheitsbekämp-
fung eingeschleppte Organismen können für andere Lebewesen eine Gefahr darstellen und diese sogar
in großer Anzahl vernichten.

Unbeabsichtigt können biologische Invasoren etwa
mit Transporten von Wirtschaftsgütern verschleppt

„Mit jedem Personen- oder
Gütertransport kann – zumindest
theoretisch – eine biologische
Invasion stattfinden."

*Der auf Mauritius und La
Réunion beheimatete Dodo, der
wohl bereits im 17. Jahrhun-
dert aufgrund von eingeführ-
ten Ratten ausstarb, ist nicht
nur eines der frühesten
Beispiele der Verdrängung
endemischer Arten durch vom
Menschen eingeschleppte
Spezies. Durch seine
Erwähnung in Lewis Carolls
Kinderbuchklassiker „Alice im
Wunderland" gehört der Dodo
auch zu den bekanntesten
Opfern der biologischen
Invasion (Abbildung rechts:
Illustration von John Tenniel
[1820–1914] in dem Kapitel
„Caucus-Rennen und was
daraus wird", in dem Alice auf
einen Dodo trifft).*

werden, zum Beispiel in Form von an Nutz- oder Zierpflanzen anhaftenden Insekteneiern oder in Transportkisten. Besonders schwer zu kontrollieren und zu vermeiden ist dies bei Pflanzen, die in Form von Samen in fremde Gebiete gelangen können, oder bei kleinen Organismen wie Viren, Ein- und Vielzellern oder Insekten. Zusammen mit Pflanzen oder Pflanzenerzeugnissen verbreitete Insekten können in den neuen Verbreitungsgebieten zu Schädlingsplagen in der Land- und Forstwirtschaft führen. Krankheitserreger können durch infizierte, aber geimpfte oder immune Haus- und Nutztiere verbreitet werden, die in den Verschleppungsgebieten ungeschützte Arten befallen und Epidemien auslösen können.

Selbst die Transportmittel wie Flugzeuge, Autos und Schiffe können unerwünschte „blinde Passagiere" mit sich führen. So zeigten etwa Untersuchungen an Autos von Touristen, die in den australischen Kakadu-Nationalpark einreisen wollten, dass 70% der untersuchten Wagen in Reifenrillen oder Schlammablagerungen Pflanzensamen transportieren, darunter auch solche, die in Australien als problematische Invasoren gelten. Schiffe können im Ballastwasser Wasserorganismen in fremde Gewässer transportieren. Ballastwasser wird von Seeschiffen zur Stabilisierung bei Leerfahrten aufgenommen und im Zielhafen wieder abgelassen. Allein auf diese Weise werden täglich 3000 Tierarten von Kontinent zu Kontinent transportiert. Hier können zahlreiche kleine Organismen, besonders Plankton, verschleppt werden. Zwar passen sich nur wenige davon dauerhaft an die Lebensbedingungen in neuen Gewässern an, diejenigen, denen dies gelingt, sind jedoch oft eine große Gefahr für die einheimischen Arten.

Voraussetzungen und Gründe für eine Etablierung

Invasionsbiologen schätzen, dass sich nur etwa zehn von 100 eingewanderten Arten dauerhaft etablieren und nur eine dieser zehn sich in einem

„Invasionsbiologen schätzen, dass sich nur etwa zehn von 100 eingewanderten Arten dauerhaft etablieren."

so großen Maßstab verbreitet, dass sie heimische Arten verdrängen oder bedrohlich dezimieren kann.

Bis sich eine stabile Population entwickelt, dauert es zwar oft Jahre und Jahrzehnte, treffen die Invasoren jedoch auf günstige Bedingungen (passendes Klima und Lebensraum, geeignete Nahrung, Fehlen natürlicher Feinde und artspezifischer Krankheiten), können sie sich etablieren und im neuen Ansiedlungsgebiet die Biodiversität gefährden.

Zudem muss für die Vermehrung eine ausreichende Anzahl an eingeschleppten Individuen vorhanden sein; oft reichen jedoch nur wenige Exemplare verschiedenen Geschlechts. So wurde festgestellt, dass etwa die eingeschleppten Baumnattern auf Guam von nur einer befruchteten Natter abstammen. Bei vielen eingeschleppten Arten findet der Generationenwechsel schneller statt als bei den einheimischen, sodass die kleineren Populationen der

Das Drüsige Springkraut hat seine Heimat im Himalaya, kam im 19. Jahrhundert als Zierpflanze im Britischen Empire in Mode und gelangte schließlich auch aufs europäische Festland, wo sie mittlerweile als invasive Gefahr gilt. Die Pflanze gehört damit zu den Neophyten, die gezielt eingeführt wurden.

Ökologische Balance in Gefahr

Neben der Gefährdung der Artenvielfalt durch Verdrängung und Auslöschung endemischer Arten gerät auch das ökologische Gleichgewicht häufig durcheinander. Invasive Arten können etwa die Nahrungsgrundlagen anderer Tiere verändern. Durch die Dezimierung oder den Untergang einer Art können auch andere Arten aussterben, die zum Beispiel auf diese als Beute spezialisiert sind. Besonders gefährdet sind die Ökosysteme von Inseln, da hier meist große Raubtiere fehlen. Hier leben oft Tiere, die für eingeschleppte Jäger eine leichte Beute sind wie etwa flugunfähige Vögel oder Tiere ohne natürlichen Fluchtinstinkt. Zudem besteht die Gefahr, dass sich eingeschleppte Tiere mit nahe verwandten ortsansässigen Arten paaren und so deren Genpool verändern.

Auch für den Menschen verursachen invasive Arten teilweise medizinische, wirtschaftliche und gesellschaftliche Probleme. So können sie neue Krankheiten übertragen und jährlich land- und forstwirtschaftliche Schäden in Milliardenhöhe verursachen.

Einschleppung verhindern

Bei der Bekämpfung eingeschleppter Arten scheiden sich die Geister: Die einen verweisen auf eine lange Tradition biologischer Einwanderungen seit der letzten Eiszeit und legen Wert auf genaue Untersuchungen des Gefährdungspotenzials, die anderen fordern eine kategorische Ausrottung der gefährlichsten Arten. Die Bekämpfung invasiver Arten hat sich oftmals als Sackgasse erwiesen. So können als Fressfeinde eingeführte Tiere ebenfalls Schäden für das Ökosystem verursachen oder etwa eingeschleuste Viren oder Parasiten auch einheimische Arten bedrohen. Viele invasive Arten haben sich so stark vermehrt und verbreitet, dass alle Mittel der Ausrottung versagen. In den meisten Fällen lassen sich die invasiven Arten, wenn sie sich erst einmal auf dem neuen Gebiet verbreitet haben, kaum künstlich wieder ausrotten. Daher kommt der Prävention eine besondere Bedeutung zu.

Wichtig ist ein Bewusstsein für die möglichen Gefahren durch entsprechende Forschung und Veröffentlichung. Der beste Schutz gegen gefährliche invasive Spezies ist die Vermeidung der Einschleppung. Daher fordern Natur- und Umweltschützer

Sieht man sich die Unmengen an Containern an, die Tag für Tag in den Häfen der Welt einlaufen, wird klar, wie schwierig, aber auch wie notwendig eine konsequente Untersuchung auf organisches Material ist. Nur durch Quarantäne und ähnliche Schutzmaßnahmen kann ein Einwandern fremder Arten verhindert werden.

einheimischen Arten nicht ausreichen, um um die knapper werdenden Ressourcen konkurrieren zu können.

Neben bereits verbreiteten artspezifischen Krankheiten, die bei den einheimischen Arten zu Epidemien führen können, den neuen Arten jedoch nichts anhaben, ist es auch möglich, dass von den invasiven Spezies auch neue Krankheitserreger eingeschleppt werden. Die neuen Arten haben dagegen oft eine Immunität entwickelt, die heimischen können jedoch durch die Erreger vollständig ausgerottet werden.

vermehrt, den internationalen Tierhandel und den privaten Transport exotischer Tiere strenger zu reglementieren und zu kontrollieren. Ein politisches Mittel ist die Ausweitung von Importverboten für invasive Arten.

In Australien werden beispielsweise aus anderen Kontinenten einreisende Fluggäste zu einer sorgfältigen Säuberung ihrer Schuhsohlen aufgefordert, um die unbeabsichtigte Einschleppung von Pflanzensamen zu vermeiden. Ebenso müssen nach Australien importierte landwirtschaftliche Geräte gründlich gereinigt werden. Zudem existiert dort ein sogenanntes „Weed Access Assessment", also eine Untersuchung, welche neu einzuführenden Pflanzen sich als problematisch für das dortige Ökosystem erweisen könnten. Als problematisch bekannte Neophyten werden in eine Liste aufgenommen. Allerdings werden auch solche Pflanzen gelegentlich noch verkauft, da sich diese Interessen in der Öffentlichkeit schwer durchsetzen lassen.

Auch die unbeabsichtigte Einschleppung fremder Arten sollte möglichst minimiert werden, etwa indem man in möglichst kurzen Zeiträumen Meeresorganismen von Schiffsrümpfen entfernt. Im Februar 2004 wurde etwa bei einer Konferenz der Internationalen Seeschifffahrtsorganisation (International Maritime Organisation, IMO) ein Ballastwasserübereinkommen verabschiedet. Bis zur allgemeinen Einführung von Filtermaßnahmen sollen Schiffe ihr Ballastwasser demnach nach der Abfahrt auf hoher See wechseln. Das Abkommen tritt jedoch erst in Kraft, wenn ihm 30 Staaten beitreten, die 35% der Handelstonnage weltweit vertreten. Weitere Möglichkeiten der Ballastwasserbehandlung sind Erhitzen, Veränderung des Salzgehalts, Sauerstoffentzug, Entsorgung in hafeneigenen Abwasseranlagen sowie die Behandlung mit Ozon, UV-Licht oder Gift.

„Der beste Schutz gegen invasive Spezies ist die Vermeidung der Einschleppung. Daher fordern Umweltschützer, den internationalen Tierhandel und den Transport exotischer Tiere strenger zu reglementieren."

Beispiele gefährlicher Neozoen

Einige Beispiele für Neozoen, die eine besondere Gefahr für sensible Ökosysteme und dort heimische Tiere darstellen, sind folgende:

Nilbarsch: Der in den 1960er-Jahren im Victoriasee am Ostafrikanischen Grabenbruch zur Steigerung der Fischereierträge ausgesetzte Fisch hatte dramatische Folgen für verschiedene endemische Arten und Unterarten von Buntbarschen. Schon nach wenigen Jahren waren 200 der Buntbarscharten ausgerottet, weitere 100 sind heute stark gefährdet. Eine weitere Folge der immensen Dezimierung der algenfressenden Buntbarsche ist ein wucherndes Algenwachstum.

Afrikanische Landschnecke und Rosige Wolfsschnecke. Durch ihre massenhafte Vermehrung drohte die eingeschleppte Afrikanische Landschnecke auf den Inseln Französisch-Polynesiens die hel-

Der Übermacht der Afrikanischen Landschnecke (Bild unten) auf den Inseln Französisch-Polynesiens wurde versucht mit der Rosigen Wolfsschnecke entgegenzuwirken. Ein Misserfolg: Anstatt die eingewanderte Landschnecke zu bekämpfen, fiel auch die Wolfsschnecke über die endemische Partulu-Schnecke her und dezimierte deren Bestand weiter.

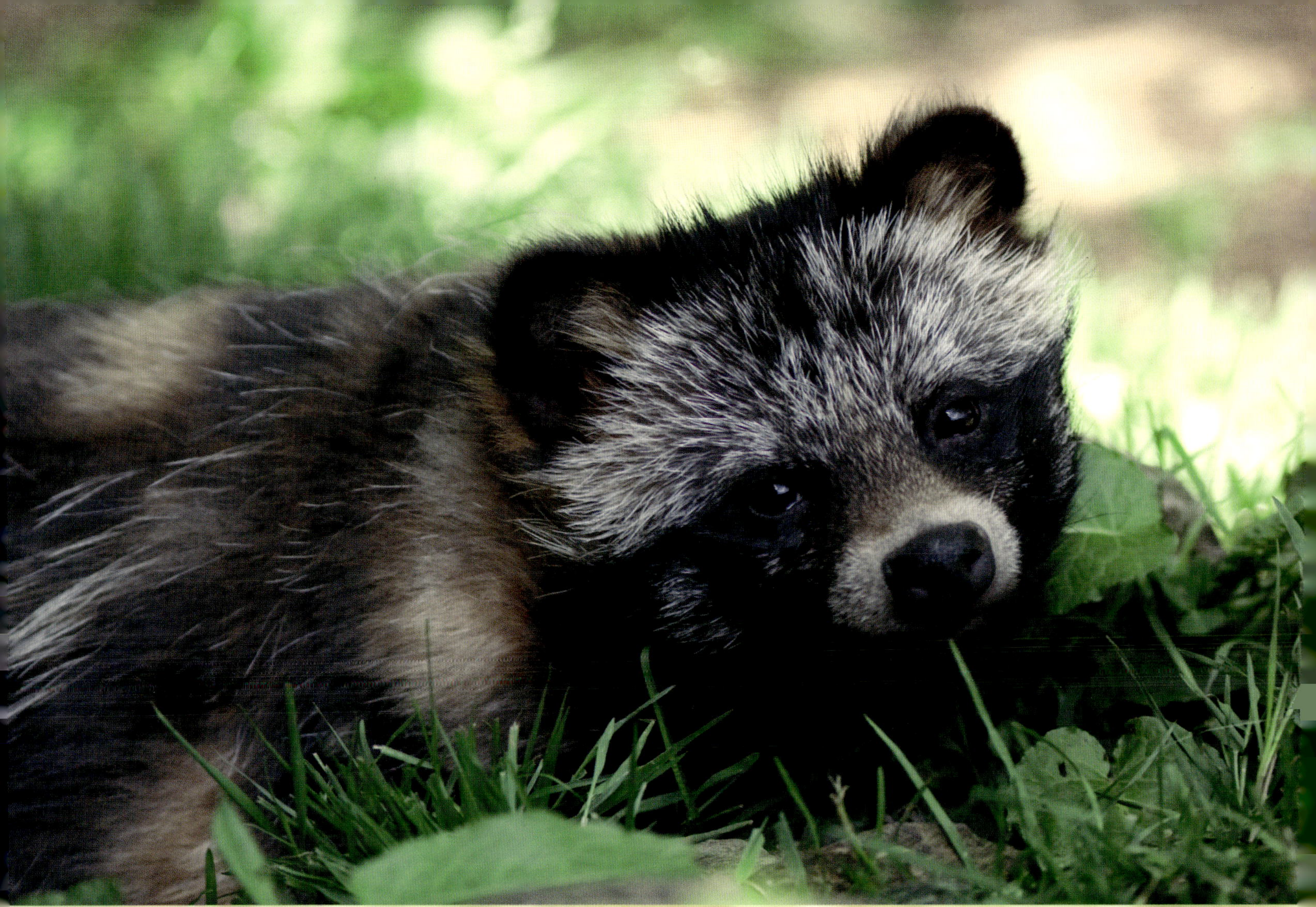
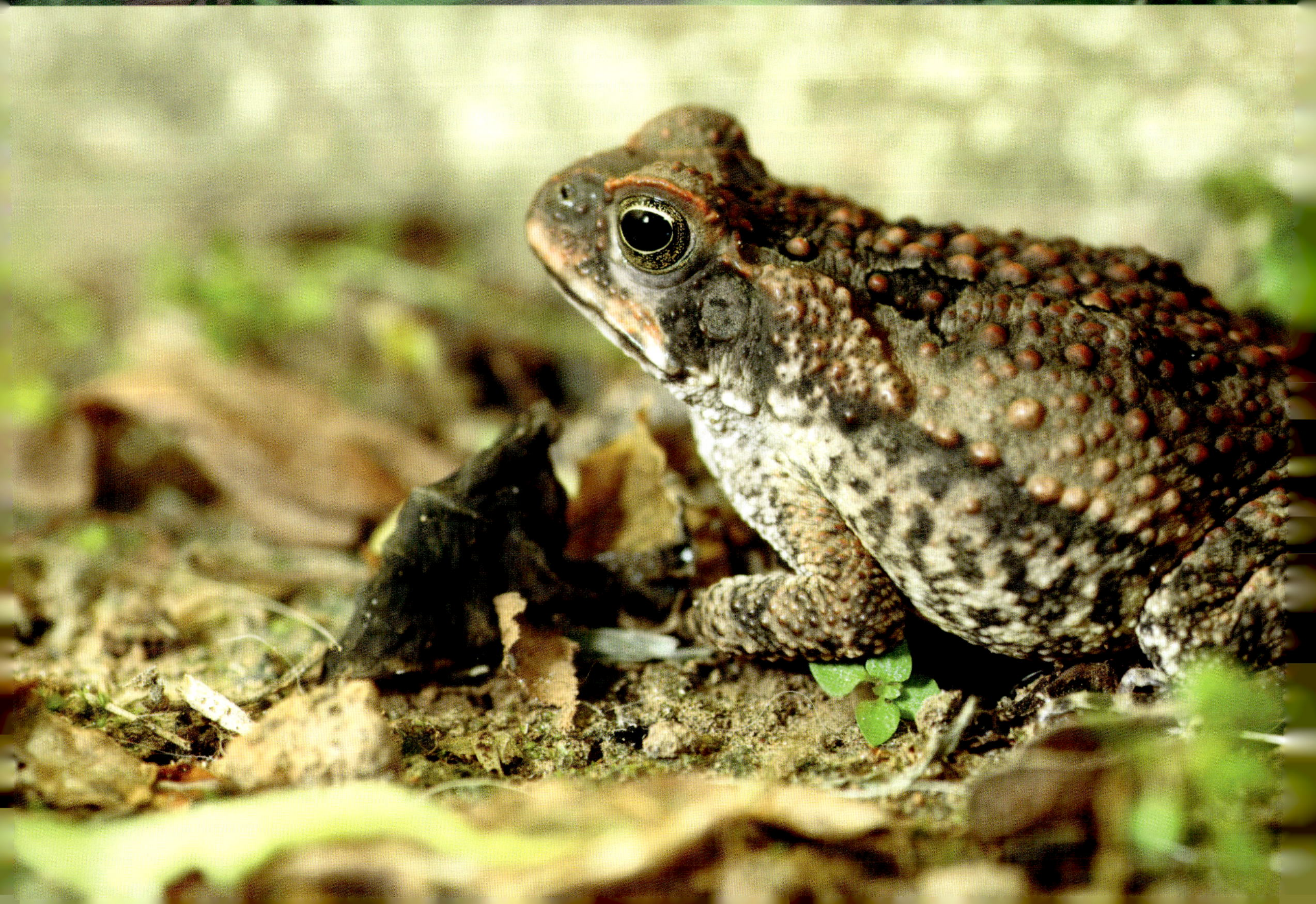

mischen Polynesischen Partula-Schnecken zu verdrängen. Die zur Vernichtung dieser Schnecken eingeführten Rosigen Wolfsschnecken verbreiteten sich immens und dezimierten nicht, wie geplant, vor allem die Bioinvasoren, sondern vornehmlich die Partula-Schnecken.

Aga-Kröte: 1935 von Venezuela aus nach Australien importiert, um eine verlustreiche Maikäferplage zu bekämpfen, wurden die Kröten schnell selbst zum Problem. Sie vermehrten sich rasend schnell, eroberten große Teile Australiens und fraßen nicht nur viele kleine Wirbeltiere und harmlose Insekten, sondern auch Pflanzen. Zudem wird die Kröte für die Dezimierung und sogar das Verschwinden einiger in Australien endemischer Arten verantwortlich gemacht. Dies betrifft beispielsweise verschiedene Amphibienarten, aber auch Schlangen und Warane.

Beispiele für gefährliche Neophyten

Einige Beispiele für die Bedrohung und Verdrängung heimischer durch eingeschleppte Pflanzenarten sind folgende:

Wakame: Die von der japanischen Küste stammende Braunalgenart erreichte im Ballastwasser von Schiffen die tasmanische Küste und bildet an der dortigen Küste seit 1988 dichte Kelpwälder. Diese verdrängen immer mehr die dortige Flora und Fauna, vor allem die einheimischen Tange.

Blattlose Tamariske: Die eurasische Tamariskenart verbreitet sich in Zentralaustralien entlang von Flussböschungen. Hier verdrängt sie die einheimischen Baumarten mit der dazugehörigen Fauna.

Afrikanische Grasarten: Die zur Förderung der Viehwirtschaft in Australien eingeführten nährstoffreichen afrikanischen Grasarten wie Büffelgras oder Gambagras führten zu wesentlich intensiveren Savannenfeuern, als dies bei den kurzen, niedrigtemperaturigen Flächenbränden der australischen Grassteppe der Fall ist. Viele australische Pflanzen wie der Eukalyptus sind zwar an die Hitzeeinwirkung bei Bränden australischer Gräser angepasst, aber nicht an die höheren Temperaturen und

längeren Brände, wodurch die Pflanzen nach einem Brand nicht keimen, sondern die Samen verbrennen. Da die Grassamen der eingeführten Gräser zudem nicht von den einheimischen Vögeln gefressen werden, gingen auch die australischen Finken- und Papageienpopulationen zurück.

Neben der Aga-Kröte (gegenüberliegende Seite unten) gehört auch der Enok zu den gefährlichsten invasiven Arten: Der aus Japan stammende Marderhund hat sich in Europa ausgebreitet und ist aufgrund seiner negativen Folgen für die Ökosysteme in vielen Ländern zum Abschuss freigegeben (gegenüberliegende Seite oben). Als Inselstaat ist Neuseelands Vogelwelt besonders durch invasive Arten gefährdet. Die meist flugunfähigen Tiere sind nicht an Raubtiere gewöhnt, daher haben die eingeschleppten Katzen oder Opossums ein leichtes Spiel mit ihnen. Besonders der Kakapo (Bild oben), mit bis zu 60 Zentimetern Körpergröße und bis zu vier Kilogramm Gewicht ein äußerst großer Papagei, hat unter den räuberischen Säugetieren so stark gelitten, dass heute nur noch etwa 120 Exemplare existieren. Diese wurden auf zwei Inseln vor der Küste der Südinsel übersiedelt, damit die Vögel, die keinerlei Fluchtinstinkt besitzen, dort geschützt leben können. Die Kakapos können bis zu 120 Jahre alt werden und haben einen charakteristischen Balzruf, der noch vor wenigen Jahrhunderten überall auf Neuseeland durch die Nacht schallte. Die Ausbreitung der Wasserhyazinthe im Victoriasee ist ein Beispiel eines aggressiven Neophyten: Ursprünglich stammt die Wasserpflanze aus Südamerika, gelangte durch menschliches Einwirken nach Afrika und blockiert heute Teile des Sees für die Fischer (Bild links).

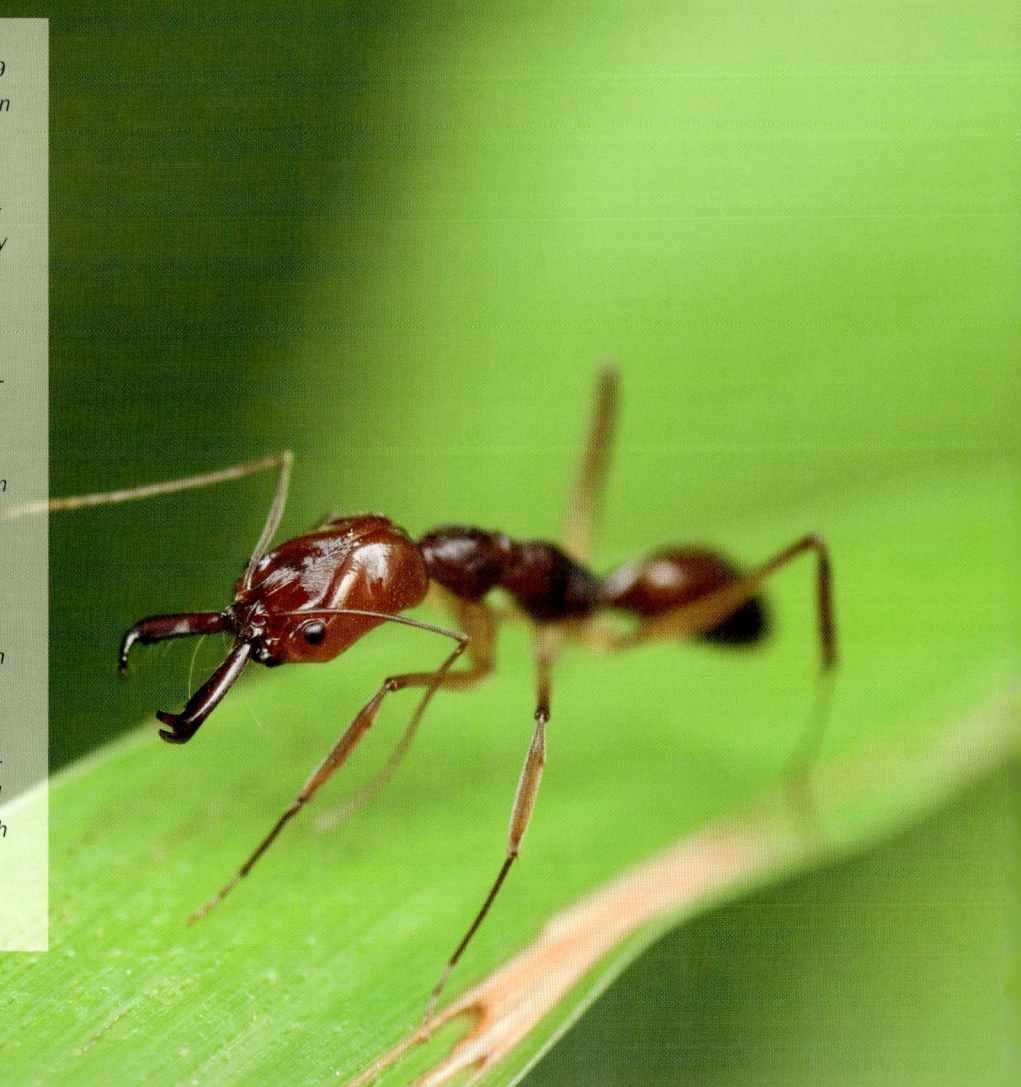

24 europäische Wildkaninchen wurden 1859 von einem englischen Siedler in seiner neuen Heimat Australien ausgesetzt – das Ergebnis: Heute leben in Down Under etwa 300 Millionen Exemplare, die als Schädlinge gelten, da sie heimische Tierarten wie den Bilby gefährden und in den trockenen Landstrichen durch das Fressen von Gräsern zur Bodenerosion beitragen (Bild oben). Einen ähnlichen Siegeszug traten die Roten Feuerameisen an (Bild unten), die ursprünglich aus Südamerika stammen. In den Südstaaten der USA verdrängen sie die endemischen Arten und gefährden die Bevölkerung, da sie besonders bissig und allergieauslösend sind. Nicht weniger unangenehm sind die Besuche der Kanadagänse, die mittlerweile auf ihren Flugrouten auch in Europa Station machen. Landwirtschaftliche Schäden und Ernteeinbußen sind vielerorts die Folgen (gegenüberliegende Seite oben). In Deutschland ebenfalls als Schädling eingestuft wird die nordamerikanische Bisamratte, die durch Fraßschäden ganze Ökosysteme vernichten kann (gegenüberliegende Seite unten).

Heuschreckenplagen

Millionenschwärme

Einige Insekten sind als Schädlinge bekannt, die etwa Nutz- und Zierpflanzen, Holzprodukte und -konstruktionen oder Nahrungsvorräte schädigen oder Mensch und Tier parasitär befallen. Wieder andere Insektenarten, vor allem in großer Anzahl auftretende blutsaugende Insekten, können Krankheiten übertragen wie der Rattenfloh die Pest, Tsetsefliegen die Schlafkrankheit oder Anophelesmücken die Malaria. Neben der Fraßschädigung können Insekten auch Pflanzenkrankheiten wie Pilzerkrankungen oder Virosen übertragen. Pflanzenschädlinge können beispielsweise bei heute üblichen Nutzpflanzenmonokulturen zu verheerenden Ernteausfällen führen. Monokulturen fördern die Massenentwicklung bestimmter Insektenarten ebenso häufig wie klimatische Veränderungen oder Wetterextreme wie Hitze oder Trockenheit. Zur Plage werden Insekten jedoch erst, wenn sie in großer Anzahl vorkommen.

Als eine der gefürchtetsten Insektenplagen weltweit berüchtigt ist vor allem das Massenauftreten von Wanderheuschrecken, die ganze Landstriche verheeren können. Unter dem Begriff der Wanderheuschrecken werden zehn Arten in der Familie der Feldheuschrecken zusammengefasst. Vor allem viele afrikanische Länder werden oft von Heuschre-

ckenplagen heimgesucht, die ganze Ernten und somit die Nahrungsgrundlage von Millionen von Menschen vernichten. Somit tragen Heuschrecken oftmals zu einer Verschärfung einer ohnehin vorhandenen Hungersituation bei. Zudem ist auch der wirtschaftliche Schaden immens. Wanderheuschrecken finden sich – mit Ausnahme der Antarktis – überall auf der Erde. Kommen in Afrika vier Arten vor (Wüstenheuschrecke, Wanderheuschrecke, Rote und Braune Heuschrecke), sind sie inzwischen in Europa selten geworden. Die schadensträchtigste dieser Heuschreckenarten ist die Wüstenheuschrecke.

Die Massenbildung wird durch bestimmte ökologische Bedingungen wie hohe Temperaturen und längere Trockenheit begünstigt. So erfolgt beispielsweise der Übergang der Afrikanischen Wüstenheuschrecke in ihre Wanderform bevorzugt bei 20–30 °C, wobei die höchste Aktivität der Massenwanderungen zwischen 27 und 40 °C stattfindet. Die Heuschrecken sammeln sich bei lang anhaltender Trockenheit auf engstem Raum an den wenigen Orten mit verbliebener Vegetation. Treffen genügend einzeln lebende Tiere aufeinander, produzieren sie – insbesondere bei der Berührung mit den Hinterbeinen – das Hormon Serotonin, das aus den weitgehend ortstreuen Einzelgängern umherziehende Schwarminsekten macht. Auf-

Wie alle Wanderheuschrecken durchlebt auch die Wüstenheuschrecke zwei Lebensphasen: die sogenannte Solitaria-Phase, in der sie als Einzelgänger lebt, und die Gregaria-Phase, in der sich die Insekten zu Schwärmen von bis zu 50 Millionen Exemplaren zusammenfinden.

grund von immer knapper werdender Nahrung begeben sich die Heuschrecken auf Wanderung. Beschränken sich die Vorkommen der Wüstenheuschrecken normalerweise auf trockene und halbtrockene Gebiete Afrikas, Südwestasiens und des Nahen Ostens, also in etwa auf 30 Länder, können sie während der Wanderphasen bis zu 60 Länder heimsuchen. Regelmäßig fallen auf diese Weise über 20% der weltweiten Landflächen den Insektenschwärmen zum Opfer. Ein Heuschreckenschwarm auf Nahrungssuche kann pro Tag über 100 Kilometer, pro Monat Entfernungen von bis zu 3500 Kilometern zurücklegen.

Die großen Schwärme können eine Fläche zwischen einem und mehreren Hundert Quadratkilometern befallen, wobei in einem Schwarm etwa 40–80 Millionen Einzelinsekten auf jeden Quadratkilometer kommen. Ein Schwarm kann aus bis zu 40 Milliarden einzelner Insekten bestehen und pro Tag bis zu 20 000 Tonnen an Pflanzenmaterial verschlingen, wobei die Insekten in etwa ihr eigenes Körpergewicht an Pflanzenmaterial an einem Tag vernichten. Innerhalb weniger Stunden kann ein großer Heuschreckenschwarm dabei eine Fläche von ungefähr 60 Quadratkilometern völlig kahl fressen.

Schutzmaßnahmen

Immer wieder kämpfen die Menschen in den von Heuschreckenplagen bedrohten Gebieten gegen die drohenden Hungersnöte. So versucht die Bevölkerung Nordafrikas verzweifelt, die Felder mit angezündeten Autoreifen und Ölfässern zu schützen. Einzig wirksam ist jedoch die Bekämpfung aus der Luft mithilfe von giftigen Insektenbekämpfungsmitteln. Dies ist jedoch zum einen sehr aufwendig und kostspielig, zum anderen sind die Mittel umweltbelastend und zum Beispiel auch für Säugetiere schädlich. Daher wird verstärkt an der Entwicklung umweltfreundlicher Alternativen gearbeitet. Eine dieser Neuentwicklungen ist ein Insektengitter mit einer 8000-Volt-Spannung, das die Insekten bei Berührung töten soll. Das Gitter, das seinen Strom von einem fotovoltaisch batteriebetriebenen Generator erhält, wird auf Rollen über die Felder geschoben. Die Gitterunterkante berührt den Boden, sodass die Insekten aufgeschreckt und beim Kontakt mit dem Gitter in Millisekunden getötet werden. Die aufgefangenen

Insekten können dann als Geflügelfutter genutzt werden. Eine weitere Bekämpfungsmethode ist der Einsatz von Duftstoffen. So produzieren etwa Heuschreckenmännchen den Abwehrstoff Phenylacetonitril, um bei hoher Populationsdichte ihre Balzkonkurrenten abzuwehren. Dieser Stoff kommt in der Natur häufiger vor und lässt sich auch synthetisch einfach und kostengünstig herstellen. Der Duftstoff soll auf Populationen in der Fortpflanzungsphase ausgebracht werden, wodurch die Fortpflanzung deutlich verringert werden soll. Zudem lockt der Duftstoff die Heuschreckenmännchen aus ihrem Schutz unter Blättern und Stängeln hervor, sodass auch Insektizide effektiver eingesetzt werden können.

Eine ähnliche Wirkung haben die Inhaltsstoffe des Niembaumöls: Azadirachtin hemmt die Larvenentwicklung, Meliantriol schreckt die Heuschrecken ab und schützt auf diese Weise die Pflanzen. Auch heuschreckenabtötende Pilzsporen können ein Mittel sein, um lediglich Heuschrecken, jedoch keine anderen Insekten zu bekämpfen. Zudem sollen sich sammelnde Heuschrecken vor der Schwarmbildung auch mit Satellitentechnik aufgespürt werden. Dies geschieht beispielsweise in Karakalpakistan, einer autonomen Republik in Usbekistan südlich des Aralsees. Durch das Austrocknen des Sees bilden sich in dem Gebiet kaum noch Wolken, und es entstand ein heißeres, trockeneres Klima, das die nahen Schilfwälder austrocknet und damit ideale Brutstätten für Heuschrecken bildet. Mithilfe von Satellitenbildern werden Gefahrenkarten erstellt, die diese potenziellen Brutstätten zeigen, um die Larvenbestände bereits während der Brutzeit gezielt dezimieren zu können. Die tatsächlichen Brutgebiete können dann durch Überflüge oder vom Boden aus verifiziert werden. Der Einsatz der „chemischen Keule" wird dadurch reduziert.

Der Sommer 2004 brachte für viele Bauern in Westafrika herbe Verluste mit sich: Einer biblischen Plage gleich machten sich zahlreiche Heuschreckenschwärme über die Felder und Anbaugebiete Senegals, Mauretaniens, Algeriens und Marokkos her und vernichteten ein Großteil der Ernten.

Missernten, Hungers- nöte und Epidemien

Probleme, die nie an Aktualität verlieren

Denkt man an Missernten, Hungersnöte und Epidemien, fallen einem vielleicht zunächst ein- mal Beispiele ein, die einer vergangenen Zeit angehören, in der Wissenschaft, Technik und Gesell- schaftsstrukturen noch weit vom heutigen Standard entfernt waren. Doch auch heute noch können die medizinische Forschung, weiterentwickelte Hygienestandards und die Gesundheits- versorgung keine Pandemien verhindern, und die moderne Technik und Ökonomie sowie inter- nationale Hilfsleistungen ändern nichts an der Tatsache, dass es auch heute noch in einigen Gebieten der Welt zu Missernten und Hungersnöten kommen kann.

Hungersnöte und Missernten

Wo liegen die Ursachen?

Bei einer Hungersnot leidet ein großer Anteil der Bevölkerung eines Landes oder einer Region an Unterernährung, und die Todesfälle durch Verhungern oder hungerbedingte Krankheiten nehmen dramatisch zu. In einigen Teilen der Welt, vor allem in den Entwicklungsländern, kommen Hungersnöte auch heute noch vor. Zu unterscheiden sind Hungersnöte jedoch von häufiger verbreitetem chronischen Hunger armer Bevölkerungsschichten. Die Ursachen von Hungersnöten sind Missernten und fehlende Vorratshaltung. Bei Missernten handelt es sich um Ernten mit einem sehr schlechten Ertrag, die oft zu Versorgungsproblemen führen. Vor allem in früheren Jahrhunderten, in denen die Ernährung der Menschen aus Landwirtschaftsprodukten bestand, die nicht konserviert werden konnten, hatten Missernten häufig Hungersnöte

zur Folge. Die Katastrophen betrafen nicht nur die Menschen, sondern auch Nutztiere wie Kühe und Schweine, denen diese Produkte als Nahrungsgrundlage dienten. Gründe für Missernten können Schädlinge beziehungsweise Krankheiten wie zum Beispiel Insektenplagen oder Pflanzenseuchen sowie Unwetter, Dürre, Überschwemmungen oder sonstige Naturkatastrophen sein. Auch in der modernen technisierten und ökonomisch entwickelten Zeit können Missernten noch katastrophale Folgen haben. So wären heute rein rechnerisch ausreichend Nahrungsmittel für die gesamte Weltbevölkerung vorhanden, vor allem in Afrika gibt es

„Die häufigsten Ursachen von Hungersnöten sind Missernten und fehlende Vorratshaltung."

Der Mangel an Wasser stellt in vielen Teilen der Erde ein großes Problem dar. Über einer Milliarde Menschen fehlt es an sauberem Trinkwasser, wobei vor allem Kinder davon betroffen sind. Täglich sterben etwa 6000 Menschen, unter ihnen 4000 Kinder, an verschmutztem Wasser. Um die hohe Kindersterblichkeit und Krankheiten wie beispielsweise Cholera zu besiegen, ist sauberes Trinkwasser nötig.

jedoch nach wie vor häufig Hungersnöte. Verstärkt werden sie unter anderem durch fehlende Nachhaltigkeit in der Landwirtschaft, wodurch zum Beispiel Erosion und Wüstenbildung gefördert werden. Somit können nachhaltige Landwirtschaftsmethoden und eine verbesserte Vorratshaltung oft die Ausmaße einer Katastrophe abmildern oder diese verhindern. Auch der Klimawandel und das Bevölkerungswachstum haben Auswirkungen auf die Entstehung von Hungersnöten. Weitere menschliche Einflüsse, die die Situation verschärfen können, sind etwa niedrige landwirtschaftliche Produktivität und unrationelle Arbeitsmethoden, fehlende Anreize zur Produktion von Überschussen, der Anbau von Exportprodukten anstelle von Grundnahrungsmitteln, eine fehlende Infrastruktur, Korruption und politische Willkür, Unterlassung von Gegenmaßnahmen und von Bitten um ausländische Unterstutzung.

Nicht immer muss ein absoluter Nahrungsmangel zu einer Katastrophe führen. Hungersnöte ergeben sich häufig aus Problemen in der Nahrungsmittelverteilung und aus der Armut der betroffenen Bevölkerungsschichten. Aber auch durch eine verfehlte Politik, Krieg oder genozidale Absichten können Hungersnöte ausgelöst werden.

Ein Beispiel für eine Hungersnot durch eine verfehlte Politik ist der sogenannte „Große Sprung nach vorn" in China zwischen 1958 und 1962. Um China zu einer wirtschaftlichen Großmacht zu machen, sollte die Pro-Kopf-Produktion von Stahl deutlich erhöht werden, weshalb nicht mehr genug Bauern für die Landwirtschaft zur Verfügung standen. Dies führte zu einer dramatischen Nahrungsmittelknappheit, die zudem auf ungünstige Wetterbedingungen traf, sodass die Lebensmittelproduktion, als man das Problem erkannte, nicht mehr gesteigert werden konnte. Ein weiterer Faktor waren die Hygienekampagnen, die unter anderem die Ausrottung von Spatzen bezweckten. Hierbei wurde nicht berücksichtigt, dass Spatzen nicht nur die Saatkörner, sondern vor allem auch Ernteschädlin-

„Auch der Klimawandel und das Bevölkerungswachstum haben Auswirkungen auf die Entstehung von Hungersnöten."

ge fressen. Bei der hierdurch bedingten Hungersnot starben 20–40 Millionen Menschen.

In anderen Fällen wie etwa beim Bürgerkrieg in Somalia (siehe Seite 327) ist die Hungersnot eine unvermeidliche Kriegsfolge oder wird als Kriegsstrategie absichtlich herbeigeführt, indem Systeme der Nahrungsmittelverteilung gezielt unterbrochen oder landwirtschaftliche Aktivitäten verhindert werden.

So entstand zum Beispiel die Hungersnot im zwischen 1967 und 1970 stattgefundenen Biafra-Krieg infolge einer Hungerblockade, nachdem nigerianische Truppen in diesem Sezessionskrieg zwischen Nigeria und dem Gebiet Biafra die wichtige Hafenstadt Port Harcourt erobert hatten und Biafra in der Folge vom Zugang zum Meer und der Versorgung von außen abschnitten, um es zur Aufgabe

Fehlende Niederschläge, starke Temperaturanstiege und daraus resultierende Dürren sind einer der Gründe für Missernten. Besonders in Afrika sind viele Menschen von Missernten betroffen, was wiederum große Hungersnöte zur Folge haben kann.

zu zwingen. Durch die Hungersnot starben etwa zwei Millionen Menschen, darunter zu einem großen Teil Kinder. Regierungen können Hunger auch als Waffe gegen unerwünschte Bevölkerungsgruppen einsetzen. Ein Beispiel hierfür ist der Holodomor in der Ukraine in den 1930er-Jahren.

Folgen

Die Verzweiflung kann die hungernden Menschen so weit bringen, dass sie Ungenießbares oder Ungeeignetes wie Eicheln oder Schuhwerk essen. Sie kann bis hin zu Kannibalismus oder zum Essen von verfaulten oder verkeimten Nahrungsmitteln führen, was eine Seuchengefahr birgt. Soziale Folgen von Hungersnöten sind Hungerrevolten und Auswanderungen. Durch Hungersnöte können auch langfristige wirtschaftliche Notlagen bedingt sein,

etwa indem die Betroffenen lebenswichtige Güter wie Werkzeuge, Vieh oder Landbesitz veräußern, was ihnen kurzfristig das Überleben sichert, langfristig jedoch ihre Existenz gefährdet.

Beispiele für Hungersnöte

Große Hungersnot in Irland (1845–1849)

Die Große Hungersnot zwischen 1845 und 1849 war eine Folge mehrerer Kartoffelmissernten in Irland. Da Kartoffeln das Hauptnahrungsmittel der armen Bevölkerung bildeten, hatte dies eine katastrophale Hungersnot zur Folge. Schätzungsweise eine Million Menschen (etwa 15% der Bevölkerung Irlands) starben, eine weitere Million (bis 1855 etwa

Viele Hungersnöte bringen große Auswanderungswellen mit sich. Vor allem während des Großen Hungers in Irland Mitte des 19. Jahrhunderts emigrierten zahlreiche Menschen unter anderem in die USA. Schiffe brachten sie und ihr weniges Hab und Gut von Irland aus nach Ellis Island, einer Insel vor New York, die lange Zeit Einreisebehörde der USA war und heute, wie auf der Abbildung zu sehen, ein Museum ist.

zwei Millionen) war zur Auswanderung, vor allem nach Großbritannien, Kanada, Australien und in die USA, gezwungen. Viele der Auswanderer erkrankten an Seuchen und Krankheiten an Bord der schlecht ausgestatteten Emigrationsschiffe. Kartoffeln waren zwar ertragreich und billig, dafür jedoch auch krankheitsanfällig. Schon zuvor hatte es daher immer wieder, jedoch oft lokal begrenzte, Ernteausfälle und Hungersnöte in Irland gegeben. Eine bis dahin unbekannte Krankheit, die durch den Pilz Phytophthora infestans verursachte Kartoffelfäule, breitete sich Anfang der 1840er-Jahre von Nordamerika nach Europa aus und betraf unter anderem Irland, wo schnell beinahe die vollständige Ernte zerstört wurde. Bis heute ist die Kartoffelfäule ein landwirtschaftliches Problem.

Holodomor (1932/33)

Die Hungersnot der Jahre 1932/33 in vielen landwirtschaftlich geprägten Teilen der damaligen Sowjetunion betraf unter anderem Südrussland, Gebiete an der mittleren und unteren Wolga, Nordkasachstan, den Südural und Westsibirien. Besonders stark betroffen war jedoch die Ukraine. Hier werden die Opferzahlen auf etwa 3,5 Millionen Menschen geschätzt. Die Gesamtopferzahl wird mit etwa 10 Millionen Menschen angegeben. Die Gründe sind heute umstritten. Sowohl eine gezielte Maßnahme der sowjetischen Führung als auch eine rücksichtslose oder verfehlte Politik werden diskutiert. Einige Historiker glauben, die sowjetische Regierung habe die Hungersnot absichtlich herbeigeführt, um den Widerstand gegen die infolge der Zwangskollektivierung durchgeführten Enteignungen sowie Unabhängigkeitsbewegungen in der Ukraine, in Kasachstan und einigen Kaukasusgebieten zu brechen. Verschlimmert wurde die Hungersnot durch Zwangsbeschlagnahmungen für Heereszwecke, die Sowjetunion exportierte sogar größere Mengen an Getreide. In anderen sowjetischen Republiken wurden die ukrainischen

„Kartoffeln sind krankheitsanfällige Pflanzen; bis heute ist die Kartoffelfäule ein landwirtschaftliches Problem."

Lebensmittel demnach auf Stalins Befehl zu günstigen Preisen verkauft. Auch die Versorgung der Hungernden sowie die Ausreise von Ukrainern aus den betroffenen Gebieten wurden unterbunden. Neuere Forschungen sehen die Ursache für die Hungerkatastrophe in einer Verkettung mehrerer Faktoren wie Zwangskollektivierung und Widerstandsunterdrückung mit einer Verschärfung durch wetterbedingte Ernteausfälle.

Hungersnot im Libanon (1916–1918)

Die Hungersnot im deutsch-türkisch besetzten Libanon während des Ersten Weltkriegs war in erster Linie eine Folge der Beschlagnahmung von Lebensmitteln durch die deutschen und türkischen Heeresverbände. Zudem war die Region in hohem Grad abhängig von Nahrungsmittelimporten, da die libanesische Landwirtschaft stark spezialisiert war und unter anderem aus Seidenraupenzucht und Weinbau bestand, während Grundnahrungsmittel eingeführt wurden. Daher wurde die Gegend

Die Aufnahme zeigt eine durch den Pilz Phytophthora infestans befallene Kartoffelpflanze. Die sogenannte Kartoffel- oder Knollenfäule war der Grund für die Große Hungersnot in Irland in den Jahren 1845 bis 1849. Die Krankheit, die auch Tomaten schädigen kann, führt bei Kartoffeln zu erheblichen Ernteausfällen. Typisch sind die dunkelbraunen Flecken, die an den Blatträndern auftreten und sich bei feuchtem Wetter sehr schnell vergrößern und ausbreiten.

not der Jahre 1984 und 1985. Etwa eine Million Menschen starben bei der Katastrophe, etwa 5,8 Millionen waren auf Hilfeleistungen angewiesen. Im Wesentlichen war die Katastrophe die Folge einer Dürre und eines darauf folgenden nahezu vollständigen Ernteausfalls.

Niederschlagsschwankungen kommen in Äthiopien häufig vor, verheerende Dürren werden hier zudem durch Landübernutzung und jahrhundertelange Entwaldung begünstigt. Ein weiterer sich negativ auswirkender Faktor war, dass die Erlöse der Regierung aus dem Kaffee-Export hauptsächlich in Waffenkäufe zur Bekämpfung eritreischer Rebellen flossen, anstatt der Entwicklung des Landes zugutezukommen.

Fast acht Millionen Menschen waren von der Hungersnot betroffen. Zahlreiche der Hungernden flohen in Städte und größere Orte wie Mek'ele und Korem, wo sogenannte Hungerlager entstanden. 1985 traf die Region ein weiteres Dürrejahr, Anfang 1986 weitete sich die Katastrophe auf weitere Gebiete des Landes aus. Zusätzlich verschärft wurde die Situation in diesem Jahr durch verheerende Heuschreckenplagen.

Hungersnot in der Sahelzone (1970er- und 80er-Jahre)

Die infolge einer Dürre entstandene Hungersnot in der Sahelzone betraf etwa 50 Millionen Menschen. Etwa eine Million Menschen starben. Die Dürre war Folge einer Kombination aus natürlichen Klimaschwankungen mit einem weitgehenden Ausfall der jährlichen Niederschläge und menschlichen Einflüssen wie Abholzung von Wäldern, Überweidung und Übernutzung landwirtschaftlicher Flächen, was die Desertifikation förderte.

Infolge der Hungersnot verließen viele Umweltflüchtlinge die betroffenen Gebiete in Richtung niederschlagsreicherer Länder wie der Elfenbeinküste. Oftmals wird die Hungersnot der 1980er-Jahre, insbesondere der Jahre 1984 und 1985, für den Darfur-Konflikt im Westen des Sudan mitverantwortlich gemacht. Durch die Dürre und die Hungersnot habe sich demnach der Konflikt zwischen den sesshaften schwarzafrikanischen Ackerbauern und den „arabischen" nomadischen Viehzüchtern im Kampf um die knappen natürlichen Ressourcen verschärft.

Fehlen die Bäume und vor allem deren Wurzeln aufgrund von Abholzung, ist das Land schutzlos den Niederschlägen ausgeliefert und es kommt zu Erosion. Abholzung und Erosion führen zur Verarmung der Böden, weshalb keine Landwirtschaft mehr betrieben werden kann.

stark von einer alliierten Seeblockade der osmanischen Küste getroffen. Die darauffolgenden Hungersnöte und Seuchen forderten in dem damals von 450.000 Menschen bewohnten Gebiet etwa 100.000 Todesopfer. Viele Libanesen wanderten zudem aus, vor allem in die USA, nach Australien, Kanada, Lateinamerika und Südafrika.

Hungersnot in Äthiopien (1984/85)

Schätzungsweise acht Millionen Menschen, vor allem im Norden Äthiopiens, betraf die Hungers-

Hungersnot in Somalia (1990er-Jahre)

Die Hungersnot in Somalia betraf vor allem die Region zwischen den Flüssen Juba und Shabeelle im Süden Somalias sowie die dort lebenden Volksgruppen der Bantu und der Rahanweyn. Insgesamt waren um die 4,5 Millionen Menschen betroffen, etwa 200.000 bis 500.000 Menschen starben. Krieg und Hunger machten etwa zwei Millionen Menschen zu Binnenvertriebenen. Viele flohen auch in Flüchtlingslager der Nachbarländer, vor allem nach Kenia. Die Gründe waren zum einen eine Dürre, zum anderen die Kampfhandlungen und Plünderungen während des somalischen Bürgerkriegs. Dieser begann 1989 mit bewaffneten Widerständen gegen die Regierung in Südwestsomalia. Die damit einhergehenden Plünderungen von Nahrungsmitteln, Vieh und Hausrat durch alle Kriegsparteien schwächte die Existenzgrundlage der betroffenen Bevölkerung erheblich. Die landwirtschaftlichen Aktivitäten kamen durch die Kriegshandlungen in vielen Regionen weitgehend zum Erliegen. Die schon zuvor armen Bauern verloren durch die Schließung der großen Bananen- und Zuckerrohrplantagen ihre Existenzgrundlage. 1991 und 1992 kam eine Dürre hinzu, die die Situation weiter verschlimmerte.

Die Unterernährung bei Kindern erreichte in einigen Gebieten Raten von etwa 90%. Zudem erlitt das ohnehin schwach ausgebildete Gesundheitswesen einen weitgehenden Zusammenbruch. Hilfeleistungen versickerten oftmals, da Hilfslieferungen geplündert und humanitäre Helfer angegriffen wurden. Erst als Anfang 1993 durch internationales Eingreifen die Hilfeleistungen die Betroffenen vermehrt erreichten und die Lebensmittelproduktion wieder aufgenommen wurde, verbesserte sich die Lage. Aber auch danach war Unterernährung in Somalia durch Bürgerkrieg und Armut ein verbreitetes Problem.

„Um präventiv gegen Hungersnöte vorzugehen, muss man zunächst die Ursachen bekämpfen. Vor allem das Nahrungsrecht ärmerer Bevölkerungsschichten muss gesichert sein."

Schutz durch Politik

Um präventiv gegen Hungersnöte vorzugehen, muss man zunächst die Ursachen bekämpfen. Beispiele hierfür sind eine private und staatliche Vorratshaltung und die Steigerung der landwirtschaftlichen Produktion. Vor allem das Nahrungsrecht ärmerer Bevölkerungsschichten muss gesichert sein. Auch ein präventives Vorgehen gegen Ernteschädlinge und der Schutz natürlicher Ressourcen ist zur Katastrophenvermeidung wichtig. Zudem lassen sich Nahrungsmittelknappheiten vermeiden, indem auf die Produktion und den Konsum tierischer zugunsten von pflanzlicher Nahrung verzichtet wird. So konnte in Dänemark 1917/18 eine Hungersnot vermieden und die Sterblichkeit der Bevölkerung um 17% gesenkt werden, indem bis dahin als Schweinefutter dienendes Getreide und Kartoffeln direkt für die menschliche Ernährung verwendet wurden. Auf bereits bestehende Hungersnöte nimmt man heutzutage meist mit internationaler Nahrungsmittelhilfe Einfluss.

Viele Familien in von Hungersnöten betroffenen Gebieten, wie auch hier in Äthiopien, leben vom Ackerbau und der Landwirtschaft. Um Hungersnöten in diesen Ländern wirksam vorzubeugen, müssen besonders benachteiligte ländliche Bevölkerungsgruppen wie beispielsweise Kleinbauern unterstützt werden.

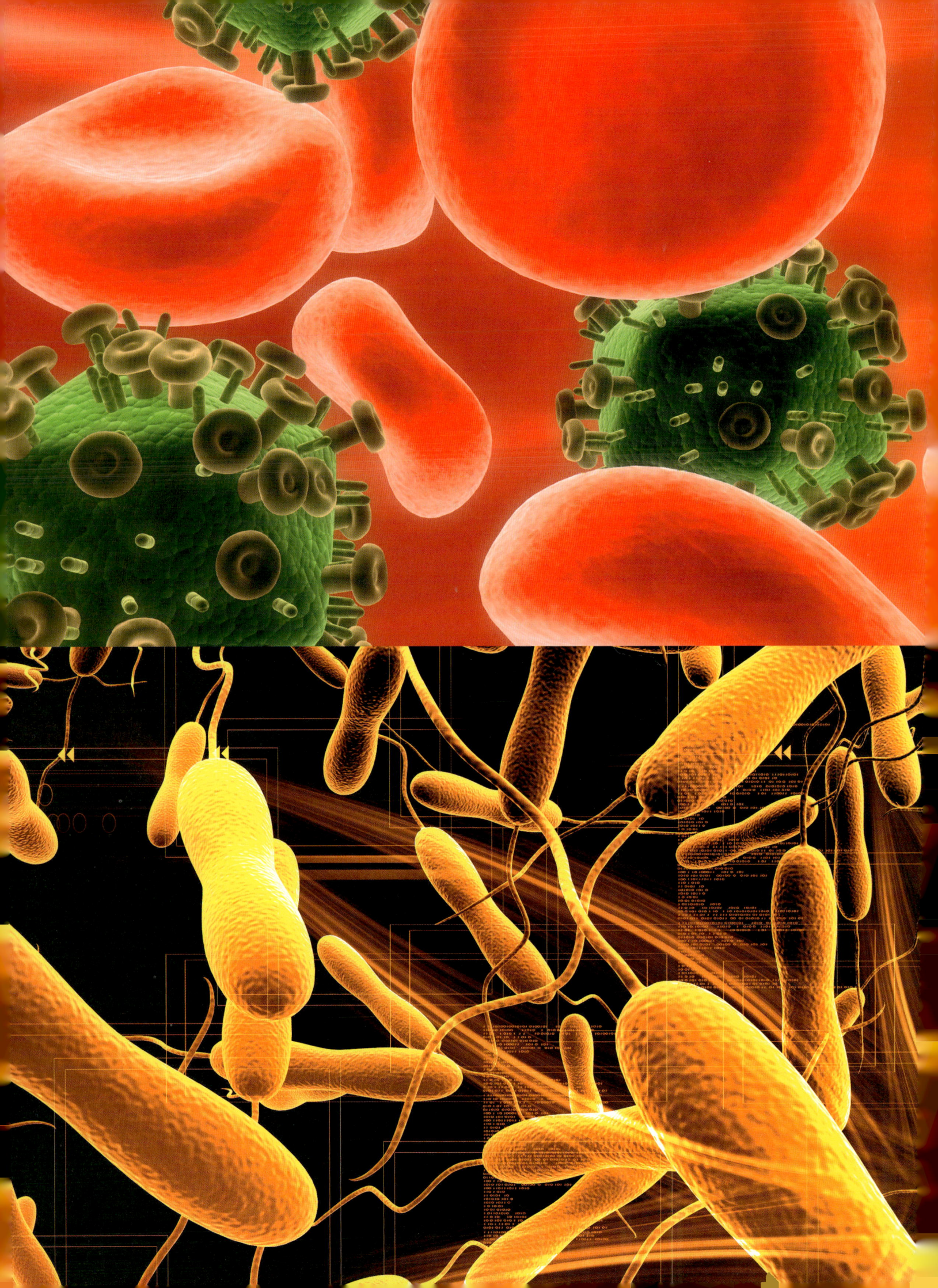

Epidemien – todbringende Krankheiten

Begriffsbestimmung

Als Epidemie bezeichnet man eine örtlich und zeitlich beschränkte Häufung einer Krankheit, im engeren Sinne einer Infektionskrankheit, innerhalb einer menschlichen Population. Epidemologen sprechen von einer Epidemie, wenn in einem bestimmten Zeitraum die Anzahl der Erkrankungsfälle (Prävalenz) steigt. Im Gegensatz dazu bezeichnet man das normale Auftreten einer Krankheit in einer Population als Endemie. So ist beispielsweise ein bestimmter Anteil von Grippeerkrankungen üblich. Erst wenn eine bestimmte Grenze überschritten wird, bei Grippe etwa ein Anteil von 10%, handelt es sich um eine Epidemie.

Im Gegensatz zu Endemien, bei denen im statistischen Mittel jeder Erkrankte eine andere Person ansteckt und dadurch die Krankheit lange in der Population verbleibt, steckt bei Epidemien eine infizierte Person mehrere andere an. Die Zahl der Neuinfektionen steigt daher bei Epidemien zunächst stark an, nimmt nach einiger Zeit jedoch immer mehr ab, bis die Krankheit in der Population letztendlich zum Erliegen kommt. Beispiele für Epidemien sind zahlreiche Tropenkrankheiten wie etwa Denguefieber, aber auch Cholera, Typhus, Kinderlähmung, Pest und Grippe.

Breitet sich eine Epidemie länder- und kontinentübergreifend aus, spricht man von einer Pandemie. Bei Pandemien verbreiten sich Krankheiten oft sehr schnell und weit. So kann es beispielsweise bei einer Grippepandemie zu Infektionsraten von bis zu 50% weltweit verteilt kommen. Menschen in abgeschiedenen Gebieten können auch hier allerdings von der Krankheitsverbreitung verschont bleiben, etwa Urwaldvölker oder Bewohner einiger Gebirgstäler oder abgeschiedener Inseln.

Diverse Krankheitserreger können sich über große Gebiete und Entfernungen ausbreiten, meist verhindern bei diesem natürlichen Ausbreitungsweg geografische Barrieren eine weltweite Verbreitung. Durch den zunehmenden internationalen Verkehr eröffnet sich jedoch auch Infektionskrankheiten ein wachsender Verbreitungsradius. So vermutet man, dass bereits die Pest im Mittelalter durch Handelsschiffe von Asien nach Europa gelangte. Während der Epidemie von 1921 breitete sich die Pest vor allem an den Eisenbahnhaltestellen zwischen Harbin und Wladiwostok aus. Heute verbreiten

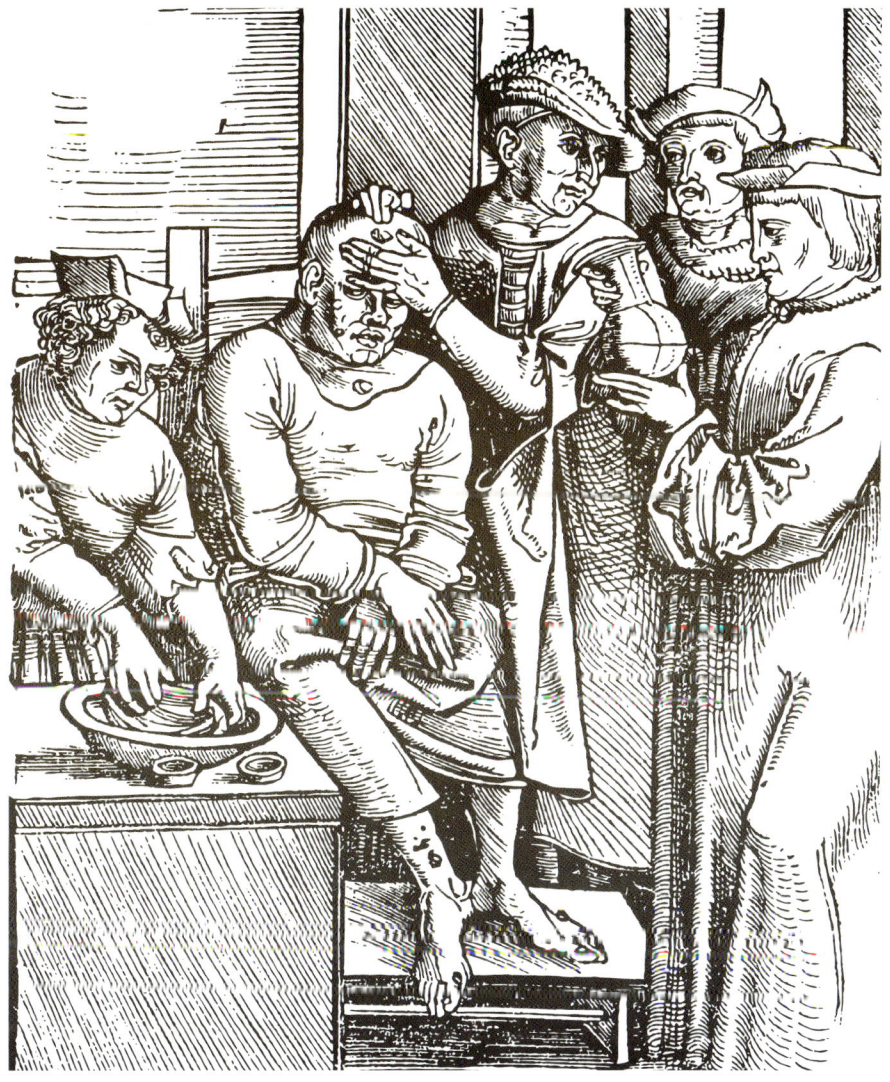

sich Infektionskrankheiten am schnellsten entlang von Flugrouten. Ein Beispiel ist der AIDS verursachende HI-Virus, der sich durch den Flugtourismus von einem lokalen zu einem globalen Problem entwickelte. Begünstigt wird die Ausbreitung von Epidemien durch eine hohe Bevölkerungsdichte.

Vorbeugungsmaßnahmen

Eine wichtige Schutzmaßnahme gegen Epidemien sind Impfungen. Allerdings können sich Viren auch verändern, so etwa Influenzaviren, sodass das Immunsystem sie trotz Impfung nicht oder nur schlecht erkennt. Zudem ist diese Schutzmaßnahme vom jeweiligen Gesundheitswesen eines Landes und den hierfür zur Verfügung stehenden finanziellen Mitteln abhängig.

Die Immunschwächekrankheit AIDS wird durch eine Infektion mit dem HI-Virus (gegenüberliegende Seite oben) hervorgerufen. Der Auslöser für die Infektionskrankheit Cholera sind Bakterien (gegenüberliegende Seite unten).
Die sehr ansteckende bakterielle Infektionskrankheit Pest gehörte zu den schrecklichsten Pandemien der Vergangenheit. Der hier dargestellte „Schwarze Tod" war eine große Pestpandemie in Europa Mitte des 14. Jahrhunderts (Bild oben).

In Bezug auf präventiv einzuhaltende Hygienemaßnahmen und Verhaltensregeln ist auch die öffentliche Aufklärung wichtig. Vor allem Hygiene (Körperhygiene, hygienische Wohnverhältnisse) ist oft ein wichtiger Schutz vor Epidemien. Schutzmaßnahmen können sich von Fall zu Fall je nach Verbreitung und Art der Infektion und des Erregers unterscheiden. So kann zum Beispiel bei einer aktuellen Bedrohung von Krankheiten, die durch Tröpfcheninfektion übertragen werden, zum Tragen von Atemschutzmasken geraten werden, besonders bei Personen, die in Krankenhäusern arbeiten, so etwa bei SARS (Severe Acute Respiratory Syndrome). Schutz können auch Vorsichtsmaßnahmen zur Vermeidung oder Bekämpfung eines Erregers beziehungsweise Überträgers der Krankheit bieten, zum Beispiel ein Spray gegen krankheitsübertragende Mücken bei Denguefieber oder der Verzicht auf ungenügend gegarte Speisen und Leitungswasser auf Tropenreisen zur Vermei-

dung von Typhusinfektionen. Die Weltgesundheitsorganisation (WHO) unterhält seit 1948 ein Überwachungssystem, das in Laboratorien isolierte Virusstämme regelmäßig auf neue Varianten prüft und Empfehlungen für kommende Impfstoffzusammensetzungen ausspricht. Darüber hinaus fordert die WHO eine weltweite Erstellung nationaler Pandemiepläne, die sicherstellen sollen, dass im Notfall rasch entsprechende Impfstoffe hergestellt werden können. Die Gefahreneinschätzung und Prognosen von pandemischen Ausbreitungsprozessen können mithilfe von Computersimulationen erstellt werden. Teilweise arbeiten in betroffenen Gebieten Ermitt-

„Vor allem Hygiene (Körperhygiene, hygienische Wohnverhältnisse) ist oft ein wichtiger Schutz vor Epidemien."

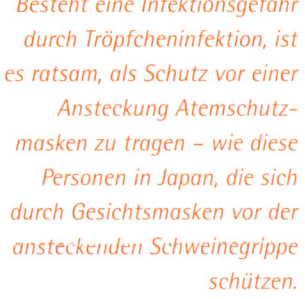

Besteht eine Infektionsgefahr durch Tröpfcheninfektion, ist es ratsam, als Schutz vor einer Ansteckung Atemschutzmasken zu tragen – wie diese Personen in Japan, die sich durch Gesichtsmasken vor der ansteckenden Schweinegrippe schützen.

ler der WHO, die aktuelle Übertragungswege und Virusentwicklungen beobachten. In vielen Ländern existieren nationale Krisenpläne für Pandemien. So sieht etwa der Krisenplan in Japan für die Vogelgrippe im Notfall eine Schließung von Schulen, das Verbot großer Versammlungen und die Zwangsverlegung von Erkrankten in Krankenhäuser vor, der australische Krisenplan beinhaltet im selben Fall beispielsweise die Schließung von Häfen und Flugplätzen für den Auslandsverkehr, und China kündigt hierfür notfalls eine Schließung der Landesgrenzen an. Einige Regierungen fordern Arzneimittelhersteller zur Erweiterung von Produktionskapazitäten auf, um die Bevölkerung im Pandemiefall mit Impfstoffen versorgen zu können. Auch die Behandlung der Erkrankten mit Arzneimitteln muss im Notfall sichergestellt sein. Hierzu dienen entsprechende Prognosen und Bevorratungen. Auch viele Betriebe sehen Vorsorgemaßnahmen wie etwa Mitarbeiterschulungen zu Hygienemaßnahmen vor. Meist sind Meldepflichten für Verdachtsfälle und Quarantänemaßnahmen für den Einzelfall vorgeschrieben. Zudem existieren für den Notfall länderübergreifende Quarantäneregelungen für den internationalen Verkehr.

Beispiele für Epidemien und Pandemien

Pest

Eine der bekanntesten und verheerendsten Pandemien der Vergangenheit ist die Pest, eine hoch ansteckende bakterielle Infektionskrankheit. Die Pest wurde ursprünglich von Nagetieren wie Ratten, Eichhörnchen oder Murmeltieren auf den Menschen übertragen. Bei der Beulenpest wird der Krankheitserreger durch den Biss von Insekten, vorwiegend von Flöhen, auf den Menschen übertragen, bei der Lungenpest überträgt sich die Krankheit durch Tröpfcheninfektion (über die Luft durch

„Eine der verheerendsten Pandemien der Vergangenheit ist die Pest, eine hoch ansteckende bakterielle Infektionskrankheit."

Tröpfchenbildung etwa beim Niesen oder Husten) von Tier zu Mensch oder von Mensch zu Mensch. Große Pestpandemien waren etwa die Justinianische Pest (541–8. Jh.), die sich von Ägypten aus im gesamten Mittelmeerraum verbreitete, der Schwarze Tod (1347–1352) und die dritte Pestpandemie (etwa 1896–1945), die weltweit rund 12 Millionen Menschen das Leben kostete. Am bekanntesten ist der sogenannte Schwarze Tod, der sich von Zentralasien aus über Handelsrouten nach ganz Europa ausbreitete und Schätzungen zufolge etwa 25 Millionen Todesopfer (ein Drittel der damaligen Bevölkerung Europas) forderte. Allerdings ist es bis heute umstritten, dass es sich hierbei tatsächlich um eine Infektion mit dem Pesterreger handelte. Auch Pocken, Cholera, Typhus oder Fleckfieber werden als Ursache dieser Pandemie diskutiert. Derzeit besteht keine Gefahr für das Ausbrechen einer Pestpandemie.

Die Pest kommt ursprünglich bei Tieren wie Eichhörnchen (Bild oben) oder Ratten (Bild unten) vor. Durch Parasiten wie etwa Rattenflöhe kann sie auf den Menschen übertragen werden.

In Europa breiteten sich die Pocken vermutlich ab 165 bis etwa 180 n. Chr. von Mesopotamien aus (Antoninische Pest). Das Massensterben führte zu einer großflächigen Entvölkerung nahezu im gesamten Römischen Reich. Die Pandemie forderte rund fünf Millionen Tote. Auch in späterer Zeit kam es zu vielen Pockenepidemien. Ab dem 15. und 16. Jahrhundert war die Krankheit – zunächst durch die Kreuzritter und später durch die Besiedlung Amerikas, begleitet von verheerenden Epidemien in den Verschleppungsgebieten – weltweit verbreitet. Selbst in den 1950er- und 1960er-Jahren gab es in Europa nach Pockenepidemien (zum Beispiel 1958 in Heidelberg oder 1963 in Breslau). Seit den letzten Erkrankungen 1977 in Somalia gab es jedoch weltweit keinen Pockenfall mehr. 1980 erklärte die WHO die Welt für pockenfrei, weitere Infektionen sind allerdings dennoch nicht vollkommen ausgeschlossen.

Cholera

Die Cholera, eine bakterielle Infektionskrankheit, die vorwiegend den Dünndarm betrifft, starken Durchfall und Erbrechen auslöst und somit zu einer schnellen Austrocknung führt, wird durch die Aufnahme der Bakterien über verunreinigtes Trinkwasser oder infizierte Nahrung verursacht. Unbehandelt verläuft die Krankheit in etwa 20 bis 70% der Fälle tödlich. Oft tritt Cholera in armen Ländern auf, in denen das Trinkwasser- nicht vom Abwassersystem getrennt ist. Die Erreger finden sich vor allem in Fäkalien und entsprechend belasteten Gewässern sowie in diesen lebenden Fluss- und Meerestieren. Von Indien aus breitete sich die Krankheit im 18. Jahrhundert nach Westen aus, um 1830 kam sie erstmals nach Europa und löste hier in nahezu allen Ländern verheerende Seuchenwellen aus. Auch noch Mitte des 19. Jahrhunderts gab es in Europa große Choleraepidemien (zum Beispiel 1830 und 1866 in Wien sowie 1982 in Hamburg mit jeweils mehreren Tausend Toten). Eine große Choleraepidemie erfasste auch 1991 von Peru aus viele Länder Südamerikas. Rund 400.000 Menschen erkrankten, schätzungsweise 12.000 starben. Im Irak erkrankten 2007 bei einer Epidemie 4.700 Menschen an Cholera. Eine Epidemie 2008 in Simbabwe betraf fast 98.000 Menschen, über 4.200 kamen dabei ums Leben.

Choleraerreger befinden sich außer in infizierter Nahrung auch in verunreinigtem Trinkwasser. Besonders in armen Ländern, die keine getrennten Trink- und Abwassersysteme besitzen, ist das Trinkwasser häufig mit diesen Bakterien verunreinigt, weshalb hier die Menschen immer noch verhältnismäßig oft daran erkranken.

Pocken

Pocken sind eine durch Viren verursachte Infektionskrankheit. Sie werden meist von Mensch zu Mensch durch eine Tröpfcheninfektion beim Husten übertragen, aber auch durch das Einatmen von Staub, etwa beim Ausschütteln von Decken oder Kleidung von Erkrankten, besteht Ansteckungsgefahr. Auswirkungen der Infektion sind neben den Hauterscheinungen schlimmstenfalls Seh- und Hörverlust, Lähmung, Gehirnschäden und Lungenentzündung. Etwa 30% der unbehandelten Pockenerkrankungen verlaufen tödlich.

Kinderlähmung

Kinderlähmung oder Poliomyelitis, kurz Polio, ist eine virusbedingte Infektionskrankheit, die die muskelsteuernden Nervenzellen des Rückenmarks befällt und so zu Lähmung bis hin zum Tod führen kann. Meist sind Kinder zwischen drei und acht Jahren davon betroffen. Übertragen wird das Virus durch verschmutzte Hände oder Gegenstände, die in den Mund genommen werden, aber auch durch Tröpfcheninfektion.

Ab etwa 1880 trat die Krankheit epidemisch auf und befiel und tötete jährlich Tausende von Menschen, ab etwa 1910 kam es in Europa und den USA in Zyklen von etwa fünf bis sechs Jahren zu regionalen Epidemien. Zu den ersten größeren Polioepidemien gehört der Ausbruch der Krankheit 1916 in den US-amerikanischen Unionstaaten, infolge dessen über 6.000 Menschen starben. In Europa gab es beispielsweise 1932 in Deutschland sowie 1934 in Dänemark Polioepidemien mit jeweils mehreren Tausend Erkrankungsfällen. Mit der Erfindung eines Polioimpfstoffs kam es ab 1960 zu einem Absinken der Poliofälle von jährlich mehreren Hundertttausend auf nur noch etwa 1000 Fälle. Vor allem Indien und Nigeria sind allerdings heute noch von Neuerkrankungen betroffen, aber auch Pakistan, Afghanistan, Myanmar und der Kongo.

Denguefieber

Denguefieber ist eine von bestimmten Stechmückenarten übertragene Infektionskrankheit. Die Symptome ähneln oft einer schweren Grippe, die Krankheit kann aber auch zu inneren Blutungen führen. Urprünglich stammt die Krankheit aus Afrika und wurde vor etwa 600 Jahren in Asien und auch in Amerika verbreitet. Seit ungefähr 200 Jahren kommen in vielen tropischen Gebieten Denguefieberepidemien vor. Eine weitere Verbreitung der Erkrankung ermöglicht etwa der internationale Handel, wodurch infizierte Mückenlarven in neue Verbreitungsgebiete eingeschleppt werden. Zudem

„Denguefieber ist eine von bestimmten Stechmückenarten übertragene Infektionskrankheit."

fördert die globale Erwärmung die Ausbreitung der Krankheit in den gemäßigten Breiten. Die Hauptverbreitungsgebiete sind Zentralafrika, Südostasien, Indien, Teile des Pazifiks, Lateinamerika und der Süden der USA. Pro Jahr erkranken einige 10 bis 100 Millionen Menschen, vor allem Kinder. Bei ungefähr 2–5% der Erkrankten verläuft das Fieber tödlich.

2006 kamen Epidemien in der Dominikanischen Republik und Kuba vor. 2007 gab es eine Epidemie in Paraguay mit über 15.000 Erkrankten, im angrenzenden brasilianischen Bundesstaat Mato Grosso do Sul erkrankten 42.000 Menschen. Beide Länder hatten auch mehrere Todesfälle infolge des Fiebers zu verzeichnen. Auch 2009 suchte eine Denguefieberepidemie verschiedene südamerikanische Länder heim. Vor allem Argentinien und Bolivien waren stark betroffen. In Argentinien waren bis Ende April 2000 beinahe 18.000 Menschen infiziert.

Die Viren des Denguefiebers werden durch Stiche der Moskitoarten Aedes aegypti (Ägyptische Tigermücke) und der hier abgebildeten Aedes alboptic us (Asiatische Tigermücke) übertragen. Da es momentan noch keine vorbeugende Impfung für das Denguefieber gibt, sollte man sich in den gefährdeten Regionen vor Mückenstichen schützen – beispielsweise durch Moskitonetze oder langärmelige Kleidung.

SARS

Das Schwere Akute Respiratorische Syndrom (Severe Acute Respiratory Syndrome, SARS) tauchte erstmals 2002 in der chinesischen Provinz Guangdong auf. 2002/03 trat sogleich die erste Pandemie auf, die sich in wenigen Wochen über nahezu alle Kontinente verbreitete. Innerhalb eines halben Jahres forderte diese knapp 1000 Todesopfer. Besonders betroffen waren China, Hongkong, Singapur, Taiwan, Vietnam, Kanada, die USA und Großbritannien. Überwiegend wird SARS durch Tröpfcheninfektion übertragen. Aber auch andere Übertragungswege wie eine Kontaktinfektion mit infektiösen Tröpfchen, die auf Gegenstände oder Körperoberflächen gelangt sind, und eine Aufnahme über die Schleimhäute, durch Körperausscheidungen oder über infizierte Tiere wie zum Beispiel Kakerlaken können nicht ausgeschlossen werden. Die Krankheit geht mit hohem Fieber, Atemnot, Muskel- und Kopfschmerzen sowie Hals- und Lungenentzündungen einher.

AIDS

Die Immunschwächekrankheit AIDS (Acquired Immunodeficiency Syndrome = erworbenes Immundefektsyndrom) ist die Folge einer Infektion mit dem HI-Virus (Humanes Immundefizienz-Virus), das eine Zerstörung des Immunsystems bewirkt. Die mit der unheilbaren Krankheit Infizierten sterben infolgedessen an lebensbedrohlichen Infektionen oder Tumoren. Erstmals tauchte das HI-Virus um 1930 in Zentralafrika auf und gelangte um 1966 nach Haiti, von wo aus es sich über die ganze Welt verbreitete. Die Epidemie traf die USA bereits in den 1980er-Jahren, andere Länder zum Beispiel in Osteuropa und Asien waren erst Mitte der 1990er-Jahre betroffen. Vor allem in afrikanischen Ländern wie Kenia, Ruanda, Uganda und Simbabwe erkranken heute viele Menschen an AIDS. In Südafrika sind derzeit etwa 20% der Bevölkerung HIV-infiziert, in Swasiland waren es 2005 42% der Bevölkerung. Weltweit sind bisher seit dem Ausbruch der Krankheit circa 25 Millionen Menschen an AIDS gestorben. Etwa 60 Millionen Menschen haben sich bisher infiziert, heute leben weltweit rund 33,4 Millionen Menschen mit einer HIV-Infektion beziehungsweise mit AIDS. Täglich werden zudem etwa 13.000 Menschen neu infiziert.

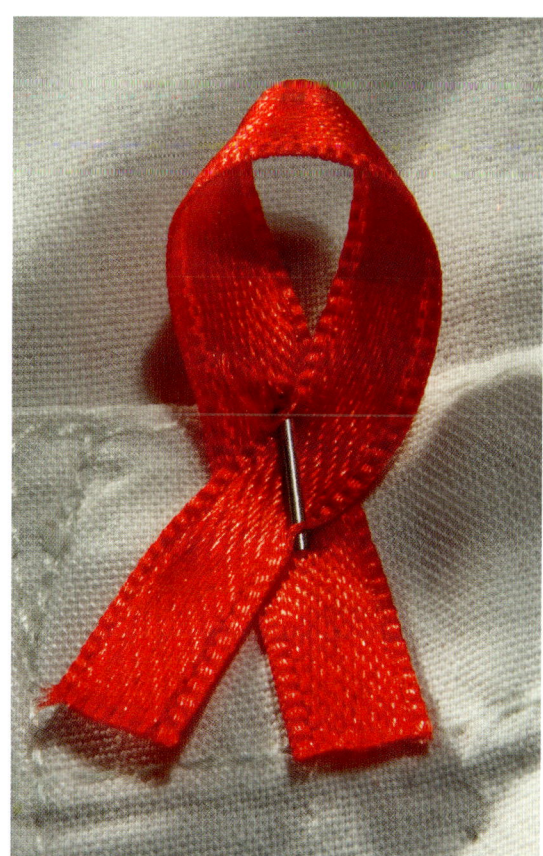

Shenzen (gegenüberliegende Seite) gehört neben Shantou, Guangzhou, Zhanjiang und Zhuhai zu den wichtigen Städten der Provinz Guangdong im Süden Chinas, dem Gebiet, in dem in den Jahren 2002 und 2003 die erste SARS-Pandemie auftrat. Bei einer Tröpfcheninfektion, die beispielsweise bei Pocken oder SARS vorkommt, wird die Infektionskrankheit durch kleinste Tröpfchen, die den Krankheitserreger in sich tragen, übertragen. Diese Tröpfchen werden beim Niesen (Bild links) oder Husten der Atemluft beigemengt. Die Rote Schleife – das „Red Ribbon" (Bild unten) – ist das weltweite Symbol der Solidarität und Mitmenschlichkeit mit HIV-Infizierten und AIDS-Kranken. Mit der Erfindung der Schleife in den 1980er-Jahren reagierte der New Yorker Frank Moore auf die ersten bekannt gewordenen Todesfälle und die Bedrohung durch AIDS.

Gefahren aus dem All

Die Risiken kosmischer Geschosse

Jährlich fallen über 19.000 Meteoriten vom Himmel. Die meisten richten jedoch keine Schäden an oder bleiben gar völlig unbemerkt, weil sie ins Meer oder auf unbewohntes Gebiet stürzen. Jedes Jahr wird die Erde auch von einigen metergroßen Meteoriten getroffen, eine globale Gefahr geht jedoch erst von größeren Objekten mit einem Durchmesser von etwa einem Kilometer aus. Ein solcher Impakt kommt allerdings nur ungefähr alle eine Million Jahre vor.

Kometen, Asteroiden, Meteoriden und Meteorite

Begriffserklärung

Der Einschlag eines Asteroiden, Meteoriden oder Kometen auf der Erde oder einem anderen Planeten wird als Impakt bezeichnet. Hierdurch entsteht ein Einschlagskrater. Überbleibsel eines solchen kosmischen Festkörpers nennt man Meteorite.

Komet

Kometen sind für rund ein Drittel aller bisherigen Einschläge auf der Erde verantwortlich. Sie sind kleine Himmelskörper aus Gestein, Eis und Wasser aus dem äußeren Sonnensystem. Aufgrund ihrer Zusammensetzung werden sie oft auch als „schmutzige Schneebälle" bezeichnet. Sie erreichen Geschwindigkeiten von bis zu 260.000 Kilometern pro Stunde. In Sonnennähe bilden Kometen eine schalenförmige Koma – eine diffuse, neblige Hülle – aus, deren Bestandteile durch Sonnenwind (von der Sonne ausgehender Strom geladener Teilchen) und Strahlungsdruck (Druck durch absorbierte, emittierte oder reflektierte elektromagnetische Strahlung) weggeblasen werden, sodass ein Schweif aus verdampfendem Wasser und Gasen entsteht. Ihren Ursprung haben sie im Kuipergürtel (scheibenförmige Region außerhalb der Neptunbahn) oder in der Oortschen Wolke (Ansammlung von Gesteins-, Staub- und Eiskörpern, die das Sonnensystem schalenförmig umschließt). Sie sind Überbleibsel der Geburt des Sonnensystems und be-

> „Kometen, die bis zu 260.000 km/h schnell sein können, sind für rund ein Drittel aller bisherigen Einschläge auf der Erde verantwortlich."

Der Komet McNaught – oder C/2006 P1 – wurde nach seinem Entdecker, dem schottisch-australischen Astronomen Robert McNaught, benannt. Entdeckt wurde er von ihm am 7. August 2006, Mitte Januar 2007 näherte der Komet sich der Sonne auf 25 Millionen Kilometer. McNaught war der hellste Komet seit Jahrzehnten, weshalb er den Titel „Großer Komet des Jahres 2007" bekam.

stehen aus bei der Planetenentstehung übrig gebliebenem Material. Anstatt sich zu Planeten oder Asteroiden zusammenzusetzen, bildeten sich aus Eis, Staub und Gasen die Kometen.

Asteroiden

Asteroiden sind Kleinplaneten, die sich wie die Erde auf einer Umlaufbahn um die Sonne bewegen. Auch sie sind Überbleibsel der Entstehung des Sonnensystems. Die meisten finden sich im Asteroidengürtel zwischen Mars und Jupiter. Kommen sie anderen Planeten zu nahe, können sie durch gravitative Kräfte auf eine für die Erde gefährliche Bahn gelenkt werden. Selten kommt es dabei vor, dass ein Asteroid auf der Erde einschlägt.

Meteoroiden

Als Meteoriden bezeichnet man Kleinkörper, die sich auf einer Umlaufbahn um die Sonne befinden und von denen einige die Erdbahn kreuzen. Sie können Größen von Millimeterbruchteilen bis hin zu einigen Metern und eine Masse von bis zu mehreren Tonnen erreichen. Beim Eintreten in die Erdatmosphäre erzeugen sie eine als Meteor bezeichnete Leuchterscheinung. Infolge der Luftkompression bildet sich eine hell leuchtende Gaskugel aus verdampfter Materie und erhitzter Luft. Entweder verglüht der Meteorid als Sternschnuppe in der Atmosphäre oder er erreicht die Erdoberfläche und wird dann als Meteorit bezeichnet.

Meteorit

Als Meteoriten werden Festkörper aus dem All bezeichnet, die die Atmosphäre durchqueren und die Erdoberfläche erreichen. Für gewöhnlich bestehen diese Gesteine aus Silikatmineralen, Stein-Eisen-Verbindungen oder einer Eisen-Nickel-Legierung. Beim Eintritt in die Erdatmosphäre werden sie abgebremst und an der Oberfläche erhitzt und

„Als Meteoriten werden Festkörper aus dem All bezeichnet, die die Atmosphäre durchqueren und die Erdoberfläche erreichen."

geschmolzen. Die meisten Meteoriten sind Bruchstücke von Asteroiden, die durch Kollisionen losgeschlagen wurden. Einige stammen jedoch auch vom Mond oder vom Mars, für andere werden andere Planeten, Monde oder Asteroiden als Ursprungsort angenommen. Nur ein Drittel ist kometischen Ursprungs. Meteoriten lassen sich in Eisen-, Steineisen- oder Steinmeteoriten gliedern. 94% aller Meteoriten sind Steinmeteoriten. Die meisten Steinmeteoriten sind Chondrite (86% aller Meteoriten). Sie enthalten kleine Schmelzkügelchen, die sogenannten Chondren. Steinmeteoriten ohne Chondren werden als Achondrite bezeichnet (3% aller Meteoriten). Eisenmeteoriten und Steineisenmeteoriten sind mit nur je 5% aller Meteoriten relativ selten vertreten. Durch einen

Ein Fragment des Asteroiden 2008 TC$_3$ in Form eines Meteoriten. 2008 TC$_3$ war der erste Asteroid, für den eine genaue Voraussage einer Kollision mit der Erde getroffen werden konnte. Der Eintritt in die Erdatmosphäre ereignete sich am 7. Oktober 2008 um 3:49 Uhr MESZ, um 4:46 Uhr stürzte er in der Nubischen Wüste im nördlichen Sudan ab. Am 6. Dezember 2008 konnten mehrere Bruchstücke des Asteroiden gefunden werden.

Meteorstrom oder das Auseinanderbrechen eines Meteoriden in der Atmosphäre in mehrere Fragmente kann es zu mehreren gleichzeitigen Einschlägen kommen, wobei aufgrund der unterschiedlichen Massenverteilungen ein ausgedehntes Streufeld entsteht.

Entstehung von Impakten

Größere Meteoriten beziehungsweise Teile von Kometen oder Asteroiden können mit Geschwindigkeiten von 10–70 Kilometern pro Sekunde bis zu mehrere Kilometer tief in die Gesteinsschichten der Erdoberfläche eindringen, wobei eine Stoßwelle durch den Meteoriten und den Untergrund schießt. Beim Impakt wandelt sich die Bewegungsin Wärmeenergie um. Hierbei kommt es zu einer Explosion, das Gestein an der Oberfläche wird geschmolzen, zertrümmert und in die Höhe geschleudert, und es bildet sich auf der Erdoberfläche ein runder Einschlagskrater mit einem wallartigen Rand. Sand und Gestein werden durch den Druck und hohe Temperaturen zu Impaktit (Impaktgestein) geschmolzen. Der Meteorit verdampft explosionsartig und es bildet sich eine gewaltige Glut- und Staubwolke, die, ähnlich wie bei einem Atompilz, bis in eine Höhe von mehreren Dutzend Kilometern emporschießen kann, während sich, vom Einschlagskrater ausgehend, eine Druck- und Hitzewelle ausbreitet.

Kleinere Krater sind schüsselförmig, in größeren Kratern federt der Untergund nach und es entsteht ein Zentralberg oder Ring in der Kratermitte. Das wieder zur Erde fallende Auswurfmaterial bildet rund um den Hauptkrater kleinere Krater, sogenannte Sekundärkrater. Auf felsigem Untergrund haben Einschlagskrater einen etwa 20-mal größeren Durchmesser als der sie erzeugende Meteorit, auf sandigem Untergrund hat der Krater nur die 12-fache Größe des Meteoriten. Von den mehr als 27.000 allein in Europa gefundenen Impaktkratern sind etwa 95% Sekundärkrater. Beim Einschlag können auch große Störungssysteme entstehen, die bis in die Erdunterkruste und sogar bis an die Mantelgrenze reichen können. Gleichzeitig breiten sich – ähnlich wie bei einem Erdbeben – Stoßwellen um den Einschlagsort herum im Gestein aus. Dabei können Geysire und Fumarole, in seltensten Fällen auch Vulkane entstehen. In einigen Kratern entstanden Seen aus geschmolzenem Krustengestein, die lange Zeit Bestand hatten. Bei einem sehr großen Meteoriteneinschlag können sich die ausgeworfenen heißen Gesteinstrümmer über die gesamte Erde verteilen und auf diese Weise einen globalen Brand auslösen. Dabei würde sich auch die Atmosphäre auf mehrere Hundert Grad erwärmen. Feinere Ascheteilchen verbleiben in der Atmosphäre und verdunkeln den Himmel. Bei einer längeren Verdunklung erhöht sich die Wahrscheinlichkeit für einen sogenannten Impaktwinter.

Als der Asteroid 2000 TC₃ im Oktober 2008 über dem Sudan in die Erdatmosphäre eintrat, nahm man zuerst an, er sei komplett in der Erdatmosphäre verglüht. Später fand ein internationales Team von Wissenschaftlern und Studenten aber doch noch Teile des Meteoriten. Das Gebiet in der Nubischen Wüste erstreckt sich auf einer Fläche von 28 Kilometern Länge und fünf Kilometern Breite. Rot markiert sind die Fundorte der Meteoritenteile.

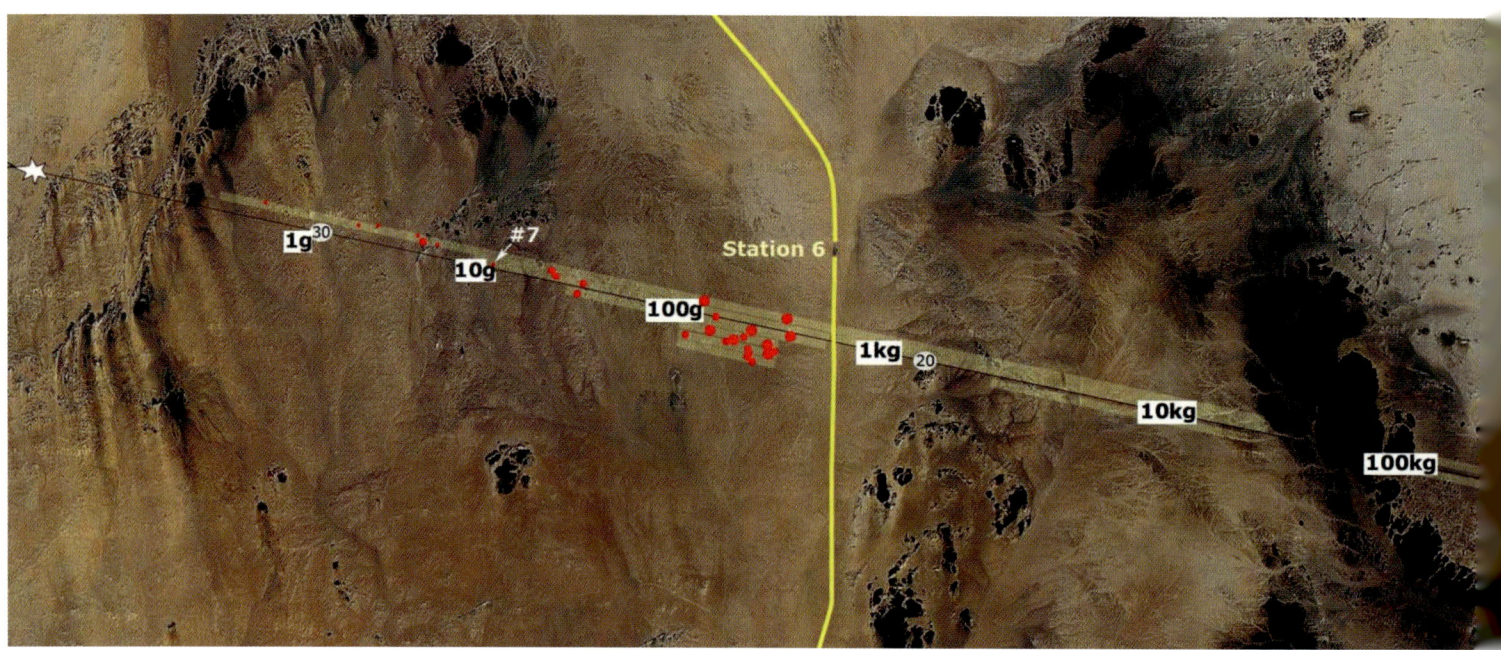

Historische Einschläge

Die etwa vor 4,5 Milliarden Jahren beginnende Erdgeschichte ist wesentlich von den Einflüssen von Impakten bestimmt. Nicht nur hat die Uran-Blei-Datierung (eine der exaktesten Formen radiometrischer Messung) des Meteoriten Canyon-Diablo 1953 entscheidend zur Datierung des Erdalters beigetragen, auch bei der Erforschung des Ursprungs des Lebens auf der Erde sind Meteoriten äußerst hilfreich. Im 1969 im australischen Victoria vom Himmel gefallenen Chondriten Murchison entdeckte man organische Verbindungen wie Aminosäuren, polyzyklische aromatische Kohlenwasserstoffe und Diaminosäuren. Letztere könnten eine wichtige Rolle bei Prozessen gespielt haben, bei denen RNA (Ribonukleinsäure) und DNA (Desoxyribonukleinsäure) gebildet wurden. Man vermutet daher, dass einige dieser wichtigen Bausteine des ersten Lebens auf der Erde durch Meteoriten auf die Erde gekommen sein könnten. Umstritten ist die Deutung bestimmter Strukturen im 1984 in der Antarktis gefundenen Marsmeteoriten ALH 84001 als Spuren fossiler Bakterien. Einigen Theorien nach könnte auch das Wasser der Urozeane aus dem All stammen. So könnten Kometen das Wasser auf die Erde gebracht haben.

Nach ihrer Entstehung wurde die Erde bis vor etwa 3,9 Milliarden Jahren einige Hundert Millionen Jahre lang von Meteoriten regelrecht bombardiert. Meteoriteneinschläge werden auch mit berühmten Massenaussterben in Verbindung gebracht. So deuten einige Forscher Belege für einen Meteoriteneinschlag in der Antarktis, der vor 250 Millionen Jahren stattgefunden haben soll, als Ursache für das zeitgleiche Artensterben. Der gut 480 Kilometer breite Krater weist auf einen über 45 Kilometer großen Meteoriten hin. Die Ursache des Massenaussterbens an der Grenze zwischen Perm und Trias, bei dem 95% der Meeresbewohner und 66% aller landbewohnenden Arten (Reptilien und Amphibien) sowie ein Drittel der Insektenarten aus-

> **„Nach ihrer Entstehung wurde die Erde einige Hundert Millionen Jahre lang von Meteoriten regelrecht bombardiert."**

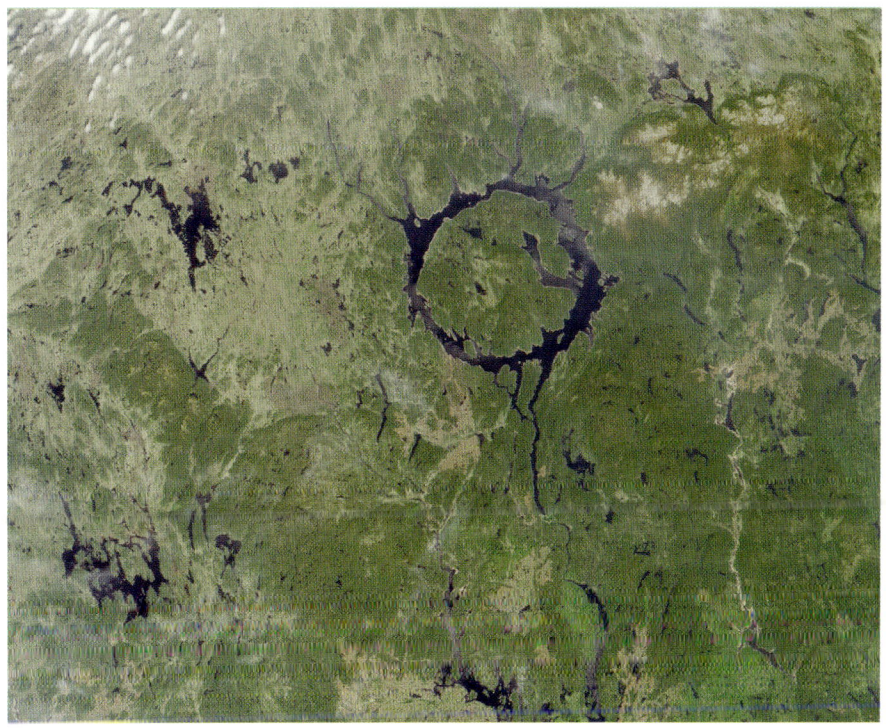

starben, ist bis heute unbekannt. Gemeinhin nimmt man an, dass ein Zusammenhang mit einem riesigen Magmafeld bestehen könnte, dessen Entstehung das Klima erwärmte und in den Meeresböden eingeschlossenes Methan freisetzte. Auch für ein Massenaussterben an der Wende des Trias- zum Jurazeitalter vor rund 200 Millionen Jahren, bei dem drei Viertel aller Arten von Lebewesen – unter anderem nahezu alle Landwirbeltiere – ausstarben, machen einige Wissenschaftler einen Einschlag von einem oder mehreren Meteoriten mit der Folge einer mehrere Tausend Meter hohen Flutwelle verantwortlich. Mittels seltener chemischer Elemente wie Iridium ließ sich nachweisen, dass es zu dieser Zeit Meteoriteneinschläge gegeben haben muss.

Ein weiteres bekanntes Beispiel ist der als KT-Impakt (an der Grenze von der Kreidezeit zum Tertiär) bezeichnete Meteoriteneinschlag vor 65 Millionen Jahren, der das Aussterben der Dinosaurier verursacht haben soll. Durch das sich abkühlende Klima starben auch etwa 80% der Meeresorganismen aus.

Zudem gibt es Theorien, die den Untergang der Cloviskultur Nordamerikas auf den Einschlag mehrerer Meteoriten vor knapp 13.000 Jahren zurückführen. Die Wissenschaftler stützen ihre These auf großflächige Brandspuren in gleichalten Schichten

Im Norden der kanadischen Provinz Québec befindet sich der ringförmige Manicouagan-Stausee. Der Impakt, der Manicouagan geformt hat, ereignete sich in der späten Trias vor etwa 214 Millionen Jahren. Der Einschlag eines Meteoriten mit einem Durchmesser von etwa fünf Kilometern hinterließ einen Krater mit einem Durchmesser von circa 100 Kilometern, der sich aufgrund von Erosion und Sedimentation allerdings auf 72 Kilometer Durchmesser reduziert hat.

die Beringstraße aus Sibirien nach Nordamerika gekommen waren.

Auf der Erde finden sich heute vergleichsweise wenige Einschlagskrater von Meteoriten, da kleinere Körper, die auf (nahezu) atmosphärelosen Planeten wie etwa dem Mond oder dem Mars sichtbare Spuren hinterlassen würden, aufgrund der Reibung mit den Teilchen der Erdatmosphäre verglühen, bevor sie zur Erdoberfläche gelangen können. Größere Meteoriten stürzen hingegen meist in die Ozeane. Aber auch die Spuren größerer Krater auf der Erdoberfläche verwischen sich im Lauf der Zeit – sei es innerhalb von wenigen Jahrzehnten durch Pflanzenbewuchs oder in Jahrtausenden durch atmosphärisch bedingte Verwitterung. Auch Ablagerungen oder Vulkanismus können Spuren von Meteoriteneinschlägen überdecken. Schließlich bewirken tektonische Prozesse in vielen Millionen Jahren eine Erneuerung, die nahezu die gesamte Erdoberfläche betrifft. So kommt es, dass nur die Krater der größten Impakte der letzten Millionen Jahre heute noch zu entdecken sind. Bisher wurden rund 150 Krater entdeckt, meist in geologisch stabilen Gebieten Nordamerikas, Australiens und Europas. Die meisten der bekannten Krater sind nicht älter als 200 Millionen Jahre. Man vermutet, dass es mindestens 700 weitere, bisher unentdeckte Einschlagskrater weltweit gibt, davon ungefähr 300 auf dem Festland und der Rest in den Weltmeeren.

Folgen von Einschlägen

Zwar ist die Gefahr eines Einschlags sehr gering, statistisch gesehen ist jedoch die Wahrscheinlichkeit, bei einem großen Meteoriteneinschlag ums Leben zu kommen, genauso groß wie die, bei einem Flugzeugunglück zu sterben.

Schon ein zehn Meter großer Meteorit entwickelt eine Energie von ungefähr fünf Hiroshimabomben. Ein Einschlag dieser Größenordnung ereignet sich nach Expertenmeinung rund einmal alle zehn Jahre. Alle paar Jahrhunderte kommen Treffer durch Meteoriten mit einer Größe von 50–300 Metern, wie dies für das Tunguskaereignis (siehe Seite 347) angenommen wird, vor. Allerdings werden besiedelte Gebiete oder Städte dabei nur einmal in 3000 beziehungsweise 10.000 Jahren getroffen. Noch seltener sind Einschläge von Meteoriten

Anders als auf der Erde kann man auf dem Iapetus eine deutliche Kraterstruktur erkennen. Die Oberfläche des Iapetus – benannt nach dem Titanen Iapetos aus der griechischen Mythologie – ist von Einschlagskratern übersät. Der drittgrößte Mond des Planeten Saturn wurde am 25. Oktober 1671 von Giovanni Cassini entdeckt.

sowie auf Funde großer Mengen von Nanodiamanten in sechs Fundstätten in Nordamerika. Nanodiamanten sind winzige Diamanten, die unter hohem Druck und extrem hohen Temperaturen entstehen, wie dies bei einem Meteoriteneinschlag der Fall wäre. Zu der fraglichen Zeit begann eine rund 1300 Jahre anhaltende Kältezeit, der zahlreiche große Säugetiere wie etwa die Mammuts zum Opfer fielen. Zudem endete zu dieser Zeit die Cloviskultur, benannt nach in der Nähe des Ortes Clovis im US-Bundesstaat New Mexico entdeckten Steinwerkzeugen der damaligen Jäger und Sammler, die über

mit einem Durchmesser von 500–5000 Metern. Man schätzt deren Häufigkeit auf alle 70.000 bis 6 Millionen Jahre. Objekte mit einem Durchmesser von über 500 Metern stellen eine globale Gefahr dar. Wissenschaftler entdeckten über 1100 Asteroiden mit Durchmessern von über einem Kilometer auf einer erdnahen Umlaufbahn. Ein solcher Asteroid könnte weltweit Milliarden von Todesopfern fordern. Staub und Asche gelangen in die Atmosphäre und verursachen eine jahrelange Dunkelheit und Kälte, einen sogenannten Impaktwinter. Als Folge könnten Pflanzen keine Fotosynthese mehr betreiben, was einen Zusammenbruch der weltweiten Nahrungsketten bewirken würde. Hierdurch bedingt könnte die Landwirtschaft weltweit für mindestens ein Jahr zum Erliegen kommen. Die Folgen wären Massensterben, Hungersnöte und Seuchen. Die dabei freigesetzten Schwefelmengen können ätzenden, sauren Regen entstehen lassen, der Impaktschock kann zu Vulkanausbrüchen führen. Ein Meteorit mit einem Durchmesser von etwa zehn Kilometern könnte das Leben auf der ganzen Erde vernichten. Derartige Katastrophen kommen statistisch gesehen jedoch nur alle 1–10 Millionen Jahre vor. Da 71% der Erdoberfläche von Wasser bedeckt sind, ist die Wahrscheinlichkeit recht groß, dass ein solcher Meteorit im Meer einschlägt, mit der Folge eines ganze Küstenlandschaften überschwemmenden mehrere Hundert Meter hohen Mega-Tsunamis. Ein solcher Tsunami könnte bis tief in die Kontinente hinein enorme Schäden anrichten. So würde etwa der Einschlag eines fünf Kilometer großen Meteoriten in den Atlantik weite Teile Europas überschwemmen und aller Wahrscheinlichkeit nach Spanien, Portugal, Holland und Dänemark auslöschen.

Aber selbst kleinere Metoriten können für verheerende lokale und regionale Schäden sorgen. Zwar zerplatzt die Mehrzahl der Steinmeteoriten mit Durchmessern von unter zehn Metern bereits in der Atmosphäre, aber auch die die Erde erreichenden Bruchstücke können schon beträchtliche Schäden

„Der Einschlag eines fünf Kilometer großen Meteoriten in den Atlantik würde einen riesigen Tsunami auslösen und Teile Europas überschwemmen."

verursachen. Schon ein 20 Meter großer Meteorit kann eine ganze Stadt bedrohen. Der Meteorit detoniert durch die Reibungshitze bereits in der Luft, er erreicht dabei jedoch die Wirkung einer Atombombe, die Druck- und Hitzewelle bei einem Einschlag würde in der Umgebung verheerende Schäden anrichten. Ein 75 Meter großer Asteroid entspricht in seiner Schadenswirkung der größten Wasserstoffbombe, erreicht also die 1000-fache Energie einer Hiroshimabombe.

Schlägt ein Meteorit in einer dicht besiedelten Gegend ein, würden nicht nur viele Menschen getötet und Gebäude zerstört, auch Atomkraftwerke oder Chemieanlagen könnten getroffen werden – mit entsprechenden Folgeschaden. Bei der heutigen Bevölkerungsdichte könnten durch einen direkten Treffer eines wenige Kilometer großen Meteoriten etwa drei Millionen Menschen sterben,

Der Gosses-Bluff-Krater im Süden des Northern Territory in Australien entstand vor etwa 142,5 Millionen Jahren durch einen Meteoriteneinschlag. Der ursprüngliche Durchmesser von 22 Kilometern hat sich in Folge von Einebnung und Erosion auf knapp fünf Kilometer verkleinert. Die Bezeichnung der Aborigines für den Gosses Bluff lautet Tnorala. Sie sehen in ihm einen heiligen Ort.

Forschung und Schutzmaßnahmen

Aufschluss über vergangene Meteoriteneinschläge geben zum Beispiel Bohrungen und Gesteinsuntersuchungen. Isotopenanalysen, etwa der Elemente Osmium, Iridium oder Argon, helfen dabei, den Einschlagszeitpunkt beziehungsweise die Größe eines Meteoriten zu ermitteln. Krater lassen sich durch Radarbilder und Satellitentechnik aufspüren. So kann man durch die Einschläge verursachte Schwerkraft- und Magnetfeldanomalien vom All aus messen und durch Computerbearbeitung sichtbar machen. Satelliten und Teleskope sollen Asteroiden innerhalb der Erdbahn aufspüren. Die gewonnenen Daten werden computergestützt ausgewertet, die Bahnen der entsprechenden Himmelskörper kartiert. Zum Schutz gegen Meteoriteneinschläge werden verschiedene Maßnahmen diskutiert. So schlägt die US-Raumfahrtbehörde NASA vor, Asteroiden mithilfe einer speziellen Raumsonde aus ihrer Bahn zu lenken. Die Sonde könnte mit einem großen Sonnensegel ausgestattet werden, das die Sonnenstrahlen auf einen kleinen Bereich des Asteroiden konzentrieren könnte. Die hierdurch erzeugte Wärmeenergie würde die Materie des Asteroiden verdampfen lassen und auf diese Weise einen Rückstoß verursachen, der den Asteroiden aus seiner Bahn lenken würde. Diese Methode wäre nach Angaben der NASA für Asteroiden mit einem Durchmesser von bis zu 500 Metern geeignet.

Die Europäische Weltraumorganisation ESA entwickelt ein Abwehrprojekt mit dem Namen „Don Quijote". Dabei werden zwei Sonden ins All geschickt, von denen eine den Asteroiden rammen und ihn so von seinem Kurs abbringen würde und die andere Daten zu Zusammensetzung, Geschwindigkeit und Erfolg der Ablenkung sammeln würde. Wirkungsvoll ist diese Methode für Objekte von einem Durchmesser bis zu einem Kilometer. Auch die Explosion eines Nuklearsprengkörpers in einiger Entfernung oder seitlich am Asteroiden wird in Betracht gezogen. Die bei der Explosion freigesetzte Strahlung würde Materie an der Asteroidenoberfläche verdampfen lassen und damit einen Impuls erzeugen, der die Asteroidenbahn verändert. Eine weitere Überlegung geht dahin, – zumindest kleinere – Asteroiden mithilfe einer Rakete gezielt in eine bestimmte Rich

tung zu schieben. Voraussetzung dafür ist ein möglichst starker Antrieb, etwa durch einen thermischen Reaktor oder einen Nuklearreaktor. Zu den derzeit wenigen technisch und wirtschaftlich realisierbaren Schutzmaßnahmen gehört die Zerstörung durch eine Atomsprengladung. Da jedoch nicht sicher ist, ob die dabei entstehenden Trümmer klein genug sind, um von der Erdatmosphäre abgefangen zu werden, wird die Methode von der Mehrheit der Experten abgelehnt. Dennoch könnte diese Maßnahme die einzige Möglichkeit sein, wenn ein Objekt auf Kollisionskurs erst spät erkannt wird.

Zudem wäre es auch möglich, verschiedene Methoden miteinander zu kombinieren. So könnte ein größerer Asteroid zunächst in kleinere Bruchstücke zersprengt werden, und diese könnten dann etwa mit Sprengladungen oder durch Beschleunigen abgelenkt werden. Ein solches Schutzprojekt benötigt für seine Planung und Realisierung jedoch Jahre. Zudem muss die Gefahr rechtzeitig erkannt werden, was bisher nur bei größeren Objekten der Fall ist. Ist dies nicht möglich, bleibt nur noch die Evakuierung aus dem potenziellen Einschlagsgebiet.

Gegenüberliegende Seite:
Der Barringer-Krater – oft auch als Meteor Crater bezeichnet – in der Nähe von Flagstaff in Arizona (USA) entstand durch einen Meteoriteneinschlag vor etwa 50.000 Jahren. Wegen der geringen Erosion im Wüstengebiet ist der Krater auch heute noch sehr gut erhalten. Meteoriten, die die Erdoberfläche erreichen, sinken meist auf den Meeresgrund ab oder sind leicht mit irdischen Steinen zu verwechseln. In der östlichen Antarktis, wo die riesigen Eisplatten rein und karg bleiben, kann man beim Überqueren solcher Platten dunkle Steine sehr gut erkennen. Kleine Gruppen durchsuchen deshalb immer wieder Gebiete der Antarktis mit dem Ziel, Meteoriten zu finden (Bild oben).

Beispiele für Impakte

Zwar sind Meteoriten weltweit verbreitet, dennoch sind sie an einigen Orten häufiger zu finden als an anderen. In den gemäßigten Klimazonen können sie ziemlich schnell verwittern, in trockenen Regionen wie den nordafrikanischen Wüsten Zehntausende von Jahren, in der Antarktis teilweise sogar über eine Million Jahre erhalten bleiben. Die ältesten weltweit gefundenen Überreste von Meteoriten sind fossile Meteoriten wie etwa Fragmente fossiler Meteoriten in Schweden, die im Ordovizium vor etwa 450–480 Millionen Jahren die Erde trafen.

Vredefort, Südafrika (vor zwei Milliarden Jahren): Der ursprünglich 320 x 180 Kilometer große Krater gilt heute als der größte Einschlagskrater der Erde.

Sudbury, Ontario/Kanada (vor 1,8 Milliarden Jahren): Der heute zweitgrößte Einschlagskrater hatte ursprünglich ein Ausmaß von etwa 200 x 250 Kilometern. Heute misst er nur noch 60 x 30 Kilometer.

Gosses Bluff, Australien (vor mindestens 142 Millionen Jahren): Der ursprünglich 22 Kilometer große Einschlagskrater im Northern Territory in Australien entstand durch einen tonnenschweren Meteoriten. Mittlerweile hat sich der Durchmesser des 152 Meter tiefen Kraters infolge der Einebnung durch Erosion auf 4,83 Kilometer verringert.

Chicxulub, Yucatan/Mexiko (vor 65 Millionen Jahren): Unter der Halbinsel Yucatan entstand ein 180 Kilometer breiter Krater. Der Meteoriteneinschlag, der den Chicxulub-Krater formte, führte zu einem globalen Impaktwinter und wird als Ursache des Aussterbens der Dinosaurier sowie der Hälfte aller Arten dieser Zeit angenommen. Heute ist der Krater unter einer kilometerdicken Sedimentschicht im Golf von Mexiko begraben.

Auf der estnischen Insel Saaremaa (deutsch: Ösel) befindet sich eine Gruppe von neun Kratern, die bei einem Meteoriteneinschlag vor etwa 4000 Jahren entstanden sind. Der beinahe kreisrunde Hauptkrater – der Kaali Krater (Bild rechts) – ist etwa 110 Meter breit und bis zu 22 Meter tief. Die acht Nebenkrater haben lediglich einen Durchmesser von 15 bis 40 Metern. Auch in der estnischen Mythologie findet man verschiedene Geschichten über die Entstehung der Krater. Die Erde soll hier aus Entsetzen über eine Heirat unter Geschwistern die Kirche, in der die Trauung stattfand, verschlungen haben. Eine andere Sage erzählt davon, dass ein Gutsherr nach einem ausschweifenden Gelage mitsamt seinem Gutshof und der Festgesellschaft an dieser Stelle vom Erdboden verschlungen worden sein soll.

Popigai, Sibirien/Russland (vor 35 Millionen Jahren): Der Einschlagskrater mit einem Durchmesser von etwa 100 Kilometern ist wissenschaftlichen Vermutungen nach für das Aussterben einiger Riesenvögel und Säugetiere verantwortlich. Als Verursacher kommt entweder ein Chondrit mit einem Durchmesser von acht Kilometern oder ein Steinasteroid mit einem Durchmesser von fünf Kilometern infrage.

Chesapeake Bay, Maryland/Delaware, USA (vor 35 Millionen Jahren): Als der Eingang der Bucht von einem Meteoriten getroffen wurde, entstand ein 85 Kilometer breiter und 1,3 Kilometer tiefer Krater, der für die Entstehung der heutigen Bucht verantwortlich gemacht wird. Aufgrund seiner heute unterseeischen Lage wurde er erst 1993 bei Ölbohrungen entdeckt.

Nördlinger Ries, Deutschland (vor 15 Millionen Jahren): Durch den Einschlag eines Steinmeteoriten bildete sich ein heute 25 Kilometer großer, 80 bis 100 Meter tiefer, fast kreisrunder Krater. Für seine Entstehung wird ein Meteorit mit einem Durchmesser von etwa 1500 Metern verantwortlich gemacht, der mit einer Geschwindigkeit von 72.000 Kilometern pro Stunde die Erdatmosphäre durchdrang. Die Explosion erreichte eine Energie von mehreren Hunderttausend Hiroshimabomben. Der Impakt verursachte ein Erdbeben mit einer Magnitude von 8 auf der Richterskala, verwüstete große Teile Süddeutschlands, löschte in einem Umkreis von 100 Kilometern sämtliches Leben aus und veränderte ganze Flusssysteme.

Henbury, Australien (vor ca. 4000 Jahren): Ein mittelgroßer Eisenmeteorit, der sich kurz vor dem Einschlag aufspaltete, ließ ein Kraterfeld mit 12 bis 14 Kratern mit Größen von bis zu 180 x 110 Metern entstehen.

Wabar, Arabien (vor 3000 Jahren): Durch einen Meteoriteneinschlag entstanden drei nahezu runde Krater mit Durchmessern zwischen 11 und 116 Metern. Man geht davon aus, dass der mehr als 3500 Tonnen schwere Meteorit vor dem Einschlagen in vier Teile zerbrach und in einem flachen Winkel mit einer Geschwindigkeit von 40.000 bis 60.000 Kilometern pro Stunde einschlug.

Tunguska, Sibirien/Russland (1908): Die bekannte Explosion am 30. Juni 1908 in Sibirien in der Nähe des Flusses Podkamennaja Tunguska wird mit großer Wahrscheinlichkeit auf den Eintritt eines Steinasteroiden oder Kometen mit einem Durchmesser von 30–80 Metern in die Erdatmosphäre zurückgeführt, der etwa 5–14 Kilometer über dem Boden explodierte. Zu beobachten war ein blassblauer Feuerball, gefolgt von der Druckwelle einer Explosion, die rund 2000 Quadratkilometer Waldfläche vernichtete. Aufgund der dünnen Besiedlung kam es nur zu geringen Personenschäden. Bisher wurden jedoch keine Meteoriten oder Krater gefunden, die die These stützen.

Carancas, Peru (2007): Am 15. September 2007 schlug ein Steinmeteorit in der Nähe der peruanischen Ortschaft Carancas ein und hinterließ einen Krater mit einem Durchmesser von knapp 15 Metern und etwa fünf Metern Tiefe.

Etwa 120 Kilometer südwestlich von Johannesburg in Südafrika befindet sich der größte sicher identifizierte Einschlagskrater der Erde – der Vredefort-Krater mit einem Durchmesser von 300 Kilometern. Der Asteroid, der den Krater verursachte, hatte einen Durchmesser von etwa zehn Kilometern und schlug vor circa zwei Milliarden Jahren ein. Im Jahr 2005 wurden verschiedene geologische Formationen im Bereich des Kraters von der UNESCO zum Weltnaturerbe erklärt.

Literatur

Alisch, Tatjana: Naturkatastrophen, München 2007

Berz, Gerhard: Welt der Naturgefahren, München 2004

Berz, Gerhard: Wie aus heiterem Himmel?: Naturkatastrophen und Klimawandel, München 2010

de Blij, Harm J. u. a.: Bebende Erde. Naturkatastrophen, Innsbruck 1999

Dickau, Richard/Weichselgartner, Juergen: Der unruhige Planet, Darmstadt 2005

Eusemann, Bernd: FOCUS Fakten, Naturkatastrophen, Mannheim 1999

Faermann, Matthias: Survival-Handbuch Naturkatastrophen, Bielefeld 2000

Feulner, Georg: Das große Buch vom Klima, Köln 2010

Fischer, Anke: Naturkatastrophen, München 2007

Harde-Tinnefeld, Katharina: Zerbrechliche Erde: Wie Natur und Mensch die Welt verändern, Hamburg 2007

Jacob, Klaus: Entfesselte Gewalten. Stürme, Erdbeben und andere Naturkatastrophen, Basel u. a. 1995

Kurz, Sabine: Naturkatastrophen. Die verheerendsten Unglücke des 20. Jahrhunderts, Wien 1999

Lamping, Heinrich: Naturkatastrophen: Spielt die Natur verrückt?, Berlin 1995

Mackowiak, Bernhard: Naturkatastrophen: Die entfesselten Gewalten der Erde, Stuttgart 1997

Newson, Lesley: Atlas der Naturkatastrophen, Starnberg 2001

O'Neill, Richard: Naturkatastrophen, Bindlach 2002

Pfister, Christian: Wetternachhersage – 500 Jahre Klimavariationen und Naturkatastrophen, Bern 1999

Plate, Erich J./Merz, Bruno: Naturkatastrophen, Stuttgart 2001

Salentiny, Fernand: Sechstausend Jahre Naturkatastrophen, Zürich 1993

Schenk, Gerrit Jasper: Katastrophen, Ostfildern 2009

Schönwiese, Christian-Dietrich: Klima im Wandel: Von Treibhauseffekt, Ozonloch und Naturkatastrophen, Reinbek 1994

Schwanke, Karsten u. a.: Naturkatastrophen: Wirbelstürme, Beben, Vulkanausbrüche – Entfesselte Gewalten und ihre Folgen, Berlin 2009

Seibold, Eugen: Entfesselte Erde: Vom Umgang mit Naturkatastrophen, Stuttgart 1995

Watts, Claire/Bergfeld, Christine: Naturkatastrophen: Tsunamis, Hurrikane, Erdbeben, Vulkanausbrüche, Hildesheim 2008

Wijkman, Anders/Timberlake, Lloyd: Die Rache der Schöpfung. Naturkatastrophen: Verhängnis oder Menschenwerk?, Zürich 1990

Wilhelm, Klaus: Unser Planet im Kreuzfeuer, Halle 2006

Register

Bildnachweis

Umschlag (großes Bild) picture-alliance/dpa/Xinhua; Bildleiste (vorn, v. l. n. r.): G Tipene/Shutterstock Images, NASA Images, juliengrondin/Shutterstock Images, PhotoSky 4t com; Buchrücken Caitlin Mirra/Shutterstock Images; Bildleiste (hinten, v. l. n. r.): Fouquin/Shutterstock Images, Robert Paul van Beets/Shutterstock Images, Qing Ding/Shutterstock Images, U.S. National Oceanic and Atmospheric Administration, EcoPrint/Shutterstock Images; Seite 4/5 Kapu/Shutterstock Images 4ul Qing Ding/Shutterstock Images 4uM Win Henderson/Federal Emergency Management Agency 4ur United States Geological Survey 5ol Robert Paul van Beets/Shutterstock Images 5oM javarman/Shutterstock Images 5or Caitlin Mirra/Shutterstock Images 6 Alexander Gatsenko/Shutterstock Images 8/9 PhiLip/Wikimedia Foundation 10 Terry Underwood Evans/Shutterstock Images 11 zabi/Shutterstock Images 12 Institute of Geophysics/University of Texas 13 witchcraft/Shutterstock Images 14ol hunta/Shutterstock Images 14 or, ul, ur Jose F. Vigil/United States Geological Survey 15 Ingo Wölbern/Wikimedia Foundation 16 argus/Shutterstock Images 17 Oleg Alexandrov/Wikimedia Foundation 18o United States Geological Survey 18u AJancso/Shutterstock Images 19 Andre315/Wikimedia Foundation 20gr iBird/Shutterstock Images 20kl NASA Images 21gr Igor Alyukov/Shutterstock Images 21kl NASA Images 22 grafikfoto/Shutterstock Images 22 U.S. National Oceanic and Atmospheric Administration 23gr Luis Santos/Shutterstock Images 24kl University of California, Berkeley 25 United States Geological Survey 26ul, ur United States Geological Survey 27 United States Geological Survey 28o H. D. Chadwick/National Archives and Records Administration 28u Steve Rosset/Shutterstock Images 29o United States Geological Survey 29u Can Balcioglu/Shutterstock Images 30 J. H. Messervey/United States Geological Survey 31gr United States Geological Survey 31kl Orlovic/Wikimedia Foundation 32u United States Geological Survey 32/33 NASA Images 32gr MaxFX/Shutterstock Images 32kl United States Geological Survey 34gr Robert Paul van Beets/Shutterstock Images 34kl D. L. Carver/United States Geological Survey 35o BetacommandBot/Wikimedia Foundation 35u Tomomarusan/Wikimedia Foundation 36 BetacommandBot/Wikimedia Foundation 37 NASA Images 38 NASA Images 39o Shaun Amery/U.S. Air Force 39u Munich Re 40o Stuart Phillips/U.S. Navy 40u Michael C. Barton/U.S. Navy 41o Candice Villarreal/U.S. Navy 41u Adrian White/U.S. Navy 42ul, ur Southern California Earthquake Center 43 Bundesanstalt Technisches Hilfswerk 44 fly/Shutterstock Images 45 Machkazu/Shutterstock Images 46/47 Paul Prescott/Shutterstock Images 48 United States Geological Survey 49 Kletr/Shutterstock Images 50 United States Geological Survey 51 Galyna Andrushko/Shutterstock Images 52 United States Geological Survey 53 Dr. Morley Read/Shutterstock Images 54 Irina Ovchinnikova/Shutterstock Images 55o NASA Images 55u Tom Casadevall/United States Geological Survey 56/57 Andrey Kuzmin/Shutterstock Images 56o United States Geological Survey 58(3) United States Geological Survey 59 United States Geological Survey 60/61 Judex/Shutterstock Images 62 Christopher Ewing/Shutterstock Images 63 NASA Images 64 Donald A. Swanson/United States Geological Survey 65 Paul Cowan/Shutterstock Images 66o The Smithsonian Institution 66u United States Geological Survey 67 NASA Images 68/69 Joe West/Shutterstock Images 70 Craig Hanson/Shutterstock Images 71o NASA Images 71u George Burba/Shutterstock Images 72 Bjartur Snorrason/Shutterstock Images 73go sherpa/Shutterstock Images 73o NASA Images 73M Peter Zurek/Shutterstock Images 73u lidian/Shutterstock Images 74o NASA Images 74u Vacclav/Shutterstock Images 75 Freddy Eliasson/Shutterstock Images 76 Ranveig/Wikimedia Foundation 77o Warren Goldswain/Shutterstock Images 77u NASA Images 78 Chris Howey/Shutterstock Images 79o Christian Lucas Sangoyo/Shutterstock Images 79u Paul Bishop/U.S. Marine Corps 80/81 Valeriy Poltorak/Shutterstock Images 80o Mike Doukas/United States Geological Survey 80u Lyn Topinka/United States Geological Survey 82 NASA Images 83 Warren Goldswain/Shutterstock Images 84o NASA Images 84u Game McGimsey/United States Geological Survey 85 Travel Bug/Shutterstock Images 86/87 Mikhail Pogosov/Shutterstock Images 88 Walter Quirtmair/Shutterstock Images 89 Kapu/Shutterstock Images 90 Chris H. Galbraith/Shutterstock Images 91 Monkey Business Images/Shutterstock Images 92o Svickova/Wikimedia Foundation 92u Daniel Prudek/Shutterstock Images 93 Éric Bargis/Fotolia LLC 94 NASA Images 95 Alexander Joss/Wikimedia Foundation 96 WSL-Institut für Schnee- und Lawinenforschung SLF 97 nikolpetr/Shutterstock Images 98 rotoGraphics/Fotolia LLC 99gr choucashoot/Fotolia LLC 99kl Brian Finestone/Fotolia LLC 100/101 Ivonne Wierink/Shutterstock Images 102 Skazka Grez/Shutterstock Images 103 Ashley Whitworth/Shutterstock Images 104 John McColgan/U.S. Department of Agriculture 105o NASA Images 105M Sascha Burkard/Shutterstock Images 105u LTD1963/Shutterstock Images 106 Hildgard Markmann/Wikimedia Foundation 107 easyshoot/Shutterstock Images 108 NASA Images 109o "Paul"/Wikimedia Foundation 109u Peter Weber/Shutterstock Images 110 Sai Yeung Chan/Shutterstock Images 111 Nick Carson/Wikimedia Foundation 112o 2009fotofriends/Shutterstock Images 112u Deutscher Wetterdienst 113o, u Michael Ledray/Shutterstock Images 114/115 Sai Yeung Chan/Shutterstock Images 115o, u Andrea Booher/Federal Emergency Management Agency 116/117 andrej pol/Shutterstock Images 118 Alistair Michael Thomas/Shutterstock Images 119 Fouquin/Shutterstock Images 120 NASA Images 121 Casey Deshong/Federal Emergency Management Agency 122 A. S. Zain/Shutterstock Images 123o David Hancock/Shutterstock Images 123ul, ur Michael L. Bak/U.S. Navy 124ol, or NASA Images 124ul Eniko Balogh/Shutterstock Images 124ur Jordon R. Beesley/U.S. Navy 125o Michael L. Bak/U.S. Navy 125u Peregrine981/Wikimedia Foundation 126 bluecrayola/Shutterstock Images 127 forestpath/Shutterstock Images 128 Jörg Franzen/Fotolia LLC 129 Julian Weber/Shutterstock Images 130/131 Zacarias Pereira da Mata/Shutterstock Images 132gr Wil Tilroe-Otte/Shutterstock Images 132kl U.S. Agency for International Development 133 Guy Erwood/Shutterstock Images 134 Nickeldesign/Shutterstock Images 135(2) Gerhard Pietsch/Wikimedia Foundation 136 Eric Gevaert/Shutterstock Images 137 Gail Johnson/Shutterstock Images 138 Accent/Shutterstock Images 139 Jan Schuler/Shutterstock Images 140/141 Melissa Brandes/Shutterstock Images 142 ronfromyork/Shutterstock Images 143 Four Oaks/Shutterstock Images 144 Eric Gevaert/Shutterstock Images 145o Andrea Booher/Federal Emergency Management Agency 145u Melissa Brandes/Shutterstock Images 146 ronfromyork/Shutterstock Images 147 Lakis Fourouklas/Shutterstock Images 148 NASA Images 149o Ainars Aunins/Shutterstock Images 149M Dani Vincek/Shutterstock Images 149u Melissa Brandes/Shutterstock Images 150 Gina Sanders/Shutterstock Images 151 NASA Images 152u hawkren/Shutterstock Images 152/153 Evgeny Prokofyev/Shutterstock Images 154/155 silver-john/Shutterstock Images 156 Fedor Selivanov/Shutterstock Images 157 Jim Lopes/Shutterstock Images 158gr BESTWEB/Shutterstock Images 158kl EUMETSAT 159 Wojciech/Shutterstock Images 160 Eric Gevaert/Shutterstock Images 161 Serg64/Shutterstock Images 162/163 TobagoCays/Shutterstock Images 164 NASA Images 165o Martine Oger/Shutterstock Images 165u SVLumagraphica/Shutterstock Images 166 NASA Images 167o Mitch Aunger/Shutterstock Images 167u Péter Gudella/Shutterstock Images 168/169 Ramon Berk/Shutterstock Images 170 Nilfanion/Wikimedia Foundation 171 Ed Lu/NASA Images 172 Allyson Kitts/Shutterstock Images 173 oksana.perkins/Shutterstock Images 174 Liz Roll/Federal Emergency Management Agency 175 U.S. National Oceanic and Atmospheric Administration 176 NASA Images 177o, u Andrea Booher/Federal Emergency Management Agency 178 kuehdi/Shutterstock Images 179 NASA Images 180o Jdorje/Wikimedia Foundation 180u Val Gempis/U.S. Air Force 181 NASA Images 182 John Wollwerth/Shutterstock Images 183o Patricia Brach/Federal Emergency Management Agency 183u Jacinta Quesada/Federal Emergency Management Agency 184/185 NASA Images 185u JustASC/Shutterstock Images 186 Library of Congress 187(3) U.S. National Oceanic and Atmospheric Administration 189o Jonathan Larsen/Shutterstock Images 189ul U.S. National Oceanic and Atmospheric Administration 189ur Mark Wolfe/Federal Emergency Management Agency 190 U.S. National Oceanic and Atmospheric Administration 191 Jocelyn Augustino/Federal Emergency Management Agency 192 Caitlin Mirra/Shutterstock Images 193 Andrea Booher/Federal Emergency Management Agency 194 Liz Roll/Federal Emergency Management Agency 195 Jocelyn Augustino/Federal Emergency Management Agency 196/197 André Klaassen/Shutterstock Images 198 Dark o/Shutterstock Images 199 Andrea Booher/Federal Emergency Management Agency 200 Photography Perspectives - Jeff Smith/Shutterstock Images 201 Win Henderson/Federal Emergency Management Agency 202(2) NASA Images 203 dvande/Shutterstock Images 204(2) NASA Images 205o jokerpro/Shutterstock Images 205M Stephen Finn/Shutterstock Images 205u U.S. National Oceanic and Atmospheric Administration 206 Mark Wolfe/Federal Emergency Management Agency 207o Win Henderson/Federal Emergency Management Agency 207M Jocelyn Augustino/Federal Emergency Management Agency 207u Andrea Booher/Federal Emergency Management Agency 208/209 NASA Images 210o G Tipene/Shutterstock Images 210u ribeiroantonio/Shutterstock Images 211 Pborowka/Shutterstock Images 212 Seti/Shutterstock Images 213o gary yim/Shutterstock Images 213u javarman/Shutterstock Images 214 Arthur Rothstein/Farm Security Administration 215 NASA Images 216/217 Vetrova/Shutterstock Images 218 Piotr Tomicki/Shutterstock Images 219 Kletr/Shutterstock Images 220(2) NASA Images 221 Maxim Tupikov/Shutterstock Images 222 James Thew/Shutterstock Images 223 yuri4u80/Shutterstock Images 224 Alexander Vershinin/Shutterstock Images 225 Alexandr Zhiltsov/Shutterstock Images 226 NASA Images 227 Konstanttin/Shutterstock Images 228 David Hughes/Shutterstock Images 229 NASA Images 230/231 Qing Ding/Shutterstock Images 232o Gail Johnson/Shutterstock Images 232u Elzbieta Sekowska/Shutterstock Images 233o NASA Images 233u Skatebiker/Wikimedia Foundation 234 Lee Prince/Shutterstock Images 235 Hydromet/Shutterstock Images 236 AZPworldwide/Shutterstock Images 237 André Klaassen/Shutterstock Images 238/239 EcoPrint/Shutterstock Images 240 Gago/Shutterstock Images 241o Ecoimages/Shutterstock Images 241u Arthur Rothstein/Farm Security Administration 242 Martin Horsky/Shutterstock Images 243 Zastolskiy Victor Leonidovich/Shutterstock Images 244o Gail Johnson/Shutterstock Images 244u Lucian Coman/Shutterstock Images 245 Itinerant Lens/Shutterstock Images 246 Chris K Horne/Shutterstock Images 247 NASA Images 248 Dmitry Pichugin/Shutterstock Images 249 Keith Levit/Shutterstock Images 250/251 Francois van der Merwe/Shutterstock Images 251ul dirkr/Shutterstock Images 251ur kkaplin/Shutterstock Images 252 Jakub Pavlinec/Shutterstock Images 253 Mark Yarchoan/Shutterstock Images 254/255 PSD photography/Shutterstock Images 256 NASA Images 257 Viorel Sima/Shutterstock Images 258 deepblue-photographer/Shutterstock Images 259 corepics/Shutterstock Images 260/261 NASA Images 262 NASA Images 263 Mike Norton/Shutterstock Images 264(2) NASA Images 265o Vladislav Gurfinkel/Shutterstock Images 265u GWImages/Shutterstock Images 266 NASA Images 267 Joe Belanger/Shutterstock Images 268 Sandy Maya Matzen/Shutterstock Images 269 Photodynamic/Shutterstock Images 270 Dr. Morley Read/Shutterstock Images 271o Chris Howey/Shutterstock Images 271u jele/Shutterstock Images 272/273(4) NASA Images 274 Natalia Bratslavsky/Shutterstock Images 275 George Burba/Shutterstock Images 276 Jan Martin Will/Shutterstock Images 277 Galyna Andrushko/Shutterstock Images 278 Jennie Endriss/Shutterstock Images 279 anistidesign/Shutterstock Images 280/281 Igor Jandric/Shutterstock Images 282 Stanislav Perov/Shutterstock Images 283 bezikus/Shutterstock Images 284 Herbert Weidner/Wikimedia Foundation 285 NASA Images 286 Frontpage/Shutterstock Images 287o U.S. National Oceanic and Atmospheric Administration 287u Shutterstock Images 288o wim claes/Shutterstock Images 288u andrej pol/Shutterstock Images 290 Dale A Stork/Shutterstock Images 292 Alexander Chaikin/Shutterstock Images 293 Andy Z./Shutterstock Images 294 elwynn/Shutterstock Images 295o Péter Gudella/Shutterstock Images 295u NASA Images 296 Thomas & Amelia Takacs/Shutterstock Images 297 Eky Studio/Shutterstock Images 298 Karol Kozlowski/Shutterstock Images 299 ostill/Shutterstock Images 300 airphoto.gr/Shutterstock Images 301o, u NASA Images 301M Thomas Barrat/Shutterstock Images 302 David Hughes/Shutterstock Images 304/305 Val Thoermer/Shutterstock Images 305o Inga Nielsen/Shutterstock Images 305u Lucertolone/Shutterstock Images 306/307 highlaz/Shutterstock Images 308 Hirurg/Shutterstock Images 309 Marlene Greene/Shutterstock Images 310 John Tenniel 311 Robert Biedermann/Shutterstock Images 312 Jan van Broekhoven/Shutterstock Images 313 ptdnc/Shutterstock Images 314o Marc Herrmann/Shutterstock Images 314u Salim October/Shutterstock Images 315o Mnolf/Wikimedia Foundation 315u Binio/Shutterstock Images 316o Eduardo Rivero/Shutterstock Images 316u orionmystery@flickr/Shutterstock Images 317o Dennis Donohue/Shutterstock Images 317u Bruce MacQueen/Shutterstock Images 318 Marek R. Swadzba/Shutterstock Images 319 AZPworldwide/Shutterstock Images 320/321 Suzanne Tucker/Shutterstock Images 322 africa924/Shutterstock Images 323 Kampanart/Shutterstock Images 324 Adriano Castelli/Shutterstock Images 325 Rasbak/Wikimedia Foundation 326 Mark Atkins/Shutterstock Images 327 urosr/Shutterstock Images 328o Sebastian Kaulitzki/Shutterstock Images 328u Creations/Shutterstock Images 329 Roberto Castillo/Shutterstock Images 330 Hinochika/Shutterstock Images 331o Anton Zagorulko/Shutterstock Images 331u S.Cooper Digital/Shutterstock Images 332 paul prescott/Shutterstock Images 333 Roger De Marfa/Shutterstock Images 334 Stanley Loong/Shutterstock Images 335o Brenda Carson 335u Pablo Eder/Shutterstock Images 336/337 Hunor Focze/Shutterstock Images 338 Primož Cigler/Shutterstock Images 339 NASA Images 340 NASA Images 341 NASA Images 342 NASA Images 343 Fusion Photography/Shutterstock Images 344 Paul B. Moore/Shutterstock Images 345 NASA Images 346 skvoor/Shutterstock Images 347 NASA Images